前　言

卫星通信是在地面微波通信和空间技术的基础上，综合运用各种通信领域的理论和技术所发展起来的通信方式，它是现代通信技术的重要成果。与其他通信方式相比，卫星通信具有很多优势，经过几十年的发展，已经成为最强有力的现代通信手段之一，并在国际通信、国内通信、国防通信、移动通信以及广播电视等领域得到了广泛的应用。

全书共5章：第1章是卫星通信概述，主要介绍卫星通信的基本概念、特点，卫星通信系统的组成和分类，卫星通信地球站的种类、组成及基本工作原理，卫星轨道和卫星通信的工作频段，以及国内外卫星通信发展动态等内容；第2章是卫星通信基本技术，精练地讲述编码译码和调制解调等信号设计技术，系统阐述卫星通信中的信号处理技术和多址技术；第3章是卫星通信链路设计，细致讲述链路设计中各环节的具体计算，以及卫星通信系统总体设计的一般程序和卫星通信链路设计的步骤与方法；第4章是卫星通信网，讲述卫星通信网的网络结构、卫星通信网与地面通信网的连接，重点介绍VSAT卫星通信网的组成及工作原理、VSAT数据通信网和VSAT电话通信网、VSAT网的总体方案设计，以及典型卫星通信网络系统；第5章是移动卫星通信系统，主要讲述国际INMARSAT系统，静止轨道、中轨道和低轨道中的各种移动卫星通信系统，以及全球定位系统(GPS)和北斗卫星导航系统(BDS)。

本书凝结了作者及其科研教学团队近20年来的教学、科研体会和经验，在编写时充分考虑了目前理工类大学在“新工科”建设背景下的教学性质、教学目的、课程设置以及卫星通信课程课时压缩等具体情况，力求充分体现应用型本科教育的特点，重在提高学生分析问题及解决问题的能力。

本书建议理论课安排32～48学时，其中第2章的2.1节可作为选学内容。

本书第1章由夏克文撰写，第2章由池越撰写，第3章和第5章由张志伟与夏克文合写，第4章由武睿撰写。全书由夏克文统稿。

为了体现国内外卫星通信领域的典型成果和最新进展，本次再版主要修订了1.3.4节通信卫星举例、1.5节卫星通信发展动态、4.4节典型卫星通信网络系统、5.5.1节ICO系统、5.6.2节GPS定位方法和5.7节北斗卫星导航系统(BDS)等章节以及相应的习题。增添了1.3.4节中的东方红(DFH)系列卫星及平台、3.3.5节卫星通信链路设计的步骤与方法、4.3.5节VSAT网中我国可利用的通信卫星、4.4.5节高通量卫星通信以及5.4.4节星链系统(Starlink)和5.5.2节O3b系统等新内容。

本书的再版得到了西安电子科技大学出版社领导和陈婷等编辑的指导与支持，在此对他们表示感谢。同时，对本书参考文献中的有关作者，以及对本书部分习题给出解答的学生们也致以诚挚的谢意。

由于编著者水平所限，书中不妥之处在所难免，敬请广大读者批评指正。

编著者

2022 年 12 月

高等学校电子信息学科系列教材·电子通信类

卫 星 通 信

（第二版）

夏克文 编著

西安电子科技大学出版社

内 容 简 介

本书共5章，内容包括卫星通信概述、卫星通信基本技术、卫星通信链路设计、卫星通信网和移动卫星通信系统。全书内容精练，系统性强，结构严谨，条理清晰；简化了理论推导，精简了通用技术的篇幅，突出应用性知识，并且丰富了最新的发展成果。本书提供配套电子课件并附有部分计算题的参考答案，需要的读者可从出版社网站获取。

本书可作为通信工程、电子信息、计算机等专业本科生的专业课教材，也可供相关专业的研究生和工程技术人员参考。

图书在版编目(CIP)数据

卫星通信/夏克文编著. —2版. —西安：西安电子科技大学出版社，2023.3

ISBN 978-7-5606-6746-1

Ⅰ. ①卫… Ⅱ. ①夏… Ⅲ. ①卫星通信—高等学校—教材

Ⅳ. ①TN927

中国国家版本馆CIP数据核字(2023)第028382号

策　　划　陈　婷

责任编辑　陈　婷

出版发行　西安电子科技大学出版社(西安市太白南路2号)

电　　话　(029)88202421　88201467　　邮　　编　710071

网　　址　www.xduph.com　　电子邮箱　xdupfxb001@163.com

经　　销　新华书店

印刷单位　陕西天意印务有限责任公司

版　　次　2023年3月第2版　2023年3月第1次印刷

开　　本　787毫米×1092毫米　1/16　印张　16

字　　数　376千字

印　　数　1～3000册

定　　价　43.00元

ISBN 978-7-5606-6746-1/TN

XDUP 7048002-1

*** 如有印装问题可调换 ***

目　录

第 1 章 卫星通信概述

1.1 卫星通信的基本概念和特点

1.1.1 卫星通信的基本概念

卫星是指围绕行星轨道运行的天然天体或人造天体，如月球是地球的卫星。本书所说的卫星是指人造地球卫星。

通信是指带有信息的信号从一点传送到另一点的过程。广义地说，通信是指任何两地之间、使用任何方法、通过任何媒质相互传送信息达到联系目的的过程。而现代通信是指在任何时间、任何空间、任何地点、任何对象之间，以任何方式进行信息交换的过程，例如人与人、人与机器之间信息的交换。所谓通信系统，是指传递信息所需的一切技术设备的总和，它包括信源、发送设备、传输媒介、接收设备和信宿等部分。

卫星通信是指利用人造地球卫星作为中继站转发无线电波，在两个或多个地球站之间进行的通信，它是在微波通信和航天技术基础上发展起来的一门新兴的无线通信技术，所使用的无线电波频率为微波频段(300 MHz～300 GHz，即波段 1 m～1 mm)。这种利用人造地球卫星在地球站之间进行通信的通信系统，称为卫星通信系统；用于现实通信目的的人造卫星，称为通信卫星，其作用相当于离地面很高的中继站。因此，可以认为卫星通信是地面微波中继通信的继承和发展，是微波接力通信向太空的延伸。

利用卫星进行通信的过程如图 1-1 所示，图中 A、B、C、D、E 分别表示进行通信的各

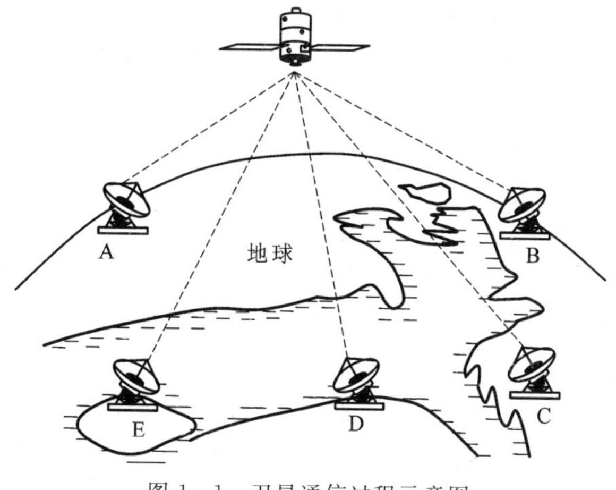

图 1-1　卫星通信过程示意图

地球站。例如，地球站 A 通过定向天线向通信卫星发射无线电信号，该信号先被通信卫星天线接收，再经转发器放大和变换，由卫星天线转发到地球站 B，当地球站 B 接收到该信号时，就完成了从 A 站到 B 站的信息传递过程。

通常，以空间飞行器或通信转发体为对象的无线电通信称为空间通信，它包括三种形式：① 地球站与空间站之间的通信；② 空间站之间的通信；③ 通过空间站的转发或反射进行地球站之间的通信。通常人们把第三种形式称为卫星通信。这里说的地球站是指设在地球表面(包括地面、海洋或大气层)的通信站。

从地球站发射信号到通信卫星所经过的通信路径称为上行链路，而通信卫星将信号再转发到其他地球站的通信路径称为下行链路。当卫星运行轨道较高时，相距较远的两个地球站可同时“看”到同一颗通信卫星，因此采用立即转发方式，只用一颗卫星就能实现立即转发通信。这种系统称为立即转发式卫星通信系统，其通信链路由发端地球站、上行链路、通信卫星、下行链路和收端地球站所组成，如图 1－2 所示。

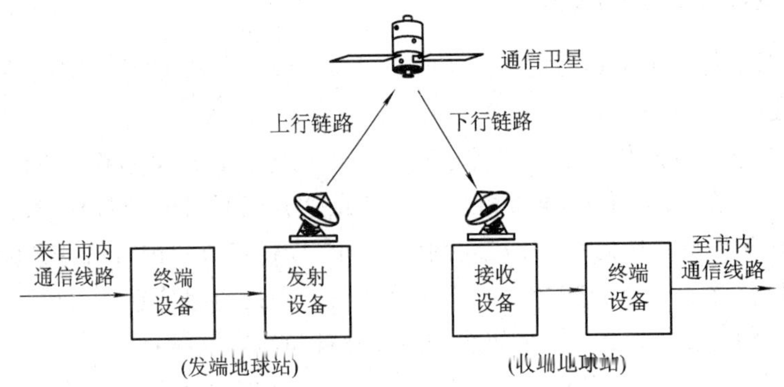

图 1－2　单颗卫星通信链路的组成

当卫星运行轨道较低时，相距较远的两个地球站不能同时“看”到同一颗通信卫星，若采用立即转发方式，则必须利用多颗卫星转发才能进行远距离实时通信，其通信链路会增加同轨道通信卫星的星间链路(Inter-Satellite Link，ISL)或不同轨道通信卫星的星际链路(Inter－Orbit Link，IOL)，这种系统就是通常所说的低轨道移动卫星通信系统。否则，只能采用延迟转发方式进行通信，这种系统称为延迟式卫星通信系统。

当卫星运行轨道在赤道平面内，其高度约为 35 786 km 时，卫星运行方向与地球自转方向相同，且当卫星围绕地球公转的周期(即卫星的运行周期)与地球的自转周期相等时(24 h)，从地球上看去，卫星如同静止一般，则称这种卫星为静止卫星(或同步卫星)。图 1－3 是静止卫星与地球相对位置的示意图。从卫星向地球引两条切线，切线夹角为 17.34°，两切线间弧线距离为 18 100 km，可见这个卫星电波波束覆盖区内的地球站都能通过该卫星来实现通信。若以 120°的等间隔在静止卫星轨道上配置三颗卫星，则地球表面除南、北两极是盲区外，其他区域均在卫星覆盖范围之内，而且部分区域为两颗卫星波束的重叠地区，因此借助于在重叠区内地球站的中继(称之为双跳)，可以实现在不同卫星覆盖区域内的地球站之间的通信。显然，从理论上来讲，只要三颗卫星等间隔排列就可以实现全球通信，这是其他任何通信方式所不可能实现的。目前，国际卫星通信和绝大多数国家的国内通信大都采用静止卫星通信系统。例如，由国际通信卫星组织负责建立的世界卫星通信系统(INTELSAT，简称 IS)就是利用静止卫星实现全球通信的。静止卫星所处的位置分别在太平洋、印度洋和大西洋上空，它们构成的全球通信网承担着绝大部分的国际通信业务和全部的国际电视转播工作。我国的"东方红"卫星通信也是静止卫星通信。

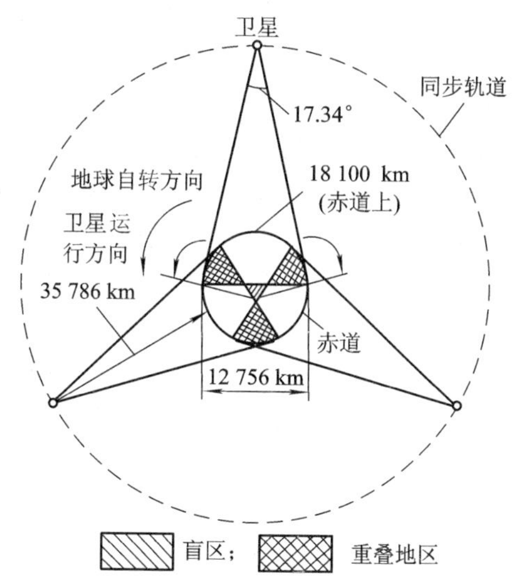

图 1-3　静止卫星配置的几何关系

1.1.2　卫星通信的特点

与其他通信相比，卫星通信具有以下五大特点。

(1) 通信距离远，且费用与通信距离无关。由图 1-3 可知，利用静止卫星进行通信时，通信距离最大可达 18 100 km 左右，但建站费用与维护费用并不因地球站之间的距离远近及地理条件恶劣程度而有所变化。显然，这是地面微波中继通信、光纤通信以及短波通信等其他通信所不能比拟的。

(2) 覆盖面积大，可进行多址通信。许多其他类型的通信常常是只能实现点对点的通信，而卫星通信由于覆盖面积大，因而只要是在卫星天线波束的覆盖区域内，都可设置地球站，共用同一颗卫星在这些地球站间进行双边或多边通信，或者说多址通信。

(3) 通信频带宽，传输容量大。由于卫星通信通常使用的是 300 MHz 以上的微波频段，因而可用频带宽。目前，卫星通信带宽已达到 3000 MHz 以上，一颗卫星的通信容量可达到数千路乃至上万路电话，并可传输多达数百路的彩色电视以及数据和其他信息。

(4) 机动灵活。卫星通信不仅能作为大型固定地球站之间的远距离干线通信，而且可以用于车载、船载、机载等移动地球站之间的通信，甚至还可以为个人终端提供通信服务。

(5) 通信链路稳定可靠，传输质量高。由于卫星通信的无线电波主要是在大气层以外的宇宙空间中传播，传播特性比较稳定，同时它不易受到自然条件和干扰的影响，因而传输质量高。

正是由于卫星通信具有上述这些突出的优点，从而获得了迅速的发展，成为了一种强有力的现代化通信手段。

当然，卫星通信也并非十全十美，它具有如下五方面的局限性。

(1) 通信卫星使用寿命较短。通信卫星是综合高科技的产品，由成千上万个零部件组成，只要其中某个零部件发生故障，就有可能造成整个卫星的失效。对处在太空中的卫星进行修复，几乎是不可能的，因为成本很高。为了控制通信卫星的轨道位置和姿态，需要消耗推进剂，卫星的工作寿命越长，所需要的推进剂就越多。而卫星的体积和重量是有限的，能够携带的推进剂也是有限的，一旦推进剂消耗完，卫星就失去了控制能力，会脱离轨道随意漂移，沦为"太空垃圾"。

（2）存在日凌中断和星蚀现象。当卫星处在太阳和地球之间，并且三者在一条直线上时，卫星天线在对准卫星接收信号的同时，也会因对准太阳而受到太阳的辐射干扰，又由于地球站天线对准卫星的同时也就对准了太阳，使得强大的太阳噪声进入地球站，从而造成通信中断，这种现象称为日凌中断。对于静止卫星，这是难以避免的，并在每年春分和秋分各发生一次，每次约 6 天，每天中午持续最长时间约 10 min，这与地球站的天线口径、工作频率有关，例如 10 m 天线的地球站在 4 GHz 工作时，最长日凌中断时间约为6 min。幸好这种中断时间较短，累积时间为全年的 0.02%，并且可以预报，必要时可采用主、备卫星转换办法来保证不间断通信。月亮也会造成类似现象，但其噪声比太阳弱得多，不会导致通信中断。

另外，当卫星进入地球的阴影区时，还会出现星蚀现象。此时，通信卫星上的太阳能电池不能正常工作，而星载蓄电池只能维持卫星自转，不能支持转发器工作。对于静止卫星，星蚀发生在每年春分和秋分前后各 23 天的午夜，每天发生的星蚀持续时间不等，最长时间约为 72 min。

静止卫星的日凌中断和星蚀现象如图 1－4 所示。

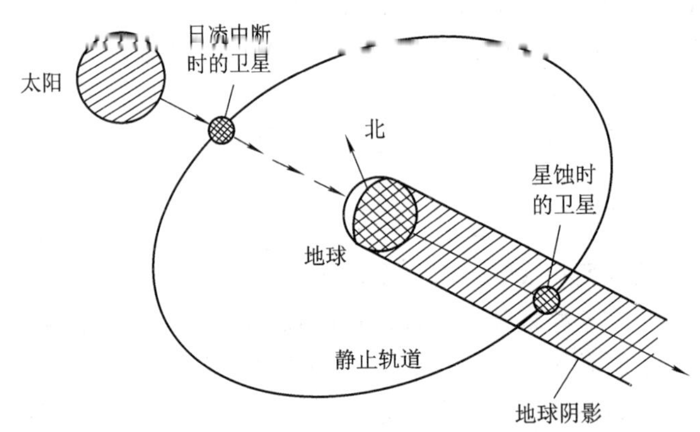

图 1－4　静止卫星的日凌中断和星蚀现象

（3）电波的传播时延较大和存在回波干扰。尤其是采用距离地球较远的静止卫星进行通信时，信号由发端地球站经卫星转发到收端地球站，单程传输时间约为 0.27 s。当进行双向通信时，就是 0.54 s。如果是进行通话，就会给人带来一种不自然的感觉。与此同时，如果不采取回波抵消器等特殊措施，还会因收、发话音的混合线圈不平衡等而产生回波干扰，使发话者在 0.54 s 以后又听到了反馈回来的自己的话音，造成干扰。

（4）卫星通信系统技术复杂。静止卫星的制造、发射和测控需要先进的空间技术和电子技术。目前世界上只有少数几个国家能自行研制和发射静止卫星。

（5）静止卫星通信在地球高纬度地区通信效果不好，并且两极地区为通信盲区。

总而言之，卫星通信有其优点，也存在一些缺点。不过这些缺点与优点相比是次要的，而且有的缺点随着卫星通信技术的发展，已经得到或正在得到解决。比如，近年来一些国家又开始研究利用多颗低轨道移动卫星组网，以实现全球范围内的通信，其中包括个人通信网。

1.1.3 卫星通信系统的组成和分类

1. 卫星通信系统的组成

卫星通信系统通常由通信卫星、通信地球站分系统、跟踪遥测及指令分系统和监控管理分系统等四个部分组成，如图 1-5 所示。

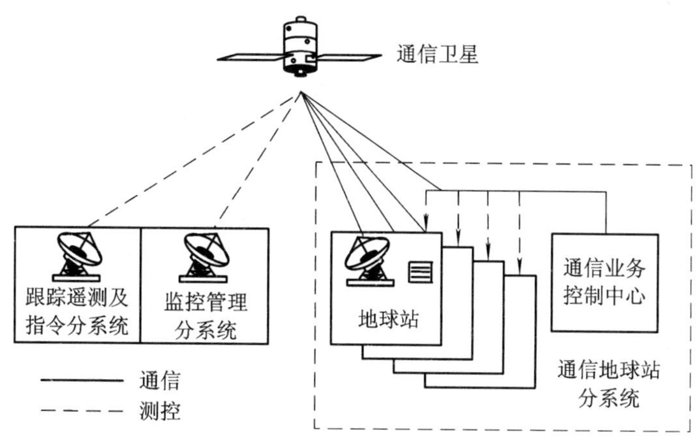

图 1-5 卫星通信系统的组成

(1) 通信卫星：由一颗或多颗通信卫星组成，在空中对发来的信号起中继放大和转发作用。每颗通信卫星均包括天线、通信转发器、跟踪遥测指令、控制和电源等分系统。

通信卫星的分类如下：

① 按卫星的结构，通信卫星可分为有源卫星（目前主要发展或正在发展）和无源卫星（目前已被淘汰）。

② 按卫星的运动方式，通信卫星可分为静止卫星（同步卫星）和运动卫星（非同步卫星），其中运动卫星是有源的，它只适用于高纬度地区或为特殊目的服务的业务（军事上侦查、监视、预报系统），主要包括相位卫星（同轨道排列的多颗卫星）和随机卫星（不同轨道排列的多颗卫星）等类型。

③ 按卫星的重量（T），通信卫星可分为巨卫星（$T>3500$ kg）、大卫星（1000 kg$<T\leqslant 3500$ kg）、中卫星（500 kg$<T\leqslant 1000$ kg）、小卫星（100 kg$<T\leqslant 500$ kg）、微小卫星（10 kg$<T\leqslant 100$ kg）、纳卫星（1 kg$<T\leqslant 10$ kg）、皮卫星（0.1 kg$<T\leqslant 1$ kg）和飞卫星（$T<$ 0.1 kg）。

④ 按卫星离地面的高度（h），通信卫星可分为低轨道（$h<5000$ km）卫星、中轨道（5000$\leqslant h\leqslant$20 000 km）卫星、高轨道（$h>$20 000 km）卫星和地球同步轨道（$h=$35 786 km）卫星。

⑤ 按卫星轨道与赤道平面的夹角（即卫星倾角 i），通信卫星可分为赤道轨道卫星（$i=0°$）、倾斜轨道卫星（$0°<i<90°$，顺行；$90°<i<180°$，逆行）和极地轨道卫星（$i=90°$）。

(2) 通信地球站分系统：包括地球站和通信业务控制中心，其中有天馈设备、发射机、接收机、信道终端设备、跟踪设备和电源等。

(3) 跟踪遥测及指令分系统：其作用是对卫星进行跟踪测量，控制卫星准确地进入静止轨道上的指定位置，并对卫星的轨道、位置、姿态进行监视和校正。

(4) 监控管理分系统：其作用是对在轨道上的卫星的通信性能及其参数进行业务开通前的监测和业务开通后的例行监测与控制，其中包括转发器功率、天线增益、地球站发射功率、射频频率和带宽等，以保证通信卫星正常运行和工作。

此外，卫星通信系统的组成还可以分为空间段、地面段和控制段三部分。

(1) 空间段：包括通信系统中所有的处在地球外层空间的卫星，其作用是在空中对地面或其他卫星发来的信号起中继放大和转发作用。

(2) 地面段：主要由多个承担不同业务的地球站组成，它们按照业务类型，大致分为用户站(如手机、便携设备、移动站和甚小口径终端 VSAT，可以直接连接到空间段)、接口站(又称关口站，它将空间段与地面网络互联)和服务站(如枢纽站和馈送站，它通过空间段从用户处收集信息或向用户分发信息)。

(3) 控制段：由所有地面控制和管理设施组成，它既包括用于监测和控制(跟踪遥测及指令系统)这些卫星的地球站，又包括用于业务与星上资源管理的地球站。

2. 卫星通信系统的分类

当前，世界上已建立了几十个卫星通信系统，将来会更多。归纳起来，可从以下角度对卫星通信系统进行分类：

(1) 按卫星制式，分为随机、相位和静止三类卫星通信系统。

(2) 按通信覆盖区的范围，分为国际、国内和区域三类卫星通信系统。

(3) 按用户性质，分为公用(商用)、专用和军用三类卫星通信系统。

(4) 按业务，分为固定业务(FSS)、移动业务(MSS)、广播业务(BSS)、科学实验，以及其他业务(如教学、气象、军事)等卫星通信系统。

(5) 按多址方式，分为频分多址、时分多址、码分多址、空分多址和混合多址五类卫星通信系统。

(6) 按基带信号体制，分为数字式和模拟式两类卫星通信系统。

(7) 按所用频段，分为特高频(UHF)、超高频(SHF)、极高频(EHF)和激光四类卫星通信系统。

以上各种分类方法从不同侧面反映出卫星通信系统的特点、性质和用途，若将它们综合起来，便可较全面地描绘出某一具体的卫星通信系统的特征。

1.2 卫星通信地球站

1.2.1 地球站的种类

地球站是卫星通信系统的重要组成部分，它可以按不同的方法来分类。

(1) 按安装方法及设备规模，地球站可分为固定站、移动站(船载站、车载站、机载站等)和可搬动站(在短时间内可拆卸转移)。其中，固定站根据规模大小可分为大型站、中型站和小型站。

(2) 按天线反射面口径大小，地球站可分为20 m、15 m、10 m、7 m、5 m、3 m和1 m等类型。

(3) 按传输信号特征，地球站可分为模拟站和数字站。

(4) 按用途，可分为民用、军用、广播、航空、航海、气象以及实验等地球站。

(5) 按业务性质，地球站可分为遥控、遥测跟踪站(用来遥测通信卫星的工作参数，控制卫星的位置和姿态)，通信参数测量站(用来监视转发器及地球站通信系统的工作参数)和通信业务站(用来进行电话、电报、数据、电视及传真等通信业务)。

此外，地球站还可按工作频段、通信卫星类型、多址方式等进行分类，而且随着科学技术的迅猛发展和社会需求的日益增大，新的地球站种类仍不断涌现，地球站的分类也将随之而有所改变。

目前国际上通常根据地球站天线口径尺寸及地球站性能因数 G/T(即地球站接收天线增益 G 与接收系统的等效噪声温度 T 之比)值大小将地球站分为A、B、C、D、E、F、G、Z等各种类型。A、B、C三种称为标准站，用于国际通信。E和F又分为E-1、E-2、E-3和F-1、F-2、F-3等类型，主要用于国内几个企业之间的话音、传真、电子邮政、电视会议等通信业务。其中，E-2、E-3和F-2、F-3又称为中型站，是为大城市和大企业之间提供通信业务的；E-1、F-1称为小型站，它们的业务容量较小。各类地球站的天线尺寸、性能指标及业务类型见表1-1。

表1-1 各类地球站的天线尺寸、性能指标及业务类型

类型	地球站标准	天线尺寸/m	G/T 最小值/(dB/K)	业务	频段/GHz
大型站(国家)	A C B	15～18(原30～32) 12～14(原15～18) 11～13	35.0(原40.7) 37.0(原39) 31.7	电话、数据、TV、IDR、IBS 电话、数据、TV、IDR、IBS 电话、数据、TV、IDR、IBS	6/4 14/11&12 6/4
中型站(卫星通信港)	F-3 E-3 F-2 E-2	9～10 8～10 7～8 5～7	29.0 34.0 27.0 29.0	电话、数据、TV、IDR、IBS 电话、数据、TV、IDR、IBS 电话、数据、TV、IDR、IBS 电话、数据、TV、IDR、IBS	6/4 14/11&12 6/4 14/11&12
小型站(商用)	F-1 E-1 D-1	4.5～5 3.5 4.5～5.5	22.7 25.0 22.7	IBS、TV IBS、TV VISTA	6/4 14/11&12 6/4
VSAT TVRO	G	0.6～2.4 1.2～11	5.5 16	INTERNET TV	6/4；14/11&12 6/4；14/11&12
国内	Z	0.6～12	5.5～16	国内	6/4；14/11&12

A 型站的天线口径原规定为 30～32 m，G/T 值为 40.7 dB/K，后来因为卫星星体上的辐射功率增加，现已把天线口径降为 15～18 m，G/T 值也降到 35.0 dB/K。C 型站的天线口径原规定为 15～18 m，G/T 值为 39 dB/K，现降为 12～14 m 和 37.0 dB/K。

1.2.2 地球站的组成

根据大小和用途的不同，地球站的组成也有所不同。典型的标准地球站一般包括天馈设备、发射机、接收机、信道终端设备、天线跟踪设备和电源设备，如图 1-6 所示。

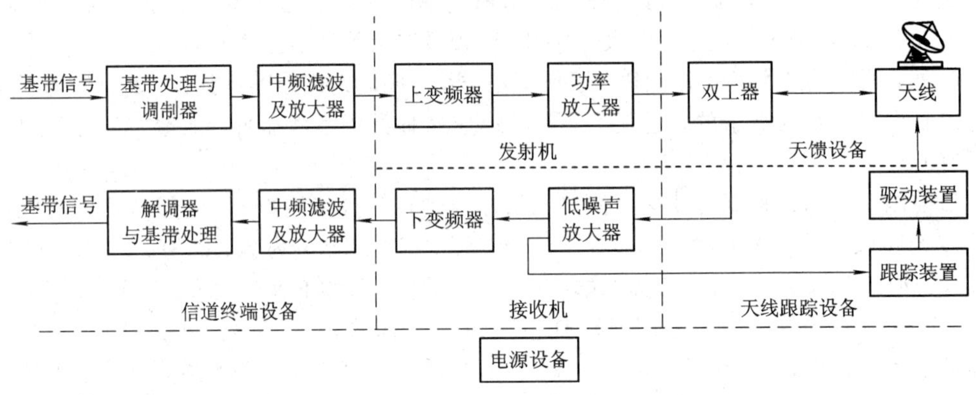

图 1-6　卫星通信地球站的简化方框图

1. 天馈设备

天馈设备的主要作用是将发射机送来的射频信号经天线向卫星方向辐射，同时它又接收卫星转发的信号，将其送往接收机。由于地球站天线系统的建设费用很高，约占整个地球站的 1/3，因此一般都是收、发信机共用一副天线。为了使收、发信号隔离，保证接收机和发射机都能同时正常工作，其中还需接入一只双工器，作为发送波和接收波的分路器。双工器主要由两组不同频率的带阻滤波器组成，以避免本机发射信号传输到接收机。

电磁波在空间传播时，可以采用线极化波，也可以采用圆极化波。目前绝大多数工作于 C、Ku 频段的通信卫星均采用线极化波，通过双极化可获二次频率复用。若考虑采用线极化波难以做到稳定的极化匹配(即线极化对准)，则可采用圆极化波，此时需在天线系统中接入一个极化变换器。

地球站原则上可以采用抛物面天线、喇叭天线和喇叭抛物面天线等多种形式。一般大、中型天线用卡塞格伦天线，小口径天线用偏馈(焦)抛物面天线。卡塞格伦天线亦即双反射镜式抛物面天线，如图 1-7 所示，它是基于卡塞格伦天文望远镜的原理研制的，其主要优点是可以把大功率发射机或低噪声接收机直接与馈源喇叭相连，从而降低了因馈电波导过长而引起的损耗噪声。同时，从馈源喇叭辐射出来经副反射镜边缘漏出去的电波是射向天空的，而不像抛物面天线那样射向地面，因此降低了大地反射噪声。另外，为进一步提高天线性能，一般还要对主、副反射镜面形状作进一步修正，即通过反射面的微小变形，使电波在主反射镜口面上的照度分布均匀。如图 1-7(b)所示，这种经过镜面修正的天线称为成形波束卡塞格伦天线。目前改进的卡塞格伦天线效率可达 80%。

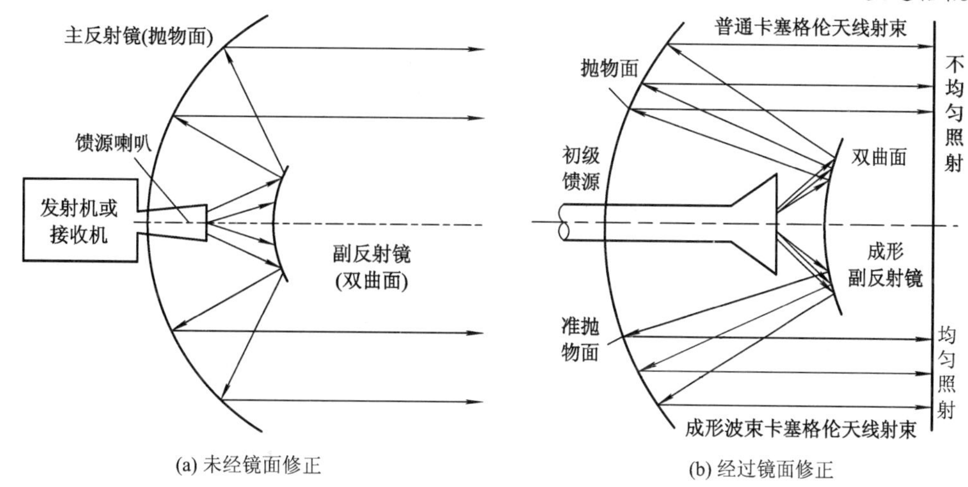

图 1-7　卡塞格伦天线结构图

2. 发射机

发射机主要由上变频器和功率放大器组成，其主要作用是将已调制的中频信号经上变频器变换为射频信号，并放大到一定的电平，再经馈线送至天线向卫星发射。

目前，大、中型地球站一般采用行波管和调速管，小型地球站一般采用固态砷化镓场效应管(FET)。

对于上变频器这一频率变换设备，主要有一次变频和二次变频两种方式。一次变频，即从中频(如 70 MHz)直接变到微波射频(如 6 GHz)，其突出的优点是设备简单，组合频率干扰少，但因中频带宽有限，不利于宽带系统的实现，故这种变频方式只适合小容量的小型地球站或其他某些特定的地球站。二次变频，即从中频(如 70 MHz)先变到较高的中频(如 950～1450 MHz)，然后由此高中频变到微波射频(如 6 GHz)，它的优点是调整方便、易于实现带宽要求，缺点是电路较为复杂。由于微电子技术的进步，二次变频已较容易实现，故而在各类地球站中被广泛使用。

3. 接收机

接收机主要由下变频器和低噪声放大器组成，其主要作用是从噪声中接收来自卫星的有用信号，该信号经下变频器变换为中频信号，送至解调器。

接收机接收的信号极其微弱，一般只有 10^{-17}～10^{-18} W 的数量级。为了减少噪声和干扰的影响，接收机输入端必须使用灵敏度很高、噪声温度很低的低噪声放大器。与此同时，为了减少由于馈线损耗带来的噪声的影响，一般都将低噪声放大器配置在天线上。

下变频器可以采用一次变频，也可以采用二次变频。采用一次变频时，一般取中频为 70 MHz 或 140 MHz；采用二次变频时，第一中频(例如 1125 MHz)一般都高于第二中频，第二中频采用 70 MHz。

4. 信道终端设备

信道终端设备主要由基带处理与调制解调器、中频滤波及放大器组成。它的主要作用是将用户终端送来的信息加以处理，成为基带信号，对中频进行调制，同时对接收的中频已调信号进行解调以及进行与发端相反的处理，输出基带信号送往用户终端。

5. 天线跟踪设备

天线跟踪设备主要用来校正地球站天线的方位和仰角，以便使天线对准卫星。天线跟踪设备通常有手动跟踪、程序跟踪和自动跟踪三种，根据使用场合和要求确定。

手动跟踪是根据预知的卫星轨道位置数据随时间变化的规律，通过人工按时调整天线的指向，使其接收的卫星信号最强。程序跟踪是根据卫星预报的数据和从天线角度检测器得来的天线位置值，通过计算机处理，计算出角度误差值，然后输入伺服回路，驱动天线，消除误差角。自动跟踪则是根据卫星所发的信标信号，检测出误差信号，驱动跟踪系统使天线自动地对准卫星。

由于影响卫星位置的因素太多，无法长期预测卫星轨道，因此手工跟踪和程序跟踪都不能对卫星进行连续的精确跟踪，故目前大、中型地球站都采用自动跟踪为主、手动跟踪和程序跟踪为辅的方式。

6. 电源设备

地球站的电源设备要供应站内全部设备所需的电能，因此电源设备的性能优劣会影响卫星通信的质量及设备的可靠性。为了满足地球站的供电需要，一般设有两种电源设备，即交流不间断电源设备和应急电源设备。

1.2.3 基本工作原理

为了便于了解卫星通信的基本工作原理，这里以多路电话信号的传输为例加以说明。如图 1－8 所示，经市内通信链路送来的电话信号，在地球站 A 的终端设备内进行多路复用(FDM 或 TDM)，成为多路电话的基带信号，在调制器(数字的或模拟的)中对中频载波进行调制，然后经上变频器变换为微波频率为 f_1 的射频信号，再经功率放大器、双工器和天线发向卫星。这一信号经过大气层和宇宙空间，信号强度将受到很大的衰减，并引入一定的噪声，最后到达卫星。在卫星转发器中，首先将微波频率 f_1 的上行信号经低噪声接收机进行放大，并变换为下行频率为 $f_2(f_2 \neq f_1)$ 的信号，再经功率放大，由天线发向收端地球站。

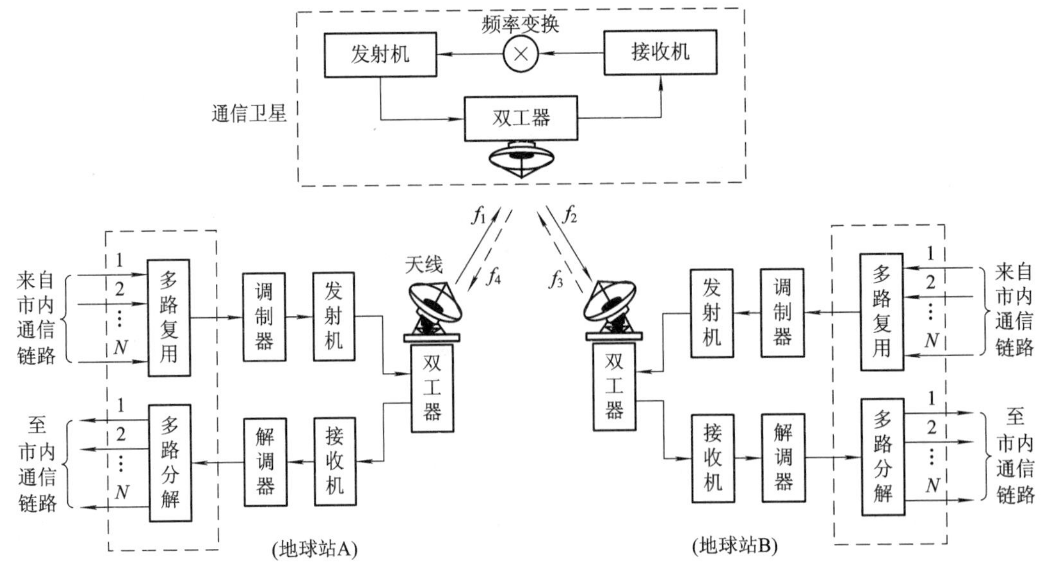

图 1－8 卫星通信的基本工作原理

由卫星转发器发向地球站的微波频率为 f_2 的信号，同样要经过宇宙空间和大气层，也要受到很大的衰减，最后到达收端地球站B。收端地球站B收到的信号经双工器和接收机，首先将微波频率为 f_2 的信号变换为中频信号并进行放大，然后经解调器进行解调，恢复为基带信号。最后利用多路复用设备进行分路，并经市内通信链路，送到用户终端，这样就完成了单向的通信过程。

由B站向A站传送多路电话信号时，与上述过程类似。不同的是B站的上行频率用另一频率 $f_3(f_3\neq f_1)$，下行频率用 $f_4(f_4\neq f_2)$，以免上、下行信号相互干扰。

应该指出，地球站不应设在无线电发射台、变电站、电气化铁道及具有电焊设备或X光设备等其他电气干扰源附近。较大型的地球站一般设在城市郊区，各用户终端先经市内通信链路，再经微波中继链路或同轴电缆与地球站相连接。对于小型地球站，可不需要微波中继链路而直接与市内通信链路连接。特别是小用户站(例如VSAT)，可直接设在用户终端处。至于地球站规模的大小，则取决于通信系统的用途和要求。

1.3 通信卫星

1.3.1 卫星与轨道

1. 卫星运动的基本规律

卫星围绕地球运行，其运动轨迹称为卫星轨道。通信卫星视使用目的和发射条件的不同，可能有不同高度和不同形状的轨道，但它们有一个共同点，就是它们的轨道位置都在通过地球中心的一个平面内。卫星运动所在的平面称为轨道面。卫星轨道可以是圆形或椭圆形。

德国科学家开普勒(Johannes Kepler，1571—1630)根据观测太阳系内行星运动所得到的数据，推导出了行星运动定律，即开普勒三大定律。1667年，英国科学家牛顿(1642—1727)在此定律的基础上提出了万有引力定律。卫星与地球也当然服从万有引力定律，由于卫星的质量与地球相比很小，它对地球的影响可以忽略，若同时忽略宇宙间其他星体(如太阳、月亮等)的影响，就可以把卫星围绕地球的运动看作是受地球中心引力作用的质点运动，根据万有引力定律就可以推导出卫星运动也是服从开普勒三大定律的。

第一定律(轨道定律)：卫星以地心为一个焦点做椭圆运动。

在极坐标中，卫星运动方程可写成：

$$r=\frac{P}{1+e\cos\theta} \tag{1-1}$$

式中：r 为卫星到地心的距离；θ 为中心角；$e=\sqrt{1-(b/a)^2}$，为偏心率；$P=a(1-e^2)$，为二次曲线的参数。这里的 a、b 分别为椭圆的半长轴和半短轴。e、P 的值均由卫星入轨时的初始状态所决定。当 $0<e<1$ 时，为椭圆轨道，如图1-9(a)所示；仅当 $e=0$ 时，为圆轨道，如图1-9(b)所示。

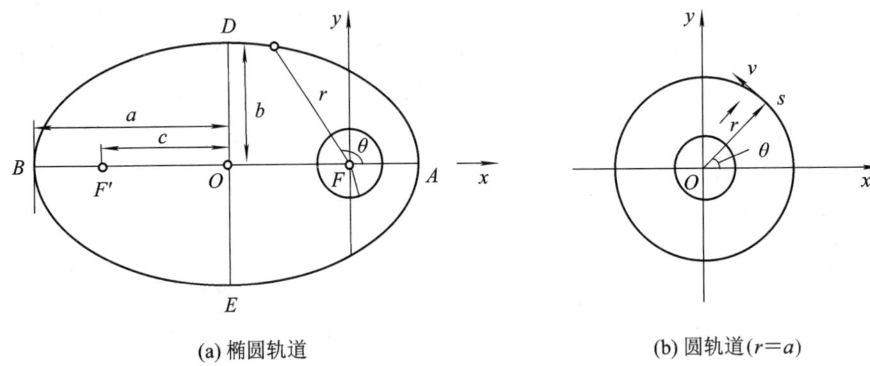

图 1-9　地球卫星轨道

第二定律(面积定律)：卫星与地心的连线在相同时间内扫过的面积相等。

由第二定律可以导出卫星在轨道上任意位置的瞬时速度为

$$v(r)=\sqrt{\mu\left(\frac{2}{r}-\frac{1}{a}\right)}\quad(\mathrm{km/s})\tag{1-2}$$

式中：μ 为开普勒常数($3.986\ 013\times10^5\ \mathrm{km^3/s^2}$)；$a$、$r$ 的单位均取 km。

第三定律(轨道周期定律)：卫星运转周期的平方与轨道半长轴的 3 次方成正比。

由第三定律可知，卫星围绕地球运行一圈的周期 T 为

$$T=2\pi\sqrt{\frac{a^3}{\mu}}\tag{1-3}$$

在椭圆轨道上，卫星离地球最远的点称为远地点，卫星离地球最近的点称为近地点。卫星和地心的连线在地面上的交点称为星下点。星下点轨迹是指卫星与地心的连线切割地面形成的轨迹。

卫星从地球的南半球向北半球飞行时经过地球赤道平面的点称为升节点；假定地球不动，则太阳绕地球运行，当太阳从地球的南半球向北半球运行时，穿过地球赤道平面的那个点称为春分点。采用地心赤道坐标系，坐标原点为地心，坐标轴 x 在赤道平面内，指向春分点；z 轴垂直于赤道面，与地球自转角速度方向一致；y 轴与 x 轴、z 轴垂直，构成右手系，如图 1-10 所示。

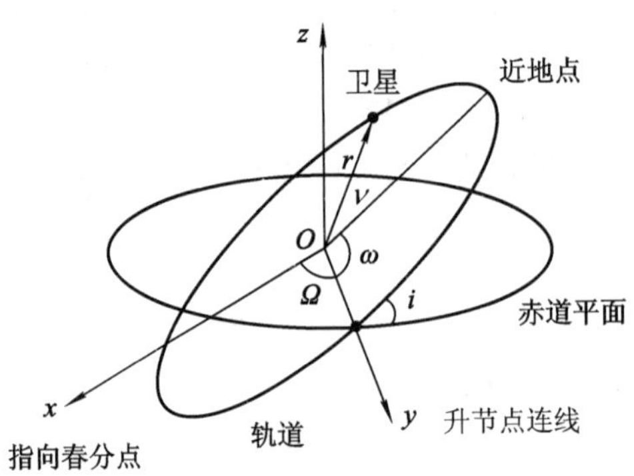

图 1-10　单颗卫星的轨道参数

一般地，卫星位置的确定需要以下 6 个参数：

(1) 轨道平面的倾角 i，即卫星轨道平面与赤道平面的夹角。

（2）轨道的半长轴 a。

（3）轨道的偏心率 e。

（4）升节点位置 Ω，即从春分点到地心的连线与从升节点到地心的连线之间的夹角。

（5）近地点辐角 ω，即从升节点到地心的连线与从卫星近地点到地心的连线之间的夹角。从升节点沿轨道运行方向度量，$0°\leqslant\omega\leqslant 90°$。

（6）卫星初始时刻的位置 $\omega+\upsilon$，即卫星在初始时刻到地心的连线与升节点到地心的连线之间的张角。其中，υ 是初始时刻卫星在轨道内的辐角，从近地点位置开始计算。

卫星在沿着椭圆轨道绕地球运行于某一圈时，定义该圈运行通过升节点的时刻为度量零点，则星下点轨迹方程如下：

$$\varphi_s = \arcsin(\sin i \cdot \sin\theta) \tag{1-4}$$

$$\lambda_s = \lambda_0 + \arctan(\cos i \cdot \tan\theta) - \omega_e t \pm \begin{cases} -180° & (-180° \leqslant \theta < -90°) \\ 0° & (-90° \leqslant \theta \leqslant 90°) \\ 180° & (90° < \theta \leqslant 180°) \end{cases} \tag{1-5}$$

式中：φ_s、λ_s 分别为星下点的地心纬度和经度(单位是度)；λ_0 是升节点的地心经度；t 是飞行时间(单位是秒)；θ 是 t 时刻卫星与升节点之间的角距(从升节点开始度量，顺行方向取正，逆行方向取负)；ω_e 是地球自转速度(单位是度/秒)；“±”号分别表示顺行轨道和逆行轨道。

2. 卫星轨道的分类

卫星轨道以不同的标准可以有不同的分类，下面是几种分类方式。

（1）按其与赤道平面的夹角(即卫星轨道的倾角 i)，卫星轨道可以分为赤道轨道($i=0°$)、倾斜轨道($0°<i<90°$，顺行倾斜轨道；$90°<i<180°$，逆行倾斜轨道)和极地轨道($i=90°$)，如图 1-11 所示。

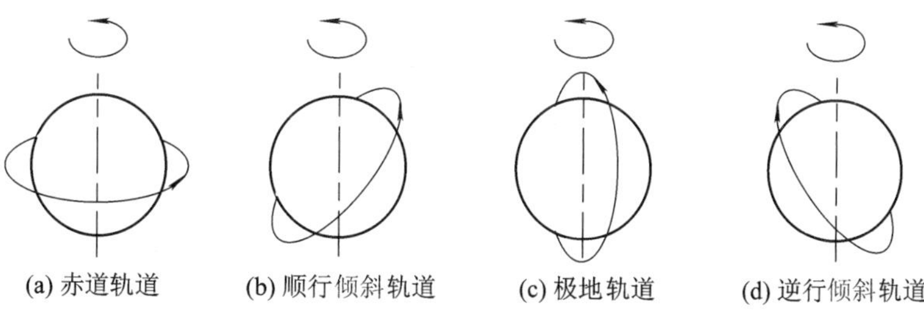

图 1-11　卫星轨道倾角示意图

比如，静止通信卫星采用赤道轨道，“铱”系统采用极地轨道，ICO 卫星采用顺行倾斜轨道。若采用顺行倾斜轨道将卫星送入轨道，则运载火箭需要朝东方发射，即利用地球自西向东自转的一部分速度，从而节省运载火箭的能量；若采用逆行倾斜轨道将卫星送入轨道，则运载火箭需要朝西方发射。

当卫星轨道角度大于 90°时，地球的非球形重力场使卫星的轨道平面由西向东转动。适当调整卫星的高度、倾角、形状，可以使卫星轨道的转动角速度恰好等于地球绕太阳公转的平均角速度，这种轨道称为太阳同步轨道。太阳同步轨道卫星可以在相同的当地时间和光照条件下，多次拍摄同一地区的云层和地面目标。气象卫星和资源卫星多采用这种轨道。

(2) 按其偏心率(e)，卫星轨道可以分为圆轨道($e=0$ 或接近于零)、椭圆轨道($0<e<1$)、大椭圆轨道($e>0.2$)、抛物线轨道($e=1$)和双曲线轨道($e>1$)。

全球卫星通信系统多采用圆轨道，以均匀覆盖南、北两半球。区域卫星通信系统，若覆盖区域相对于赤道不对称或覆盖区域纬度较高，则宜采用椭圆轨道。沿抛物线和双曲线轨道运行，卫星将飞离地球的引力场，行星探测器的行星际航行采用的是这两种轨道。

(3) 按卫星离地面的高度(h)，卫星轨道可以分为低轨道(LEO，700～1500 km)、中轨道(MEO，约 10 000 km)、高椭圆轨道(HEO，最近点为 1000～21 000 km，最远点为 39 500～50 600 km)和地球同步轨道(GEO，约 35 786 km)。

如图 1－12 所示，在空间上有两个由美国科学家范伦(J. A. Van Allen)于 1958 年发现的辐射带——内范伦带(1500～6000 km 或 8000 km)和外范伦带(15 000～20 000 km)，它们由地球磁场吸引和俘获的太阳风的高能带电离子所组成，形成的恶劣的电辐射环境对卫星电子设备损害极大，所以在这两个范伦带内不宜运行卫星，否则卫星只能存在几个月，这就得出了相应的低、中、高轨道卫星。中轨道卫星运行在两个范伦带之间，虽然卫星遭受的辐射强度约为地球同步卫星遭受的辐射强度的两倍，但可用电防护措施进行防护，并可使用防辐射的电子器件。

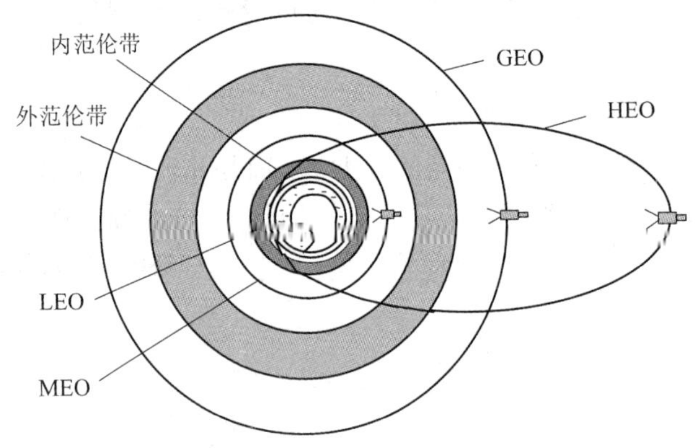

图 1－12　卫星轨道高度的划分

3. 卫星轨道的摄动

在理想条件下，卫星轨道是开普勒轨道。但由于一些次要因素的影响，卫星的实际轨道会不同程度地偏离开普勒轨道，从而产生一定的漂移，这种现象称为摄动。

引起卫星轨道摄动的原因有以下几个方面：

(1) 太阳、月亮引力的影响。对于低轨道卫星，地球引力占绝对优势，太阳、月亮引力的影响可以忽略不计；对于高轨道卫星，地球引力虽然仍是主要的影响，但太阳、月亮的引力也有一定影响。例如，对于静止卫星，太阳和月亮对卫星的引力分别为地球引力的 1/37 和 1/6800。这些引力将使卫星轨道位置的矢径每天发生微小的摆动，并使轨道倾角发生累积性的变化，其平均速率均为 0.85°/年。如不进行校正，则在 26.6 年内，倾角将从 0°变到 14.67°，然后经同样时间又减小到 0°。从地球上看，这种摄动使静止卫星的位置主要在南北方向上缓慢地漂移。

(2) 地球引力场不均匀的影响。由于地球并非理想的球体，它是一个略呈扁平、赤道部分有些膨胀的椭球体，且表面起伏不平，这样便使地球同等高度处的引力不为常数，即使在静止轨道上，地球引力仍然有微小的波动。显然，地球引力的不均匀性，将使卫星的瞬时速度偏离理论值，从而使卫星在轨道平面内产生摄动。对静止卫星而言，瞬时速度的起伏，将使它的位置在东西方向上漂移。

(3) 太阳辐射压力的影响。对于一般卫星而言，太阳辐射压力的影响可以不予考虑。但对于表面积较大(如带有大面积的太阳能电池帆板)且定点精度要求高的静止卫星而言，就必须考虑太阳辐射压力引起的静止卫星在东西方向上的位置漂移。摄动对静止卫星定点位置的保持非常不利，为此，必须采用相应的控制措施来予以克服。另外，静止卫星的摄动，对地球站的天线也提出了应能自动跟踪通信卫星的要求。

(4) 地球大气阻力的影响。高轨道卫星处于大气层外的宇宙空间，大气阻力可以不予考虑。但对于低轨道卫星而言，大气阻力有一定的影响，使卫星的机械能受到损耗，从而使轨道日渐缩小，例如椭圆轨道的卫星，由于受大气阻力的影响，其近地点高度和远地点高度都将逐渐降低。

为克服摄动的影响，需要对卫星轨道进行控制，包括位置保持和姿态控制。

4. 卫星的位置保持与姿态控制

1) 位置保持

所谓位置保持，就是使卫星在运行轨道平面上的位置保持不变。位置控制主要靠星体上的轴向喷嘴和横向喷嘴来完成，如图1-13所示，它们分别由两枚很小的气体火箭组成。轴向喷嘴控制纬度方向的漂移，当卫星漂移出地球赤道平面时，星体上的遥测装置给地面一个信号，地面则通过遥控装置去控制卫星上的轴向喷嘴的点火系统，使轴向喷嘴工作，并给卫星施加一个反作用力，使卫星回到赤道平面上来。当卫星在经度方向发生漂移，即环绕速度发生变化时，地球站给它一个控制信号，使横向喷嘴点火，以达到规定的速度。目前，静止卫星必须采取位置保持技术，其定点精度约为±0.1°，换算成位置精度约为±40 km。

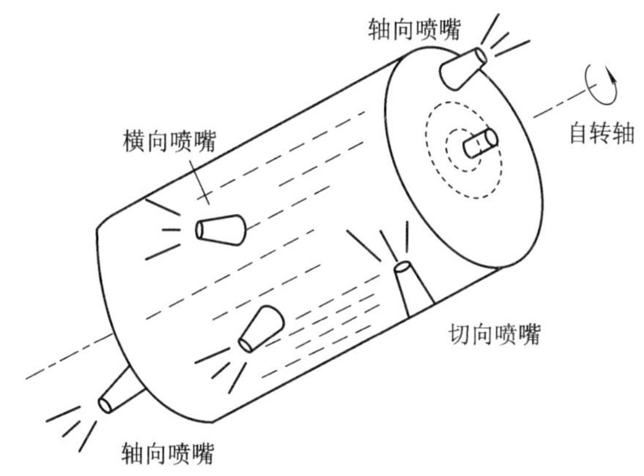

图1-13 位置控制示意图

2) 姿态控制

所谓姿态控制，就是控制卫星保持一定的姿态，以便使卫星的天线波束始终指向地球表面的服务区，同时，对采用太阳能电池帆板的卫星，还应使帆板始终朝向太阳。进行卫星的姿态控制的一般步骤是：先用各种传感器测定卫星姿态；然后将测定结果与所需值进行比较，计算出修正量；最后操作相应的发动机单元，引入修正量进行姿态修正。测量卫星姿态的传感器主要有利用日光的太阳传感器、利用红外线的地球传感器、利用其他星球（特别是北极星）的恒星传感器、利用地球磁性的地球传感器、利用信标信号的电波极化面传感器和利用惯性的陀螺仪等。

卫星的姿态控制有自旋稳定、三轴稳定、重力梯度稳定和磁力稳定等方法，最常见的是自旋稳定和三轴稳定两种。

(1) 自旋稳定：根据陀螺旋转原理，将卫星做成轴对称的形状，并使卫星以对称轴（自旋轴）为中心不断旋转，利用旋转时产生的惯性转矩使卫星姿态保持稳定。但是，天线和卫星一起旋转时，天线的波束将绕卫星的对称轴做环形扫描，功率浪费很大。显然，这是一种被动的单自旋稳定方式，为此，必须采用双自旋稳定方式，即在卫星上安装消旋天线，以保证天线波束的指向始终不变。其消旋天线可以是机械的，也可以是电子的。机械消旋是使安装在卫星自旋轴上部的天线与卫星自旋速度相等而方向相反；电子消旋是利用电子线路控制天线的波束，使其进行扫描，其扫描速度与卫星自旋速度相等，而方向相反。

特别是在机械消旋中，由于存在外界力矩的影响，这会使卫星的自旋速度减慢，或引起自旋轴进动和章动（小振动）等，从而使卫星的姿态不稳定。为此，可以利用星体上的切向喷嘴推进器来增加自旋速度，安装磁性线圈来保持自旋轴的方向，安装章动抑制器来抑制自旋轴的章动。卫星自旋的典型速度为 100 圈/分钟。采用双自旋稳定法的卫星很多，如 IS 系列卫星中有不少都使用。

(2) 三轴稳定：指卫星本身并不旋转，而是通过控制穿过卫星质心的三个固定轴来控制卫星姿态的方法。这三个轴选在卫星轨道平面的垂线、轨道的法线和切线三个方向上，分别称为俯仰轴、偏航轴和滚动轴，如图 1-14 所示。

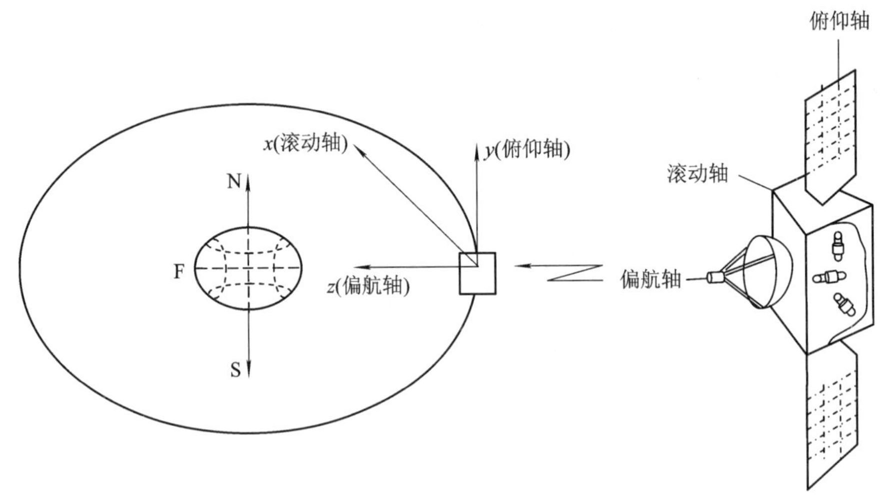

图 1-14　三轴稳定方式

需稳定的三轴可以采用喷气、惯性轮或电机等来直接控制，其中用得较多的是惯性轮，当卫星姿态正确时，各飞轮按规定的速度旋转，以惯性转矩使卫星姿态稳定。当卫星姿态发生改变时，改变飞轮的转速，从而产生反作用力来使卫星姿态恢复正常。这种设计能提高卫星运动的稳定度和精度，且姿态误差容限在三个轴方向上不超过±0.1°。

（3）重力梯度稳定：根据转动惯量最小的轴有与重力梯度最大的方向相一致的趋势的原理，利用卫星上不同两点的作用力不平衡，确保卫星姿态稳定。目前，小型应用卫星采用此法较多。

（4）磁力稳定：利用固定在卫星上的磁铁和地球磁场的相互作用来控制卫星姿态的方法。这种方法容易受到地磁变动的影响，而且控制转矩较小，所以它仅作为其他方式的辅助手段。

1.3.2 卫星覆盖与星座设计

1. 单颗卫星覆盖范围的确定

对于单颗卫星而言，它在空间轨道上的某一位置对地面的覆盖，称为单颗卫星的覆盖区域；卫星沿空间轨道运行对地面的覆盖情况，就称为卫星的地面覆盖带。图 1－15 所示为全球波束覆盖区的几何关系示意图。

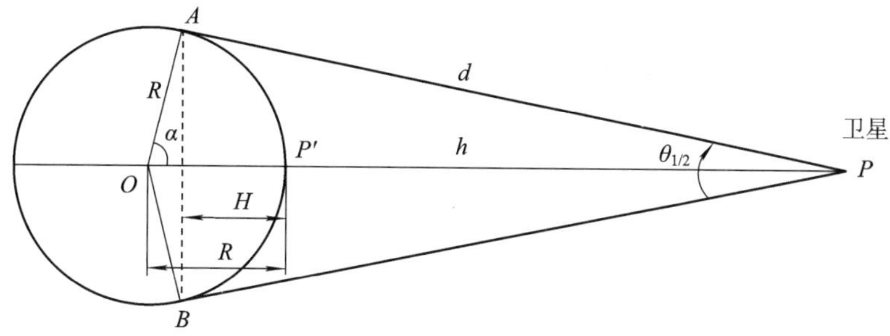

图 1－15 全球波束覆盖区的几何关系示意图

一般来说，星下点 P' 处于星上天线全球波束的立轴上。由图不难得出以下结论：

（1）卫星的全球波束宽度：$\theta_{1/2}=2\arcsin\dfrac{R}{R+h}$。式中：$\theta_{1/2}$ 为波束的半功率宽度，即卫星对地球的最大视角；R 为地球半径；h 为卫星离地面的高度。对于静止卫星，$\theta_{1/2}\approx17.34°$。

（2）覆盖区边缘所对的最大地心角：$\angle AOB=2\alpha=2\arccos\dfrac{R}{R+h}$。对于静止卫星，$\alpha=81.3°$。

（3）卫星到覆盖区边缘的距离：$d=(R+h)\sqrt{1-\left(\dfrac{R}{R+h}\right)^2}$。对于静止卫星，$d\approx41\ 700$ km。

（4）覆盖区的绝对面积 S 与相对面积 S/S_0 分别为

$$S=2\pi RH=2\pi R(R-R\cos\alpha)=2\pi R^2\left(1-\frac{R}{R+h}\right)$$

$$\frac{S}{S_0}=\frac{1}{2}\left(1-\frac{R}{R+h}\right)$$

对于静止卫星，$S/S_0=42.4\%$，此时在上述覆盖区的边缘，地球站天线对准卫星的仰角接近 0°，这在卫星通信中是不允许的。当仰角过低时，由于地形、地物及地面噪声的影响，不能进行有效的通信。为此，INTELSAT 规定地球站天线的工作仰角不得小于 5°。仰角≥5°的地面区域叫作静止卫星的可通信区，它比上述覆盖区的面积约减小 4.4%，只达到全球的 38%。

2. 方位角、仰角和站星距的计算

在地球站的调测、开通和使用过程中，都要知道地球站天线工作时的方位角 ϕ_a 和仰角 ϕ_e。此外，为了计算自由空间的传输损耗，还必须知道地球站与卫星的距离，即站星距。图 1-16 为静止卫星 P 与地球站 A 的几何关系，其中地球站 A 的经度和纬度分别为 ϕ_1 和 θ_1，静止卫星 P 的星下点 P' 的经度和纬度分别为 ϕ_2 和 0，经度差为 $\phi=\phi_2-\phi_1$，纬度差为 $\theta_1-0=\theta_1$，从而可以推导出如下关系式：

$$\phi_e=\arctan\frac{\cos\theta_1\cos\phi-0.151}{\sqrt{1-(\cos\theta_1\cos\phi)^2}},\quad \phi_a=\arctan\frac{\tan\phi}{\sin\theta_1}$$

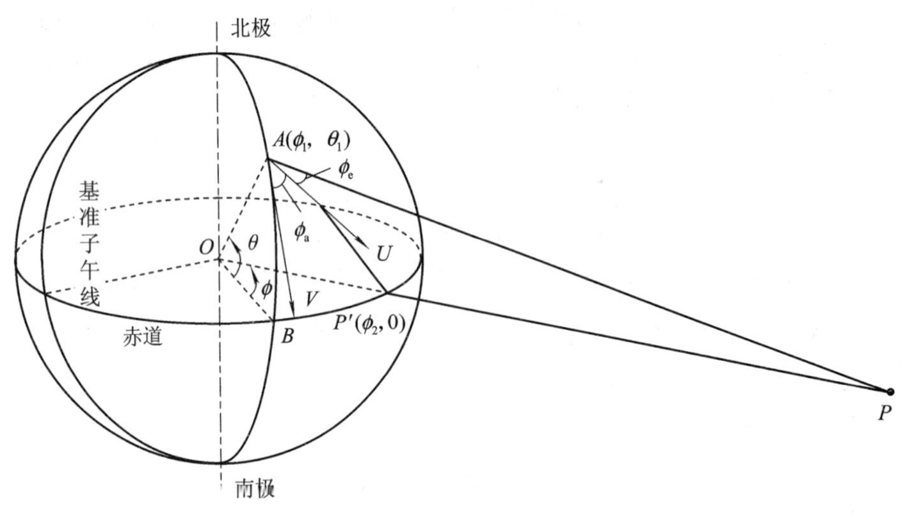

图 1-16 静止卫星观察参数图解

必须指出，利用上述关系式求出的方位角是以正南方向为基准得出的。按规定，地球站天线的方位角都是以正北方向为基准的，故其实际的方位角可用下述方法求出：

若地球站位于北半球，则方位角$=\begin{cases}180°-\phi_a & (\text{卫星位于地球站东侧})\\ 180°+\phi_a & (\text{卫星位于地球站西侧})\end{cases}$；

若地球站位于南半球，则方位角$=\begin{cases}\phi_a & (\text{卫星位于地球站东侧})\\ 360°-\phi_a & (\text{卫星位于地球站西侧})\end{cases}$。

另外，站星距 $d=42\ 238\sqrt{1.023-0.302\cos\theta_1\cos\phi}$ (km)。

例如，“亚太一号”卫星的星下点 P' 的经度为 $\phi_2=138.00°$E(东经)，北京地球站的经度和纬度分别为 $\phi_1=116.45°$E 和 $\theta_1=39.92°$，则北京地球站的仰角、方位角和站星距分别为 38.74 °、148.39 °和 37 955 km。

3. 星座设计

1) *星座的覆盖方式*

卫星星座是指由多颗卫星按照一定的规律组成的卫星群。与单颗卫星相比，卫星星座具有高得多的覆盖性能。由多颗卫星组成的卫星环沿空间轨道运行对地面的覆盖情况，则称为卫星环的覆盖带。

目前星座主要有两种：一种是星状星座，如图 1-17(a)所示，“铱”系统即采用此种星座形式；另一种为网状星座，即 Walker 星座，如图 1－17(b)所示，“全球星”(Globalstar)系统采用此种形式。两种星座各有千秋。至于卫星覆盖地区以及覆盖的持续时间，则主要取决于星座内的卫星数量、高度和轨道倾斜度。

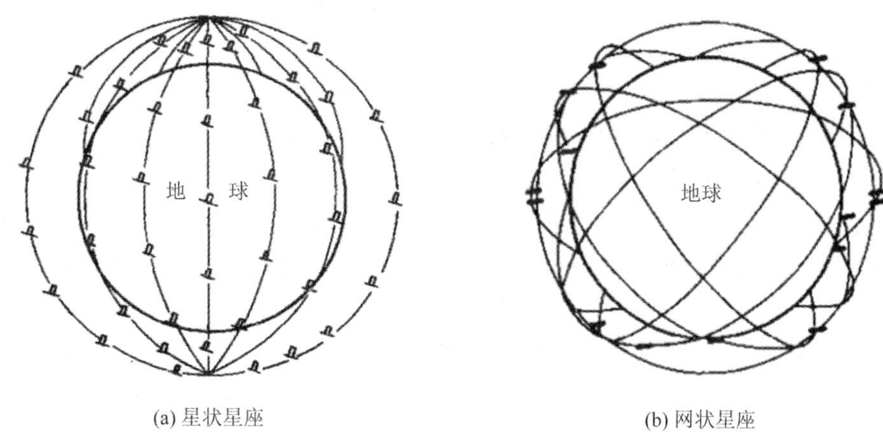

(a) 星状星座　　(b) 网状星座

图 1－17　星座示意图

卫星星座的覆盖要求，由星座所要完成的任务所决定，根据不同的任务确定不同的覆盖方式。一般来说，星座的覆盖方式有四种：第一种是持续性全球覆盖(Continuous Global Coverage)，即对全球的不间断连续覆盖；第二种是持续性地带覆盖(Continuous Zonal Coverage)，即对特定的纬度范围之间的地带进行不间断的连续覆盖；第三种是持续性区域覆盖(Continuous Regional Coverage)，即对某些区域(如一个国家的版图)进行连续的覆盖；第四种是部分覆盖(Partial or Revisit Coverage)，即覆盖区域为局部区域，而覆盖的时间是间断的。这四种覆盖方式如图 1－18 所示。

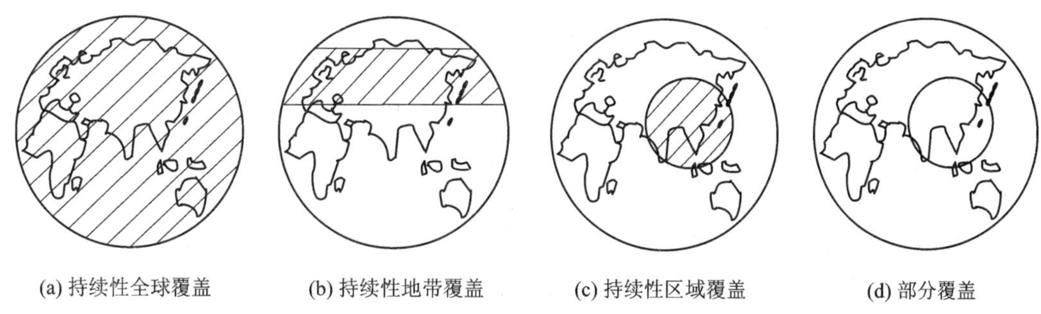

(a) 持续性全球覆盖　　(b) 持续性地带覆盖　　(c) 持续性区域覆盖　　(d) 部分覆盖

图 1－18　星座覆盖的四种方式

设计最佳星座，就是通过选取最佳的轨道倾角和升节点的位置，在高度尽可能低的轨道上采用数量尽可能少的卫星，使最小仰角尽可能大，并对指定区域进行全天候的持续性覆盖。其中：使用数量尽可能少的卫星意味着卫星系统的费用最省；轨道高度尽可能低意味着自由路径损耗较小；最小仰角是指在覆盖区内地球站看到卫星的最坏情况时的仰角，最小仰角尽可能大是为了使通信路径的各种衰减较小并为多址方式提供更为广阔的选择余地；指定区域说明是区域性覆盖；全天候的持续性覆盖是指 24 小时不间断的连续覆盖。

关于覆盖，有两种定义方法。一种方法是在卫星处在某一确定的位置时，根据地面上的最小仰角定义覆盖的大小，通过标定具有最小仰角的地面点的轨迹确定覆盖的具体范围；另一种方法是从卫星天线的角度来定义，由于卫星天线通常具有较强的方向性，因此将地面上处于卫星天线波束半功率角范围内的区域定义为覆盖区域。在卫星星座的设计中，一般使用覆盖的第一种定义方法。

2）星座的类型

按照是否对星座中卫星的相互位置关系进行控制，卫星星座可分为相位(Phasing)星座和随机(Random)星座两种。

相位星座由时间上具有相对固定位置的卫星组成。它要求对卫星进行轨道控制。相位星座的优点是可以用较小的卫星达到要求的性能；缺点是由于需要燃料和推进器，卫星较大，另外系统还需要一个卫星轨道控制网络。

随机星座由轨道高度和倾角均不同的卫星组成。其优点是没有轨道控制，卫星发射入轨后不用采取任何措施，节约了发射后在卫星有效期内轨道纠正和轨道控制的成本，但需要较多的卫星来达到相同的性能。

为达到给定的覆盖要求，采用相位星座比采用随机星座使用的卫星少，但需要轨道控制。在决定星座结构时要在数量较少但相对昂贵的卫星(能控制轨道位置)和成本较低但数量较多的卫星之间做选择。

3）星座的表示及主要参数

描述卫星星座的参数主要有：轨道面数、每个轨道面内的卫星数、轨道平面的倾角、轨道面的升节点经度、初始相位角、轨道高度、偏心率和近地点辐角(ω)等。

若采用圆轨道，则星座参数减少为轨道面数、每个轨道面内的卫星数、轨道平面的倾角、升节点经度、初始相位角和轨道高度等，即去掉了偏心率和近地点辐角这两个参数。

对于采用倾斜圆轨道的卫星星座，通常用 Walker 代码($T/P/F$，其中，T 为系统中的总卫星数，P 为轨道面数，F 为相邻轨道面邻近卫星之间的相位因子(Phasing factor))来表示其星座结构，因此也称之为 Walker 星座。F 表示的意义为：如果定义轨道相位角为 $360°/T$，那么，当第一个轨道面上第一颗卫星处在升节点时，下一个轨道面上的第一颗卫星超过升节点 F 个轨道相位角；以此类推。这样，对于采用倾斜圆轨道的卫星星座来说，除轨道高度和倾角外，用 $T/P/F$ 就能基本说明其星座配置方案。

根据 Walker 的研究，任何卫星星座要连续覆盖整个地球(含两极)，至少需要 5 颗卫星(单星覆盖)；如果任何时候都要求能同时看到 2 颗卫星，则至少需要 7 颗卫星。

4）星座中参数的优化

卫星星座的优化设计主要从以下几个方面来考虑：系统需要的总卫星数、卫星的复杂度和成本、卫星寿命、要求的最低通信仰角、分集覆盖范围、手机功率、范伦带辐射的影响、卫星发射的灵活性、传播时延和系统可靠性等。下面主要介绍几个参数的优化考虑。

(1) 轨道高度。轨道高度越高，单颗卫星对地面的覆盖区域越大，为达到设计要求所需的卫星数就越少；单轨道高度越高，自由空间传播损耗越大，这就要求增加星上转发器和地球站的功率，或降低信息速率。对于一种给定的发射工具，高轨道意味着发射轻的卫星；较低的轨道意味着可用较小的转发器和地球站功率或较高的信息速率，并且卫星的发射成本较低。但卫星越低，一颗卫星的覆盖范围就越小，为达到设计要求所需的卫星数就较多。卫星数量增加，虽然增加了系统的冗余度，但成本和复杂性均增加了许多。轨道高度应尽量避开范伦辐射带，否则，要对卫星进行抗辐射加固。另外，为便于网络操作和轨道控制，最好选择轨道周期与恒星日(23 小时 56 分 4.09 秒)成整数倍关系。

(2) 轨道偏心率与倾角。对于全球卫星通信系统，一般采用圆轨道，因为它能均匀覆盖南、北两个半球。但对于区域卫星通信系统，若要求覆盖的区域对于赤道是不对称的，则不一定采用圆轨道；若要求覆盖的区域的纬度较高，则采用高倾斜椭圆轨道可能更好。考虑到椭圆轨道存在近地点辐角的摄动，因此，目前大部分卫星移动通信系统采用圆轨道，部分采用轨道倾角为 63.4°的椭圆轨道。轨道倾角可以从 0°(赤道轨道)到 90°(极地轨道)，通过调整轨道的倾角可对指定地区进行最佳覆盖。赤道地区可采用赤道轨道，中纬度地区可采用倾斜轨道，而极地可采用极地轨道或倾斜轨道($i>70°$)。一个给定区域的覆盖范围也可以通过赤道、极地和倾斜轨道的结合来得到。

(3) 轨道面数与每个轨道面内的卫星数的选择。这两个参数主要与轨道高度有关，同时与经济方面的考虑也有很大关系。如果一个轨道面的所有卫星可以同时发射，那么将这些卫星发射入轨可以用最少的燃料。由于不同轨道面上的卫星一般不能同时发射，因此采用较少的轨道面意味着只需较少的发射次数，即花费较小的发射成本。较少的轨道面意味着每个面上有较多的卫星。

(4) 多星/单星覆盖要求。根据不同的多星/单星覆盖要求，设计的轨道配置方案也是不同的。对于一般的通信，采用单星覆盖就能达到性能要求；对于高可靠的通信，一般要求至少有两星的多星覆盖；而对于要求精确定位的系统，则要求至少能同时看到 4 颗卫星。

1.3.3 通信卫星的组成

通信卫星由空间平台和有效载荷两部分组成，其作用是为各地球站转发无线电信号，以实现它们之间的多址通信。

1. 空间平台

空间平台又称卫星公用舱，是用来维持通信转发器和通信天线在空中正常工作的保障系统，其主要包括结构，温控，电源，控制，跟踪、遥测及指令(TT&C)等分系统，对于静止轨道卫星，还包括远地点发动机等。

1) 结构分系统

结构分系统是卫星的主体，其作用是使卫星具有一定的外形和容积，并能承受星上各种载荷和防护空间环境的影响。结构分系统一般由轻合金材料组成，外层涂有保护层。常用的卫星结构有自旋稳定式的轴对称(陀螺)形状和三轴稳定式的立方体(箱体)形状。

2) 温控分系统

由于卫星的一面直接受太阳辐射，而另一面却对着寒冷的太空，因此卫星处于严酷的温度条件之中。温控分系统的作用就是控制卫星各部分的温度，以保证星上各种仪器设备正常工作。通常采用消极温度控制和积极温度控制两种方式。用涂层、绝热和吸热等方法来传热的方式，即为消极温度控制方式，其传热方式主要是传导和辐射；用自动控制器来对卫星所受的热进行传热平衡的方式，即为积极温度控制方式，例如用双金属弹簧引力的变化来开关隔栅，以及利用热敏元件来开关加热器和散热器，以便控制卫星内部的温度变化，使舱内仪器的温度保持在－20℃～＋40℃范围内。

3）控制分系统

控制分系统由各种可控的调整装置（如各种喷气推进器、各种驱动装置和各种转换开关等）组成，它是一个执行机构，即执行遥测指令分系统的指令的机构。在地面遥控指令站的指令控制下，控制分系统完成对远地点发动机的点火控制，以及对卫星的姿态、轨道位置、各分系统的工作状态和主备份设备的切换等的控制和调整。

4）跟踪、遥测及指令分系统

跟踪、遥测及指令分系统简称 TT&C 系统。其中，跟踪部分用来为地球站跟踪卫星发送信标。遥测、指令分系统的主要任务是把卫星上的设备工作情况（如电流、电压、温度、控制用的气体压力，以及来自传感器的信号等）原原本本地告诉地面上的卫星测控站，同时忠实地接收并执行地面测控站发来的指令信号。比如，卫星的位置控制和姿态控制就是通过这一遥测指令分系统来实现的。

5）电源分系统

星上电源有太阳能电池和化学能电池两种。目前，太阳能电池一般采用由 N－P 型单晶硅半导体做成的电池阵，也有采用砷化镓半导体来构成太阳电池板，以获得更高的光一电转换效率；而化学能电池常采用镍镉（Ni－Cd）蓄电池，它与太阳能电池并接。非星蚀时，使用太阳能电池，且必须保持太阳能电池的表面朝向太阳，同时蓄电池被充电；星蚀时，蓄电池则供电，以保证卫星继续工作。通常，要求电源系统体积小、重量轻、效率高、寿命长。

6）远地点发动机

对于静止轨道卫星，通常是用运载火箭将卫星射入“转移轨道”（近地点 200 km，远地点 36 000 km，倾角接近发射场纬度）的，而星上装的远地点发动机的作用就是把卫星推入圆轨道，以消除原轨道平面的倾斜。所以，转移轨道的远地点应位于赤道平面内的对地同步高度处。发射场距赤道越远，所需的修正功率就越大。

2. 有效载荷

通信卫星的有效载荷包括天线分系统和通信转发器。

1）天线分系统

天线分系统包括通信天线和遥测指令天线，其作用是定向发射与接收无线电信号。通常要求其天线体积小、重量轻、可靠性高、寿命长、增益高、星间链路天线波束永远指向地球，若卫星本身是旋转的，则需要采用消旋天线。

通信天线一般采用定向的微波天线，按其波束覆盖区域的大小可分为全球波束天线、区域波束天线和点波束天线。在静止卫星上，全球波束天线常用喇叭形，其波瓣宽度约为17°～18°，恰好覆盖卫星对地球的整个视区，天线增益约为 15～18 dBi。点波束天线一般采用抛物面天线，其波束宽度只有几度或者更小，集中指向某一小区域，故增益较高，例如 IS－Ⅳ卫星上的天线波束宽度约为 4.5°，增益约为 27～30 dBi。当需要天线波束覆盖区域的形状与某地域图形相吻合时，就要采用区域波束天线，也称赋形波束天线。目前，赋形波束天线比较多的是利用多个馈电喇叭，从不同方向经反射器产生多波束的合成来实现。对于一些较为简单的赋形天线，也有采用单馈电喇叭、修改反射面形状来实现的。

遥测、遥控和信标采用的是高频或甚高频天线，这些天线一般是全向天线，以便可靠地接收来自地面控制站的指令和向地面发射遥测数据。常用天线有鞭状天线、螺旋状天线、绕杆状天线和套筒偶极子天线等。

2）通信转发器

卫星上的通信分系统又称转发器或中继器，它是通信卫星的核心部分，实际上是一部高灵敏度的宽带收、发信机，其性能直接影响卫星通信系统的工作质量。

通信转发器的噪声主要有热噪声和非线性噪声，其中热噪声主要有来自设备的内部噪声和从天线来的外部噪声；非线性噪声主要是由转发器电路或器件特性的非线性引起的。通常一颗通信卫星有若干个转发器，每个转发器覆盖一定的频段。要求转发器工作稳定可靠，能以最小的附加噪声和失真以及尽可能高的放大量来转发无线信号。

通信转发器通常分为透明转发器和处理转发器两大类。

（1）透明转发器。透明转发器也称非再生转发器或弯管转发器，它接收地面站发来的信号后，在卫星上不作任何处理，只是进行低噪声放大、变频和功率放大，并发向各地球站，即单纯完成转发任务。也就是说，它对工作频带内的任何信号都是“透明”的通路。按其在卫星上变频的次数，透明转发器可分为单变频转发器和双变频转发器，如图 1-19 所示。

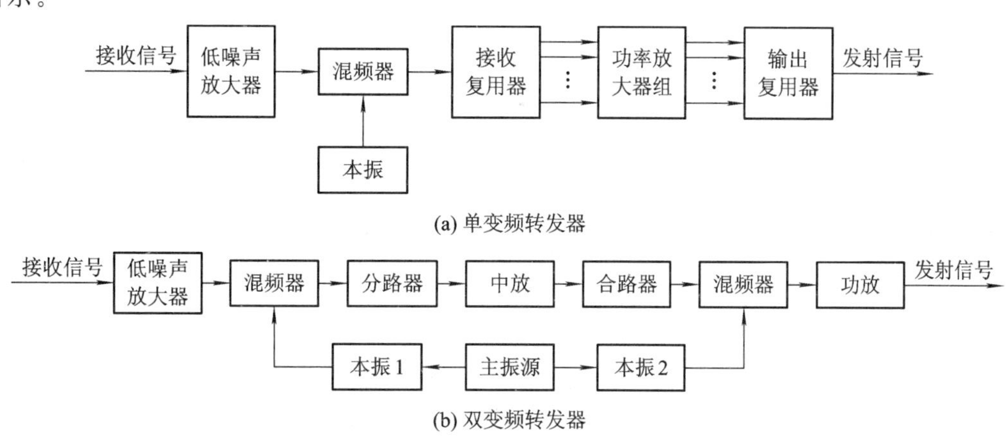

图 1-19　透明转发器的组成框图

单变频转发器是一种微波转发器，射频带宽可达 500 MHz 以上，每个转发器的带宽为 36 MHz 或 72 MHz。它允许多载波工作，适应多址连接，因而适用于载波数量多、通信容量大的通信系统。例如 IS-Ⅲ、IS-Ⅳ、IS-Ⅴ和 CHINASAT-Ⅰ等通信卫星都采用这种转发器。

双变频转发器是先把接收信号变频为中频，经限幅后，再变为下行发射频率，最后经功放由天线发向地球。其特点是转发增益高(达 80～100 dB)，电路工作稳定。例如 IS-Ⅰ、“天网”卫星、我国第一期的卫星通信系统，以及现代许多宽带通信卫星(IPSTAR、MILSTAR、COMETS、O3B)都采用这种转发器。

（2）处理转发器。处理转发器除能转发信号外，主要还具有信号处理的功能。如图 1-20 所示，这种转发器与双变频转发器类似，不同的是在两级变频器之间增加了解调器、信号处理单元和调制器三个单元。接收到的信号先经微波放大和下变频变为中频信号，再经解调和数据处理得到基带数字信号，然后经调制，上变频到下行频率上，最后经功放通过天线发向地球站。

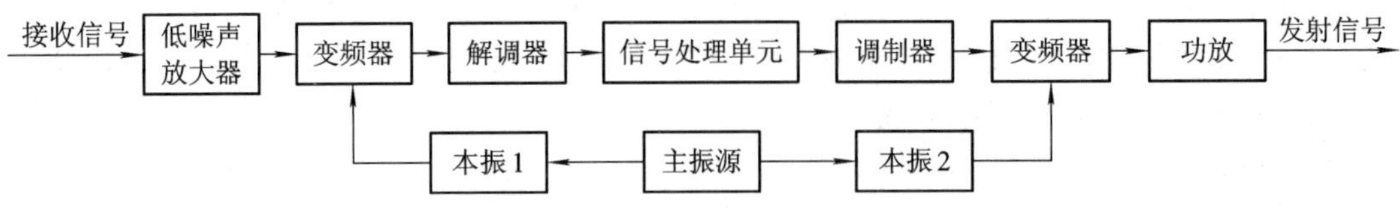

图 1-20　处理转发器的组成框图

信号处理单元主要是交换矩阵网络，可采用微波交换矩阵网络，也可采用基带交换矩阵网络。

星上信号处理主要包括三种类型：第一种是对数字信号进行解调再生，以消除噪声积累；第二种是在不同的卫星天线波束之间进行信号交换与处理；第三种是进行其他更高级的信号变换、交换和处理，如上行频分多址方式(FDMA)变为下行时分多址方式(TDMA)，解扩、解调抗干扰处理等。

例如，美国于 1993 年发射上天的 ACTS 高级通信卫星系统就采用了星上信号处理技术，相当于把地面通信交换中心搬到卫星上去，使系统的通信、交换、测控一体化——空中立体化。其工作方式有两种：微波中频切换矩阵和固定点波束方式以及基带切换和扫描点波束方式。

综上所述，通信卫星的组成一般可用图 1-21 所示的框图表示。

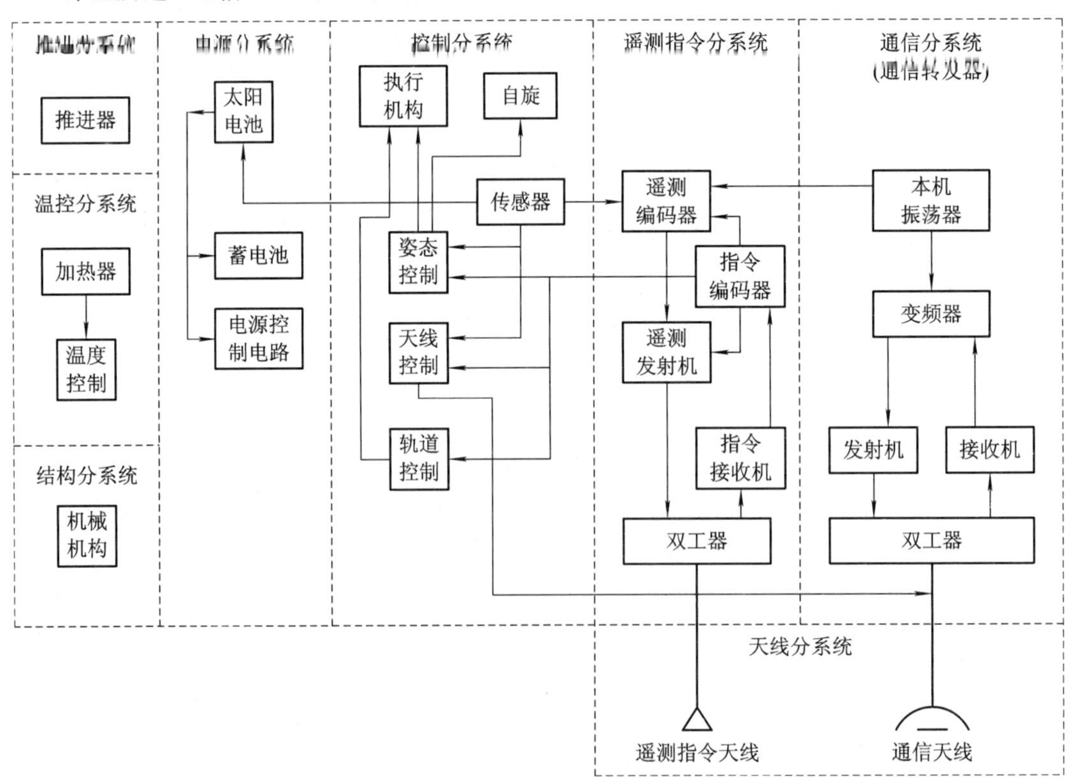

图 1-21　通信卫星的组成框图

1.3.4 通信卫星举例

目前，世界上已发射的通信卫星已达数千颗，在轨卫星数目4800多颗(其中美国2900多颗，中国500多颗，俄罗斯约200颗)，其中仅静止卫星近600颗。为便于了解通信卫星的主要特性，下面简单介绍IS(Intelsat)系列通信卫星的主要参数和IS－Ⅹ卫星的主要特点，以及我国东方红(DFH)系列卫星及平台。

1. IS系列卫星的主要参数

国际卫星通信组织是世界上最大的商业卫星通信业务提供商，该组织于1964年8月20日在美国成立，总部在华盛顿，成立时拥有11个成员国。2001年7月18日，它由一个条约组织转变为一个私营公司，新成立的国际通信卫星有限公司(简称Intelsat公司)拥有200多个股东，2006年7月收购了PanAmSat公司。目前，Intelsat公司现已有成员国140多个，在全球近200个国家和地区拥有800多家用户。

Intelsat提供的服务主要有国际电话服务、国际电视服务、国内通信服务、国际通信卫星组织商业服务和国际互联网服务等。支撑这些服务的语音、图像和数据的传输由位于地球同步轨道上的IS系列卫星负责。

自1965年发射IS－Ⅰ以来，截止到2007年3月，IS系列卫星已先后推出了10代卫星，共计70多颗卫星，之后至2019年8月，先后又发射了21颗卫星。IS每一代卫星都有自己的特点，并且都在前一代基础之上作了改进。相应地，卫星的主要技术参数也在不断提高。表1－2给出了IS－Ⅹ～IS－Ⅵ卫星的主要结构参数，表1－3给出了从IS－Ⅵ到IS－Ⅹ卫星通信子系统的主要技术参数。

表1－2 IS－Ⅹ～IS－Ⅵ卫星的主要结构参数

型号	IS－Ⅰ	IS－Ⅱ	IS－Ⅲ	IS－Ⅳ	IS－Ⅳ A	IS－Ⅴ	IS－Ⅴ A	IS－Ⅵ
首发年份	1965	1966	1968	1971	1975	1980	1984	1989
制造商	Hughes		TRW	Hughes		Ford Aerospace		Hughes
姿态控制方式	自旋	自旋	双自旋	双自旋	双自旋	三轴	三轴	双自旋
尺寸(m×m或m×m×m)	0.72×0.59	1.42×0.67	1.41×1.04	2.38×5.28	2.38×6.93	1.66×2.01×1.77	1.6×2.1×2.8	1.42×0.67
运载火箭	Thor Delta			Atlas－Centaur		Atlas－Centaur和Ariane		STS和Ariane
在轨重量/kg	38.5	86	152	700	790	1037	1100	1870
末期功率/W	33	75	125	400	500	1200	1270	2200
设计寿命/年	1.5	3	5	7	7	7	7	10
容量/路数	240	240	1200	4000	6000	12 000	15 000	36 000
带宽/MHz	50	125	450	432	720	2137	2480	3732

表 1－3　部分卫星通信子系统的主要技术参数

型号		IS－Ⅵ	IS－Ⅶ	IS－ⅦA	IS－Ⅷ	IS－ⅧA	IS－Ⅸ		IS－Ⅹ
制造商		Hughes	SS/Loral		Lockheed Martin		SS/Loral		ASTRIUM
卫星编号		601～605	701/702 704/705/709	706/707	801/802	805	902～905，907	901/906	10-02
首发年份		1989	1993	1995	1997	1998	2001	2001	2004
转发器数	C 频段	38	26	26	38	28	44	42	45
	Ku 频段	10	10	14	6	3	14	14	16
最大容量	C 频段 (36 MHz)	64	42	42	64	36	76	72	70
	Ku 频段	24	20	28	12	6	23	23	36
C 频段波束覆盖		2 半球，4 区域，全球波束 A 和 B	2 半球，4 区域，全球波束 A 和 B，点波束 A 和 B	2 半球，4 区域，全球波束 A 和 B，点波束 A 和 B	2 半球，4 区域，全球波束 A 和 B	半球 A，半球 B	2 半球，4 或 5 区域，全球波束 A 和 B	2 半球，4 区域，全球波束 A 和 B	3 半球，2 区域，全球波束 A 和 B
Ku 频段波束覆盖		西点波束，东点波束，波束 3	点波束 1，点波束 2，增强型点波束 2/2A	点波束 1/1X，点波束 2/2X，增强型点波束 2/2A	点波束 1，点波束 2	点波束 1	点波束 1，点波束 2	点波束 1，点波束 2	点波束 1，点波束 2，点波束 3/3X
C 频段工作频段/MHz	上行	5850～6425	5925～6425	5925～6425	5850～6425	5890～6650	5850～6425		5850～6425
	下行	3625～4200	3700～4200	3700～4200	3625～4200	3400～4200	3625～4200		3625～4200
Ku 频段工作频段/GHz	上行	14.0～14.5	14.0～14.5	14.0～14.5	14.0～14.5	14.0～14.5	14.0～14.5		13.75～14.5
	下行	10.95～11.2 和 11.45～11.7	10.95～11.2，或 11.7,～11.95，或 12.5～12.75，或 11.45～11.7	10.95～11.2，或 11.7～11.95，或 12.5～12.75，或 11.45～11.7	10.95～11.2，11.7～11.95 或 12.5～12.75 或 11.45～11.7	12.5～12.75	10.95～11.2 和 11.45～11.7		10.95～11.2、11.45～11.7 和 12.5～12.75
频率再用程度		6 重	4 重	4 重	6 重	2 重	6 重	6 重	5 重

由表 1－2 和表 1－3 可知，IS－Ⅸ 和 IS－Ⅹ 是当时国际上最先进的通信卫星。

IS－Ⅸ 卫星是 IS－Ⅶ 系列卫星的改进版本，用于为全球提供更好的覆盖和更强的信号，满足对数字业务、小型地球站和 Intelsat 特殊通信业务的需求。该系列卫星各有特点，其中 IS－Ⅸ01 采用 FS－1300 的改进型 FS－1300HL 作为平台，为欧洲和美国提供话音和图形业务，该卫星含有覆盖大西洋地区的 C 频段点波束和覆盖欧洲的 Ku 频段点波束；IS－Ⅸ02 为非洲、亚洲和澳大利亚提供覆盖；IS－Ⅸ06 为欧洲、亚洲和澳大利亚提供因特网、话音和电视广播服务；IS-Ⅸ07用于提高对美国、非洲、欧洲的C频段覆盖和对欧洲、非洲的高功率Ku频段点波束覆盖，它将取代IS-Ⅵ05卫星，能提供比IS-Ⅵ05高两倍的Ku频段功率，使它可以支持宽带应用，包括高速因特网接入。IS-Ⅸ07卫星还包含强大的C频段转发器，其总体容量比IS-Ⅵ05大19%。

IS-Ⅹ卫星是IS系列卫星里体积最大、通信能力最强的卫星，能提供近8 kW的功率，用于为全美和欧洲西部提供固定电话、数据、广播和新闻业务。其中IS-Ⅹ01包含36个C频段和20个Ku频段的转发器，但因不能按期交货而被取消。IS-Ⅹ02的有效载荷包括45个C频段和16个Ku频段的转发器。

总之，IS系列卫星的每代卫星相对于前一代都有一定的改进，或者增加转发器的数量和带宽，或者提供更高的功率，或者采用更先进的天线技术，使其适应通信发展的需求。其中亚太地区也是Intelsat公司的主要市场之一，Intelsat公司设计并发射了多颗覆盖亚太地区的通信卫星。

2. IS-Ⅹ卫星的特点

IS-Ⅹ是截至2007年3月国际通信卫星公司订购的体积最大、功率最强的卫星，当时只发射了一颗IS-Ⅹ02卫星，于2004年8月开始为用户提供卫星固定业务，包括数字广播、电视、话音、宽带因特网接入和企业内部联网，以及政府或军方的特殊业务等。它替代IS-ⅦA07卫星，IS-Ⅹ02卫星与之相比具有如下特点：

(1) 功率更强。IS-Ⅹ02卫星C频段的EIRP比IS-ⅦA07卫星高4～6 dBW，而且其150 W的行波管放大器的功率是当时市场上最大的。

(2) 容量更大。IS-Ⅹ02通过携带的70台C频段和36台Ku频段的36 MHz等效转发器，使其C频段容量比IS-ⅦA07增加67%，Ku频段上增加29%。

(3) 覆盖增宽。IS-Ⅹ02卫星为欧洲、非洲及中东地区提供优先覆盖，同时，由于该卫星采用可移动的Ku频段点波束，因此还可覆盖亚洲和美洲。

(4) 技术先进。IS-Ⅹ02卫星的3个可控Ku频段点波束中有2个可以移动，能实现对服务区域的灵活覆盖；能在C和Ku频段之间进行交叉互连；即使在下行信号衰减的情况下，星上的自动电平控制(ALC)也能使卫星维持稳定的EIRP。

表1-4和表1-5分别给出了IS-Ⅹ02卫星的主要性能指标和主要技术指标。

表1-4 IS-Ⅹ02卫星的主要性能指标

项目	参数	项目	参数
卫星平台型号	欧洲星-E3000	有效载荷功率/kW	8
体积(m×m×m)	7.5×2.9×2.4	设计寿命/年	13
太阳电池翼展开时的跨度/m	45	轨道类型	359°E地球静止轨道
发射品质/kg	5600	等效转发器数量/台	70(C频段)、36(Ku频段)
功耗(寿命结束时)/kW	11	行波管放大器功率/W	150

表 1-5　IS-Ⅹ02 卫星的主要技术指标

频　段	C 频段	Ku 频段
覆盖性能	半球/区域/全球	区域
EIRP/dBW	全球波束：32.0～35.0； 半球波束：37.0～42.0； 区域波束：37.0～46.9	46.7～55.3
接收系统 G/T/(dB/K)	全球波束：－10.7～－7.7； 半球波束：－6.5～－2.0； 区域波束：－4.6～5.2	点波束 1：0.0～6.5； 点波束 2：0.0～6.4； 点波束 3/3X：－1.3～7.7
极化方式	圆极化	线极化
上行链路频率/GHz	5.85～6.425	13.75～14.5
下行链路频率/GHz	3.625～4.2	10.95～12.75
饱和通量密度范围/(dBW/m^2)	－89.0～－67.0	－87.0～－69.0

3. 东方红(DFH)系列卫星及平台

我国通信广播卫星主要有东方红、鑫诺、中星和亚太等系列，下面主要介绍东方红(DFH)系列。

东方红一号(DFH-1)：1970 年 4 月 24 日于酒泉卫星发射中心成功发射，它是我国第一颗人造地球卫星，主要用于科学实验。DFH-1 卫星重 173 kg，由长征一号运载火箭送入近地点 441 km、远地点 2368 km、倾角 68.44°的椭圆轨道。DFH-1 卫星进行了轨道测控和《东方红》乐曲的播送。DFH-1 卫星的设计寿命为 20 天，实际工作 28 天后于 5 月 14 日停止发射信号，但仍在空间轨道上运行。DFH-1 卫星开创了中国航天史的新纪元，使中国成为继苏、美、法、日之后第五个独立研制并发射人造地球卫星的国家。

东方红二号(DFH-2)：包括试验型和实用型两类，均由长征三号运载火箭在西昌卫星发射中心发射。试验型卫星共发射 2 颗，分别于 1984 年 4 月 8 日和 1986 年 2 月 1 日发射，定点于东经 125°和 103°。东方红二号的成功发射标志着我国开始了用自己的通信卫星进行卫星通信的历史。DFH-2 卫星本体为直径 2.1 m、高约 1.6 m 的圆柱体，采用自旋稳定控制方式，设计寿命为 2 年，起飞质量约 920 kg。星上装有 2 台 C 频段转发器，每路功率放大器输出功率为 8 W，通信天线安装在消旋组件上，天线指向精度约 0.5°。实用型卫星在试验型卫星的基础上进行了改进，设计寿命为 4 年，实际寿命均超过 5 年，起飞质量约 1040 kg。实用型卫星共发射 4 颗，前 3 颗分别于 1988 年 3 月 7 日、1988 年 12 月 22 日和 1990 年 2 月 4 日发射，定点于东经 87.5°、110.5°和 98°，其卫星转发器数量增至 4 台，每台功率放大器输出功率增至 10 W。第 4 颗卫星于 1991 年 12 月 18 日发射，但因火箭故障未能入轨。

东方红三号(DFH-3)：中国第一代采用三轴稳定技术的同步卫星，主要由通信、结构、电源、姿态和轨道控制、推进、热控和测控等 7 个分系统组成。DFH-3 卫星上有 24 路 C 频段转发器，其中 6 路为中功率转发器，其他 18 路为低功率转发器；卫星寿命末期输出功率大于等于 1700 W；卫星允许的有效载荷质量达 170 kg。

东方红四号(DFH－4)卫星公用平台：十五期间中国重点开展的民用卫星工程。该平台采用公用平台设计理念，卫星平台的发射重量为 5000 kg，输出功率为 10 kW，有效载荷为 600～800 kg，转发器数量为 52 路，设计寿命为 15 年，平台的性能与国际同类平台水平相当，适用于大容量通信广播卫星，大型直播卫星，移动通信、远程教育和医疗等公益卫星以及中继卫星等地球静止轨道卫星通信任务。

东方红五号(DFH－5)卫星平台：新一代大型桁架式卫星平台，2020 年 1 月 5 日由长征五号火箭发射并成功定点，这标志着我国自主研发的新一代大型地球同步轨道卫星平台(DFH－5)首飞成功，填补了我国大型卫星平台型谱的空白。

DFH－5 卫星平台具有以下五大特点：

(1) 高承载。整星发射质量为 9000 kg，有效载荷承载质量为 1800 kg，有效载荷功率为 22 kW，有效载荷布局能力达到 150 路以上(等效 C 频段透明转发器)。

(2) 大功率。DFH－5 卫星平台采用二维二次展开半刚性太阳翼、锂离子蓄电池等技术，整星寿命末期功率达到 28 kW 以上。

(3) 高散热。DFH－5 卫星平台采用主动热控与被动热控结合的手段，实现有效载荷散热能力在 9 kW 以上。

(4) 长寿命。DFH－5 平台具备提供在轨服务 16 年的能力。

(5) 可扩展。DFH－5 卫星平台设计预留承载、供配电、姿轨控以及热控等扩展能力。

1.4 卫星通信工作频段的选择及电波传播的特点

1.4.1 工作频段的选择

1. 工作频段的选择原则

卫星通信工作频段的选择是一个十分重要的问题，因为它将影响到系统的传输容量，地球站及转发器的发射功率，天线尺寸及设备的复杂程度以及成本的高低等。

为了满足卫星通信的要求，工作频段的选择原则归纳起来有如下几个方面：

(1) 工作频段的电波应能穿透电离层。

(2) 电波传输损耗及其他损耗要小。

(3) 天线系统接收的外界噪声要小。

(4) 设备重量要轻，耗电要省。

(5) 可用频带要宽，以满足通信容量的需要。

(6) 与其他地面无线系统(如微波中继通信系统、雷达系统等)之间的相互干扰要尽量小。

(7) 能充分利用现有技术设备，并便于与现有通信设备配合使用等。

综合上述各项原则，卫星通信的工作频段应选在微波频段(300 MHz～300 GHz)。这是因为微波频段有很宽的频谱，频率高，可以获得较大的通信容量，天线的增益高，天线尺寸小，现有的微波通信设备可以改造利用，而且微波不会被电离层所反射，能直接穿透电离层到达卫星。

2. 可供选用的频段

为便于了解卫星通信与无线通信的关系，表 1-6 给出了目前无线电波的各种频率范围及其对应波长范围的划分和应用。

表 1-6　无线电波的频率范围及其对应波长范围的划分和应用

频率范围	波长范围	符号	通称		用途
			频段	波段	
3 Hz～30 kHz	10^8～10^4 m	VLF	甚低频	长波	音频、电话、数据终端、长距离导航、时标
30～300 kHz	10^4～10^3 m	LF	低频	长波	导航、信标、电力线通信
300 kHz～3 MHz	10^3～10^2 m	MF	中频	中波	调幅广播、移动陆地通信、业余无线电
3～30 MHz	10^2～10 m	HF	高频	短波	移动无线电话、短波广播、定点军事用途、业余无线电
30～300 MHz	10～1 m	VHF	甚高频	米波	电视、调频广播、空中管制、车辆通信、导航
300 MHz～3 GHz	100～10 cm	UHF	特高频	分米波	电视、空间遥测、雷达导航、点对点通信、移动通信
3～30 GHz	10～1 cm	SHF	超高频	厘米波	微波接力、卫星和空间通信、雷达
30～300 GHz	10～1 mm	EHF	极高频	毫米波	雷达、微波接力、射电天文学
10^5～10^7 GHz	3×10^{-4}～3×10^{-6} m	紫外、可见光、红外			光通信

由表 1-6 可知，卫星通信所用的微波波段又可按波长细分为分米波段、厘米波段和毫米波段。在无线电工程中，对超高频的微波频段还习惯按照表 1-7 所示的频段(波段)来称呼，每个频段都有一个专门的英文代号。

表 1-7　超高频微波频段的英文代号名称

英文代号	频率范围/GHz	英文代号	频率范围/GHz	英文代号	频率范围/GHz
L	1～2	K	18～26	E	60～90
S	2～4	Ka	26～40	W	75～110
C	4～8	Q	33～50	D	110～170
X	8～12	U	40～60	G	140～220
Ku	12～18	V	50～75	Y	220～325

目前大多数卫星通信系统选择在下列频段工作：

(1) UHF 频段：400/200 MHz。

(2) L频段：1.6/1.5 GHz。

(3) C频段：6/4 GHz。

(4) X频段：8/7 GHz。

(5) Ku频段：14/12 GHz；14/11 GHz。

(6) Ka频段：30/20 GHz。

这里需要说明的是：目前大多数的国际、国内卫星通信使用6/4 GHz频段，其上行频率为5.925～6.425 GHz，下行频率为3.7～4.2 GHz。许多国家的政府和军用卫星通信使用8/7 GHz，其上行频率为7.9～8.4 GHz，下行频率为7.25～7.75 GHz。目前已开发和使用的卫星通信频段为14/11 GHz，其上行频率为14～14.5 GHz，下行频率为11.2～12.2 GHz或10.95～11.2 GHz或11.45～11.7 GHz，这些开发的频段主要用于民用的卫星通信和广播卫星业务。卫星通信的频段还在向更高频段扩展，如30/20 GHz的频段已开始使用，其上行频率为27.5～31 GHz，下行频率为17.2～21.2 GHz，该频段所用带宽可达3.5 GHz。

当然，上面指出的卫星通信工作频段也不是绝对的，随着通信业务的急剧增长，这些频段已显得不够用了。因此，人们正在探索应用更高的频段，直至光波频段的可用性。空间通信是超越国界的，关于卫星通信频率的分配和协调，在国际电信联盟(ITU)主持召开的世界无线电行政大会(WARC，1979年)和世界无线电通信大会(WRC-95)的文件中已有详细的规定。

1.4.2 电波传播的特点

1. 自由空间的传播损耗

卫星通信链路的传输损耗包括自由空间传播损耗、大气吸收损耗、天线指向误差损耗、极化损耗和降雨损耗等，其中主要是自由空间传播损耗。这是由于在卫星通信中，电波主要是在大气层以外的自由空间传播的，所以在研究传播损耗时，应首先研究自由空间的传播损耗，这部分损耗在整个传输损耗中占绝大部分。至于其他因素引起的损耗，可以考虑在自由空间传播损耗的基础上加以修正。

当电波在自由空间传播时，设在波束中心轴向相距为d的地方，用增益为G_R的天线接收，则接收信号功率可表示为

$$C=\frac{P_T G_T A_R \eta}{4\pi d^2}=P_T G_T G_R\left(\frac{\lambda}{4\pi d}\right)^2 \tag{1-6}$$

式中：P_T为天线发射功率；G_T为发射天线增益；A_R为接收天线开口面积，$A_R=\pi D^2/4$(D为天线直径)；η为天线效率；λ为波长。

式(1-6)中右端最后一项因子的倒数$(4\pi d/\lambda)^2$即为自由空间传播损耗L_P，即

$$L_P=\left(\frac{4\pi d}{\lambda}\right)^2 \tag{1-7}$$

通常用分贝(dB)表示为

$$[L_P]=92.44+20\lg d+20\lg f \quad (\text{dB}) \tag{1-8(a)}$$

或

$$[L_P]=32.44+20\lg d+20\lg f \quad (\text{dB}) \tag{1-8(b)}$$

这里，d的单位为km，式(1-8(a))中f的单位为GHz，式(1-8(b))中f的单位为MHz。

式(1-7)表明电波在自由空间以球面形式传播，电磁场能量扩散，接收机只能接收到其中一小部分所形成的一种损耗。地球站至静止卫星的距离因地球站直视卫星的仰角不同而不同。约在 35 900 km 到 42 000 km 之间(仰角 90°)，计算时一般取 $d=40\ 000$ km。

通常把卫星和地球站发射天线在波束中心轴向上辐射的功率称为发送设备的有效全向辐射功率(EIRP)，即天线发射功率 P_T 与天线增益 G_T 的乘积(单位为 W)，它是表征地球站或转发器的发射能力的一项重要技术指标，即

$$\text{EIRP} = P_T G_T \quad (\text{W}) \tag{1-9(a)}$$

或

$$[\text{EIRP}] = [P_T \cdot G_T] = [P_T] + [G_T] \quad (\text{dBW}) \tag{1-9(b)}$$

此外，把地球站接收天线增益 G_R 与接收系统的等效噪声温度 T_e 之比，即 G_R/T_e，称为地球站性能因数(或品质因数)，它是表征地球站对微弱信号接收能力的一项重要技术指标。

2. 大气吸收损耗

当电波在地球站与卫星之间传播时，要穿过地球周围的大气层(包括对流层、平流层和电离层等)，不仅会受到电离层中自由电子和离子的吸收，还会受到对流层中的氧、水汽和雨、雪、雾的吸收与散射，从而产生一定的衰减。这种衰减的大小与工作频率、天线仰角以及气候条件有密切关系。人们通过测量，得到了晴天天气条件下大气衰减与频率的关系，如图1-22所示。由图可知，在 0.1 GHz 以下时，自由电子和离子的吸收起主要作用，且频率越低，衰减越大。当频率高于 0.3 GHz 时，其影响便很小了，以至可以忽略不计。水蒸气分子在 22 GHz 左右发生谐振吸收而形成一个吸收衰减峰。而氧分子则在 60 GHz 附近发生谐振吸收，并形成一个更大的吸收衰减峰。与此同时，大气吸收衰减还与天线仰角有关。地球站天线仰角越大，无线电波通过大气层的路径越短，则吸收产生的衰减越小。并且当频率低于 10 GHz 后，仰角大于 5°时，其影响基本上可以忽略。

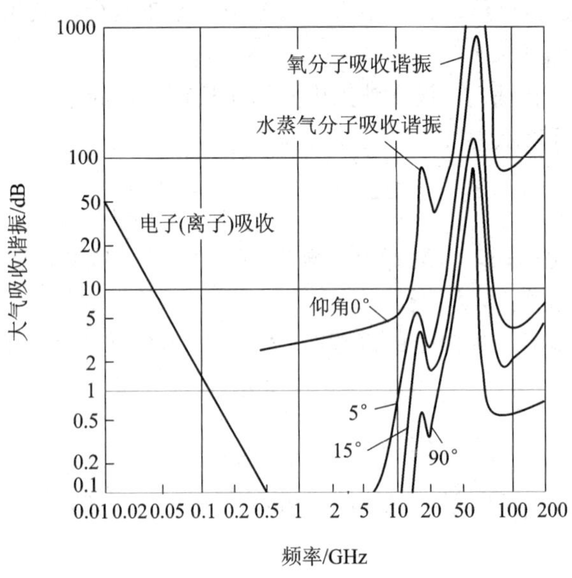

图 1-22　大气中自由电子、离子、氧和水蒸气分子对电波的吸收衰减

由图 1－22 还可以看出，在 0.3～10 GHz 频段，大气吸收衰减最小，称为“无线电窗口”。另外，在 30 GHz 附近也有一个衰减的低谷，称为“半透明无线电窗口”。选择工作频段时，应选在这些“窗口”附近。

另外，从外界噪声影响来看，当工作频率选在 0.1 GHz 以下时，宇宙(银河系)噪声会迅速增加。宇宙噪声的大小与天线的指向有密切关系，在银河系中心的指向上时，宇宙噪声达到最大值(通常称为热空)；而在其他指向上时则较低(通常称为冷空)。如图 1－23 所示，图中直线 A 和 B 分别表示指向热空和冷空时的宇宙噪声与频率的关系，因此最低频率不能低于 0.1 GHz，通常都希望选在 1 GHz 以上。这时宇宙噪声和人为干扰对通信的影响都很小。大气噪声在 10 GHz 以上频段都是比较大的，因此，从降低接收系统噪声的角度来考虑，工作频段最好选在 1～10 GHz 之间。

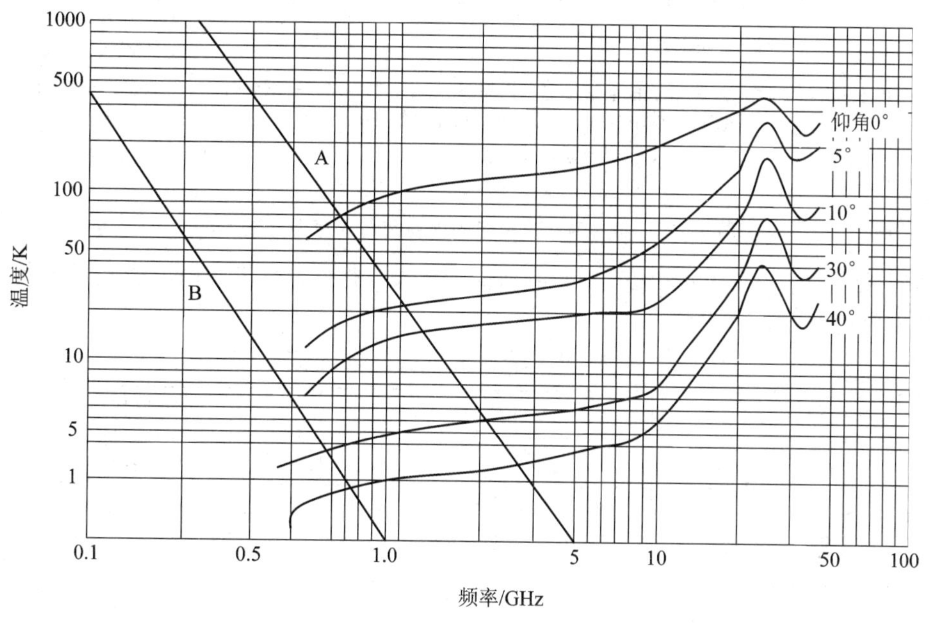

图 1－23　宇宙及大气噪声与频率的关系

综上考虑，卫星通信的工作频段一般选在 1～10 GHz 范围内较为适宜，最理想的频段是 4～6 GHz。该频段带宽较宽，便于利用成熟的地面微波中继通信技术，天线尺寸相对来讲也较小。

还应该指出，在进行卫星通信系统设计时，大气中雨、雾、云的影响也是应该考虑的。图 1－24(a)给出了雨、雾、云对电波的吸收衰减。由图可见，当工作频率大于 30 GHz 时，即使是小雨，造成的衰减也不能忽视；在 10 GHz 以下时，则必须考虑中雨以上的影响；对于暴雨，其衰减更为严重。云和雾的影响如图中的虚线所示。

降雨引起衰减的同时，还会产生噪声。图 1－24(b)给出了雨、雾、云对天线噪声温度的影响。此外，降雨的影响还会造成去极化效应，即发射时两个相互正交的分量在传播中产生了交叉极化干扰而不再是严格的正交。为了保证可靠通信，在进行链路设计时，通常先以晴天为基础进行计算，然后留有一定的余量，以保证降雨、降雪等情况仍然满足传输质量要求，这个余量称为降雨余量。

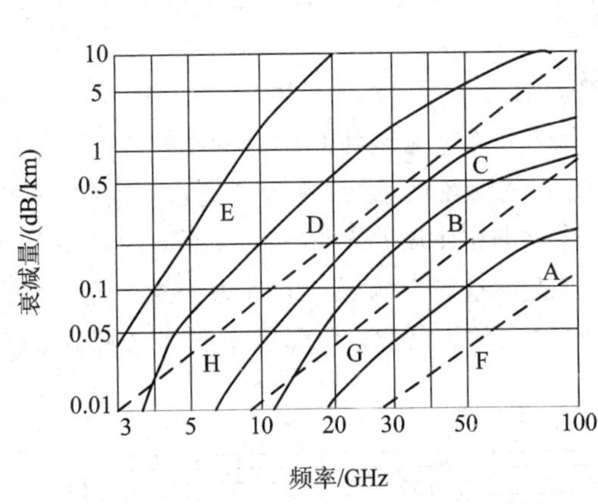

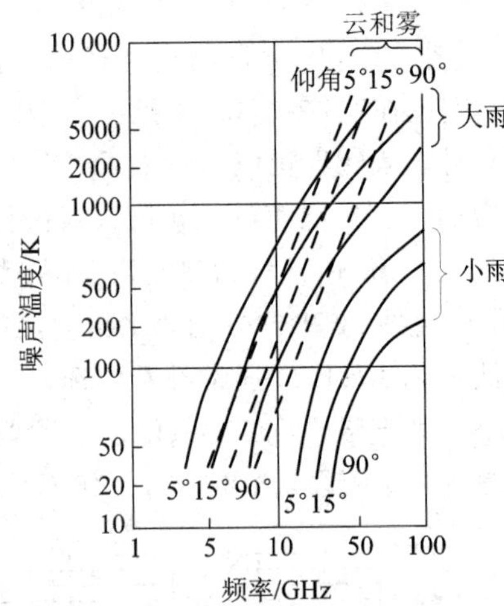

A—0.25 mm/h(细雨); B—1 mm/h(小雨); C—4 mm/h(中雨); D—16 mm/h(大雨); E—100 mm/h(暴雨);
F—0.032 g/m³(可见度约100 m); G—0.32 g/m³(可见度约120 m); H—2.3 g/m³(可见度约30 m)

(a) 衰减曲线　　(b) 噪声温度曲线

图 1-24　雨、雾、云引起的损耗及对噪声温度的影响

晴朗天气大气损耗值可以表 1-8 所列值为参考，此外，对于暴雨的影响，通常要求地球站的发射功率有一个增量。

表 1-8　晴朗天气大气损耗值

工作频率/GHz	仰角/(°)	可用损耗值/dB
4	天顶角至 20	0.1
4	10	0.2
4	5	0.4
12	10	0.6
18	45	0.6
30	45	1.1

值得注意的是：电波穿过电离层的衰减量随入射角而变化，若垂直入射，则其衰减量在$[50/f]^2$ dB 以下(f 的单位为 MHz)；由电离层的折射而引起的方向变化在 $0.6[100/f]^2$(单位为度)以下；电波还受地球磁场的影响，线性极化电磁波的极化平面会发生旋转效应(即法拉第效应)，其旋转周数在 $5[200/f]^2$ 以下(f 的单位为 MHz)，也就是说，1 GHz 的旋转角度在 72°以下，4 GHz 时在 4.5°以下。因此，要根据不同情况，对极化面的变化进行补偿，利用圆极化波可以避免法拉第效应造成的损失。

通常，地球站天线指向误差产生的损耗一般为 0.5 dB，极化损耗一般可取 0.25 dB。发射天线馈线损耗和从接收天线到接收机输入端的传输损耗通常分别包含在发射端 EIRP 中和地球站接收灵敏度中。

3. 移动卫星通信电波传播的衰落现象

移动卫星通信的电波传播情况与固定卫星通信的不同之处，在于移动卫星通信存在严重的衰落现象。

电波在移动环境中传播时，会遇到各种物体，经反射、散射、绕射，到达接收天线后，已成为通过各个路径到达的合成波，即多径传播模式。各传播路径分量的幅度和相位各不相同，因此合成信号起伏很大，称为多径衰落。电波途经建筑物、树林等时受到阻挡而被衰减，这种阴影遮蔽对陆地移动卫星通信系统的电波传播影响很大。图 1-25 所示为移动卫星通信电波传播的情况。

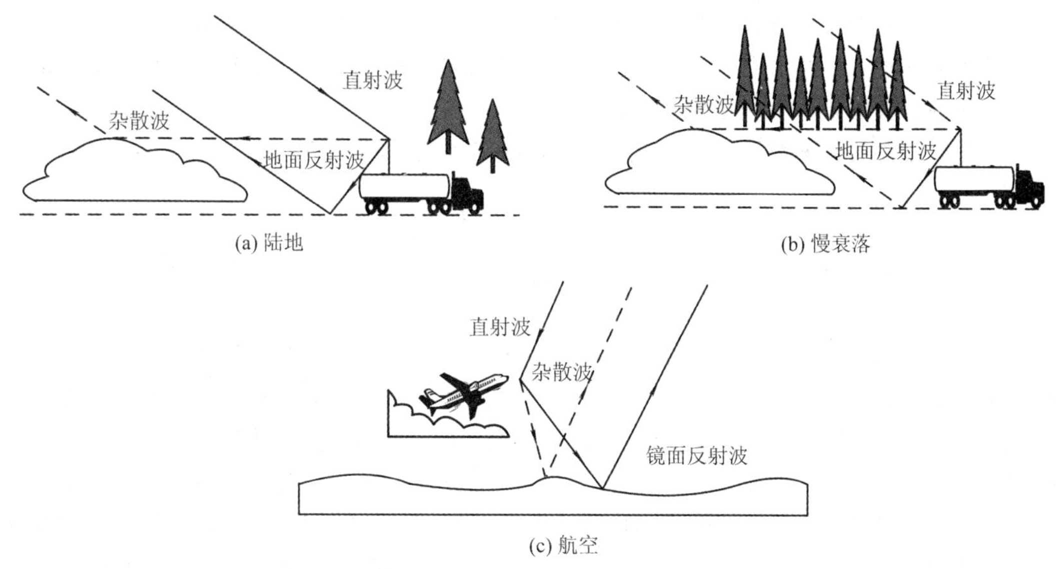

图 1-25　移动卫星通信电波传播

陆地移动卫星通信电波传播的特点如图 1-25(a)所示。地面终端的天线除接收直接到达的直射波外，还接收由邻近地面反射来的电波，以及由邻近山峰或其他地形、地物散射来的杂散波，电场变化按赖斯(Rice)分布，这样便构成了快衰落。衰落深度可以很大，其深度还与终端天线形式有关。如果终端天线为全向天线，则不论从何方向来的电波都同样被接收，其衰落深度会大一些；而如果终端天线是方向性强的定向天线，则该天线将波束指向瞄准卫星，对于其他方向来的电波会接收得少一些，其衰落深度也小一些。

同样，当终端移动时，会因周围环境对卫星的直射波呈现遮挡效应，这时会有更强烈的慢衰落，甚至出现盲区，如图 1-25(b)所示。

海事移动卫星通信多径传播的特点是除直射波外，还有来自近处的正常反射波(镜面反射)，以及来自前方较广范围的非正常反射波(杂散波)，浪高在 1 m 以上时，非正常反射波明显，电场变化按 Rice 分布。

航空移动卫星通信多径传播的特点如图 1-25(c)所示。除直射波外，还有来自海面较广范围的非正常反射波(杂散波)，具有多普勒频移，电场变化按 Rice 分布。

此外，由于飞机的速度和高度比其他移动站大得多，因此由表面反射引起的多径衰落不同于其他移动卫星通信系统。陆地和海事系统中直射波和反射波之间的传播延迟较小，会引起接收信号幅度和相位的瞬时变化。而在航空移动系统中，海面漫反射波相对于直接分量有较大的传播延迟。事实上，漫反射分量之间也有轻微的延迟，但对航空卫星通信典型数据率而言可以忽略。

当反射波与直射波之间的传播延迟时差与数据符号时宽可比拟时，会引起严重的符号间干扰，即频率选择性衰落。传播延迟时差与仰角和高度有关。因为只有当仰角低于30°时，漫反射分量作用才会明显。延迟时差一般小于40μs。对这样的时延，为避免频率选择性衰落，符号速度应小于2400 baud(波特)。此外，机身作为一个金属体，其反射和衍射效应也是很重要的因素，不能忽略。

4. 多普勒频移

当卫星与用户终端之间、卫星与基站之间、卫星与卫星之间存在相对运动时，接收端收到的发射端载频发生频移，即多普勒效应引起的附加载频，称为多普勒频移。多普勒频移对采用的相关解调的数字通信危害较大。

椭圆轨道多普勒频移无法用公式表达，现给出圆轨道的多普勒频移表达式：

$$f_{\mathrm{D}} = f_{\mathrm{C}}\frac{v_{\mathrm{D}}}{c}\cos\theta \tag{1-10}$$

式中：v_{D}为卫星与用户的相对运动速度；f_{C}为射频频率；c为光速；θ为卫星与用户的连线与速度v_{D}方向的夹角。

在卫星通信中，卫星运动的径向速度在变化，从而f_{D}也在变化，到达接收机的载波频率也随之变化，因此地球站接收机必须采用锁相技术才能稳定地接收卫星发来的信息。

此外，对于TDMA系统，卫星与地面链路之间的同步也会受到多普勒频移的影响。这是因为卫星摄动造成卫星轨道位置漂移，从而使电波传播时延、信号的帧长和时钟频率都将发生变化。这样，由地面链路送到地球站发向卫星信号的帧周期与地球站接收卫星信号的帧周期就会出现差异。因此地球站可以设置适当容量的缓冲存储器来补偿这种帧周期的差值，通常称之为校正多普勒频移缓冲存储器。

移动卫星通信可能利用静止轨道卫星，也可能利用非静止轨道卫星。对于前者，产生多普勒频移主要是因为用户端的运动；对于后者，则主要取决于卫星相对于地面目标的快速运动。表1-9列出了GEO、MEO和LEO卫星系统工作在C频段时的最大多普勒频移的典型值，以及在星间切换时多普勒频移的突变(即跳频)值。

表1-9 不同轨道系统的多普勒频移

轨道类型	GEO	MEO	LEO
多普勒频移/kHz	±1	±100	±200
切换时多普勒跳频/kHz	无	200	400

非静止轨道卫星通信系统的最大多普勒频移远大于地面移动通信情况，系统必须考虑对其进行补偿，处理方法有：

(1) 终端—卫星闭环频率控制。

(2) 星上多普勒频移校正。

(3) 链路接收端的预校正。

(4) 链路发送端的预校正。

方法(1)能进行精确的频移控制，但需要复杂的设备。方法(2)不需要终端参与，设备较简单，但在一个覆盖区内存在接收频差。高椭圆轨道系统多普勒频移较小，一般只需增大信道间的保护带宽即可。

虽然多普勒频移在 LEO 通信系统中是有害成分，但在定位系统中却是有用的信息源。若已知卫星精确位置，则根据多普勒频移可以进行地面定位。

1.5 卫星通信发展动态

1.5.1 国际卫星通信发展动态

1. 国际卫星通信发展简史

1957 年 10 月 4 日，苏联成功发射世界上第一颗人造卫星“卫星 1 号”，该卫星绕地球运行，地球上首次收到从人造卫星发来的电波，人造卫星开始被应用于通信、广播、电视等领域。

1964 年 8 月 19 日，美国发射的“同步 3 号”卫星定点于太平洋赤道上空国际日期变更线附近，该卫星为世界上第一颗静止卫星，1964 年 10 月，该卫星为东京奥林匹克运动会的实况转播作出了贡献。

1965 年 4 月 6 日，Intelsat 发射的第一颗商用国际通信卫星“晨鸟”被送入大西洋上空同步轨道，开始了利用静止卫星的商业通信。

随后在近二十年的时间里，C 频段、低功率和中功率通信卫星飞速发展，可以传送数千路电话和数十路电视节目。20 世纪 90 年代，数字视频压缩技术的应用，使得卫星广播电视得到了飞速的发展。随着世界各地之间通信的需求量增大，卫星移动通信得到了发展。进入 21 世纪，卫星通信在定位导航领域取得了显著的发展成果。

下面简单回顾卫星通信发展过程。

(1) 20 世纪 40 年代提出构想及探索。1945 年 10 月，英国科学家阿瑟·克拉克发表文章，提出利用同步卫星进行全球无线电通信的科学设想。最初是利用月球反射进行探索试验，证明可以通信。但由于回波信号太弱、时延长、提供通信时间短、带宽窄、失真大等缺点，因此没有发展前途。

(2) 20 世纪 50 年代进入试验阶段。1957 年 10 月，第一颗人造地球卫星上天后，卫星通信的试验很快转入利用人造地球卫星试验的阶段，主要测试项目是有源、无源卫星试验和各种不同轨道的卫星试验。

① 无源卫星通信试验：在这期间，美国曾先后利用月球、无源气球卫星、铜针无源偶极子带等作为中继站，进行了电话、电视传输试验，但由于种种原因，接收到的信号质量不高，实用价值不大。

② 有源卫星通信试验主要有：

低轨道延迟式试验通信卫星(最大高度 5000 km，周期 2～4 h)：1958 年 12 月，美国用阿特拉斯火箭将一颗重 150 磅的“斯柯尔”(SCORE)卫星射入椭圆轨道(近地点 200 km，远地点 1700 km)，星上发射机输出功率 8 W，射频 150 MHz。不仅采用延迟式转发信息，还试验了实时通信。该卫星成功工作了 12 天，因蓄电池耗尽而停止工作。1960 年 10 月，美国国防部发射了“信使”通信卫星，进行了类似试验。

中、高度轨道试验通信卫星(高度 5000～20 000 km，周期 4～12h)：1962 年 6 月，美国航空宇航局用“德尔塔”火箭将“电星”卫星送入1060～4500 km的椭圆轨道；1963年又发射一颗卫星(重170磅，输出功率3 W，6/4 GHz)，用于美、英、法、德、日之间做电话、电视、传真数据传输试验。1962年12月和1964年1月，美国宇航局先后发射了“中继”号卫星(重172磅，输出功率10 W，1.7/4.2 GHz)进入1270～8300 km的椭圆轨道，在美国、欧洲、南美洲之间进行了多次通信试验。

同步轨道试验通信卫星(高度5000～20 000 km，周期4～12h)：1963年7月和1964年8月，美国宇航局先后发射三颗“辛康”卫星。第一颗未能进入预定轨道，第二颗则送入周期为24 h的倾斜轨道，进行了通信试验，而最后一颗被射入近似圆形的静止同步轨道，成为世界上第一颗试验性静止通信卫星。利用它成功地进行了电话、电视和传真的传输试验，并于1964年秋用它向美国转播了在日本东京举行的奥林匹克运动会实况。至此，卫星通信的早期试验阶段基本结束。

(3) 20世纪60年代中期，卫星通信进入实用阶段。1965年4月，西方国家财团组成的“国际卫星通信组织”将第1代“国际通信卫星”(INTELSAT-Ⅰ，简记为IS-Ⅰ，原名“晨鸟”)射入西经35°W的大西洋上空的静止同步轨道，正式承担欧美大陆之间商业通信和国际通信业务。两周后，苏联也成功发射了第一颗非同步通信卫星“闪电－1”，进入倾角为65°、远地点为40 000 km、近地点为500 km的准同步轨道(运行周期12 h)，为其北方、西伯利亚、中亚地区提供电视、广播、传真和一些电话业务。这标志着卫星通信开始了国际通信业务。

(4) 20世纪70年代初期，卫星通信进入国内通信阶段。1972年，加拿大首次发射了国内通信卫星“ANIK”，率先开展了国内卫星通信业务，并获得了明显的规模经济效益。地球站开始采用21 m、18 m、10 m等较小口径天线，几百瓦级的行波管发射机、常温参量放大器接收机等使地球站向小型化迈进，成本也大为下降。其间还出现了海事卫星通信系统，通过大型岸上地球站转接，为海运船只提供通信服务。

(5) 20世纪80年代，VSAT(Very Small Aperture Terminal，甚小口径终端)卫星通信系统问世，卫星通信进入突破性的发展阶段。VSAT是集通信、电子计算机技术为一体的固态化、智能化的小型无人值守地球站。一般C频段VSAT站的天线口径约3 m，Ku频段为1.8 m、1.2 m或更小。可以把这种小站建在楼顶上或就近的地方而直接为用户服务。VSAT技术的发展，为大量专业卫星通信网的发展创造了条件，开拓了卫星通信应用发展的新局面。

(6) 20世纪90年代，中、低轨道移动卫星通信的出现和发展开辟了全球个人通信的新纪元，大大加速了社会信息化的进程。

(7) 进入21世纪，卫星通信在理论研究和再应用领域都有了显著的发展成果，比如GPS和BDS等导航定位系统的发展，以及高通量系统和星链系统(Starlink)的出现。

2. 国际卫星通信现状

卫星通信主要包括卫星固定通信、卫星移动通信和卫星直接广播等，下面分别进行介绍。

1) 国际卫星固定通信现状

全球经营卫星固定通信业务的公司约有30个，共拥有约300颗在轨静止卫星。当前占据主体地位的有国际卫星公司(Intelsat)、SES全球公司、欧洲通信卫星公司(Eutelsat)和加拿大电信卫星公司(Telesat)，这四家最大的公司包揽了行业总收入的70%和大量的频谱资源、卫星轨位等。具有代表性的先进卫星有加拿大电信卫星公司的Anik－F2(2004年)、泰国Shin公司的IP－STAR(2005年)、国际通信卫星公司的IS－Ⅹ(2007年)、美国休斯网络系统公司的Spaceway－3(2007年)、欧洲卫星通信公司的Ka－SAT(2010年)和美国卫迅公司的ViaSat－1(2011年)等。这些卫星分布于各自轨道位置，以多种频段(C、Ku和Ka)、极化(圆和线)和波束(全球、半球、区域、点波束)分别覆盖地球赤道南北各个服务区。服务区内的用户根据各种业务(音频、视频、数据、多媒体)需要，组成各种通信网络，使用各种体制和标准的地球站通过以上卫星进行通信。

卫星固定通话业务在近年来也呈现不断发展的态势，这同样为卫星通信行业的发展带来了很大的促进作用。目前卫星固定通信业务已经实现从以传输网为主向以接入网为主转移，从以话音业务为主向以多媒体业务为主转移，从以IDR(中等数据速率)技术为主向以DVB(数字视频广播)技术为主转移，从以面对电信为主向以直接面对用户为主转移等。

2) 国际卫星移动通信现状

卫星移动通信按其轨道分为两类：静止轨道卫星移动通信和低轨道卫星移动通信。

静止轨道卫星移动通信中，全球覆盖的有国际海事卫星(Inmarsat)系统(1982年)，区域覆盖的有北美移动卫星通信(MSAT)系统(1995年)、印度尼西亚等国的亚洲蜂窝卫星(ACeS)系统(2000年)、阿联酋瑟拉亚公司的瑟拉亚卫星(Thuraya)系统(2000年)、美国ICO公司的ICO－G1系统(2008年)、美国TerreStar网络公司的TerreStar卫星通信系统(2009年)和美国移动卫星投资公司的Skyterra卫星通信系统(2010年)等，国内覆盖的有日本卫星(N－STAR)通信系统和澳大利亚(Optus)卫星通信系统等。

低轨道卫星移动通信中，有铱系统(Iridium)、全球星系统(Globalstar)、轨道通信系统(Orbcomm)，OneWeb卫星星座系统、SpaceX星链卫星系统、亚马逊Project Kuiper系统等。

虽然初期卫星移动通信业务市场不景气，全球覆盖低轨卫星移动通信系统发展缓慢，但是由于其具有的固有优势和巨大的军事通信应用价值，又重新受到了人们的重视，尤其是各大军事强国，受“太空战”思想的影响，纷纷抢占轨道空间资源，各大国际商业巨头也看到了卫星移动通信系统蕴含的巨大商机，从而进一步加大了资金投入，加速了技术进步和换代更新，使卫星移动通信系统进入发展的高潮期。例如Inmarsat系统一直稳步向前发展，其卫星已发展到第5代，且其第6代卫星已在研究中。此外，近来年中轨道卫星移动通信也开始得到发展，例如欧洲O3b公司运营的O3b系统。

3) 国际卫星直接广播现状

卫星直接广播分为电视直播和声音直播。卫星电视直播可用卫星广播业务(BSS)频段的广播卫星或卫星固定业务(FSS)频段的通信卫星，前者业务一般称为直接广播(DBS)业务，后者业务称为直接到户(DTH)业务。这两种卫星都是静止轨道卫星，公众用户都可使用电视接收终端直接收看这两种卫星广播的电视节目。

卫星直接广播是卫星通信行业的重要组成部分和发展主流，产值约占整个卫星通信行业的3/4，且增长速度呈现出明显的上升趋势。当前，国际范围内就有超过5000个卫星广播电视频道，例如美国的探索频道(Discovery)自1985年启播至今，拥有庞大的用户群体和强大的公众影响力。

在美国，现有经营商 DirecTV 和 Dish Network 两大公司经营着 BSS 和 FSS 业务的 Ku 频段和 FSS 业务的 Ka 频段卫星的电视直播业务。DirecTV 公司经营的是 DirecTV-10/11(2006 年 2 月和 2008 年 7 月)和 Spaceway-1/2 卫星(2005 年 4 月和 11 月)，Dish Network 公司经营的是 EchoStar 系列的卫星。两公司现有在轨卫星 20 多颗，其 Ku 频段卫星转发器可为全美电视家庭用户提供约 1800 套数字高清和标清电视节目，用户可用 0.45 m 口径接收天线直接从卫星接收到符合要求的 Ku 频段电视信号。

欧洲地区的卫星电视运营商定位为数字电视平台和内容的提供商，不参与空间段的运营。其空间段运营商主要是 SES 全球公司和欧洲通信卫星公司。SES 全球公司使用 ASTRA 卫星系列和天狼星(Sirius)卫星系列，欧洲通信卫星公司使用 Hot Bird 等卫星系列。两公司以多星共位方式扩展频谱资源，用户可以从一个轨位接收到数百套节目。

日本卫星广播系统公司经营的是 BSS 业务频段的直播卫星(BSAT)，有 4 颗卫星在同一轨位运行，每星有 4 台 Ku 频段转发器。另有一颗由日本空间通信公司(SCC)和 JSAT 公司运营的 FSS 频段卫星也向本国提供卫星电视直播业务。为了便于用户接收，该星与 BSAT 卫星在同一轨道位置同极化工作。

另外，在卫星广播电视固定接收基础上还发展了移动接收卫星广播电视。卫星移动接收广播电视主要利用静止轨道卫星直接向个体用户和交通工具用户传送音频、视频广播节目。现有世广卫星集团(WorldSpace)的 L 频段的非洲星和亚洲星，美国天狼星卫星广播公司的 S 频段的 Sirius 卫星系列，美国 XM 卫星无线电公司的 S 频段的 XM 卫星系列，日本移动广播公司(MBCO)和韩国 SK 电信公司共有的 S 频段的 MBSAT 卫星等在轨提供服务。

这些卫星的特点是下行波束 EIRP 甚大，可直接向便携式个体接收机传送高质量的声音、数据和图像等多媒体信息。

3. 国际卫星通信发展趋势

1) 卫星固定通信发展趋势

为适应高清电视传输和因特网接入需求，卫星宽带通信业务已成为卫星固定通信业务的主要发展方向。使用宽带网的用户只需安装一个终端，便既可收看高清电视，又可接入宽带因特网上网操作。国际上卫星宽带通信业务发展主要表现在两个方面：一方面是利用现有的 C 频段和 Ku 频段卫星资源，快速地建立起宽带通信系统，以满足用户急需，并在与快速发展的地面宽带通信业务竞争中争取生存空间；另一方面是发展频率更高的 Ka 等频段的新型卫星宽带通信系统，以适应新业务的需求，并力争与发展中的地面宽带通信系统相适应，起到应有的补充和延伸作用。

2) 卫星移动通信发展趋势

卫星移动通信的发展趋势是：从便携式用户终端向手持式用户终端扩展，从单一的话音业务向多种业务发展，从窄带业务向宽带业务发展，从单独组网到多网互联发展；借助地面通信网的优势，实现与地面通信网的互连互通和在多制式网络中的相互漫游；最后与地面通信网络组成无缝隙覆盖全球的个人通信网，实现全球个人通信。

3) 卫星直播通信发展趋势

卫星直播通信的发展趋势是：DBS 业务与 DTH 业务融合，采用新的信号设计技术和新体制改善系统的传输性能，提高卫星转发器带宽和功率利用率；建立太空电影院，直播数字电影，促进电影业发展；利用大波束播放全国性节目或其他节目，点波束播放地方节目；采用多颗卫星异频段和同频段于同一轨位工作，以扩大空间段容量；同一副用户站接收天线，在不改变指向的情况下接收来自多个轨位上卫星的电视节目；用户终端由单向接收式发展为双向交互式，以提供用户点播等服务；卫星直播业务从固定接收方式扩大为移动接收方式，使其用户从企、事业单位和家庭扩大到个人和各种移动载体(汽车、船舶等交通工具)。

1.5.2 国内卫星通信发展动态

1. 我国卫星通信发展简史

1970年4月24日，我国自行设计并制造了第一颗人造地球卫星“东方红一号(DFH-1)”，之后不久便开始规划和部署卫星通信工程。1972年，邮电部租用国际第4代卫星(IS-Ⅳ)，引进国外设备，在北京和上海建立了4座大型地球站，首次开展了商业性的国际卫星通信业务。

1975年，我国开始实施第一颗试验性卫星通信工程，随即建成了北京、南京、乌鲁木齐、昆明、拉萨等地球站。1984年4月8日，我国成功发射了“东方红二号(DFH-2)”，亦即我国第一颗试验通信卫星(STW-1)，它定点于东经125°E赤道上空的同步轨道，开通了北京至乌鲁木齐、昆明、拉萨三个方向的数字电话，中央人民广播电台和中央电视台对新疆、西藏、云南等边远地区传输了广播和电视节目，从而揭开了我国卫星通信崭新的一页。

1988年3月7日和12月22日，我国又相继成功发射了2颗经过改进的实用通信卫星，分别定点于东经87.5°E、110.5°E赤道上空，它们的定点精度、通信容量和工作寿命都比前一颗卫星有明显的提高。

1990年2月4日，我国成功发射了第五颗卫星，它定点于东经98°E赤道上空，同年春又将“亚洲一号”卫星(24个转发器)送入了预定轨道，使我国卫星通信的水平进入一个新的阶段。

1997年5月12日，我国成功发射了第3代通信卫星“东方红三号(DFH-3)”，其主要用于电视、电话、电报、传真、广播和数据传输等业务。

2001年开始研发的“东方红四号(DFH-4)”卫星平台于2006年完成了首颗正样星的研制工作，之后发射了多颗卫星，并实现了我国大型通信卫星出口零的突破。DFH-4卫星适用于大容量通信广播卫星，大型直播卫星，移动通信、远程教育和医疗等公益卫星以及中继卫星等地球静止轨道卫星通信任务。

2017年4月12日，我国成功发射了首颗高通量通信卫星“中星16”，它定点于110.5°E地球静止轨道，提供26个Ka频段用户波束，覆盖中国中部、中西部、东部、南部、拉萨地区及中国近海地区，可应用于远程教育、医疗、互联网接入、机载和船舶通信、应急通信等领域。整星通量达20 Gb/s，大于我国所有在轨通信卫星的容量之和。

2018年5月4日，我国成功发射了“亚太6C”通信卫星，该卫星向亚太地区提供了高功率的广播电视、直播到户、VSAT以及移动蜂窝回传等业务，并为国家“一带一路”倡议提供了更多支持。

2019年3月10日，我国又发射了“中星6C”同步通信卫星，该卫星为中国、东南亚、澳洲和南太平洋岛国等地区提供了通信与广播业务。

2018年12月25日、2019年10月17日、2020年1月7日、2021年2月4日，我国分

别成功发射了通信技术试验卫星三号、四号、五号和六号。三号主要用于通信技术体制验证和国产元器件试验；四号用于开展多频段、高速率卫星通信技术验证；五号与六号主要用于卫星通信、广播电视、数据传输等业务，并开展相关技术试验验证。

2020年1月5日，我国研制的发射重量最重、技术含量最高的高轨卫星——“实践二十号”卫星作为“东方红五号(DFH-5)”公用平台的首飞试验星成功定点，这标志着我国自主开发的新一代大型桁架式卫星平台“东方红五号(DFH-5)”首飞成功，它满足未来通信、科学探测和微波遥感类卫星的需求，同时兼顾光学遥感类卫星的需求。

2020年6月23日，我国成功发射“北斗三号”最后一颗全球组网卫星，7月31日，“北斗三号”系统正式开通，向全球提供服务，并计划在2035年建成以北斗为核心的综合定位导航授时体系。

2020年7月9日，我国成功发射“亚太6D”卫星，它是我国首个Ku频段全球高通量宽带卫星通信系统的首发星，同时也是我国目前通信容量最大(通量高达50 Gb/s)、波束最多(90个)、输出功率最大、设计程度最复杂的民商用通信卫星，采用DFH-5平台，这标志着中国高通量通信卫星研制能力达到国际先进水平。

2021年1月20日，天通一号03星发射升空，标志着我国首个卫星移动通信系统建设取得重要进展。加上2016年发射的01星和2020年11月发射的02星，这三颗星一起与地面移动通信系统共同构成天地一体化移动通信网络，为中国及周边、中东、非洲等相关地区，以及太平洋、印度洋大部分海域用户，提供全天候、全天时、稳定可靠的话音、短消息和数据等移动通信服务。

2021年11月27日，“中星1D”卫星发射升空，可为用户提供高质量的语音、数据、广播电视传输服务。

总之，我国的卫星通信事业得到蓬勃发展。

2. 我国卫星通信发展现状

1) 卫星固定通信

我国卫星固定通信网的建设非常迅速，全国建有100多座大中型卫星通信地球站，联结世界200多个国家和地区的国际卫星通信话路数达3万条。我国已建成国内卫星公众通信网，国内卫星通信话路达7万多条，基本解决了边远地区的通信问题。甚小口径终端(VSAT)通信业务发展较快，已有国内甚小口径终端通信业务经营单位30多个，服务小站用户多达15 000个，其中双向小站用户超过6300个；同时建立了金融、气象、交通、石油、水利、民航、电力、卫生和新闻等几十个部门的100多个专用通信网，甚小口径终端上万个。

2) 卫星移动通信

卫星移动通信网作为地面移动通信网的一种延伸和补充，主要被用来满足位于地面移动区域以外用户的移动业务，以及农村和边远地区的基本通信需求，在特殊情况下可作为一种有效的应急通信手段。中国作为国际海事卫星组织(Inmarsat)成员国已建成覆盖全球的海事卫星通信网络，跨入了国际移动卫星通信应用领域的先进行列。我国进入Inmarsat的M站和C站，有5000部机载、船载和陆地终端，可为太平洋、印度洋和亚太地区提供通信业务。我国还参与了全球星系统地面关口站的建设，分别在北京、广州和兰州建立关口站，实现全国范围覆盖。我国还建设了铱系统关口站，其中22颗卫星由中国的长征二号丙火箭成功发射。另外，我国积极开展自主创新与研发，目前建立有星座轨道（低中轨道）的“虹云”系统（2018年）和“鸿雁”系统（2018年）等。

3）卫星电视广播

我国已建成覆盖全球的卫星电视广播系统和覆盖全国的卫星电视教育系统，全国共有卫星广播电视上行站达34座，卫星电视广播接收站超过20万座。我国从1985年开始利用卫星传送广播电视节目，目前已形成卫星传输覆盖网，负责传送中央、地方电视节目和教育电视节目，以及中央对内、对外广播节目和地方广播节目。卫星教育电视广播开播至今，有3000多万人接受了大、中专教育与培训。我国还建成了卫星直播试验平台，通过数字压缩方式将中央和地方的卫星电视节目传送到无线广播电视覆盖不到的广大农村地区，使我国广播电视的覆盖率得到很大提高。我国现有卫星电视广播接收站约20万座。在卫星直播试验平台上，还建立了中国教育卫星宽带多媒体传输网络，面向全国开展远程教育和信息技术的综合服务。目前，用于我国通信广播的卫星有中星6A(2010年)、中星6B(2007年)、中星6C(2019年)、亚太6C(2018年)、亚太7(2012年)、中星9(2008年)和中星1D(2021年)等。

3. 我国卫星通信发展趋势

1）卫星固定通信

（1）管好、用好现有卫星通信系统，积极发展新业务、新市场、新系统。维持和适度发展C、Ku频段（视需要增加Ka频段）静止卫星资源，做好现有各行业卫星通信系统服务和管理工作，积极开发新业务、新技术、新市场，提高产品质量，降低产品成本，扩大应用领域。大力发展农村卫星通信和边远地区卫星通信，为我国农村通信建设和中西部大开发提供优质服务，大力发展卫星通信国际专线业务。

（2）自主建设并运营以VSAT设备为主体覆盖全国的卫星公用通信网。采用C、Ku和Ka频段透明转发器，服务区域覆盖全国，多种设备、多种体制与多种业务综合。以VSAT设备为主体，宽带业务为主业，与地面通信网（主要为各基础运营商通信公网）互连互通，与部分卫星专用通信网（国内和国际）互连互通。主要服务对象直接面向企事业单位、集体和个体用户。

（3）大力发展国产卫星和地球站，逐步提高国产设备市场占有率。大力发展国产卫星和地面设备（主要为地球站），逐步提高国产设备在国内市场的占有率。

（4）自主建设并运营星上处理的新一代区域性卫星宽带通信系统。卫星服务区覆盖整个亚太地区，为我国和亚太地区用户服务，卫星具有Ka频段、多点波束天线和处理转发器等新技术。适时发射国产星上处理卫星，建成新一代宽带卫星通信系统。

2）卫星移动通信

（1）管好、用好现有卫星移动通信系统，大力开发新业务、新市场。管好、用好现有的海事卫星系统、全球星等系统；视需要和可能，在我国再次开通铱星业务；完成亚洲蜂窝卫星系统进入、开通和发展用户工作。大力开发新业务、新市场，不断扩大应用领域。

（2）自主建设并运营以手持式用户终端为主的区域性卫星移动通信系统。卫星服务区覆盖整个亚太地区，为我国和亚太地区用户服务。卫星采用L和S频段的多点波束天线和处理转发器等新技术，以手持式用户终端为主要服务对象，以话音和数据通信为主业务，使用国产卫星、地面系统和用户终端。适时发射试验卫星，建成和完善区域性卫星移动通信系统。

(3) 积极参与国际性组织的全球覆盖卫星通信系统规划、设计、建设和经营活动。

3) 卫星直接广播

(1) 利用现有“亚洲之星”等系统，发展L频段声音直播业务。利用已建上行站，向公众直播国际广播电台和中央人民广播电台的声音广播节目；培育市场，发展用户；做好用户终端设备国产化工作。

(2) 利用现有通信卫星，继续发展Ku频段DTH电视直播业务。完善现有卫星直播试验平台；巩固和扩大“村村通”广播影视覆盖效果；建立并完善HDTV卫星传输影院试验系统；扩大业务范围，提高服务质量。

(3) 自主建设并运营我国的L频段国内卫星数字声音直播系统。发射国产L频段声音直播卫星和改进型L频段声音直播卫星，建立国内卫星数字声音直播系统，发展以我为主用户终端。

(4) 自主建设并运营我国的Ku-BSS频段国内广播电视卫星数字直播系统，制作各种专业频道节目，收集综合业务信息。发射广播电视直播试验卫星和在轨备份星，完善地面系统；发展以我为主的用户终端，并做好直播卫星广播业务全面推广应用工作。

4) 天地一体化信息网络

随着太空低轨道争夺日趋激烈，5G技术成熟、6G技术突破，以及卫星通信技术的进步，打造“天地一体”网络逐渐成为我国信息通信产业的共识。天地一体化信息网络是科技创新2030——重大项目中首个启动的重大工程项目。天地一体化信息网络由天基骨干网、天基接入网、地基节点网组成，并与地面互联网和移动通信网互联互通，建成“全球覆盖、随遇接入、按需服务、安全可信”的天地一体化信息网络体系。建成后，将使中国具备全球时空连续通信、高可靠安全通信、区域大容量通信、高机动全程信息传输等能力。

5) 天基综合信息网

天基综合信息网(亦即空间综合信息网)是指主要通过星间、星地链路连接在一起的不同轨道、种类、性能的飞行器及相应地面设施和应用系统，按照空间信息资源的最大有效利用原则所组成的空天地一体化综合信息网。该网络具有智能化信息获取、存储、传输、处理、融合和分发能力，具备高度的自主运行和管理能力。天基综合信息网在一定意义上可看作卫星通信网的扩展和延伸。从信息传输路径和用户的角度来看，两者的主要区别在于，天基综合信息网把卫星通信网中地球上的用户终端延伸到天上，用于信息获取、储存、发送、接收和处理的各种应用卫星和需要通信的载人飞船等各种航天器，它本身还包含卫星通信系统和属卫星通信范畴的跟踪和数据中继卫星系统。

国外研究和建设天基综合信息网的主要有美国和欧洲，代表性项目是美国的“转型通信体系”(TCA)和欧洲的“面向全球通信的综合空间基础设施”(ISICOM)。我国已提出了天基综合信息网的体系架构，并开展了可行性方案论证和关键技术研究，制订了标准化规范；适时发射跟踪和数据中继卫星，建立空间数据传输系统，提高空间数据传输系统性能；初步建成天基综合信息网，为各种应用卫星和载人飞船等航天器提供长期稳定运行的天地一体化信息应用网络体系。

可以预计，21世纪的卫星通信将获得重大发展，尤其是世界上的新技术，如光开关、光信息处理、智能化星上网控、超导，以及新的发射工具和新的轨道技术的实现，将使卫星通信产生革命性的变化，卫星通信将对我国的国民经济发展，对产业信息化产生巨大的促进作用。

习　　题

1. 给出下列名词解释：

　　卫星，通信，现代通信，通信系统，卫星通信，日凌中断，星蚀现象

2. 与其他通信相比，卫星通信具有哪些主要特点？
3. 卫星通信系统由哪些部分组成？各部分的作用是什么？
4. 地球站由哪些部分组成？各部分的作用是什么？
5. 简述卫星通信的基本工作原理。
6. 什么是升节点和春分点？确定卫星位置的参数有哪些？
7. 通信卫星有哪些运行轨道？为什么说卫星不宜于在范伦带内运行？
8. 何谓卫星摄动？引起卫星摄动的主要因素有哪些？
9. 为什么要进行卫星位置保持？卫星姿态控制有哪些方法？
10. 某一卫星通信系统，站星距为 4×10^4 km，试求电波传播路径的时延。
11. 试参考有关资料，计算某一城市(譬如西安)对 90°E 静止卫星的距离、方位角和仰角。
12. 两颗静止卫星分别在经度 75°E 和 75°W 处，它们能相互见到对方么？为什么？
13. 什么是星座？卫星星座的主要参数有哪些？从哪些方面来考虑星座的优化设计？
14. 通信卫星由哪些部分组成？卫星转发器的作用是什么？
15. 卫星通信工作频段的选择原则是什么？为什么要选在微波频段？
16. 卫星通信有哪几个窗口频段？为什么说一般选在 1～10 GHz 范围内较为适宜？
17. 试解释自由空间损耗的概念，并简述大气对电波传播的影响。
18. 在移动卫星通信中，引起电波衰落现象的原因是什么？
19. 何谓多普勒频移？多普勒频移对固定卫星通信和移动卫星通信各有何影响？
20. 简述国际卫星通信发展过程，以及我国卫星通信发展趋势。

第 2 章 卫星通信基本技术

2.1 信号设计技术

通常将数字通信中用于系统设计的编码、译码与调制、解调技术统称为信号设计。下面主要介绍数字卫星通信中的信号设计技术。

2.1.1 编码技术

在数字卫星通信中所用的编码技术有信源编码和信道编码两类。

信源编码是指通过压缩编码来去掉信号源中的冗余成分，以达到压缩码元速率和带宽，实现信号有效传输的目的。因此，信源编码实际上就是把话音、图像等模拟信号变换成数字信号，并利用传输信息的性质，采用适当的编码方法，降低传输速率，即实现话音或图像的频带压缩传输，提高通信系统的效率。而译码则是编码的逆过程。

信道编码是指通过按一定规则重新排列信号码元或加入辅助码的办法来防止码元在传输过程中出错，并进行检错和纠错，以保证信号的可靠传输。因此，信道编码是用来检测或纠正传输过程中的误码的，它是一种编码变换。纠、检错用在数字卫星通信中有着非常好的效果，是确保通信系统传输质量的重要技术。

1. 信源编码技术

1）卫星通信系统对信源编码的要求

在数字卫星系统中，人们为了充分利用有效的频率资源，进一步降低传输速率，施行了信号频带压缩技术，因此提出了多种编码方案。由于通信卫星所处的环境特殊，因此在卫星系统的信号传输中，会受到如多径衰落、多普勒效应等因素的影响。另外，无线传输的频谱资源非常有限，因而卫星系统对语音和图像等信源编码有较高的要求，特别是对于语音编码，主要有如下要求：

（1）在有限的频带内，尽量提高频谱利用率。

（2）一般数字卫星通信中话音的编码传输速率为 16～64 kb/s，而在移动卫星通信中的编码传输速率为 1.2～9.6 kb/s。在一定编码传输速率下，应尽可能提高话音质量。应对编码译码过程所用时间进行严格控制，因而需采用编译码时延较短的方案，并要求限制在几十毫秒之内。

（3）由于系统中的信号传输环境有时非常恶劣，会遇到雨、雾等不利气候条件及移动通信信道中多径衰落的影响，因此要求信源编码的算法本身具有较好的抗误码性能，以保证话音传输质量。

(4) 不同的压缩编码方式所采用的基本算法及不同程序实现的复杂程度也不相同，应选用复杂程度适中的算法和程序，便于电路的集成化。

2) 信源编码方式

在数字系统中，用于语音信号的基本编码方式主要有波形编码、参数编码和混合编码。

(1) 波形编码。波形编码是直接将时域信号变成为数字代码的一种编码方式。由于在信号抽样和量化过程中考虑到人的听觉特征，因此应使编码信号与原输入信号基本保持一致。波形编码中主要采用脉冲编码调制(PCM)，即以奈奎斯特抽样定理为基准，考虑到滤波器等电话特性，抽样频率为话音最高频率的2.5倍左右，将频带宽度为300～3400 Hz的语音信号变换成64 kb/s(8 kHz抽样，8位量化)的数字信号。进而，还有较高压缩率的差值PCM(DPCM)、自适应DPCM(ADPCM)和自适应预测编码(APC)等编码方式。其特点是在高速码条件(16～64 kb/s)下，可获得高质量语音信号，音质较好。然而，当编码传输速率低于16 kb/s时，语音质量迅速下降。

(2) 参数编码。参数编码是以发音机制模型作为基础的。该模型是用一套模拟声带频谱特性的滤波器参数和若干声源参数来描述的，并将其变换成为数字代码的一种编码方式。由于参数编码的压缩比很高，计算量又大，因而通常语音质量只能达到中等水平。如数字移动通信系统中和移动卫星通信系统中使用的线性预测编码(LPC)及其改进型，传输速率可压缩到2～4.8 kb/s，甚至更低。

(3) 混合编码。混合编码是一种综合编码方式，它吸取了波形编码和参数编码的优点，使编码数字语音中既包括语音特征参量，又包括部分波形编码信息。如多脉冲激励线性预测编码(MPLP)，正规脉冲激励编码(RPE)，码激励线性预测编码系统(CELP)等。混合编码可将速率压缩至4～16 kb/s，而在此范围内能够获得良好的语音效果。

对于图像信号来说，可分为两种情况考虑：一种是广播电视信号，另一种是会议电视信号(幅度变化比较小)。

(1) 对于广播电视信号，不进行频带压缩的传输速率高达160 Mb/s，一般采用帧内差值脉冲编码方式(DPCM)，把传输速率压缩到34 Mb/s以下。对差值的量化仍采用非线性压扩特征，如A律压扩和μ律压扩。对于彩色电视信号则有两种基本编码方式：一种是对每个彩色成分进行编码，即所谓分离编码方式；另一种是像NTSC制式那样，对由几种彩色重叠而形成的复合彩色信号直接进行编码，即所谓的直接编码方式。若考虑到模拟信道混合使用的现状，采用直接编码方式更适宜，而且设备组成也比较简单。目前国际上已有了很多高效的图像编码技术和标准，如MPEG-2，MPEG-4，H.264等。对于PAL制式的彩电信号，利用MPEG-2标准，压缩编码后的速率约为4.42 Mb/s；高清电视(HDTV)利用MPEG-4AVC可压缩至7 Mb/s。

(2) 对于变化较小的会议电视信号来说，一般编码传输速率倾向于采用1.5～2.0 Mb/s。对这种信号的编码方式，多采用帧间和帧内预测相结合的方法。

2. 信道编码技术

卫星通信系统常用于远距离传送数据，由于衰减、噪声和干扰等的影响，信号在传输过程中将产生畸变。如果要保证通信质量，就需要增大归一化信噪比(E_b/n_0，每比特能量与噪声密度之比)。但是，一般的卫星通信都是功率受限且有延时的。对于要求越来越高的卫星通信系统，高的传信率和低的误码率就成为了衡量系统好坏的一个标准。因此必须使用相应的信道编码进行检错和纠错。

Shannon 编码定理指出："对于一个给定的有扰信道，它有极限的信息传输能力 C，只要信息速率不超过这个极限信道容量，则一定存在一种编译码方法，使得译码差错概率 P_e 随码长 N 的增加，按指数下降至任意小值，即 $P_e \leqslant \exp[-NE(R)]$。其中 $E(R)$是大于 0 的误差指数，它是编码器输入速率 R 和 C 的函数。"这个定理说明，在实际通信中尽管存在差错，但只要使用适当的编码方法就能按照用户要求进行纠正。

信道编码的目的是提高信号传输的可靠性，其方法是增加多余比特，以发现或纠正错误。与未编码相比，编码的结果是改善了误码性能，这种改善可用编码增益来描述。若单位时间内传输的信息量恒定，增加的冗余码元反映为带宽的增加；在同样的误比特率要求下，带宽增加可以换取归一化信噪比 E_b/n_0 值的减小。因此，把在给定误比特率下，未编码与编码传输的信噪比 E_b/n_0 之差称为编码增益(单位为 dB)。在数字卫星通信中主要采用分组码和卷积码进行编码，在给定误比特率 $P_e=10^{-5}$ 时，采用分组码的编码增益为 3～5 dB，采用卷积码、维特比译码的编码增益为 4～5.5 dB，而采用 RS 分组码和卷积码、维特比译码的级联码的编码增益为 6.5～7.5 dB。

下面简单描述几种常用的纠错编码。

1) 线性分组码

若整码组有 N 个码元，即码长为 N，其中有 k 个码元表征信息，称为信息码；余下的 $N-k$ 个码元用来监督整个码组是否有错，称为监督码。这种码称为(N, k)码，其比值k/N 称为码率。

分组码是将信源送出的二进制数字序列分成若干段，每一段由 k 个信息码元组成，然后在 k 个信息码元后面加上 $r=N-k$ 个监督码元构成一个码组，r 个监督码元完全由该码组中的 k 个信息码元决定，即监督码元仅与本组信息码元有关，而与其他码元无关。各个码组各自独立进行监督，因此，这类码称为分组码，或称为一个(N, k)分组码。

线性分组码是指其分码组的监督位与信息位之间呈线性关系，即用一组线性方程来描述。这样得到的 r 个线性关系式，称为一致监督关系，或一致监督方程组。

例如，构成一个(7, 4)分组码，其中 4 个信息码元为 a_6、a_5、a_4、a_3，3 个监督码元为 c_2、c_1、c_0，它们的一致监督关系为

$$\begin{cases} c_2 = a_6 \oplus a_5 \oplus a_4 \\ c_1 = a_5 \oplus a_4 \oplus a_3 \\ c_0 = a_6 \oplus a_5 \oplus a_3 \end{cases} \tag{2-1}$$

式中：$\oplus$代表模 2 和。可见，每个监督码元是本码组中某些信息码的模 2 和，即每个信息码元将受到几个监督码元的多重监督。

将式(2-1)移项后，得到

$$\begin{cases} a_6 \oplus a_5 \oplus a_4 \oplus c_2 = 0 \\ a_5 \oplus a_4 \oplus a_3 \oplus c_1 = 0 \\ a_6 \oplus a_5 \oplus a_3 \oplus c_0 = 0 \end{cases} \tag{2-2}$$

写成矩阵形式为

$$\boldsymbol{Ha}^{\mathrm{T}} = 0 \tag{2-3}$$

式中：$\boldsymbol{a}=(a_6, a_5, a_4, a_3, c_2, c_1, c_0)$；$\boldsymbol{H}=\begin{pmatrix}1&1&1&0&1&0&0\\0&1&1&1&0&1&0\\1&1&0&1&0&0&1\end{pmatrix}$，$\boldsymbol{H}$ 被称为一致监督矩阵。

由式(2-3)编出的码组是 $a_6\ a_5\ a_4\ a_3\ c_2\ c_1\ c_0$，其编码器的组成如图 2-1 所示。开始四拍开关倒向 A，输出四位信息码元 $a_6\ a_5\ a_4\ a_3$，第 5～7 拍开关倒向 B，此期间一方面把信息码元 $a_6\ a_5\ a_4$ 输出，同时把算出的监督码元移入寄存器。下四拍开关又倒向 A，一方面输入下一组四位信息码元，同时把 $a_3\ c_2\ c_1\ c_0$ 输出。依此下去就得到编出的(7，4)分组码。

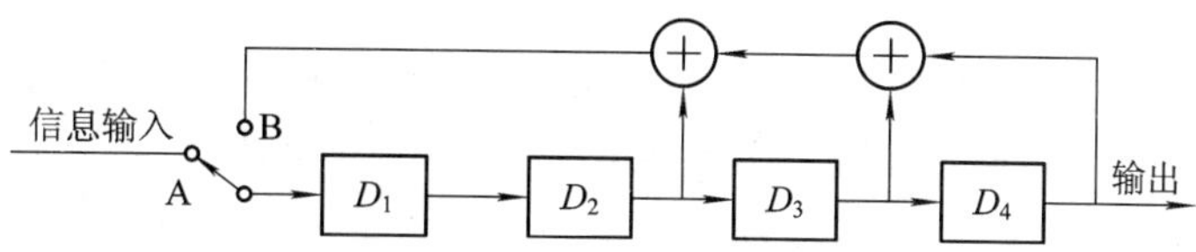

图 2-1　编码器的组成

由上述内容可知，通过监督方程组，监督码元对信息码元实行监督，使原来完全独立的信息码元被约束到这种关系中。当码元在传输过程中发生差错时，方程组中与这些码元相对应的方程式被破坏。因此，接收端很容易通过校验方程组来发现错误，而且由于信息码元受到两个或三个监督码的多重监督，不仅能发现错误，也能纠正错误。

接收端进行纠(检)错译码的方法通常是根据式(2-2)规定的关系做以下运算：

$$\begin{cases} s_1 = a_6 \oplus a_5 \oplus a_4 \oplus c_2 \\ s_2 = a_5 \oplus a_4 \oplus a_3 \oplus c_1 \\ s_3 = a_6 \oplus a_5 \oplus a_3 \oplus c_0 \end{cases} \tag{2-4}$$

若接收的码组没有错误，则式(2-4)中 $s_i=0(i=1, 2, 3)$；若码组中发生单个错误，则 s_i 中相应的某几个就不为零，接收端根据 s_i 的不同值便可唯一地确定这个错误的位置，计算结果见表 2-1。

表 2-1　校正子与错码位置

s_1	s_2	s_3	错误位置
0	0	0	无误
0	0	1	c_0
0	1	0	c_1
1	0	0	c_2
0	1	1	a_3
1	1	0	a_4
1	1	1	a_5
1	0	1	a_6

计算 s_i 是确定错误位置的依据，通常称之为校正子。若知道了错误的位置，只要将收到的该位码元变号，将 1 变为 0，或 0 变为 1，就纠正了错误。由此可见，(7，4)分组码是一种能够纠正一位差错的码，因而只能用于纠正随机性差错。

在实际通信中常常会遇到突发性干扰，会出现成串或成片的多个错误，这就需要一种具有纠正突发性错误的纠错技术，交织技术就是这样一种技术，其基本原理是改变比特的顺序，将突发差错码分散到几个码字中，而不是集中在一个码字中。

2）循环码

循环码又称循环冗余校验码(CRC，Cyclic Redundancy Check)，它是线性分组码的一个重要分支。由于循环码具有码的代数结构清晰、性能较好、编译码简单和易于实现的特点，因此得到广泛应用，它不仅可以用于纠正独立的随机错误，而且可以用于纠正突发错误。下面主要描述 BCH 码、格雷码和 Reed - Solomon(RS)码。

(1) BCH 码。

BCH 码是具有纠正多个随机差错功能的循环码，它是循环码的一个重要子类。这种码是建立在现代代数理论基础之上的，其数学结构严谨，在译码同步等方面有许多独特的优点，故在数字微波以及数字卫星传输设备中常使用这种能纠正多重错误的 BCH 码来降低传输误码率。

BCH 码可分为两类，一类是原本 BCH 码，另一类是非原本 BCH 码。原本 BCH 码的特点是码长为 2^m-1(m 为正整数)，其生成多项式是由若干最高次数为 m 的因式相乘构成的，且具有如下形式：

$$g(t)=\text{LCM}[m_1(x),\ m_3(x),\ \cdots,\ m_{2t-1}(x)] \tag{2-5}$$

式中：t 为纠错个数；$m_i(t)$为最小多项式；LCM 代表最小公倍式。

具有上述特点的循环码就是 BCH 码，其最小码距 $d\geqslant 2t+1$(在一种编码中，任意两个许用码组之间的对应位上所具有的最小不同二进制码元数，称为最小码距)。由此可见，一个$(2^m-1,\ k)$循环码的 2^m-1-k 阶生成多项式必定是由 $x^{2^m-1}+1$ 的全部或部分因式组成的。而非原本 BCH 码的生成多项式中却不包含这种原本多项式，并且码长 n 是 2^m-1 的一个因子，即 2^m-1 一定是码长 n 的倍数。

下面以码长为 15 的 BCH 码为例来进行说明。可见此时 $m=4(2^4-1=15)$，即表示最高次数为 4。由 x^n+1 的因式分解可知：

$$m_0(x)=x+1$$
$$m_1(x)=x^4+x+1$$
$$m_3(x)=x^4+x^3+x^2+x+1$$
$$m_5(x)=x^2+x+1$$
$$m_7(x)=x^4+x^3+1$$
$$x^{15}+1=m_0(x)\cdot m_1(x)\cdot m_3(x)\cdot m_5(x)\cdot m_7(x)$$

其中，$m_7(x)$ 是 $m_1(x)$ 的反多项式(若有限域上的 m 次多项式为 $f(x)=\sum_{k=0}^{m}a_kx^{-k}$，则 $f^*(x)=x^m\sum_{k=0}^{m}a_kx^{-k}$ 称为 $f(x)$的反多项式)。对于(15，5)BCH 码的生成多项式为

$$\begin{aligned}g(t)&=\text{LCM}[m_1(x),\ m_3(x),\ \cdots,\ m_{2t-1}(x)]\\&=(x^4+x+1)\cdot(x^4+x^3+x^2+x+1)\cdot(x^2+x+1)\\&=x^{10}+x^8+x^5+x^4+x^2+x+1\end{aligned}$$

可见它能纠正 3(由 $2t-1=5$ 得到)个随机差错。

(2) 格雷码和 RS 码。

通常使用的二进制自然码排序为 00，01，10，11，当用 QPSK 方式调制时，若以自然码排列，“00”与“11”将被调制到相邻相位，解调时若有误判就会产生两个比特误码。而格雷码则为 00，01，11，10，显然不允许出现 11 与 00、10 与 01 相邻的局面，因此每次误判时最多出现 1 位误码(因为被调制到相邻相位的码元只有 1 比特不同)，这就是在 QPSK 系统中其输入序列选择格雷码的原因。以上是从编码角度分析的，如果从纠错编码的角度来分析，(23，12)也是一个格雷码，该码的码距为 7，能够纠正 3 个随机性差错。实际上它是一个特殊的非原本 BCH 码。尽管存在多种纠正 3 个随机性差错的码，但格雷码的每个信息位所要求的监督码元数最少，因此其监督位得到了最充分的利用。

前面所描述的 BCH 码都是二进制的，即 BCH 码的每一个码元(元素)的取值为 0 或 1。如果 BCH 中的每一个元素用多进制表示的话，例如 2^m 进制，那么 BCH 中的每个元素就可以用一个 m 位的二进制码组表示，我们称这种多进制的 BCH 码为 RS 码。例如对于其信息位为 10011 的(15，5)BCH 码序列是 100110111000010。如果进行 RS 编码，取 $m=2$，即每一位将用一个 2 位的二进制码表示(若用 01 代表“0”码，用 10 代表“1”码)，那么输出的 RS 码就是 100101101001101010010101011001。可见，当以 2 比特为一组计算，一旦出现 00 或 11 或不符合循环码的循环关系时，则可以断定，该序列出现差错。因此，RS 码是一个具有很强纠错能力的多进制码。

一个纠正 t 个符号错误的(n，k)RS 码的参数如下：

码长：$n=2^m-1$ 符号或 $m(2^m-1)$比特；

信息段：k 符号或 km 比特；

监督段：$n-k=2t$ 符号或 $m(n-k)$比特；

最小码距：$d=2t+1$ 符号或 $m(2t+1)$ 比特。

RS 码特别适合于纠正突发性错误，它可以纠正的差错长度(第 1 位误码与最后 1 位误码之间的比特序列)为

总长度为 $b_1=(t-1)m+1$ 比特的 1 个突发差错；

总长度为 $b_2=(t-3)m+3$ 比特的 2 个突发差错；

……

总长度为 $b_i=(t-2i+1)m+2i-1$ 比特的 i 个突发差错。

3) 卷积码

卷积码是一种非分组码，它与分组码的主要差别是，在分组码中，任何一段规定的时间内编码器产生的一个 N 个码元的码组，仅取决于这段时间中的 k 位输入码元，码组中的监督位只监督本码组的 k 个信息位。而卷积码不同，编码器在任何一段时间内产生的 n 个码元，不仅取决于这段时间中的 k 个信息位，而且还取决于前($N-1$)段规定时间内的信息位。此时，监督码位监督着这 N 段时间内的信息位。编码中互相关联的码元个数为 nN 个。

卷积码的纠错性能随 N 的增加而增大，而差错率随 N 的增加而呈指数下降。在编码器复杂性相同的情况下，卷积码的性能优于分组码。但卷积码没有分组码那样严密的数学分析手段，目前大多是通过计算机进行好码的搜索。

图 2-2 为卷积码编码器的示意图，它包括：一个由 N 段组成的输入移位寄存器，每段有 k 个，共 Nk 个寄存器；一组 n 个模 2 和相加器；一个由 n 级组成的输出移位寄存器。卷积码编码时，每个时刻输入 k 个比特，输出 n 个比特。

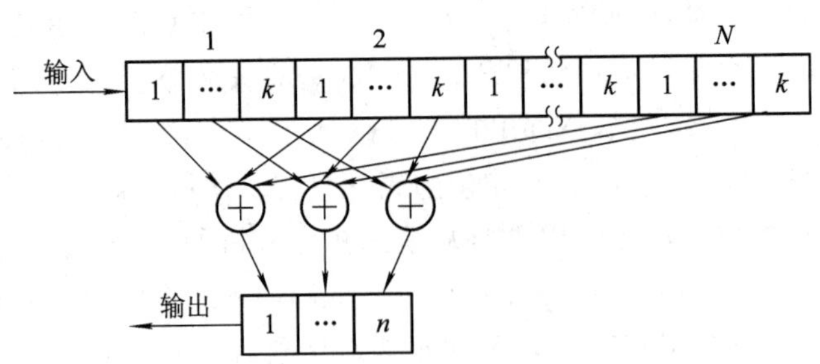

图 2-2　卷积码结构示意图

由图 2-2 可以看到，n 个输出比特不仅与当前的 k 个输入信息有关，还与前$(N-1)k$ 个信息有关。通常将 N 称为约束长度，把卷积码记为(n, k, N)，当 $k=1$ 时，$N-1$ 就是寄存器的个数。

描述卷积码的方法有两类：图解法和解析法。其中图解法包括树图、状态图和网格图；解析法包括矩阵形式和生成多项式形式。下面以图 2-3 为例说明各种描述方法。

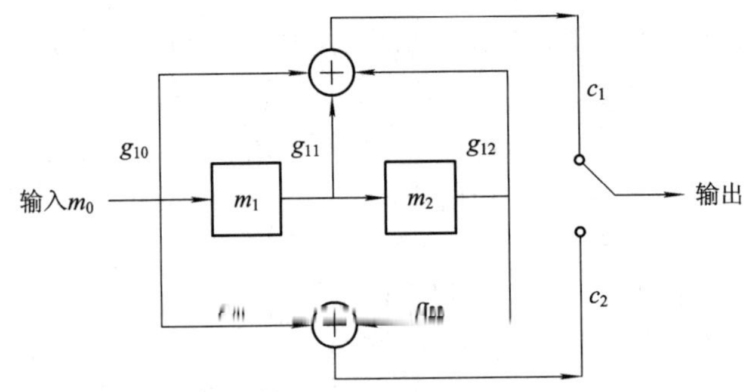

图 2-3　(7, 5)卷积码结构

(1) 树图。根据图 2-3 可以得到当前时刻寄存器值，下一时刻寄存器值，输入、输出的关系如表 2-2 所示。

表 2-2　(7, 5)卷积码的状态转移表

当前输入 m_0	1	0	1	0	1	0	1	0
当前寄存器状态 m_1 m_2	00	00	01	01	10	10	11	11
状态标记符	a	a	c	c	b	b	d	d
当前输出 c_1 c_2	11	00	00	11	01	10	10	01
下一寄存器状态	10	00	10	00	11	01	11	01
状态标记符	b	a	b	a	d	c	d	c

根据表 2-2 可以画出树状图，如图 2-4 所示。

(2) 状态图。根据表 2-2 可直接画出(7, 5)卷积码的状态图，如图 2-5 所示。

(3) 网格图。将状态图中的状态排开，可以得到卷积码的网格图，如图 2-6 所示。例如，输入为：1 1 0 1 1 1 0，输出为：11 01 01 00 01 10 01。

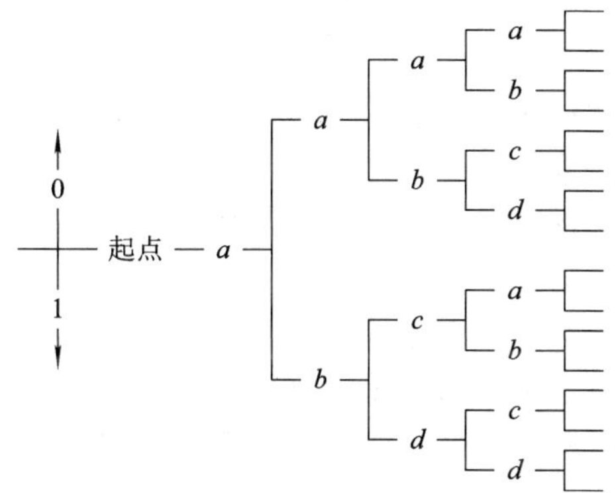

图 2-4 (7，5)卷积码树图

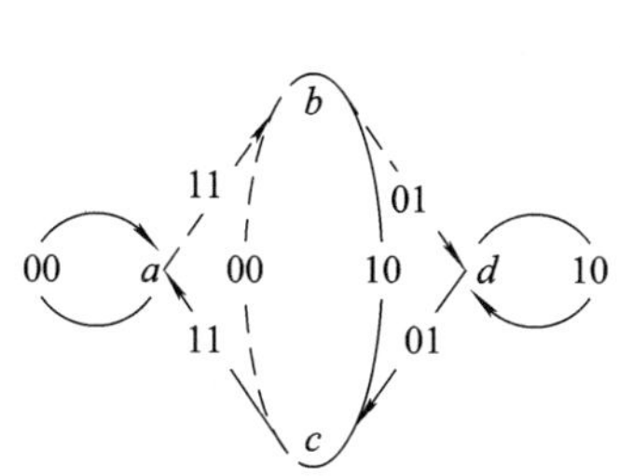

图 2-5 (7，5)卷积码状态图

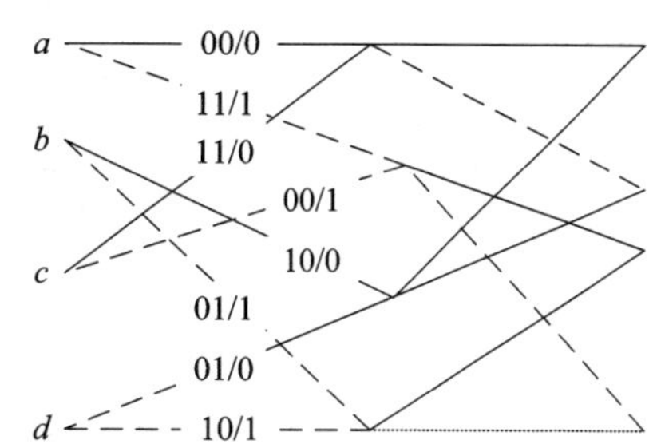

图 2-6 (7，5)卷积码网格图

(4) 生成多项式。定义 $g_1=[g_{10}, g_{11}, g_{12}]$，$g_2=[g_{20}, g_{21}, g_{22}]$，则上述结构为 $g_1=7$，$g_2=5$，这里用八进制表示 g_1，g_2。

$$c_1=[g_{10}, g_{11}, g_{12}]\begin{bmatrix}m_0\\m_1\\m_2\end{bmatrix},\ c_2=[g_{20}, g_{21}, g_{22}]\begin{bmatrix}m_0\\m_1\\m_2\end{bmatrix}$$

定义 $g_1(D)=g_{10}+g_{11}D+g_{12}D^2=1+D+D^2$，$g_2(D)=g_{20}+g_{21}D+g_{22}D^2=1+D^2$。

设输入信息 b_0、b_1、$b_2\cdots$的多项式为 $M(D)=b_0+b_1D+b_2D^2+\cdots$，则可以得到输出：$C_1(D)=M(D)g_1(D)$，$C_2(D)=M(D)g_2(D)$。最终输出的是 $C_1(D)$、$C_2(D)$的相同次数项的排列。

例如，输入为 1101110…，$M(D)=1+D+D^3+D^4+D^5+\cdots$，有 $C_1(D)=1+D^5+\cdots$，$C_2(D)=1+D+D^2+D^4+\cdots$。则最后输出为 11 01 01 00 01 10…。

可以看到，卷积码的输出是输入序列与 g_1、g_2 的卷积。

卷积码既可以纠正随机差错，又可以纠正突发错误或这两种错误的组合，其编码实现简单，但译码比编码困难。其译码方法主要有代数译码和概率译码。代数译码是根据卷积码本身编码结构进行译码的，译码时不考虑信道的统计特性，属于硬判决译码；概率译码是基于信道的统计特性和卷积码的特点进行译码的，属于软判决译码，典型的算法有维特比译码、序列译码等。具体译码方法在此不再赘述。

尽管卷积码不如分组码在理论上研究得透彻，分析起来比分组码更为麻烦，但在许多应用场合下，它与分组码的性能是不分上下的。卷积码的优点是：译码延时较小、需较少的存储硬件以及同步丢失不像长分组码的系统那样严重。

4）Turbo 码

纠正随机差错的码与纠正突发差错的码相结合，这种处理方式叫做级联。1993 年 C. Berrou等人在吸取传统级联码的基础上，基于并行级联的思路提出了 Turbo 码，从而大大提高了编码效率，同时使该码的纠错能力极其接近 Shannon 定理所规定的极限能力，因而很快得到了广泛关注。

(1) Turbo 编码器。图 2-7(a)给出了两级并行级联的 Turbo 编码器的结构图，它是由两个结构完全相同的递归系统卷积编码器 RSC1 和 RSC2 组成的（与卷积编码器相比，在 RSC 中增加了反馈环路，故称为递归编码），信息序列 d_k 在直接被送往信道的同时，还被送往编码器 RSC1 和交织器，这样可分别得到信息位 x_k、第一个校验位 y_{1k} 和交织后的序列 d_n。交织后的序列 d_n 又直接送往编码器 RSC2，从而得到校验位 y_{2k}。在删除截短矩阵功能电路中，对 y_{1k} 和 y_{2k} 进行了删除和截短处理，其输出 y_{1k} 与 x_k 一同构成 Turbo 码。

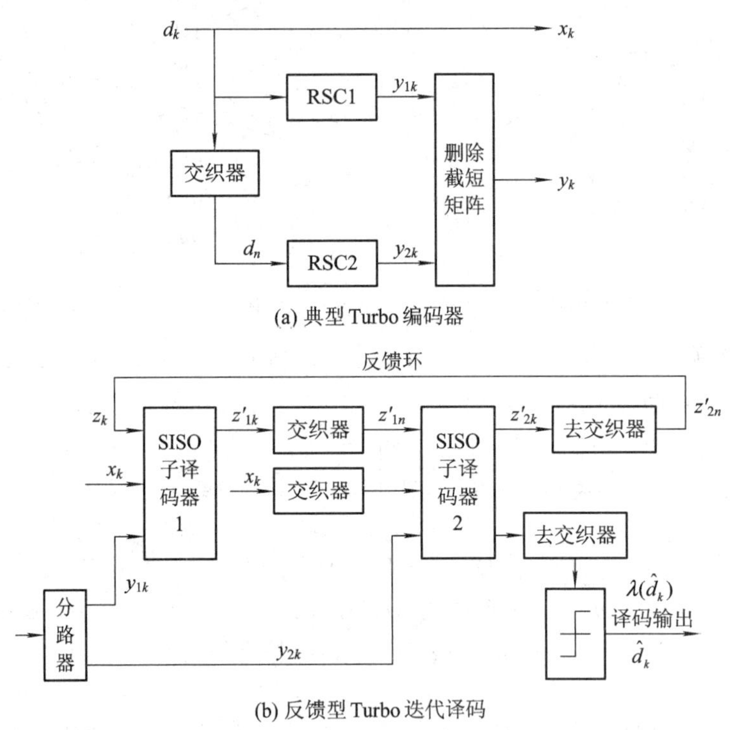

(a) 典型 Turbo 编码器

(b) 反馈型 Turbo 迭代译码

图 2-7　典型的 Turbo 码编/译码器结构图

根据删除截短矩阵删取的不同，可以得到不同码率的 Turbo（即 $R=k/n$，k 代表信息位数，n 代表并行码位数）。例如，当用 2 个 $R=1/2$RSC 作为子码时，交替地选取 2 个校验序列，即各自选发一半的数据，这样就构成了码率为 1/2 的 Turbo 码；当校验序列全部发送时，则得到码率为 1/3 的 Turbo 码。不同码率的 Turbo 码在性能上存在差异，总的来说，1/3 码率的 Turbo 码性能要优于 1/2 码率的 Turbo 码。

(2) Turbo 译码器。图 2-7(b)给出了一种反馈型 Turbo 迭代译码器的结构图，它是由两个用来对选定的 RSC 子码进行译码的软输入/软输出（SISO）子译码器组成的。其中 z'_{2k} 为子译码器 2 输出的改进信息，该信息经过去交织器处理后生成 z'_{2n}，反馈到子译码器 1

的输入端，构成子译码器1所需要的先验信息 z_k，随后在子译码器1中将根据所接收的信息序列和第一校验位 y_{1k} 进行处理，其输出 z'_{1k} 被送至交织器生成 z'_{1n}，并以此作为子译码器2的先验信息，经过子译码器2译码，则又可以获得下一次迭代子译码器1所需的先验信息。以此继续下去，当经过多次迭代之后，当满足一定条件(即 z'_{2k} 大于所设置的门限值)时，译码器将经过去交织器处理后的 $\lambda(\hat{d}_k)$ 送入判决器，经过判决便可得到译码信号 $\hat{d}_k$。

由此可见，Turbo译码器实现译码的关键在于SISO译码算法，所采用的算法不同，译码的复杂程度和获得的译码性能就会不同，因此应根据实际情况选择适当的译码算法。另外，由于在Turbo码的编码过程中融入了交织技术，因而Turbo码具有很强的纠错能力和抗衰落能力。据资料显示，其纠错能力与子码码率、约束长度以及交织长度等参数有关。因此，Turbo译码器也存在译码复杂度大、译码延时长等缺点。

5) LDPC码

LDPC(Low Density Parity Check)码，即低密度奇偶校验码，它是一种线性分组码，通过一个生成矩阵 $\boldsymbol{G}$ 将信息序列映射成发送序列(即码字序列)。对于生成矩阵 $\boldsymbol{G}$，完全等效地存在一个奇偶校验矩阵 $\boldsymbol{H}$，使所有的码字序列 $\mathbf{V}$ 构成了 $\boldsymbol{H}$ 的零空间，即 $\boldsymbol{H}\boldsymbol{V}^{\mathrm{T}}=0$。

LDPC码的奇偶校验矩阵 $\boldsymbol{H}$ 是一个稀疏矩阵，相对于行与列的长度(N,M)，校验矩阵每行、列中非零元素(即行重、列重)的数目非常小(即低密度)。由于校验矩阵 $\boldsymbol{H}$ 的稀疏性以及构造时所使用的不同规则，使得不同LDPC码的编码二分图(Tanner图)具有不同的闭合环路分布。而二分图中闭合环路是影响LDPC码性能的重要因素，它使得LDPC码在类似可信度传播(Belief Propagation)算法的一类迭代译码算法下，表现出完全不同的译码性能。当 $\boldsymbol{H}$ 的行重和列重保持不变或尽可能地保持均匀时，则称之为正则LDPC码；反之，当列、行重变化差异较大时，则称之为非正则LDPC码。正确设计的非正则LDPC码的性能要优于正则LDPC。根据校验矩阵 $\boldsymbol{H}$ 中的元素是属于伽罗华域GF(2)还是GF(q)($q=2^p$，p 为大于1的整数)，还可以将LDPC码分为二元域或多元域的LDPC码，多元域LDPC码的性能要比二元域的好。

总之，LDPC码具有很多优点：具有较低的差错平层特性，可实现完全的并行操作，译码复杂度低于Turbo码，适合硬件实现，吞吐量(即单位时间内进入和送出的数据总量)大，具有高速译码的潜力。因此，LDPC码很有可能取代Turbo码而成为B3G(Beyond 3 Generation)首选编码方法。但当编码长度较短时，LDPC码的表现并不尽如人意，这时候就应该选择其他纠错编码。因此，IEEE 802.16e规格只将它列为一个选项。

3. 差错控制方式

卫星通信信道上既有加性干扰也有乘性干扰。加性干扰由白噪声引起；乘性干扰由衰落引起。白噪声将导致传输信号发生随机错；而衰落则将导致传输信号发生突发错。因此在卫星通信系统中，对传输信号必须进行差错控制。

所谓差错控制，就是包括信道编码在内的一切纠正错误手段。常用的差错控制方式有三种：自动重发请求(ARQ)、前向纠错(FEC)和混合纠错(HEC)。

(1) 自动重发请求(ARQ)：收端能发现错码，但不能确定错码的位置，如果有错，则通过反向信道通知发送端重发，直到收端认为传输无错为止。因此，ARQ包括检错和重发，由于对地静止卫星的双向传输延迟比较长，大约有0.5 s以上，所以ARQ适合于对实时性要求不高的业务。实现 ARQ 的编码方式有奇偶监督码、行列奇偶监督码、恒比码和 BCH 码等。

ARQ 的优点是：

① 有很低的未检出差错概率($\ll 10^{-10}$)。

② 在任何信道都有效。

③ 编译码器简单。

ARQ 的缺点是：

① 需要反向信道。

② 可能存在可变的译码延时。

③ 数据源必须可控，并且需用缓冲寄存器。

(2) 前向纠错(FEC)：收端能发现错码，并能纠正错码。实现 FEC 的编码方式有线性分组码、卷积码和 Turbo 码等。

FEC 的优点是：

① 不需要反向信道。这特别适合于只能提供单向信道的场合，例如数据广播，而对于卫星通信，设置反向信道可能是耗费较高的措施。

② 能获得恒定的信息流通量。信息流通量是指传输的信息比特数与总的发射比特数之比，在 FEC 中，它恒等于信息源提供的数据速率与传输速率之比(即编码效率 r)。

③ 当译码器运算具有恒定的译码延时时，能获得总的恒定时延。这对于卫星接力链路中的终端设备从比特流中导出定时和同步信号是很重要的。

FEC 的缺点是：

① 编译码器复杂。在需要高可靠性数据时，选择合适的纠错编码和译码算法可能是一件比较困难的事情，因为大部分信道都同时呈现独立(随机)差错和突发差错。

② 使用纠错能力强的编码时，信息吞吐量会大大减少。为此，必须考虑码率的设计或自适应可变码率等问题。

③ 信道传输条件的任何恶化，对接收数据的准确性都会产生很大影响。

还有一个重要问题是 FEC 差错控制系统的费用与编码效率有关。一般来说，编码的冗余度越高，则编码效率越低，编码器和译码器的费用高。而且，编码的约束长度或分组长度越长，译码器存储的数量和译码时延也越大。

(3) 混合纠错(HEC)：它是 FEC 和 ARQ 的结合，收端经纠错译码后检测无错码，则不再要求发端重发；若仍有误码，则通过反向信道要求发端重发。

以上三种差错控制方式各有特点，可以根据实际情况合理选择。

2.1.2 调制技术

所谓调制，就是信号的变换，即在发送端将传输的信号(模拟或数字)变换成适合信道传输的高频信号；解调是调制的逆过程，即在接收端将已调信号还原成原始信号。调制方式分为模拟调制和数字调制两种。目前，卫星通信系统中普遍应用数字调制，主要有幅移键控(ASK)、相移键控(PSK)和频移键控(FSK)三种基本方式。卫星通信对于数字调制有如下要求：

(1) 不主张采用 ASK 技术(抗干扰性差，误码率高)。

(2) 选择尽可能少的占用射频频带，而又能高效利用有限频带资源，抗衰落和干扰性能强的调制技术。

(3) 采用的调制信号的旁瓣应较小，以减少相邻通道之间的干扰。

为适应以上要求，在卫星系统中所使用的调制方式是 PSK、FSK 和以此为基础的其他调制方式。从功率有效角度来看，常用的有四相相移键控(QPSK)、偏置四相相移键控(OQPSK)、π/4 -差分四相相移键控(π/4 - DQPSK)、最小频移键控(MSK)和高斯滤波的最小频移键控(GMSK)；从频谱有效角度来看，常用的有多进制相移键控(MPSK)和多进制正交振幅调制(MQAM)。此外，还有格型编码调制(TCM)、多载波调制(MCM)等新技术也正在卫星系统中得到应用，下面分别作简单介绍。

1. QPSK 调制和 OQPSK 调制

相移键控(PSK)是用数字基带信号对载波相位的控制来传递数字信息的。在模拟通信中，相位调制和频率调制相近。而在数字通信中，相位调制则和振幅调制相近。可以证明：一个码元等概率的二相相移键控信号，实际上相当于一个抑制载波的双边带调幅信号。

2PSK(或 BPSK)与 QPSK、8PSK 等 MPSK 相比，其相位模糊度低，便于解调，至今在很多场合下仍广泛使用，但其频谱利用率低；而 MPSK 具有比 BPSK 高的频谱利用率，由于 Modem 技术水平的提高，MPSK 得以实际应用，从而获得高的频谱利用率。

这里先描述一下 2PSK 的调制解调原理。设输入比特流为$\{a_n\}$，$a_n=\pm 1$，$n=-\infty\sim+\infty$，则 2PSK 的信号形式为

$$S(t)=\begin{cases}A\cos\omega_c t & a_n=+1\\ -A\cos\omega_c t & a_n=-1\end{cases},\qquad nT_b\leqslant t\leqslant(n+1)T_b \tag{2-6}$$

式中：A、ω_c 分别为信号的振幅和角频率；T_b为输入数据流的比特宽度。

$S(t)$还可以表示为

$$S(t)=a_nA\cos\omega_c t=A\cos\left[\omega_c t+\left(\frac{1-a_n}{2}\right)\pi\right],\quad nT_b\leqslant t\leqslant(n+1)T_b \tag{2-7}$$

即当输入为“+1”时，对应的信号附加相位为“0”；当输入为“−1”时，对应的信号附加相位为 π。

设 $g(t)$是宽度为 T_b的矩形脉冲，其频谱为 $G(\omega)$，则 2PSK 信号的功率谱为(假定+1和−1 等概出现)

$$G_{2PSK}(f)=\frac{1}{4}\left[|G(f-f_c)|^2+|G(f+f_c)|^2\right] \tag{2-8}$$

式中：f_c为载波频率。

2PSK 调制可以采用相乘器，也可以采用相位选择器来实现，如图 2-8 所示。

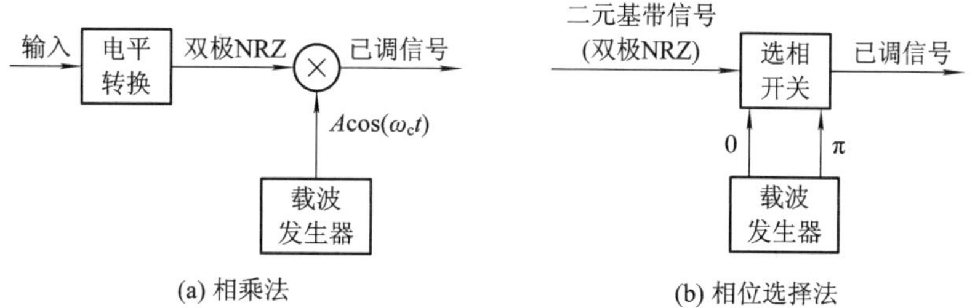

图 2-8 2PSK 调制

2PSK 解调一般采用相干解调，如图 2-9(a)所示。在解调中由于载波恢复电路会引起相位模糊，即出现“倒 π 现象”，因此实际中常采用差分 PSK(DPSK)方式，即采用载波相位的相对变化来传递信息的 PSK。2DPSK 调制就是先经过差分编码然后再进行 2PSK 的调制，2DPSK 的解调有相干解调和差分相干解调两种方式，相干解调是先经过 2PSK 相干解调然后再进行差分译码，而差分相干解调如图 2-9(b)所示。

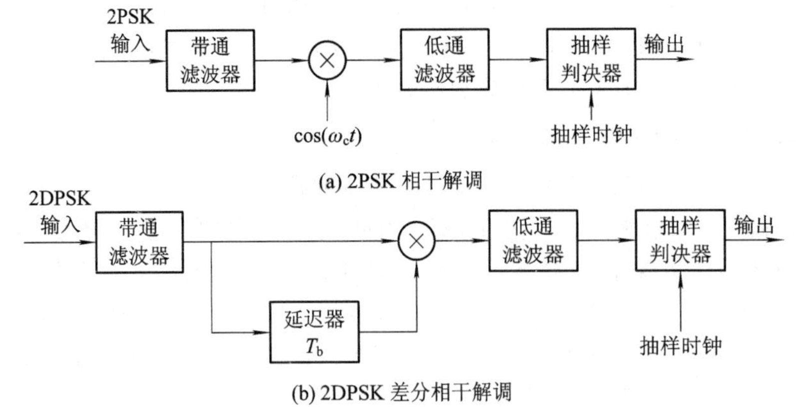

图 2-9　2PSK 相干解调与 2DPSK 差分相干解调

QPSK 和 OQPSK 的调制原理如图 2-10 所示。

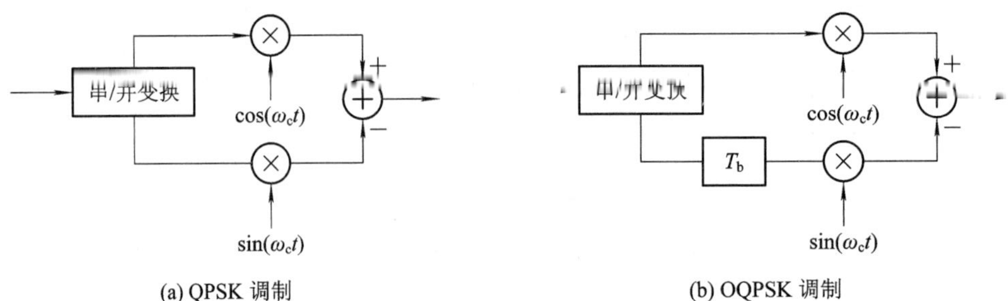

图 2-10　QPSK 和 OQPSK 调制

假定输入二进制序列为 $\{a_n\}$，$a_n=\pm1$，则在 $kT_s\leqslant t\leqslant(k+1)T_s(T_s=2T_b)$ 的区间内，QPSK 调制器的输出为(令 $n=2k+1$)

$$
S(t)=\begin{cases}A\cos(\omega_c t+\pi/4) & a_n a_{n-1}=+1+1\\ A\cos(\omega_c t-\pi/4) & a_n a_{n-1}=+1-1\\ A\cos(\omega_c t+3\pi/4) & a_n a_{n-1}=-1+1\\ A\cos(\omega_c t-3\pi/4) & a_n a_{n-1}=-1-1\end{cases}
$$

$$
=A\cos(\omega_c t+\theta_k) \qquad (2-9)
$$

式中：$\theta_k=\pm\frac{\pi}{4},\pm\frac{3\pi}{4}$。其相位的星座图如图 2-11(a)所示。在实际中，也可以产生 $\theta_k=0$，$\pm\frac{\pi}{2}$，π 的 QPSK 信号，即将图 2-11(a)的星座旋转 45°。比较式(2-6)和式(2-9)可知，在 QPSK 的码元速率与 BPSK 信号的比特速率相等的情况下，QPSK 信号是两个 BPSK 信号之和，因而它具有和 BPSK 信号相同的频谱特征和误比特率性能。

传统 QPSK 有很大的不足，QPSK 信号在其码元交替处的载波相位往往是突变的。当相邻的两个码元同时转换时，会出现 ±180° 的相位跳变。为此可以采用 OQPSK，如图 2-10(b)所示。OQPSK 与 QPSK 类似，不同之处是在正交支路引入了一个比特(半个码元)的时延，这使得两个支路的数据不会同时发生变化，因而不可能像 QPSK 那样产生 ±180° 的相位跳变，而仅能产生 ±90° 的相位跳变，如图 2-11(b)所示。因此，OQPSK 频谱旁瓣要低于 QPSK 信号的旁瓣。

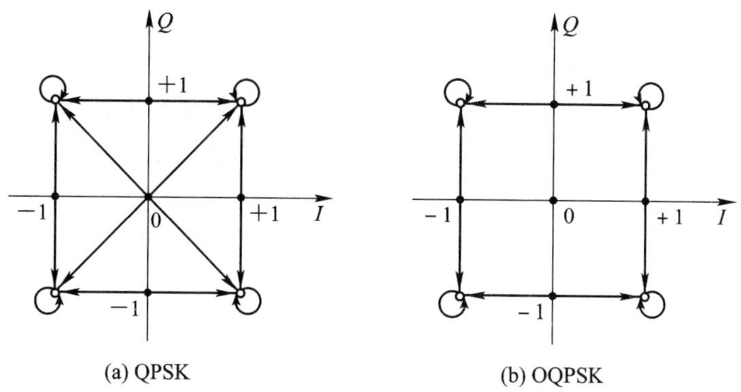

图 2-11 QPSK 和 OQPSK 的星座图和相位转移图

QPSK 和 OQPSK 调制与 BPSK 调制相同，均可采用相干解调。

2. π/4-DQPSK 调制

π/4-DQPSK 调制是对 QPSK 信号的特性进行改进的一种调制方式，改进一是将 QPSK 的最大相位跳变 $\pm\pi$，降为 $\pm 3\pi/4$，从而改善了 π/4-DQPSK 的频谱特性。改进二是解调方式，QPSK 只能用相干解调，而 π/4-DQPSK 既可以用相干解调也可以用非相干解调。

π/4-DQPSK 调制器的原理图如图 2-12 所示，输入数据经串/并变换之后得到同相支路 I 和正交支路 Q 的两种非归零脉冲序列 S_I 和 S_Q。通过差分相位编码，使得在 $kT_s \leqslant t < (k+1)T_s$ 时间内，I 支路的信号 U_k 和 Q 支路的信号 V_k 发生相应的变化，再分别进行正交调制之后合成为 π/4-DQPSK 信号。(这里 T_s 是 S_I 和 S_Q 的码宽，$T_s = 2T_b$。)

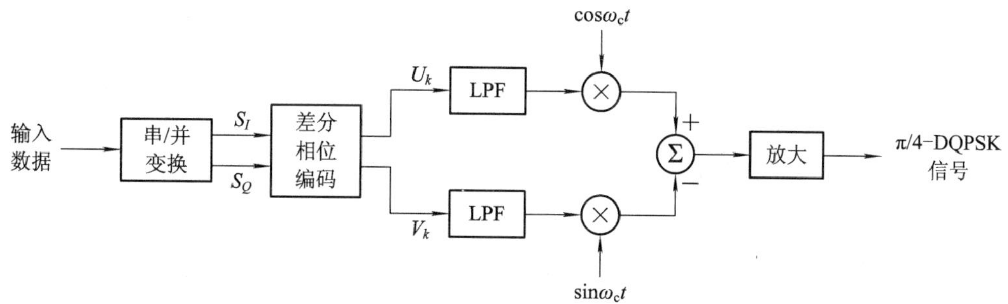

图 2-12 π/4-DQPSK 信号的产生原理图

设已调信号

$$S_k(t) = \cos(\omega_c t + \theta_k) \tag{2-10}$$

式中：θ_k 为 $kT_s \leqslant t < (k+1)T_s$ 之间的附加相位。上式可展开成：

$$S_k(t) = \cos\omega_c t \cos\theta_k - \sin\omega_c t \sin\theta_k \tag{2-11}$$

当前码元的附加相位 θ_k 是前一码元附加相位 θ_{k-1} 与当前码元相位跳变量 $\Delta\theta_k$ 之和，即

$$\theta_k = \theta_{k-1} + \Delta\theta_k \tag{2-12}$$

则

$$\begin{cases} U_k = \cos\theta_k = \cos(\theta_{k-1} + \Delta\theta_k) = \cos\theta_{k-1} \cdot \cos\Delta\theta_k - \sin\theta_{k-1} \cdot \sin\Delta\theta_k \\ V_k = \sin\theta_k = \sin(\theta_{k-1} + \Delta\theta_k) = \sin\theta_{k-1} \cdot \cos\Delta\theta_k + \cos\theta_{k-1} \cdot \sin\Delta\theta_k \end{cases} \tag{2-13}$$

式中：$\sin\theta_{k-1} = V_{k-1}$；$\cos\theta_{k-1} = U_{k-1}$。式(2-13)可改写为

$$\begin{cases} U_k = U_{k-1} \cdot \cos\Delta\theta_k - V_{k-1} \cdot \sin\Delta\theta_k \\ V_k = V_{k-1} \cdot \cos\Delta\theta_k + U_{k-1} \cdot \sin\Delta\theta_k \end{cases} \tag{2-14}$$

这是 π/4-DQPSK 的一个基本关系式。它表明了前一码元两正交信号 U_{k-1}、V_{k-1} 与当前码元两正交信号 U_k、V_k 之间的关系。它取决于当前码元的相位跳变量 $\Delta\theta_k$，而当前码元的相位跳变量 $\Delta\theta_k$ 则又取决于差分相位编码器的输入码组 S_I、S_Q，它们的关系如表 2-3 所示。

表 2-3　π/4-DQPSK 的相位跳变规则

S_I	S_Q	$\Delta\theta_k$	$\cos\Delta\theta_k$	$\sin\Delta\theta_k$
1	1	$\pi/4$	$1/\sqrt{2}$	$1/\sqrt{2}$
−1	1	$3\pi/4$	$-1/\sqrt{2}$	$1/\sqrt{2}$
−1	−1	$-3\pi/4$	$-1/\sqrt{2}$	$-1/\sqrt{2}$
1	−1	$-\pi/4$	$1/\sqrt{2}$	$-1/\sqrt{2}$

上述规则决定了在码元转换时刻的相位跳变量只有 $\pm\pi/4$ 和 $\pm 3\pi/4$ 四种取值。π/4-DQPSK的相位关系如图 2-13 所示，从图中可以看出信号相位跳变必定在图 2-13 中的“○”组和“■”组之间跳变，即在相邻码元，仅会出现从“○”组到“■”组相位点(或“■”组到“○”组)的跳变，而不会在同组内跳变。同时也可以看到，U_k 和 V_k 只能有 0，$\pm 1/\sqrt{2}$，±1 五种取值，分别对应于图 2-13 中八个相位点的坐标值。

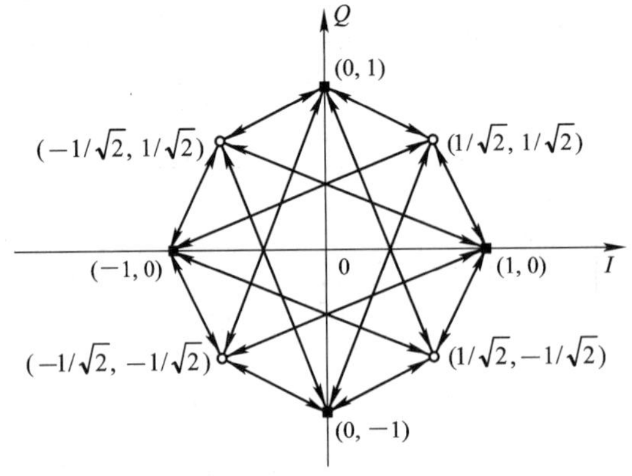

图 2-13　π/4-DQPSK 的相位关系

π/4-DQPSK 信号可以采用相干检测、差分检测和鉴频器检测。从其调制方法可以看出，所传输的信息包括在两个相邻的载波相位差之中，因此可以采用易于用硬件实现的非相干差分检波，如基带差分检测、中频差分检测。图 2-14 是中频差分解调的原理图。

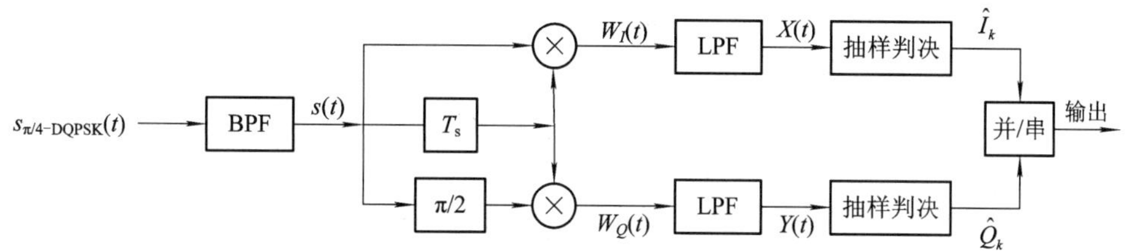

图 2-14 π/4-DQPSK 中频差分解调

设信号接收中频信号为

$$S_k(t)=\cos(\omega_c t+\theta_k),\quad kT_b\leqslant t\leqslant(k+1)T_b \tag{2-15}$$

解调器把输入中频(频率等于 f_0)π/4-DQPSK 信号 $s(t)$分成两路：一路是 $s(t)$和它的延迟一个码元的信号 $s(t-T_s)$相乘得 $W_I(t)$；另一路则是 $s(t-T_s)$和 $s(t)$移相 π/2 后相乘得 $W_Q(t)$，即

$$\begin{cases}W_I(t)=\cos(\omega_0 t+\theta_k)\cos[\omega_0(t-T_s)+\theta_{k-1}]\\W_Q(t)=\cos(\omega_0 t+\theta_k+\pi/2)\cos[\omega_0(t-T_s)+\theta_{k-1}]\end{cases} \tag{2-16}$$

设 $\omega_0 T_s=2n\pi$(n 为正整数)，经过低通滤波器后，得到低频分量 $X(t)$、$Y(t)$，抽样得

$$\begin{cases}X_k=\dfrac{1}{2}\cos(\theta_k-\theta_{k-1})=\dfrac{1}{2}\cos\Delta\theta_k\\[2ex]Y_k=\dfrac{1}{2}\sin(\theta_k-\theta_{k-1})=\dfrac{1}{2}\sin\Delta\theta_k\end{cases} \tag{2-17}$$

因此可作如下判决：

当 $X_k>0$ 时，可判决 $\hat{I}_k=+1$；当 $X_k<0$ 时，可判决 $\hat{I}_k=-1$。

当 $Y_k>0$ 时，可判决 $\hat{Q}_k=+1$；当 $Y_k<0$ 时，可判决 $\hat{Q}_k=-1$。

这种中频差分解调方法的优点是不用本地产生载波。

3. MSK 调制和 GMSK 调制

1) MSK 调制

由于 OQPSK 调制方式消除了 180°的载波相位变化，使它在功率和频带利用方面都优于 QPSK。但是它并没有从根本上消除码元间存在的载波相位跳变。所以对频带的利用仍不够理想。因而发展了一种相位连续的频移键控(CPFSK)方式，对于缓和码间相位跳变，降低频带要求是十分有利的。

最小频移键控(MSK)就是 CPFSK 的一种特殊形式，其频差是满足两个频率相互正交(即相关函数等于 0)的最小频差，并要求其信号的相位连续，最小频差 $\Delta f=f_2-f_1=1/(2T_b)$(这里的 f_1、f_2分别为 2FSK 信号的两个频率，T_b为比特宽度，亦为码元宽度)，调制指数或频移指数为 $h=\Delta f/(1/T_b)=0.5$，且 $f_1=f_c-\Delta f/2=f_c-1/(4T_b)$，$f_2=f_c+\Delta f/2=f_c+1/(4T_b)$(这里的 f_c为载波频率，$\omega_c=2\pi f_c$)，即频移等于码元速率的 1/4。

MSK 的信号表达式为

$$S(t)=\cos\left[\omega_c t+\frac{\pi}{2T_b}a_k t+x_k\right],\quad kT_b\leqslant t\leqslant(k+1)T_b \tag{2-18}$$

式中：x_k 是为了保证 $t=kT_b$ 时相位连续而加入的相位常量，取值为±1 的非归零(NRZ)信号。

设 $\theta_k=\dfrac{\pi}{2T_b}a_k t+x_k$，令

$$\varphi_k = \omega_c t + \theta_k \tag{2-19}$$

为了保持相位连续，在 $t=kT_b$ 时应有下式成立：

$$\varphi_{k-1}(kT_b) = \varphi_k(kT_b) \tag{2-20}$$

将式(2－19)代入式(2－20)可得

$$x_k = x_{k-1} + (a_{k-1} - a_k)\frac{k\pi}{2} \tag{2-21}$$

若令 $x_0=0$，则 $x_k=0$ 或 $\pm\pi$（模 2π），$k=0$，1，2，…该式表明本比特内的相位常数不仅与本比特区间的输入有关，还与前一个比特区间内的输入及相位常数有关。

在给定输入序列 $\{a_k\}$ 情况下，MSK 的相位轨迹如图 2－15 所示。各种可能的输入序列所对应的所有可能的路径如图 2－16 所示。

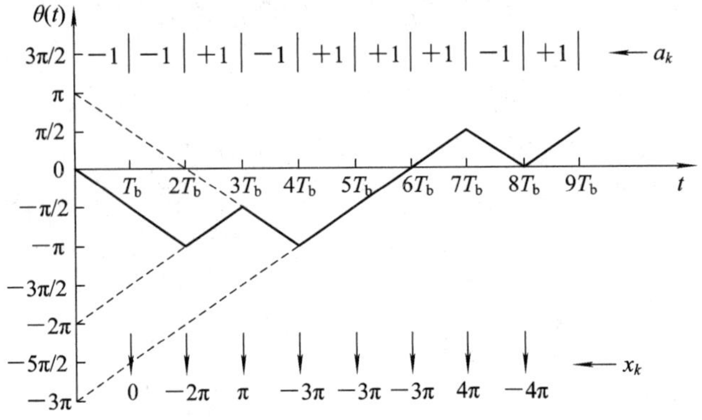

图 2－15　MSK 的相位轨迹

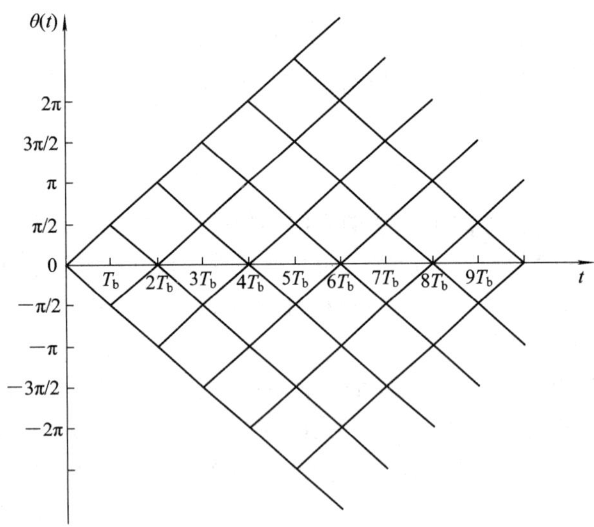

图 2－16　MSK 的可能相位轨迹

MSK 信号可表示成正交调制形式，即对式(2－18)进行正交展开后可得

$$\begin{aligned} S(t) &= \cos x_k \cos\left(\frac{\pi}{2T_b}t\right)\cos\omega_c t - a_k \cos x_k \sin\left(\frac{\pi}{2T_b}t\right)\sin\omega_c t \\ &= I(t)\cos\omega_c t - Q(t)\sin\omega_c t \end{aligned} \tag{2-22}$$

MSK 信号的正交调制如图 2－17(a)所示。当然，MSK 信号也可以将非归零的二进制

序列直接送入 FM 调制器中来产生，这里要求 FM 调制器的调制指数为 0.5。MSK 信号的正交解调如图 2-17(b)所示。

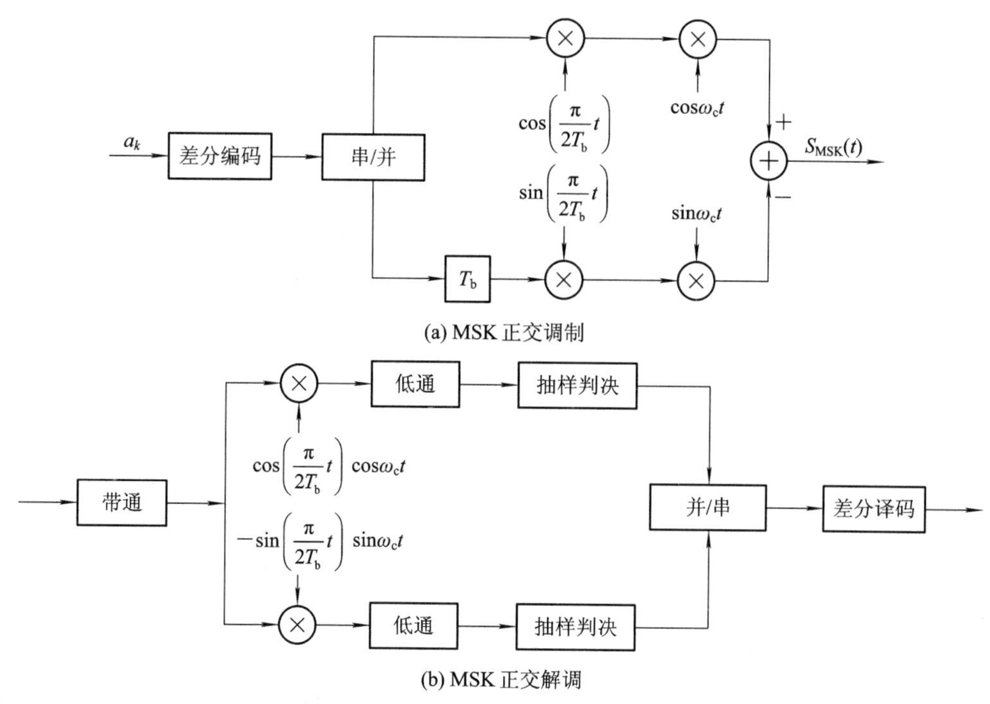

图 2-17　MSK 正交调制与正交解调

由此可见，MSK 的优点主要有两个：第一是彻底消除了相位跳变；第二是实现自同步比较简单。

2）GMSK 调制

尽管 MSK 信号已具有较好的频谱和误比特率性能，但仍不能满足一定的应用要求，比如移动卫星通信中要求信号的功率谱在相邻频道取值(即邻道辐射)低于主瓣峰值 60 dB，而 MSK 信号理论谱的第一旁瓣仅衰减了约 30 dB，这是因为 MSK 信号的相位路径虽然是连续的，但却有尖角。这就要求在保持 MSK 基本特性的基础上，采用预调制滤波器对 MSK 的带外频谱特性进行改进，使其衰减速度加快。

为了有效抑制 MSK 信号外的辐射，并保证经过预调制滤波后的已调信号能采用简单的 MSK 相干解调方法，预调制滤波器必须具备三个特点：第一，带宽窄并陡峭截止，以抑制高频分量；第二，冲击相应的过冲较小，以防止过大的瞬时频偏；第三，滤波器输出脉冲的面积是一个常量，该常量对应的一个比特内的载波相移为 $\pi/2$，以保证调制指数为 0.5。

由于高斯低通滤波器具备上述特性，因此高斯滤波最小频移键控(GMSK)就是通过在 MSK 调制器前加入高斯低通滤波器而产生的，如图 2-18 所示。其调制原理就是先对非归零矩形波基带信号进行预滤波，然后再进行 MSK 调制。

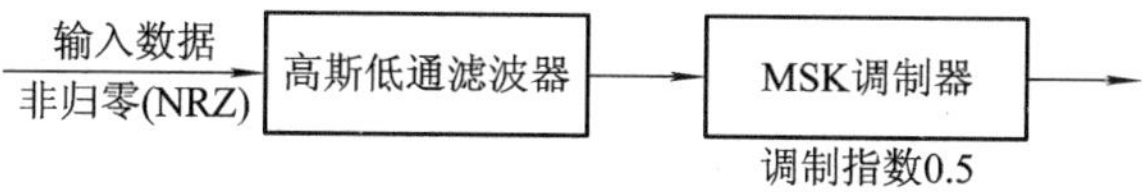

图 2-18　GMSK 调制示意图

经 GMSK 调制后的信号表达式为

$$S(t)=\cos\left\{\omega_c t+\frac{\pi}{2T_b}\int_{-\infty}^{t}\left[\sum a_n g\left(\tau-nT_b-\frac{T_b}{2}\right)\right]d\tau\right\} \tag{2-23}$$

GMSK 的相位轨迹如图 2-19 所示。

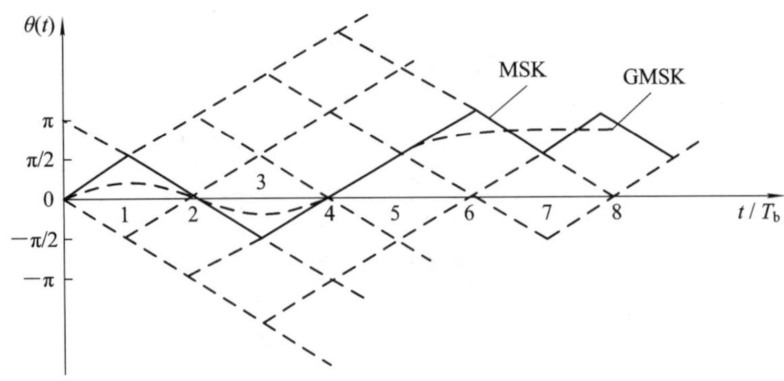

图 2-19　GMSK 的相位轨迹

从图 2-19 中还可以看出，GMSK 是通过引入可控的码间干扰(即部分响应波形)来达到平滑相位路径的目的，它消除了 MSK 相位路径在码元转换时刻的相位转折点。其信号在一码元周期内的相位增量，不像 MSK 那样固定为 $\pm\pi/2$，而是随着输入序列的不同而不同。

GMSK 调制器有两种实现方案：一种是正交调制；另一种是直接调频，即用调制指数 $h=0.5$ 的 FM 调制器件为 MSK 调制器。而 GMSK 信号解调也有两种方案：一种是相干解调，即采用与 MSK 一样的正交相干解调电路；另一种是非相干解调，其中有差分解调和鉴频解调两种方式。这里不再详细介绍。

3) 功率有效调制信号的频谱特性和误码性能

下面主要介绍 QPSK 和 MSK 两类调制信号的频谱特性和误码性能。

QPSK 频谱为

$$G_{QPSK}(f)=CA^2T_s\left[\frac{\sin\pi(f-f_0)T_s}{\pi[f-f_0)T_s}\right]^2 \tag{2-24}$$

式中：CA^2 为 1 Ω 电阻上的信号功率；$T_s=2T_b$ 是码元持续时间。由于 DQPSK 和 OQPSK 均不会改变功率谱密度，因此上式也代表了 DQPSK 和 OQPSK 调制系统的功率谱。

与 QPSK 和 OQPSK 的情况相类似，可以推断出，已调 MSK 信号的频谱等于 I 和 Q 两个基带信号叠加并经过频率搬移后的功率谱。因此

$$G_{MSK}(f)=\frac{8P_cT_b[1+\cos4\pi(f-f_0)T_b]}{\pi^2[1-16T_b^2(f-f_0)^2]^2}=\frac{4P_cT_s[1+\cos2\pi(f-f_0)T_s]}{\pi^2[1-4T_s^2(f-f_0)^2]^2} \tag{2-25}$$

式中：P_c 为已调信号的功率。

由于码元之间载波相位连续，所以 MSK 信号的频谱边带比 QPSK、OQPSK 收敛更迅速。尽管 QPSK 有一个比较窄的(3 dB)带宽，但边带的收敛速度仍小于 MSK。QPSK 以 $1/f^2$ 规律(见式(2-24))下降，而 MSK 以 $1/f^4$ 规律下降，这是它的一个突出优点。图 2-20 给出了 MSK、GMSK 和 QPSK 的等效基带功率谱密度曲线。对于 GMSK 信号，其频谱边带比 MSK 收敛还要迅速。

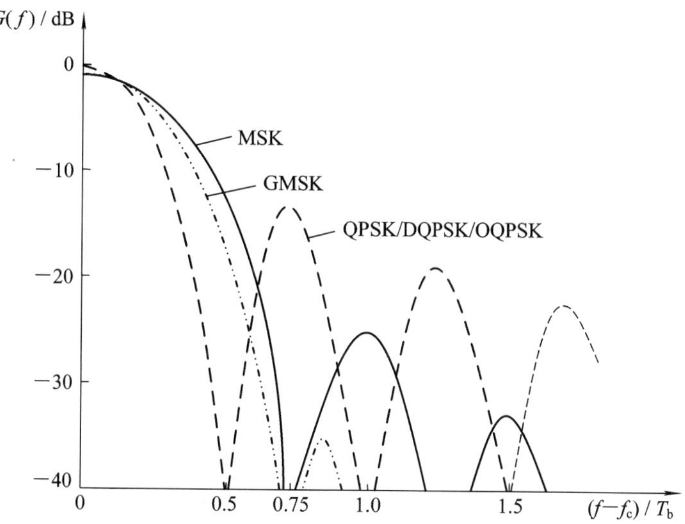

图2-20　MSK、GMSK和QPSK的等效基带功率谱密度曲线

采用相干解调时，BPSK、QPSK、OQPSK和MSK的误比特率特性相同，计算公式如下：

$$P_b = \frac{1}{2}\text{erfc}\sqrt{\frac{E_b}{n_0}} \tag{2-26}$$

式中：$\text{erfc} \triangleq \frac{2}{\sqrt{\pi}}\int_x^{\infty} e^{-t^2}dt \quad (x > 0)$。

MSK与DQPSK一样，具有与BPSK一样的抗干扰性能，这是因为MSK加了相位约束条件，实际是一种相位编码。通过连续相位调制和相位编码的结合达到改善频谱效率和抗干扰的性能。此外，当采用非相干解调时，它们的抗噪声性能均劣于相干解调。

4. QAM调制

上面讨论的QPSK和MSK等调制方式，其实际系统的频谱利用率都小于2(b/s)/Hz。大部分运行的卫星系统是功率受限的系统，也就是说，可能提供的每比特能量与噪声密度之比(E_b/n_0)不足以使那些频谱效率大于2(b/s)/Hz的调制解调器良好地工作。因为这些调制解调器要求有较高的E_b/n_0值。

由于无线频谱日趋拥挤，加之数字卫星通信的广泛应用，从而迫切要求改进频谱利用技术。正交振幅调制(QAM)就是BPSK、QPSK调制的进一步推广，它是通过相位和振幅的联合控制，可以得到更高频谱效率的一种调制方式，可以在限定的频带内传输更高速率的数据。

QAM的一般形式为

$$y(t) = A_m\cos\omega_c t + B_m\sin\omega_c t, \quad 0 \leqslant t < T_s \tag{2-27}$$

上式由两个相互正交的载波构成，每个载波被一组离散的振幅$\{A_m\}$、$\{B_m\}$所调制，故称这种调制方式为正交振幅调制。式中T_s为码元宽度，$m=1,2,\cdots,M$，这里的M为A_m和B_m的电平数。

QAM 中的振幅 A_m 和 B_m 可以表示为

$$\begin{cases} A_m = d_m A \\ B_m = e_m A \end{cases} \tag{2-28}$$

式中：A 是固定的振幅；(d_m, e_m) 由输入数据确定。(d_m, e_m) 决定了已调 QAM 信号在信号空间中的坐标点。

QAM 的调制和相干解调框图如图 2-21 所示。在调制端，输入数据经过串/并变换后分为两路，分别经过 2 电平到 L 电平的变换，形成 A_m 和 B_m。为了抑制已调信号的带外辐射，A_m 和 B_m 还要经过预调制低通滤波器，才分别与相互正交的各路载波相乘。最后将两路信号相加就可以得到已调输出信号 $y(t)$。

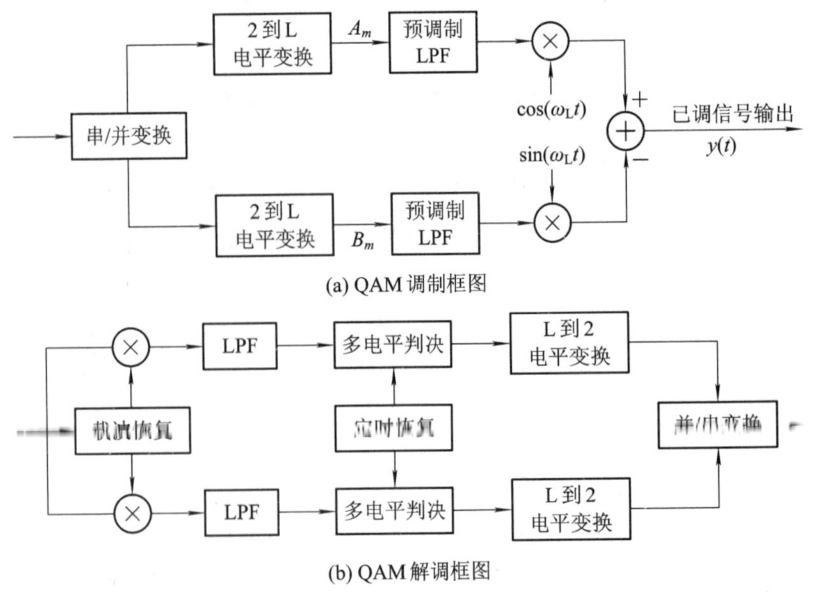

(a) QAM 调制框图

(b) QAM 解调框图

图 2-21　QAM 调制解调原理框图

在接收端，输入信号与本地恢复的两个正交载波信号相乘以后，经过低通滤波器、多电平判决、L 电平到 2 电平变换，再经过并/串变换就得到输出数据。

对 QAM 调制而言，如何设计 QAM 信号的结构不仅影响到已调信号的功率谱特性，而且影响到已调信号的解调及其性能。常用的设计准则是在信号功率相同的条件下，选择信号空间中信号点之间距离最大的信号结构，当然还要考虑解调的复杂性。

作为例子，图 2-22 是在限定信号点数目 $M=8$，要求这些信号点仅取两种振幅值，且信号点之间的最小距离为 $2A$ 的条件下，得到的几种信号空间结构。

在所有信号点等概出现的情况下，平均发射信号功率为

$$P_{av} = \frac{A^2}{M}\sum_{m=1}^{M}(d_m^2 + e_m^2) \tag{2-29}$$

图 2-22 中(a)～(d)的平均功率分别为 $6A^2$、$6A^2$、$6.83A^2$ 和 $4.73A^2$。因此，在相等信号功率条件下，图 2-22(d)中的最小信号距离最大，其次为图 2-22(a)和(b)，图 2-22(c)中的最小信号距离最小。

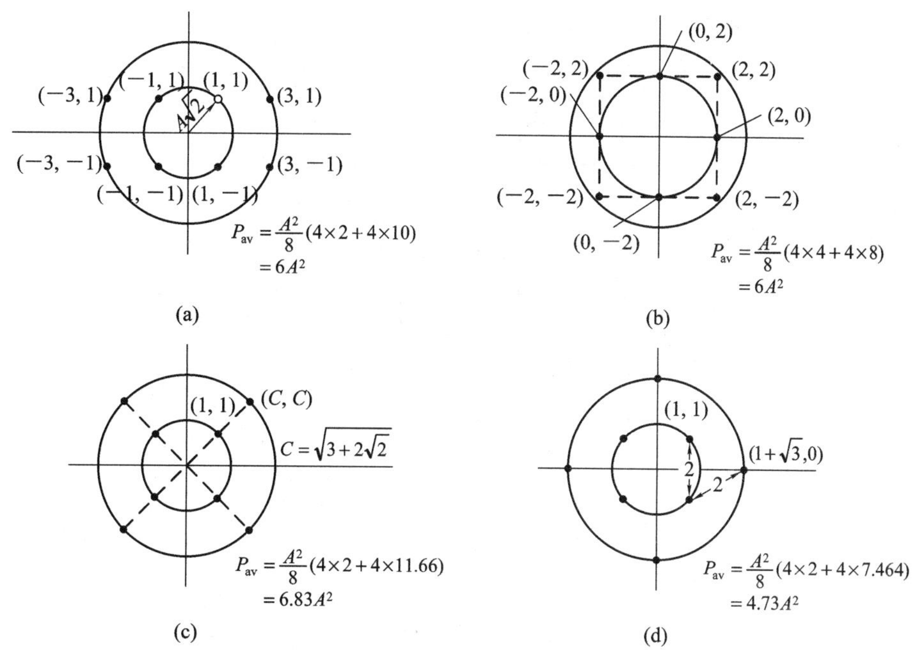

图 2-22　8QAM 的信号空间

在实际中，常用的一种 QAM 的信号空间如图 2-23 所示。这种星座称为方型 QAM 星座。

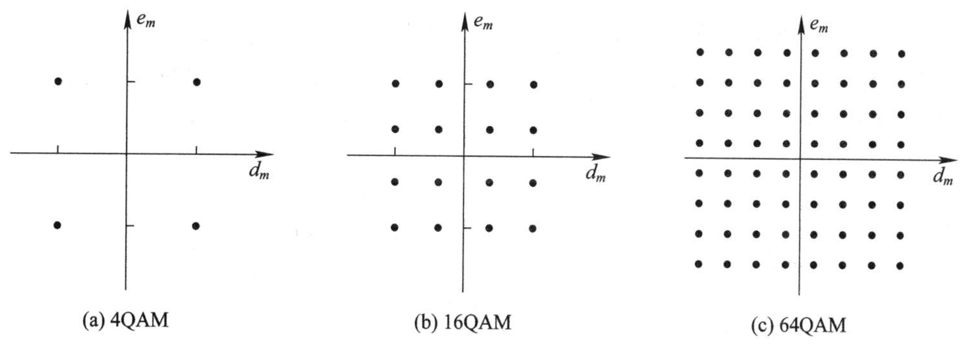

图 2-23　方型 QAM 星座

对于方型 QAM 来说，它可以看成是两个脉冲振幅调制信号之和，因此利用脉冲振幅调制的分析结果，可以得到 M 进制 QAM 的误码率为

$$P_M=2\left(1-\frac{1}{\sqrt{M}}\right)\mathrm{erfc}\left(\sqrt{\frac{3}{2(M-1)}k\gamma_b}\right)\cdot\left[1-\frac{1}{2}\left(1-\frac{1}{\sqrt{M}}\right)\mathrm{erfc}\left(\sqrt{\frac{3}{2(M-1)}k\gamma_b}\right)\right] \tag{2-30}$$

式中：k 为每个码元内的比特数，$k=\mathrm{lb}M$；γ_b 为每比特的平均信噪比(E_b/n_0)。其计算结果如图 2-24 所示。

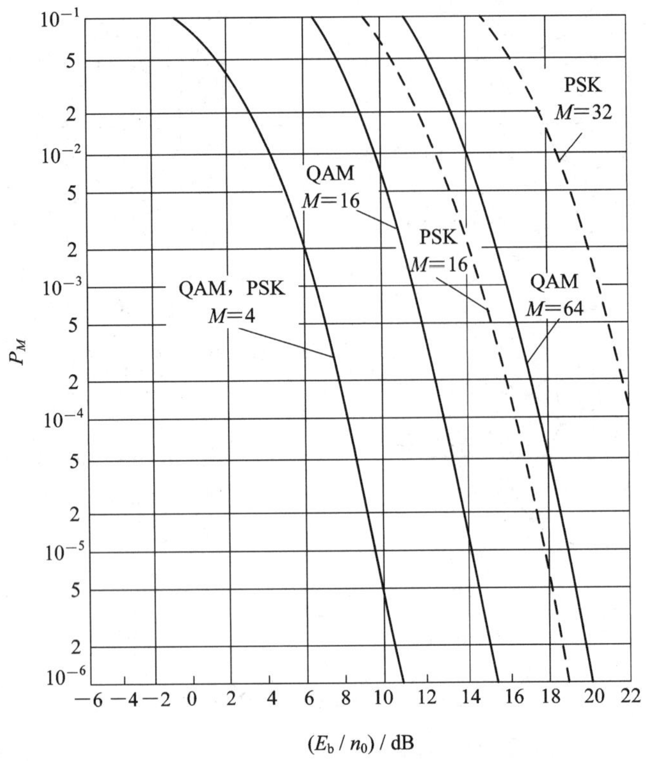

图2-24　M进制方型QAM的误码率曲线

为了改善方型QAM的接收性能，还可以采用星型的QAM星座，如图2-25所示。将十六进制方型QAM和十六进制星型QAM进行比较，可以发现，星型QAM的振幅环由方型的3个减少为2个，相位由12种减少为8种，这将有利于接收端的自动增益控制和载波相位跟踪。

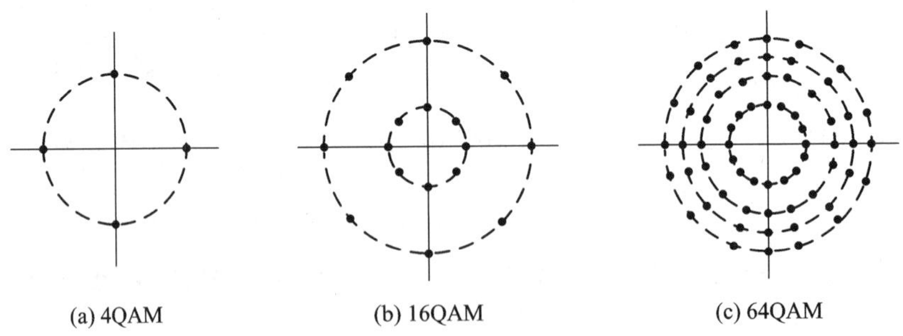

图2-25　M进制星型QAM星座图

5. 格型编码调制(TCM)

传统的数字调制与纠错编码是独立设计的。纠错编码需要冗余度，而编码增益依靠降低信息传输效率来获得。在限带信道中，可通过加大调制信号来为纠错编码提供所需的冗余度，以避免信息传输速率因纠错编码的加入而降低。但若调制和编码仍按传统的相互独立的方法设计，则不能得到满意的结果。为此，可以将数字调制与纠错编码相结合形成调制编码技术，这样可以兼顾有效性和可靠性。格型编码调制（TCM，Trellis Coded Modulation）正是根据这一思路提出的一种调制编码技术，它打破了调制与编码的界限，利用信号空间状态的冗余度实现纠错编码，以实现信息的高速率、高性能的传输。

下面以一个简单的例子来说明 TCM 技术的基本概念及具体实现。在 QAM 方式中，如传输数据的速率为 14.4 kb/s，则在发送端需将串行数据的每 6 bit 分为一组，即 6 bit 码元组，这 6 bit 码元组的码元速率，即调制速率为 2400 波特。显然，这 6 bit 码元组合成星座点数是 $2^6=64$ 个，这时的信号点间隔，即判决区间将变得很小。在这种情况下，由于传输干扰的影响，一个星座点将会很容易变为相邻的另一个星座点而错码。为了减少这种误码的可能性，TCM 采用了一种编码器。该编码器是二进制卷积码编码器，这种编码器就设置于调制器中，设置位置如图 2-26 所示。

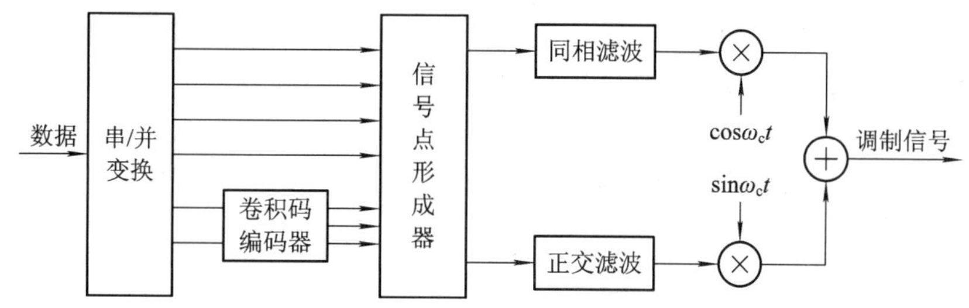

图 2-26　TCM 示意图

从图 2-26 中可以看出，在调制器中的串/并变换输出的 6 bit 中取 2 bit 输入卷积码编码器，经编码器编码，加入冗余度后输出变为 3 bit，这 3 bit 与原来的 4 bit 组成 7 bit 码元。这 7 bit 码元的组合共有 128 种状态，但通过信号点形成器时，只选择其中的一部分信号点用作信号传输。这里的信号点的选择有两点考虑：一是用欧氏距离替代汉明距离（码组中的最小码距）选择最佳信号星座，使所选择的码字集合具有最大的自由距离；二是后面所选的信号点与前面所选的信号点有一定的规则关系，即在相继的信号的选定中引入某种依赖性，因为只有某些信号序列才是允许出现的，而这些允许的信号序列可以采用网格图来描述，因而称为网格编码调制。正是由于这种前后信号点的选择具有一定的规则关系，因此在解调时不只要检测本信号的参数，还要观测其前面信号所经历的路由，判决时不只要简单判决该信号点，还必须在符合某确定路由时，才能确定该点是所求的信号点。如果传输过程受到干扰，并引起信号点位移，接收机将比较所有与观测点有关的那些点，并选择最靠近观测点的路由所确定的最终信号点为所求的信号点，从而恢复出原数据信息码。这种解调方式称为软判决维特比译码解调。

这种采用卷积编码的网格编码调制和采用软判决维特比译码技术的解调可获得 3～6 dB 的信噪比增益。TCM 技术已使话带调制解调器的传输速率达到 14.4 kb/s、28.8 kb/s 和 33.6 kb/s，已接近 Shannon 定理所规定的信道容量极限。

值得一提的是，TCM 及其改进形式（如多路 TCM）都是编码调制的一种类型，而另一种类型是分组编码调制（BCM，Block Coded Modulation）及其改进形式（如多路 BCM），即用分组编码代替 TCM 中的卷积编码。其译码算法比较简单，且延时短；其编码增益与分组码的结构有关。此外，BCM 的编码也可以采用网格图方式来实现，此时则应采用维特比译码算法。

6. 多载波调制(MCM)

多载波调制(MCM，Multi－Carrier Modulation)的原理是将被传输的数据流划分为 M 个子数据流，每个子数据流的传输速率将为原数据流的 $1/M$，然后用这些子数据流去并行调制 M 个载波。MCM 的优点是能够有效地抵抗移动信道的时间弥散性。

根据 MCM 的实现方式的不同，可以将其分为不同的种类，如多音实现 MCM(Multitone Realization MCM)、正交频分复用(OFDM)MCM、多载波码分复用(MC－CDM)MCM 和编码 MCM(Coded MCM)。这里重点讲述 OFDM 方式。

正交频分复用(OFDM，Orthogonal Frequency Division Multiplexing)是近年来备受关注的一种多载波调制方式。由于调制后的信号的各个子载波是相互正交的，因此称为正交复用，OFDM 以减少和消除码间串扰(ISI)的影响来克服信道的频率选择性衰落。目前提出的 OFDM 方法有：滤波法、偏置 QAM 法(OQAM)和 DFT 法等。下面讲述用 DFT 方法实现 OFDM 的原理。

假设 M 个复符号的数据块为$\{a_1, a_2, \cdots, a_M\}$，经过 DFT 后可以得到 M 个复变量，即

$$D_n = \sum_{m=1}^{M} a_m \exp\left(\frac{-\mathrm{j}2\pi mn}{M}\right) = \sum_{m=1}^{M} a_m \exp(-\mathrm{j}2\pi f_m t_n) \quad (n = 1,2,\cdots,M) \tag{2-31}$$

式中：$f_m=\dfrac{m}{MT_s}=\dfrac{m}{T_0}$($T_0=MT_s$，$T_s$是码元宽度，$T_0$是 M 个码元的宽度)；$t_n=nT_s$。

上式样值以时隙 T_s送入低通滤波器，输出信号可近似地表示为

$$u(t) = \sum_{m=1}^{M} a_m \exp(-\mathrm{j}2\pi f_m t) g(t) \tag{2-32}$$

$$g(t) = \begin{cases} 1, & 0 \leqslant t \leqslant T_0 \\ 0, & \text{其他} \end{cases} \tag{2-33}$$

可以认为这是一个频分复用的信号，载频为 $f_m=m/T_0(m=1, 2, \cdots, M)$。

对 $u(t)$进行傅氏变换，其结果为

$$V(f) = \sum_{m=1}^{M} a_m G(f - f_m) \tag{2-34}$$

其中，$G(f)$是 $g(t)$的傅氏变换，零点位于 $f=1/T_0, 2/T_0, \cdots$

$$G(f) = T_0 \frac{\sin(\pi f T_0)}{\pi f T_0} \exp(-\mathrm{j}\pi f T_0) \tag{2-35}$$

因为 $G(f-f_m)$的零点间隔与 $G(f)$相同，这样排列的频谱使 OFDM 的子信道是相互正交的，而 OFDM 的全谱则近乎平坦。

由此可见，在发送端，每个子数据流的 DFT 谱都是正弦函数，即 $\sin x/x$，并分布在各个子带。在接收端，可以用相关技术来分离正交信号。

OFDM 不是包络恒定的调制方式，其峰值功率比平均功率要大得多。二者的比值取决于信道的星座图和脉冲成形滤波器的滚降系数 α。例如 $\alpha=0.115$ 时，峰值功率与平均功率之比在 99.99%的时间里大约为 7 dB。另外，由于 OFDM 使用了多个载波，因此，当通过非线性放大器时，会降低它的抗误码性能。

OFDM 的优点之一是能将宽带的、具有频率选择性衰落的信道转换为几个窄带的、具有频率非选择性衰落的子信道，子载波的数目取决于信道带宽、吞吐量和码元宽度，每个 OFDM 子信道的调制方式可以根据带宽和功率的需求进行选择。

2.2 信号处理技术

如何提高卫星系统通信容量和传输性能，是人们普遍关注的重要问题。由于大规模集成电路的迅速发展，使得信号处理技术在卫星通信领域取得巨大的进展。目前，数字话音内插(DSI)、回波控制和语音编码已成为卫星通信中的三大最基本的信号处理技术，这是因为采用数字话音内插(DSI)技术，可使传输效率提高一倍以上；在具有长延时的卫星链路中采用回波控制技术可以削弱或抵消回波的影响；采用语音编码技术可以以更低的传输速率(≤16 kb/s)传输语音。本节将对其基本概念和原理分别作简单的描述。

2.2.1 数字话音内插

由于两个人在通过线路进行双工通话时，总是一方讲话，而另一方在听，因而只有一个方向的话路中有话音信号，而相反方向的话路则处于空闲状态，且讲话人还有讲话中断的时间，所以即使在一个方向的话路中，也只有一部分时间存在话音信号。据统计，一个单向话路实际传送话音的平均时间百分比，即平均话音激活率通常只有 40%左右。这就是说，给通话者所分配的话路，在任一时刻，既可能有话音信号，也可能处于空闲状态。如果设法仅仅在有话音的时间内给通话者分配话路，而在空闲时间将话路分配给另外的用户，这就是所谓的“话音内插”，特别是在话音信号数字化以后，完成这种操作是很容易的。当然，只有在话路数相当多的系统，这种及时的线路调配才更有意义。

数字话音内插(DSI)技术包括时分话音内插(TASI)和话音预测编码(SPEC)两种方式。时分话音内插(TASI)是利用呼叫之间的间隙，在听话而未说话以及说话停顿的空闲时间，把空闲的通路暂时分配给其他用户，以此来提高通道的利用率，提高系统的通信容量。而话音预测编码(SPEC)是当某一时刻的样值与前一个时刻样值的 PCM 编码有不可预测的明显差异时，才发送此时刻的码组，否则不进行发送，这样便减少了需要传送的码组数量，以便有更多通道可供其他用户使用，以此提高系统的通信容量。

1. 时分话音内插技术

1) TASI 系统结构

数字式 TASI 系统的结构原理如图 2-27 所示，其中包括话音检测器、话音存储器、分配状态寄存器、分配信号产生器和延迟电路等。这些部件完成的功能是：输入的 n 路话音经 PCM 编码后构成时分复用信号，在一帧内，n 个话路经话音存储器与 TDM 格式的 m 个输出话路连接。

发送端的话音检测器用来依次检测各话路是否“工作”，即有无话音信号。当检测到的电平高于门限电平时判断为有话音，否则判断为无话音。门限电平的选定是该部件的关键问题。若门限电平能随线路上噪声电平的变化自动地快速调节，则可大大减少由于线路噪声所引起的错误检测。

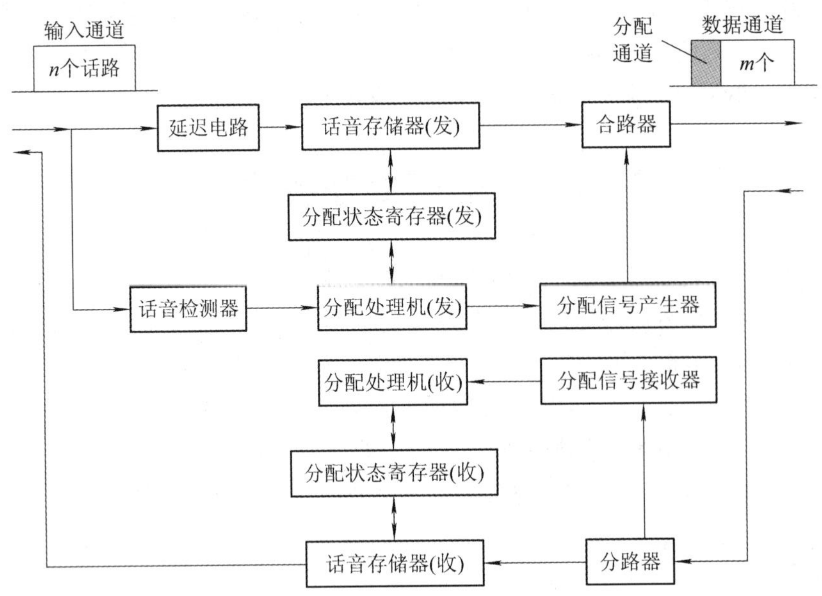

图 2-27　数字式 TASI 系统的原理方框图

分配状态寄存器存有任一瞬间的输入话路与输出话路的连接状态及各输入话路的工作状态。

分配信号产生器用来每隔一帧时间在分配话路时隙内，发出一个分配信号以传递话路间连接状态的信息，以便使收端根据这一信息恢复数字话音信号。

由于话音检测及话路分配需要一定时间，并且新的连接信息应在该组信码存入话音存储器之前送入分配状态寄存器，故在话音存储器输入端接了延迟电路，其延迟时间大约为 16 ms。

2）数字 TASI 的工作过程

在发送端，话音检测器依次对各输入话路的工作状态加以识别，判断它们是否有话音信号通过。当话路中有话音信号通过时，立即通知分配处理机，并由其分配状态寄存器在“记录”中进行搜寻。如果需要为其分配一条输出通道，则立即为其寻找一条空闲的输出通道。当寻找到这样一条输出通道时，分配处理机就发出指令，把经延迟电路时延后的该通道信码存储到话音存储器内相对应的需与之相连接的输出通道单元中，并在分配给该输出通道的时间位置“读出”该信码，同时将输入通道和与之相连的输出通道的一切新连接信息通知分配状态寄存器和分配信号产生器。如果此话路一直处于讲话状态，则直至通话完毕时，才再次改变分配状态寄存器的记录。

在接收端，当数字 TASI 接收设备收到扩展后的信码时，分配处理机则根据收到的分配信号更新收端分配状态寄存器的“分配表”，并让各组话音信码分别存到收端话音存储器的有关单元中，再依次在特定的时间位置进行“读操作”，恢复出符合 TDM 帧格式的原 n 路信号，供 PCM 解调器使用。

3）分配信息的发送

分配信息的发送方式有两种，一种是只发送最新的连接状态信息；另一种是发送全部连接状态信息。目前的卫星系统常使用第二种方式。当系统是用发送全部连接状态信息来完成分配信息的传递任务时，无论系统的分配信息如何发生变化，它只负责在一个分配信息周期中实时地传送所有连接状态信息，因此其设备比较简单。但在分配话路时，若发生误码，就很容易出现错接的现象。相比起来，系统中只发送最新连接状态信息的方式误码较小。

2. 话音预测编码

图 2－28 为 SPEC 发端的原理图，其工作过程如下：

(1) 在发送端，话音检测器依次对输入的采用 TDM 复用格式的 n 个通道编码码组进行检测，当有话音编码输入时，则打开传送门，将此编码码组送至中间帧存储器和零级预测器；否则传送门仍保持关闭状态。延迟电路提供约 5 ms 的时延，正好与话音检测所允许的时间相同。

(2) 零级预测器将预测帧存储器中所存储的上一次采样时刻通过该通道的那一组编码与刚收到的码组进行比较，并计算出它们的差值。如果差值小于或等于某一个规定值，则认为刚收到的码组为可预测码组，并将其除去；如果差值大于某一个规定值，则认为刚收到的码组为不可预测码组，随后将其送入预测帧存储器，并代替先前一个码组，作为下次比较时的参考码组，供下次比较使用。

(3) 与此同时，又将此码组“写入”发送帧存储器，并在规定时间进行“读操作”。其中的发送帧存储器是双缓冲寄存器，一半读出时另一半写入，这样便可以不断地将信码送至输出合路器。

(4) 在零级预测器中，各次比较的情况被编成分配码(SAW)，如可预测用“0”表示，而不可预测则用“1”表示。这样每一个通道便用 1 bit 标示出来，总共有 n 个通道。当 n 个比特送到合路器时，从而构成“分配通道”和“m 个输出通道”的结构，并送入卫星链路。

(5) 在接收端，则根据所接收到的“分配通道”和“m 个输出通道”的结构，就可恢复出原发送端输入的 n 通道的 TDM 帧结构。

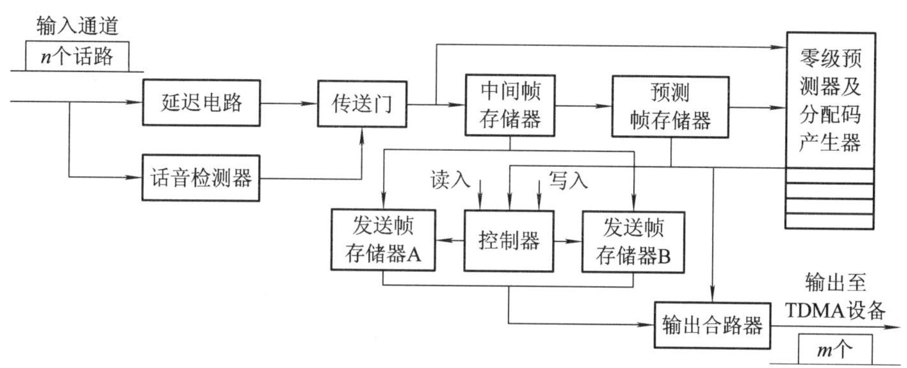

图 2－28　SPEC 的发端方框图

在 SPEC 方式中，同样也存在竞争问题，有可能出现本来应发而未发的现象，而接收端却按先前一码组的内容进行读操作，致使信噪比下降。设计中一般以信噪比下降不超过 0.5 dB 来确定 DSI 增益 n/m。实际上，只有当 m 较小时，采用 SPEC 方式时的 DSI 增益才稍大于 TASI 方式时的 DSI 增益。

2.2.2 回波控制

1. 回波产生的原因

回波可以分为电学回波和声学回波，分别是由于通信网络中的阻抗不匹配和声波的耦合及遇物体反射引起的。回波的存在会影响通信的质量，严重时将造成系统无法正常工作。

图 2-29 所示的是卫星通信链路产生回波干扰的示意图。可见，在与地球站相连接的 PSTN(公众电话交换网)用户的用户线上采用二线制，即在一对线路上传输两个方向的信号，而地球站与卫星之间的信息接收和发送是由不同的两条链路(上行和下行链路)完成的，故称为四线制。由图中可以清楚地看到，通过一个混合线圈，从而实现二线和四线的连接。这样，当混合线圈的平衡网络的阻抗 R_A(或 R_B)等于二线网络的输入阻抗 R_1 时，用户 A 便可以通过混合线圈与发射机直接相连。发射机的输出信号被送往地球站，利用其上行链路发往卫星，经卫星转发器转发，使与用户 B 相连的地球站接收到来自卫星的信号，并通过混合线圈到达用户 B。理想情况下，收、发信号彼此分开。但当 PSTN 电话端的二/四线混合线圈处于不平衡时，例如 A 端 $R_1 \neq R_A$(对于 B 端，$R_2 \neq R_B$)，用户通过卫星转发器发送给用户 B 的话音信号中会有一部分泄漏到发送端，再发往卫星从而返回用户 A，这样的一个泄漏信号就是回波。

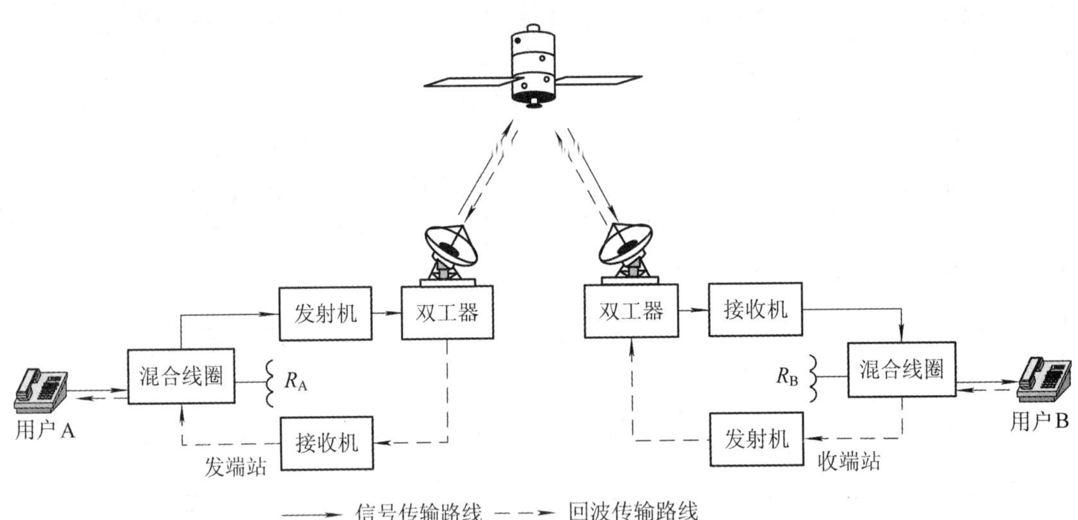

图 2-29 回波干扰产生的示意图

在卫星通信系统中，由于信号传输时延较长，因而卫星终端发出的话音和收到的对方的泄漏话音的时延也较长。这除了使得双方在电话线路中通话时会感到不自然之外，更重要的是还会出现严重的回波干扰。

2. 回波控制措施

为了抑制回波干扰的影响，需要在话音线路中接入一定的电路，以在不影响话音信号正常传输的条件下，将回波削弱或者抵消。

最早使用的方法是通过比较收、发话音电平的话音开关进行回波控制，这是根据电话用户在发话时基本上不收听，而在对方讲话时不发话的特点设计的。它的基本原理是，在收听对方的讲话时将本地的发送话音支路断开，以防止收到的话音信号又经混合线圈被发回对方；在本地发话时则将接收支路的衰减加大，以便使收到的回波大大削弱。但是，由于采用这种开关形式的抑制器，经常在谈话开头或在谈话中间产生话音信号被切断的现象，因而又影响了正常通话的质量。

为此，又提出了一种回波抵消器，它的性能要比回波抑制器好很多。回波抵消器分为模拟式和数字式两种，它们的原理基本上是一样的，其基本思想是估计回波路径的特征参数，产生一个模拟的回波路径，得出模拟回波信号，再从接收信号中减去该信号，实现回波消除。由于回波路径通常是未知的和时变的，所以一般采用自适应滤波器来模拟回波路径。

1）模拟式回波抵消器

图2-30所示的是一个模拟式回波抵消器的原理图。它用一个横向滤波器来模拟混合线圈，使其输出与接收到的泄漏的话音信号相抵消，以此防止回波的产生，而且此时对发送与接收通道并没有引入任何附加的损耗。

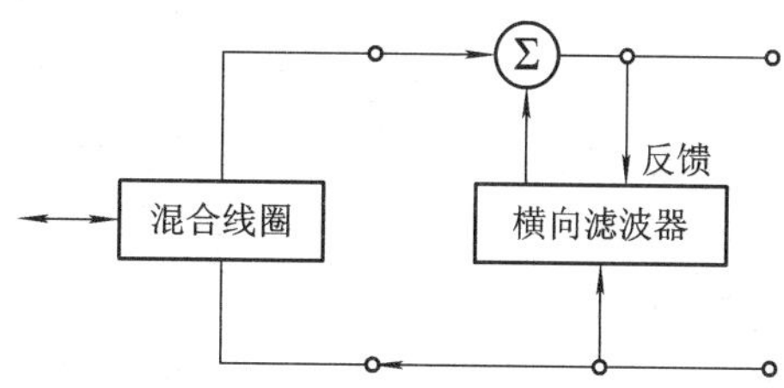

图2-30　模拟式回波抵消器原理图

2）数字式回波抵消器

图2-31所示的是一种数字式自适应回波抵消器原理方框图。其工作过程是：首先把从对方用户送来的话音信号 $x(t)$ 经过A/D变换成数字信号存储于信号存储器中。然后将信号存储器中的话音信号 $x(t)$ 与传输特性存储器中存储的回波支路的脉冲响应 $h(t)$ 进行卷积积分，从而构成作为抵消用的回波分量，再经加运算从发话信号中减掉，于是便抵消了发话中经混合线圈来的回波分量 $z(t)$。

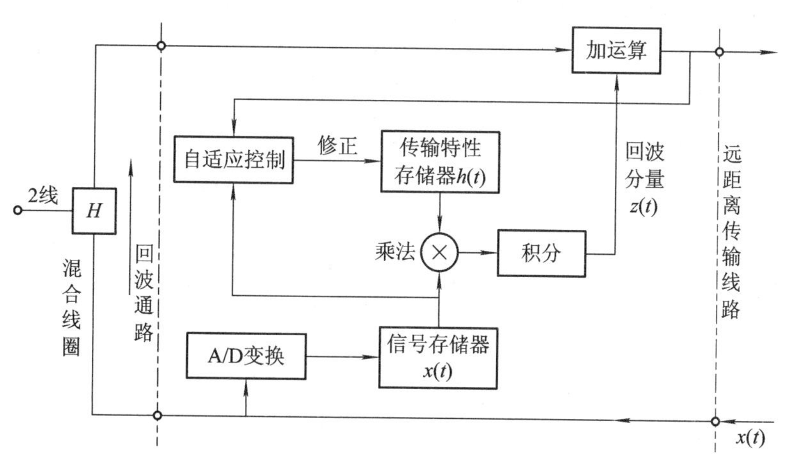

图2-31　数字式自适应回波抵消器原理方框图

图 2-31 中，自适应控制电路可根据剩余的回波分量和由信号存储器送来的信号，自动地确定$h(t)$。通常这种回波抵消器可使回波分量被抵消约 30 dB，自适应收敛时间为 250 ms。这样，由于它不切断话头及谈话的中间部分，因而可以实现平滑的远距离通话。

由于数字式自适应回波抵消器可以看作是一种数字滤波器，从运算算法的实现和运算精度等方面来看，它是非常适合于进行数字处理的，因此已被广泛地应用于卫星系统中。

2.2.3 语音编码

语音编码本属于信源编码，然而在卫星通信中，为了降低话音的传输速率，提高卫星系统通信容量，实际上它又属于信号处理范畴。语音编码技术的发展成果被称为卫星通信中信号处理技术的重要进展之一。

语音编码可以分成如下三大类：

（1）波形编码。波形编码的思想是通过对语音信号的时域或频域波形进行处理，从而达到压缩目的，在译码端采用相反的过程恢复语音波形，这种编码的传输速率一般为 16～64 kb/s。

（2）参量编码，即声码器。声码器采用固定的语音产生结构，通过对输入语音信号进行处理，提取结构参数，然后将参数量化传输，接收端根据传输的参数重构语音信号，这种编码方式能实现较低传输速率的语音编码，典型速率为 2.4～16 kb/s。

（3）混合编码。这是一种新的编码方法，它在保留参数编码模型技术精华的基础上，应用波形编码准则去优化激励信号，从而在 4.8～9.6 kb/s 的传输速率上获得了较高质量的合成语音。

1 语音质量

人的语音信号是随机信号，其信号的能量主要集中在 300～3400 Hz 内，因此现有的语音信道一般只占据 4 kHz 就足够了。语音信号的处理包括抽样、量化、编码，根据抽样定理，8 kHz 的抽样序列可以无失真地恢复原始信号，抽样后模拟的语音信号用抽样序列表示；然后对抽样序列进行量化，量化的结果是将每个抽样点的值变成有限种可能取值；最后对量化后的序列进行编码，形成数字化语音。

为了评估某种编码后的数字语音质量，一般做法是请一组人来试听，并根据试听的主观效果打分，打分的标准如表 2-4 所示，然后对所有打分进行统计平均，得到该编码语音的质量评估。

表 2-4 语音质量主观评分等级(MOS)

MOS	语 音	信号畸变的感觉
5	非常好	无
4	好	在可接受的范围内
3	中	轻微的讨厌感
2	差	很讨厌、但可忍受
1	很差	无法忍受

在不同的通信应用环境下，对语音质量的要求也不同，表 2-5 说明了语音的网络传输质量、通信质量、综合质量的区别。

表 2-5　不同语音环境下的语音质量

语音质量	MOS	应　用
网络传输质量	4	固定网的传输，电话会议
通信质量	3.5	移动通信
综合质量	3	机器人语音、CTI

一般而言，数字语音的传输速率越高，话音质量越好。典型的网络传输质量语音所需的语音传输速率为 16 kb/s、32 kb/s、64 kb/s，移动通信系统中由于信道带宽有限，其语音传输速率一般限为 2.4～13 kb/s。

2. 波形编码

波形编码是针对语音波形进行的，这种方法在降低量化每个语音样本比特数的同时又保持了相对良好的语音质量。波形编码包括时域编码和频域编码。

1）时域编码

时域编码主要有脉冲编码调制（PCM）、增量调制（ΔM）、自适应差分脉码调制（ADPCM）、自适应增量调制（ADM）、自适应预测编码（APC）等。

线性 PCM 是用同等的量化级进行量化的，没有利用声音的性质，所以信息没有得到压缩。而对数 PCM 利用了语音信号幅度的统计特性，对幅度按对数变换压缩，对压缩的结果进行线性编码，在接收端解码时，按指数扩展。这种方法在数字电话通信中得到了广泛的应用，比如现有的 PCM 采用了传输速率为 64 kb/s 的 A 律、μ 律对数压扩方法。由于对数 PCM 广泛应用于通信系统中，而线性 PCM 可以直接进行二进制运算，所以一般速率低于 64 kb/s 的语音编码系统多是先进行对数 PCM—线性 PCM 变换后，再采用信号处理器进行语音信号数字处理。PCM 的最大缺点是传输速率高，在传输时所占频带较宽。

差分脉码调制（DPCM）是根据相邻采样值的差值信号进行编码的，它是在 PCM 的基础上发展起来的，其量化器与预测器的参数能根据输入信号的统计特性自适应于最佳或接近于最佳参数状态。ADPCM 是语音编码中复杂程度较低的一种方法。

增量调制（ΔM）是根据信号的增量进行编码的，即用一位二进制码序列对模拟信号进行编码。这种方法简单，容易实现。但由于量阶固定，所以当信号下降时，信噪比（SNR）下降。为此采用自适应技术，让量阶的大小随输入信号的统计特性变化而改变，这种方法称为自适应增量调制（ADM），其编码器简易，同步简单，成本低。连续可变斜率增量调制（CVSD）就是 ADM 中的一种，它是让量阶的大小随音节时间间隔（5～20 ms）中信号的平均斜率变化，信号的斜率是通过输出连“0”或连“1”来检测的。这种方法具有较强的抗误码能力，且擅长处理丢失和被损坏的语音采样。

此外，自适应预测编码（APC）是根据语音的统计特性，由过去的采样值精确预测出当前样值的一种编码方法，它通过自适应预测器来提高预测精度，预测得越精确，编码后的传输速率越低，这种方法可以做到低速率（10 kb/s 以下），并且音质与电话音质相似。

2）频域编码

频域编码也是一类不基于声学模型的编码方法，主要有子带编码(SBC)和自适应变换编码(ATC)。

子带编码(SBC)是利用带通滤波器将语音频带分成若干子带，并且分别进行采样、编码，编码方式可以用 ADPCM 或 ADM，SBC 速率可以达到 9.6 kb/s。可变 SBC 可使子带的设计不固定，而是随共振峰变化的，使编码传输速率进一步提高，这种方式在速率为 4.8 kb/s 时可具有相当于 7.2 kb/s 的固定 SBC 的语音质量。

自适应变换编码(ATC)是先将语音信号在时间上分段，每一段信号一般有 64～512 个采样，再将每段时域语音数据经正交变换转换到频域，得到相应的各组频域系数，然后分别对每一组系数的每个分量单独量化、编码和传输，在接收端解码得到的每组系数再进行频域至时域的反变换，恢复时段信号，最后将各时段连接成语音信号，ATC 编码在速率为 12～16 kb/s 时可得到优质语音。

3. 声码器(参量编码)

人的语音是由发声器官的作用产生的，按照语音的生成机构，它分为音源、声道和辐射三个部分，如图 2-32 所示。

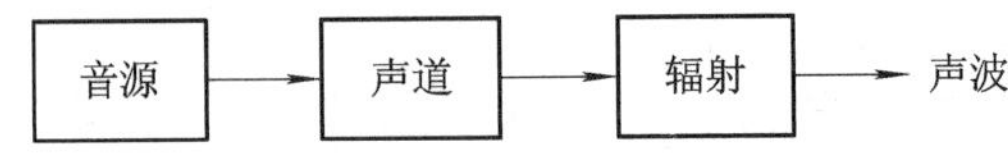

图 2-32　语音的生成机构

人部分语音可分为浊音和清音。浊音是由声带振动产生的声带音源通过声道(口腔、鼻腔)，从嘴唇辐射出的声波。声带音源的特点是其波形为准周期性脉冲波形，其频谱是离散的，由基波和谐波组成。谐波每倍频程衰减 12～18 dB，且女声的基音频率高于男声。清音是由摩擦音源、爆破音源产生的，而声带并不振动。清音的音源是一随机噪声，其频谱是连续的。因此，标志音源的参量是浊音的基音周期和浊音与清音的强度等。

因此，可以根据发音模型分析并提取语音信号的特征参量，只传送能够合成语音信息的参量，不需要再现原语音的波形，这就是声码器(参量编码)方式，其完成的作用就是对语音信号进行分析和合成。采用声码器传输语音信号可以获得更低的传输速率。典型的声码器有谱带式声码器、共振峰式声码器和按线性预测声码器等。

1）谱带式声码器

谱带式声码器是早期广泛应用的声码器，在发送端对输入的语音进行粗略的频谱分析，到了接收端再产生与发送端信号频谱相匹配的语音信号。谱带式声码器的原理框图如图 2-33 所示，在发送端把语音信号加到滤波器组、浊音/清音检测器和基音检测器。通过 14～20 个以上的并联带通滤波器组，把语音信号的频率范围(300～3400 Hz)分成相邻的小频带或通道，任一个滤波器的输出都应能反映滤波器的频带内功率瞬时变化的包络。因此，整个滤波器组输出的包络便近似于语音信号的频谱包络。由于这种包络的变化比语音本身要慢得多，因此它可以用很低的速率(一般为每秒 50 个样值)进行采样。滤波器的输出经全波整流和低通滤波后送至相加器。浊音/清音检测器用来检测浊音和清音，基音检测器则用来检测基音信号周期。然后对上述各支路输出进行编码，最后经合路后输出。

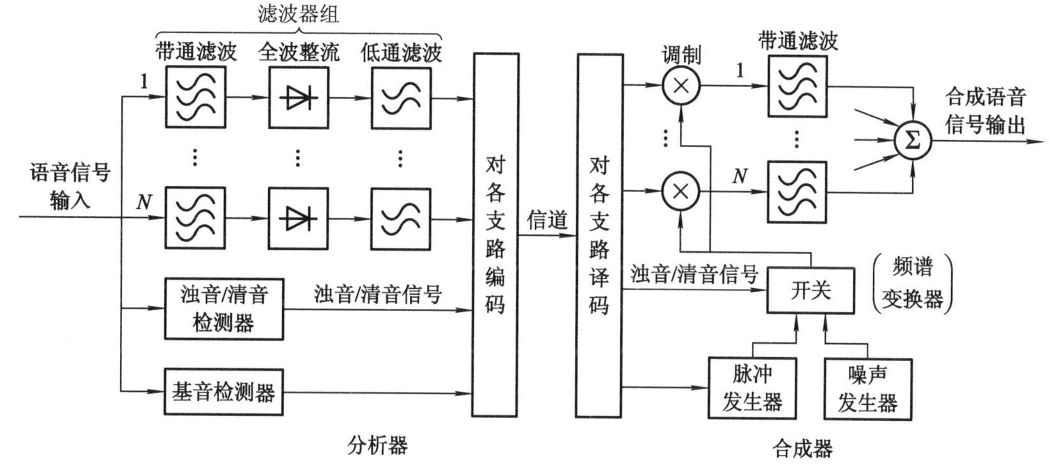

图 2-33 谱带式声码器原理框图

谱带式声码器的接收端实际上是一个语音合成器。根据来自发送端的特征参量，采用激励方式形成浊音和清音，清音采用宽带随机噪声，而浊音采用周期脉冲序列，其重复频率由基音信号来控制。这样，语音信号的频谱结构(浊音的离散谱或清音的连续谱)就由脉冲发生器或噪声发生器形成，而频谱包络的形状，则由接收端检测的频谱包络的幅度来控制，即在接收端利用各支路的频谱包络幅度对激励源(脉冲序列或噪声源)的输出进行调制，于是各支路调制器的输出端信号幅度就会随频谱包络进行改变。这样，利用调制器和滤波器便可以重建发送端滤波器输出的语音信号。最后把所有滤波器的信号相加，便得到了合成的语音信号，其速率可压缩到 2.4 kb/s。

为了克服音质较差和存在语音输出带有“电子腔”等缺点，可以采取以下措施：第一，使声码器各个滤波器具有相同延迟，并使它们所占频带严格分开；第二，改善激励源，例如采用语音激励或混合激励等。

2) 线性预测声码器

线性预测声码器是目前应用比较广泛的一种声码器，其原理框图如图 2-34 所示，其发送端包括两个子系统，一个是线性预测器，用来计算线性预测系数，另一个是提取基音和判别浊音/清音的检测器。将计算得到的预测系数(通常取 10～20 ms 语音数据为一帧，按帧提取)、基音信号和浊音/清音信号均经编码后送至信道进行传输，在接收端与谱带式声码器一样，利用基音、浊音/清音参数控制激励源，再经增益控制和预测系数控制进行语音合

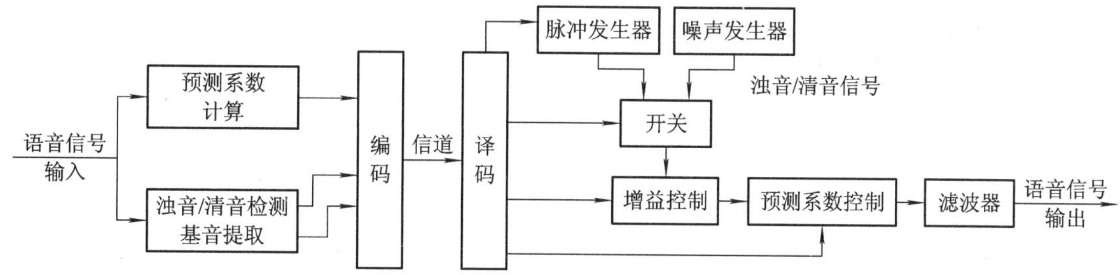

图 2-34 线性预测声码器原理框图

成，最后经滤波器输出语音信号。这种声码器的语音质量较高，传输速率也较低。比如美国国家安全局于1975年及1986年选定的LPC－10及改进型LP－10e，传输速率为2.4 kb/s，用10阶线性预测的方法提取声道参数，采用区分浊音和清音的二元激励，清音用白噪声而浊音用周期为基音周期的脉冲序列，这样还原出来的语音的清晰度、可懂度仍很高。

3）共振峰式声码器

共振峰式声码器是一种根据语音模型及其频谱特点，采用共振峰参数作为传送特征参数的声码器。由于声道的谐振效应，语音的频谱出现几个高峰，则称之为共振峰，其频率与声道的形状及大小有关，当声道形状改变时，语音的频谱也随之改变，所以声道的辐射特性可用频谱包络特性的参数(如共振峰频率)来描述。图2－35所示为共振峰式声码器的原理框图，与图2－34比较，除了用共振峰分析器取代了线性预测器以外，其他部分都是类似的，图2－35中的F_1、F_2、F_3和A_1、A_2、A_3分别表示共振峰频率和相应的共振峰强度，共振峰合成器实际是由共振峰参数控制的一组可调滤波器。由于这种声码器的参量数目少，因而传输速率低(0.6～1.2 kb/s)，但它的语音质量较差。

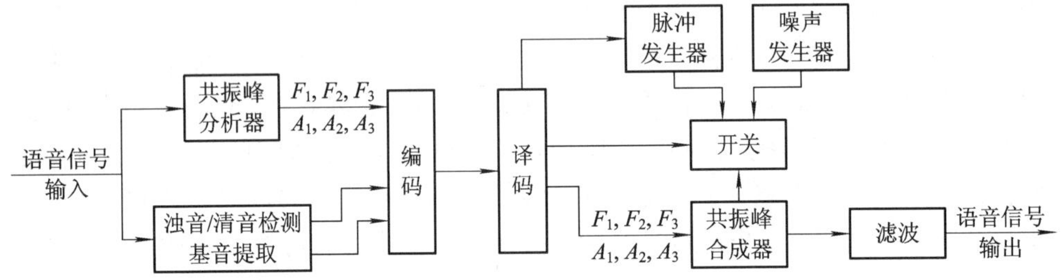

图2－35　共振峰式声码器原理框图

4．混合编码

在混合编码系统中，语音合成的基本模型是由激励信号来驱动一个全极点滤波器的传统的LPC模型，其系统参数由线性预测确定，而激励源则通过闭环优化来确定。优化的过程就是确定一个激励序列，使得输入语音和编码语音之间的感知加权均方误差最小。因此，这种混合编码方式的特点就是将波形编码的优点(激励序列与输入语音波形的匹配)与参量编码的优点(用参数表示语音的共振峰和基音结构)结合起来，从而使语音质量有了明显的提高。图2－36为一典型混合编码的原理框图。

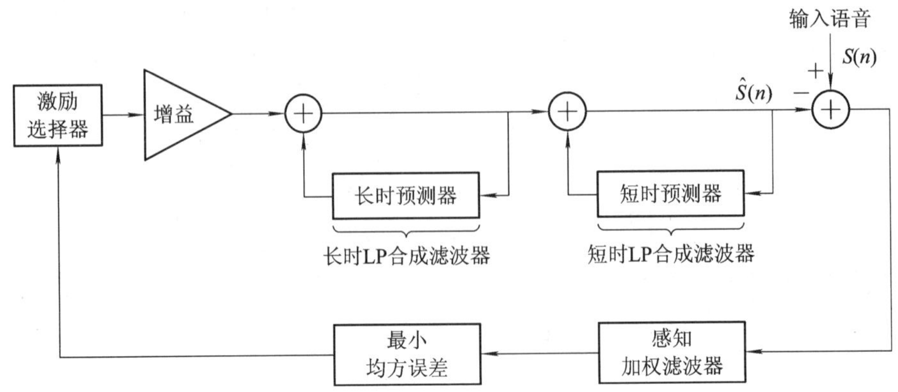

图2－36　典型的混合编码的原理框图

混合编码系统含有一个短时 LP 合成滤波器(表示语音共振峰的结构)、一个长时 LP 合成滤波器(表示语音基音的结构)、一个感知加权滤波器(对误差进行整形，使量化噪声能被高能量的共振峰所掩盖)和一个激励选择器(进行激励序列的选择以便使加权均方误差最小)。由于有三种常用的激励模型，因而产生了三种混合编码类型，即多脉冲激励线性预测编码(MPLP)、正规脉冲激励编码(RPE)和码激励线性预测编码(CELP)。

在 MPLP 算法中，采用多个不均匀间隔脉冲组成激励序列，通过如图 2-36 所示的闭环优化系统来确定激励脉冲的幅度和位置。此算法在 10 kb/s 的低传输速率下能产生比较好的语音质量，但对于高基音说话者，其性能通常会有所下降。英国国际电信(BTI)机构所推出的空中电话系统(Skyphone)就采用了这种编码算法，其传输速率为9.6 kb/s。

在 RPE 算法中，采用间隔均匀的多脉冲组成激励序列，其闭环优化系统与上述典型情况有所不同。这里先将输入语音通过逆滤波器变成预测残差，然后将此残差由正规脉冲序列来表示，其脉冲序列的选择由加权最小均方误差准则来实现，闭环系统只设有长时预测器(LTP)。采用此编码算法的典型系统就是使用全速率 GSM 泛欧数字移动通信标准的 13 kb/s 的GSM PRE-LTP 编码器。据报道，该系统语音质量略优于 Skyphone 系统，而编码的复杂度却低得很多。

在 CELP 算法中，利用矢量量化的码本，将激励序列编码按图 2-36 所示的闭环系统来选择最佳码矢量。常规的 CELP 算法采用前向预测方式，编码器所传送的信息除激励码矢量外，还包括 LPC 参数、基音周期、基音预测器抽头和激励增益等。实践表明，CELP 编码器在 16 kb/s 传输速率时提供了较高的语音质量，是最具有吸引力的语音压缩编码方式之一。

2.3 多址技术

2.3.1 多址方式与信道分配

1. 多址方式的分类

多址技术是指多个地球站通过同一颗卫星建立两址和多址之间的通信技术。其通信联接方式称为多址联接，它与多路复用都是信道复用问题，不过多路复用是指一个地球站把送来的多个信号在基带信道上进行复用，而多址联接是指多个地球站发射的(射频)信号，在卫星转发器中进行射频信道的复用。为了使多个地球站共用一颗通信卫星，同时进行多边通信，则要求各地球站发射的信号互不干扰。为此，就必须合理地划分传输信息所必需的频率、时间、波形和空间，并合理地分配给各地球站。按划分的对象不同，卫星通信中应用的基本多址方式有以下几种：

(1) 频分多址(FDMA)。频分多址是一种把卫星占用的频带按频率高低划分给各地球站的多址方式。各地球站在被分配的频带内发射各自的信号。在接收端，则利用带通滤波器从接收信号中取出与本站有关的信号。

(2) 时分多址(TDMA)。时分多址是一种把卫星工作时间划分成时隙分配给各地球站的多址方式。共用卫星转发器的各地球站使用同一频率的载波，在规定的时隙内断续地发射本站信号。在接收端，根据接收信号的时间位置或包含在信号中的站址识别信号识别发射该信号的地球站，并取出与本站有关的时隙内的信号。

(3) 码分多址(CDMA)。码分多址是一种给各地球站分配一个特殊的地址码(伪随机码)的扩频通信多址方式。网内各地球站可同时共同占用转发器中的某一频带乃至全部频带发送信号，而没有发射时间和频率上的限制(可以相互重叠)。在接收端，利用与发射信号相匹配的接收机检出与发射地址码相符合的信号。

(4) 空分多址(SDMA)。空分多址是一种把卫星上的多副窄波束天线指向不同区域的天线波束分配给对应区域内的地球站的多址方式。各波束覆盖区域内的地球站所发出的信号在空间上互不重叠，即使各地球站在同一时间使用同一频率和同一码型，也不会相互干扰，因而达到了频率再用的目的。实际上，要给每一个地球站分配一个卫星天线波束是很困难的，只能以地区为单位来划分空间。所以，SDMA 通常都不是独立使用的，而是与 FDMA、TDMA 和 CDMA 等方式结合使用的。

2. 信道分配技术

在信道分配技术中，“信道”一词的含义，在 FDMA 中是指各地球站占用的转发器频段；在 TDMA 中是指各站占用的时隙；在 CDMA 中是指各站使用的码型。目前，信道分配方式大致分为预分配、按需分配和随机分配等。

1) 预分配方式(PA)

预分配是指把卫星信道预先分配给各个地球站。对于使用过程中不再变动的预分配称为固定预分配；依据每日通信量的变化而在不断改变的预分配则称为动态预分配。业务量大的地球站，分配的信道数目多；反之则分配的数目少。预分配方式的优点是接续控制简单，适用于信道数目多、业务量大的干线通信；缺点是不能随业务量的变化对信道分配数目进行调整，以保持动态的平衡，故信道利用率低。

2) 按需分配方式(DA)

按需分配方式是把所有信道归各站所共有，当某地球站需要与另一地球站通信时，首先向负责对卫星转发器全部信道进行统筹控制和管理的网络控制中心站提出申请，通过中心站分配一对空闲信道供其使用。一旦通信结束，这对信道又归各地球站共用。由于各地球站之间可以互相调剂使用信道，因此按需分配方式的优点是可用较少的信道为较多的地球站服务，信道利用率高；缺点是控制系统较复杂。

3) 随机分配方式(RA)

随机分配是面向用户需要而选取信道的方法，通信网中的每个用户可以随机地选取(占用)信道。由于数据通信一般发送数据的时间是随机的、间断的，且传送数据的时间一般很短，对于这种“突发式”的业务，若仍使用预分配或按需分配，则信道利用率会很低。而采用随机占用信道方式可大大提高信道利用率。当然，当遇到两个以上的用户同时征用一个信道时，就会发生“碰撞”。因此必须采取措施减少或者避免“碰撞”的发生，并重新发送因“碰撞”而没有传送成功的数据。

2.3.2 FDMA方式

1. FDMA的工作原理

FDMA是卫星通信多址技术中的一种最简单、应用最广泛的多址技术。在这种卫星通信网中，每个地球站向卫星转发器发射一个或多个载波，每个载波具有一定的频带，它们互不重叠地占用卫星转发器的带宽，如图2-37所示。图中f_1、f_2、f_3为各地球站所发射的载波频率。这样卫星转发器便能够接收其覆盖区域内的各地球站发送的上行链路载波，同时卫星可根据接收地球站的频带配置进行频率交换，再经信号放大后发射回地面，最后由各接收站用滤波器从下行链路载波f_4、f_5、f_6中选出所需载波。

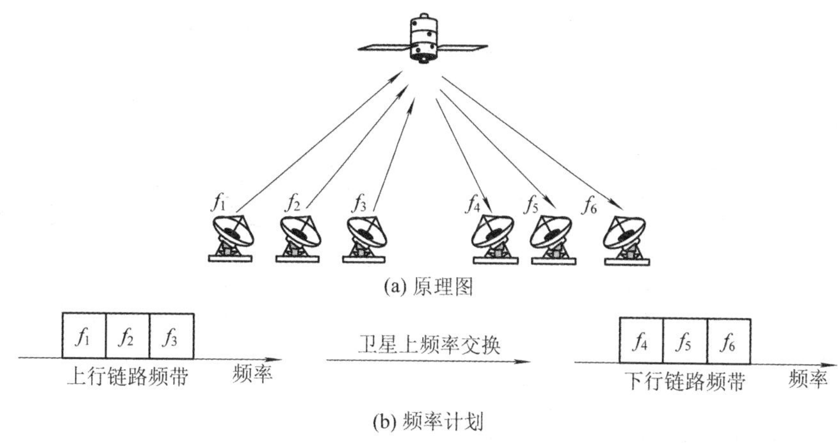

图2-37 FDMA方式示意图

根据每个地球站在其发送载波中是否采用复用技术，可将FDMA分为两大类：每载波多路信道的FDMA(MCPC-FDMA)和每载波单路信道的FDMA(SCPC-FDMA)。其中，MCPC方式是给多路信号分配一个载波，在发送站将各路信号进行多路频分复用，在接收站相应地采用基带解复用器；而SCPC方式是给每一路信号分配一个载波，没有基带复用等环节，传送方式灵活，但其设备利用率较低，相应的卫星转发器的频带利用率也较低。这种SCPC方式还可分为预分配的SCPC和按需分配的SCPC(即SPADE)两类方式。

为了使卫星天线波束覆盖区域内的各地球站建立FDMA通信，一般采用如下两种多址联接方法。

一种方法是每个地球站向其他各地球站发射一个不同频率的载波，若有n个站同时发射，则需$n(n-1)$个载波。这样，发射地球站和转发器的功率放大器因非线性而产生的交调噪声将是严重的，因此当地球站数目不多时才会采用这种方式。

另一种方法是将一个地球站要发送给其他地球站的信号分别复用到基带的某一指定频段上，而后调制到一个载波上，其他各站接收时经解调后用基带滤波器只取出与本站有关的信号。这样每个地球站只发射一个载波，也就是说，n个地球站相互通信，卫星转发器仅有n个载波工作，即通过转发器的载波数就大大减少了。各载波之间均有一定的间隔，以容纳所要传送信号的频带，且各频带之间还应留有一定的保护频带，以免各站信号彼此干扰。图2-38所示为采用这种多址联接的MCPC-FDMA方式的工作原理示意图，它是利用A、B地球站实现A、B、C以及D地球站之间的通信。由图可以看出，在发送地球站A，首先基带复用器按接收站归类将发往 B、C 和 D 地球站的几路数据信号复用成基带复用信号，然后将其送往调制器和发射机进行信号调制、上变频，使之位于分配给 A 站的射频频带 B_A之中，并沿上行链路发送给卫星接收器。在卫星上，通常所接收的信号中含有许多频谱互不重叠的载波，当经过卫星合路、变频和放大处理之后，转发到下行链路之中，发往目的地。为避免多条载波间的相互干扰，必须在相邻载波之间设置一定的保护带，这样接收地球站 B 很容易取出射频频谱 B_A，并经过下变频、中频滤波和解调后选出发给本站的基带信号，再利用一个基带解复用器对多路信号进行分路，最后将各路信号送往地面通信网。同样，地球站 C 和 D 也各自可以接收到 A 站发来的信号。

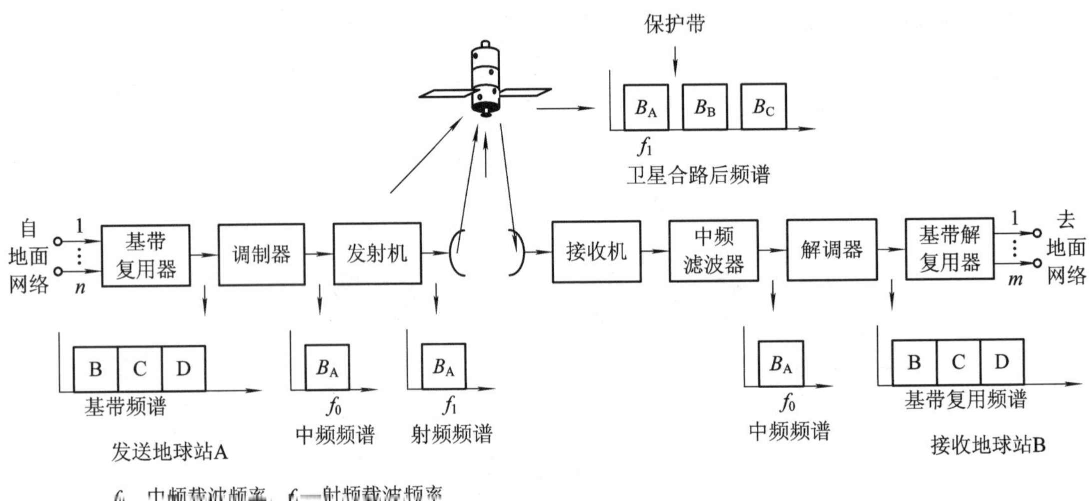

图 2-38　一种 MCPC-FDMA 方式的工作原理示意图

由上述分析可以看出，在这种以 MCPC-FDMA 方式工作的系统中，要求接收地球站中的基带滤波器(位于基带解调器中)能够滤出特定地球站发来的信号。当该信号速率发生变化时，则要求对此滤波器迅速进行重新调谐，实际上这是很难做到的。因此，这种 MCPC 使用起来不够灵活，但适用于业务量比较大、通信对象相对固定的点-点或点-多点的干线通信。

若按所采用的基带信号类型，MCPC-FDMA 方式还可划分为 FDM-FM-FDMA 和 TDM-PSK-FDMA 方式。在 FDM-FM-FDMA 方式中，首先基带模拟信号以频分复用方式复用在一起，然后以调频方式调制到一个载波频率上，最后再以 FDMA 方式发射和接收；在 TDM-PSK-FDMA 方式中，首先将多路数字基带信号用时分复用方式复用在一起，然后以 PSK 方式调制到一个载波上，最后再以 FDMA 方式发射和接收。

另外，在多波束环境中，通常采用卫星交换 FDMA(SS-FDMA)以实现不同波束区内地球站之间的互通。在 SS-FDMA 方式中，通常存在多个上行链路和多个下行链路波束，每个波束内均采用 FDMA 方式，各波束使用相同的频带(即空分频分复用)。对于需要与其他波束内地球站进行通信的某个地球站来说，其上行链路发射波束必须要处在某个特定的频率上，以便转发器能根据其载波频率选路到相应的下行链路波束上，亦即载波频率与需要去往的下行链路波束之间有特定的对应关系，转发器根据这种关系来实现不同波束内 FDMA 载波之间的交换。

2. 非线性放大器的影响

用于卫星转发器和地球站发射机的高功率放大器都具有非线性，即放大器的输出信号的振幅并不随输入信号的振幅线性变化，而呈现饱和特性。另外，输入信号振幅的变化也会使输出信号产生附加的相位失真。有时我们把振幅非线性称为调幅/调幅(AM/AM)变换，相位非线性称为调幅/调相(AM/PM)变换。比如，当行波管放大器(TWTA)在饱和点附近工作时，其变换关系分别为

$$u_o(u_i) = a_1 u_i + a_3 u_i^3 + a_5 u_i^5 + \cdots \tag{2-36}$$

$$\theta(u_i) = b_1[1 - \exp(-b_2 u_i^2)] + b_3 u_i^3 + \cdots \tag{2-37}$$

式中：u_i 为输入电压；a_i 为交替取正负值的常数；b_i 为常数。

已调载波经非线性放大器放大会产生各种失真，从而使信号质量恶化。特别是在FDMA方式中，卫星转发器的TWTA同时放大多个不同频率的载波时，会对系统的性能产生以下不良影响。

1) 交调干扰

在FDMA卫星通信系统中，最大的问题是卫星转发器处于多载波工作状态，当多载波通过TWTA放大时，由于TWTA的非线性而产生各种组合频率成分。当这些组合频率成分落在卫星转发器的工作频带内，就会造成对有用信号的干扰，这就是交调干扰。

2) 频谱扩展

通常将已调载波经非线性放大器放大后，在输入信号的主频谱外侧也出现信号频率成分的现象称为频谱扩展。在FDMA方式中，这种信号频谱扩展会对相邻卫星信道造成有害干扰。例如，相移键控信号由于相邻符号间载波相位不连续，经带限滤波器后，就会在符号的变换点产生很大的包络的起伏，即产生了AM成分，这种幅度起伏成分经非线性放大就会引起AM/AM变换和AM/PM变换，使信号产生失真，原来经带限滤波器后大大衰减了的边带又会重新被恢复，导致频谱扩展。

3) 信号抑制

在卫星通信系统中，往往有大、小站同时工作的情况。若转发器存在幅度非线性并采用FDMA方式，不仅会出现交调产物，而且还可能产生一种大站强信号抑制小站弱信号的现象。这时非线性放大器的放大系数是随着各载波信号强度而变化的，载波信号强度越小，则非线性放大器的增益越小。为此必须对大站的功率加以适当的限制，否则将会严重影响小站的正常工作。

4) 调制变换

调制变换起因于AM/AM和AM/PM变换特性的非线性，即由一个载波的幅度调制成分会对其他载波进行调制的一种现象，称为调制变换。例如，在TDMA信号和FM信号同时放大的情况下，就会在FM信号的基带内产生可懂串话噪声。

3. 减少交调干扰的方法

为保证通信质量，人们研究了不少减少交调干扰的方法，简单归纳如下：

(1) 控制各载波中心频率的间隔，合理分配不同幅度、不同容量的载波位置。当载波数较大时，必须根据交调产物的分布情况，合理地选取载波中心频率的间隔，不要等间隔地配置。关于选择载波频率间隔的方法有不少，其基本原则是：位于卫星转发器频带中央

的载波间隔大，而在两边的间隔小。这样可以有效地利用卫星频带，又可减少交调成分量高峰的影响。在实际卫星系统中，经卫星转发的各载波往往是幅度和频带都不相等的，这时情况更为复杂，常常需要结合实验来研究载波的配置方法。

(2) 加能量扩散信号(扰码)。扰码对各种数字信息具有透明性，它不仅能改善位定时恢复的质量，而且因为它能使信号频谱弥散而保持稳恒，还能改善数字传输系统的性能。为了减小已调数字载波的最大功率通量密度和满足在偏离轴线方向上 EIRP 能量密度的要求，在发端地球站的信道单元中需加入扰码信号，另外在收端地球站作相反的变换(解扰)就可将数字信息恢复成原有形式。完成“扰码”与“解扰”的装置分别称为扰码器和解扰器。设计良好的扰码器可以限制周期序列和含有长 0 或长 1 序列的发生，从而保持比特序列的透明性，同时扰码器还能起很好的保密作用。

(3) 对上行链路的载波功率进行控制以及合理地选择行波管的工作点。在 FDMA 方式中，除了因行波管的非线性会产生交调分量外，还会出现强信号抑制弱信号的现象。因此，还必须严格控制地面发射的各载波的功率，使其限制在容许的范围内。对上行链路载波功率控制的方法很多，可以在地球站内控制，也可以在卫星内控制，目前为了减轻卫星的负担，大都在地球站内控制。

(4) 利用幅度和相位预失真校正行波管特性。减小非线性影响的另一种措施，是在行波管放大器(TWTA)之前，接入具有与之相反幅度特性和相位特性的器件或网络，用以对行波管的幅度特性和相位特性进行校正(补偿)，从而使功放系统的输出与输入之间保持良好的线性(对于幅度特性)和相位恒定(对于相位特性)，其原理框图如图 2-39 所示。

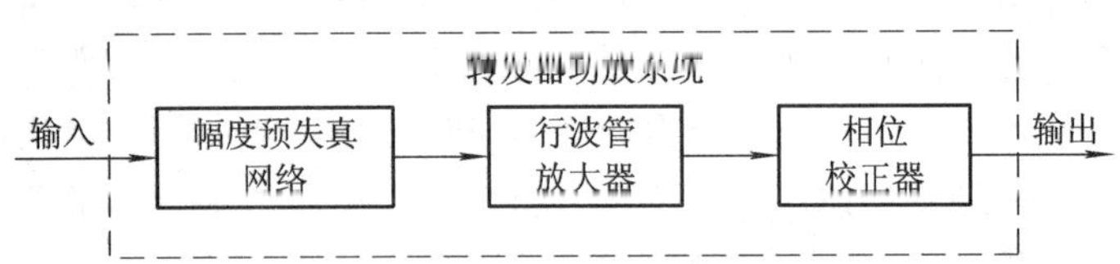

图 2-39　具有幅度和相位校正的 TWTA 系统

对幅度特性校正器件来说，输出信号相对于输入信号是有失真的，然后通过行波放大器再一次产生失真，结果对信号影响大的失真项被消除，从而保持功放系统的线性，故这种方法称为“预失真”，如图 2-40 所示。由图可知，校正后总的输出与输入特性接近于线

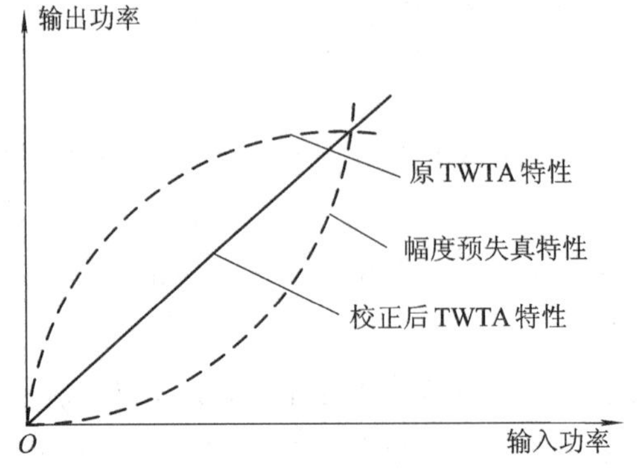

图 2-40　利用幅度预失真的 TWTA 幅度特性线性化

性关系，因而在 TWTA 输出端，就不会因幅度非线性而出现交调分量。这种预失真补偿网络可用 PIN 或肖特基势垒管(其衰减特性具有非线性)来构成。

对相位特性校正器件来说，可直接利用相位特性(相位随输入功率的变化而变化的特性)与 TWTA 的相位特性相反的电路(相位校正电路)，这样，信号在相位校正网络和 TWTA 的共同作用下，可使输出信号的相位基本上不随输入功率电平而变化，即 $\theta_T(P_{in})+\theta_L(P_{in})\approx$常数，其中，$\theta_T(P_{in})$、$\theta_L(P_{in})$分别为行波管的相位特性和相位校正器的相位特性，其校正曲线如图 2-41 所示。

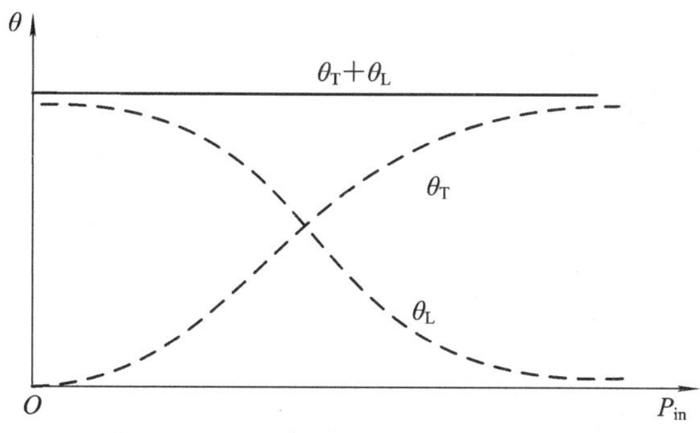

图 2-41　TWTA 相位特性的校正

由上述分析可知，FDMA 方式具有如下特点：

(1) 设备简单，技术成熟。

(2) 系统工作时不需要网同步，且性能可靠。

(3) 在大容量线路工作时效率较高。

(4) 由于转发器的非线性容易形成交调干扰，为了减少交调干扰，转发器要降低输出功率，从而降低了卫星通信的有效容量。

(5) 由于需要保护带宽以确保信号被完全分离开，因此频带利用不充分。

(6) 当各站的发射功率不一致时，会引起强信号抑制弱信号的现象，为使大、小载波兼容，转发器功放需有适当的功率回退(补偿)，对载波需做适当排列等。

2.3.3　TDMA 方式

1. TDMA 的工作原理

TDMA 方式的基本原理是：采用特定的或不同的时间间隙来区分地球站的站址。在这个系统中，只允许各地球站在规定的时隙内发射信号，这些射频信号通过卫星转发时，在时间上严格依次排列，互不重叠。如图 2-42 所示，除了 A、B、C 等地球站外，还有一个基准站 R，基准站的基本任务是为系统中各地球站提供一个共同的标准时间。各地球站以该标准时间为基准，保证各地球站发射的信号进入转发器时，在所规定的时隙内且不互相重叠干扰。基准站通常由某一通信站兼任。为保证系统的可靠性，一般还指定另一通信站作为备用基准站。

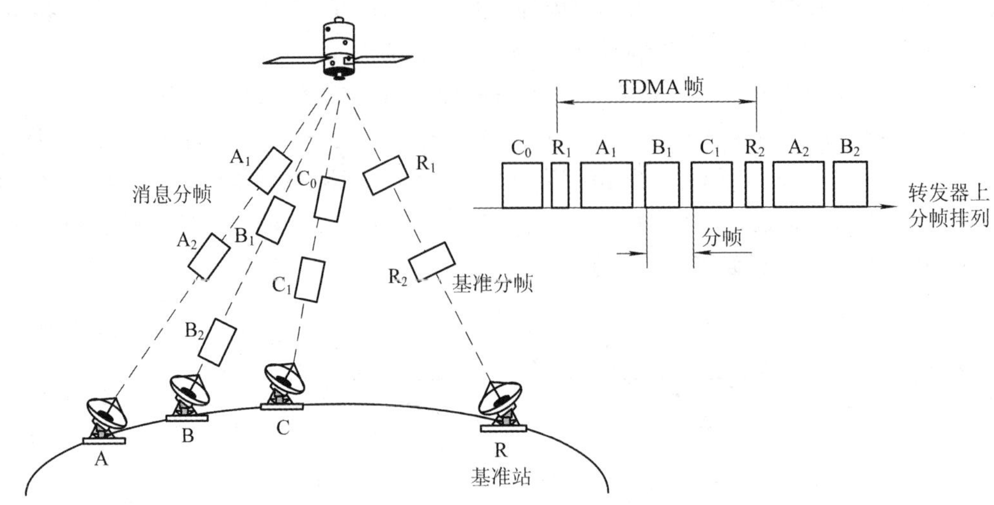

图 2-42　TDMA 系统工作原理示意图

在 TDMA 方式中，分配给各地球站的不再是一特定频率的载波，而是一个特定的时间间隔(简称时隙)。各地球站在定时同步系统的控制下，只能在指定的时隙内向卫星发射信号，而且时间上互不重叠。在任何时刻转发器转发的仅为某一个地球站的信号，这就允许各地球站使用相同的载波频率，并且都可以利用转发器的整个带宽。由于是单载波工作，不存在 FDMA 方式的交调问题，因此卫星转发器几乎可在饱和点附近工作，这就有效地利用了卫星的功率和容量。

TDMA 方式主要用来传输 TDM 数字话音信号，因此，典型的方式是 PCM/TDM/PSK/TDMA 方式。

基准站相继两次发射基准信号的时间间隔称为一帧。在一帧内，有一个基准分帧和若干个消息分帧，每个分帧占据一个时隙。基准分帧由基准站的突发信号构成；消息分帧由地球站的突发信号构成。一个消息分帧对应一个地球站的突发信号。这里的突发信号是指只能在规定的时隙内发射的具有规定格式的已调脉冲群。消息分帧中的信道定向采用逐字复用的时分多路复用(TDM)方式。这样，地球站发射的信号可由该地球站的消息分帧在一帧中的位置来确定。在发出的 TDM 信号中，哪些话路是给哪个地球站的，则由事先规定好的话路秩序来识别。

由上述内容可知，TDMA 方式有以下主要特点：

(1) 卫星转发器工作于单载波，转发器无交调干扰问题。

(2) 能更充分地利用转发器的输出功率，不需要较多的输出(入)补偿。

(3) 地球站以突发方式工作，各站突发通过转发器在时间上不重叠，无须进行频带分割，频率利用率比较高。

(4) 对地球站 EIRP 变化的限制不像 FDMA 方式那样严格。

(5) 易于实现信道的“按需分配”。

(6) 各地球站相互关联，全网工作需要精确的同步，其技术设备比较复杂。此外，低业务量用户终端也需相同的 EIRP。

2. TDMA 的帧结构

TDMA 系统的帧结构主要包括基准分帧(也称同步分帧)和业务分帧(也称数据分帧)。另外，每一帧的分帧之间设有保护时间(典型值是 30～300 ns)，以免由于各分帧同步不准确而使各分帧在时间上互相重叠。如图 2-43 所示，帧中的第 1 分帧 R 为基准分帧，它通常由网中指定的基准站发出，是系统同步的基准，所有分帧的定时都以同步分帧为准。基准分帧 R 由载波和时钟恢复码(CBR)、帧同步码(又称独特码 UW)及基准站站址识别码(SIC)等构成，通常不包含通信信息。

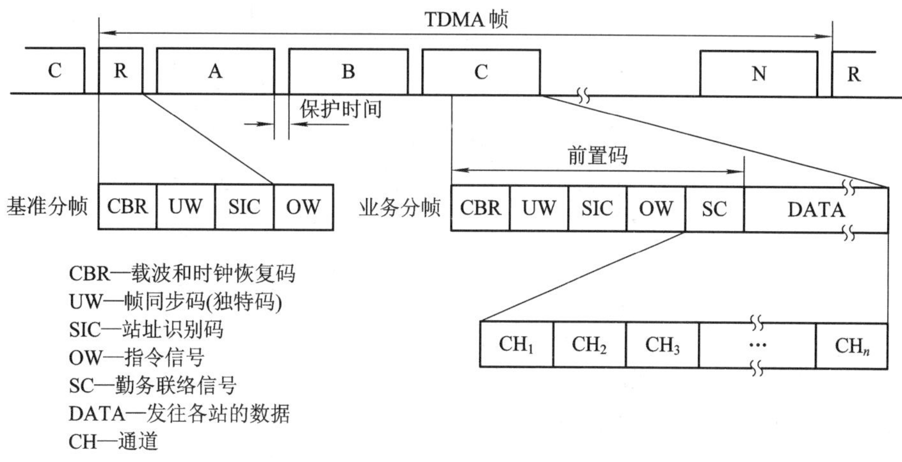

图 2-43 TDMA 的帧结构

业务分帧是用来传递通信信息的分帧，一帧中包含若干个业务分帧，业务分帧的数目决定了 TDMA 系统中容纳的地球站数或地址数。各业务分帧的长度可相等也可不相等，它由各地球站的业务量决定。

一个业务分帧由前置码(或称报头)和信息码两部分组成。前置码位于业务分帧的前部，它包括载波和时钟恢复码(CBR)、帧同步码(UW)、站址识别码(SIC)、指令信号(OW)和勤务联络信号(SC)等。典型的 CBR 为 60 bit，UW 为 20 bit，SIC 为 8 bit，OW 为 2 bit，SC 为 50 bit。

基准分帧和业务分帧都包括载波和时钟恢复码(CBR)、独特码(UW)，其作用如下：

载波和时钟恢复码(CBR)：它的作用是恢复相干载波和位定时信号。一般来说，发送端发出的载波和时钟恢复码的长度决定于解调器输入端的载噪比以及由载波频率的不稳定度所要求的捕捉范围的大小。对于高载噪比和小捕捉范围，需要的载波和时钟恢复码就短；反之，则需要的载波和时钟恢复码就长。

独特码(UW)：在基准分帧中，独特码提供帧定时，这个定时可使业务站能够确定各业务分帧在 1 帧内的位置。业务分帧中的独特码标志了业务分帧出现的时间，并提供接收分帧定时，这样各地球站可据此来提取业务分帧中的子脉冲序列。

另外，指令信号(OW)用于传送通道分配等指令，勤务联络信号(SC)用于传送各站之间的勤务联络信息。

3. 帧长的选择

设帧长为 T_f，每一帧中除基准分帧外共有 m 个业务分帧，即系统中有 m 个通信地球站。其中，基准突发有 B_r个比特，各报头均为 B_p个比特，保护时间均是 T_g。各分帧长度及其所含的通道数可不相同，设第 i 个分帧长度为 T_{bi}，通道数为 n_i，每个通道的比特数均为 L，如图 2－44 所示。

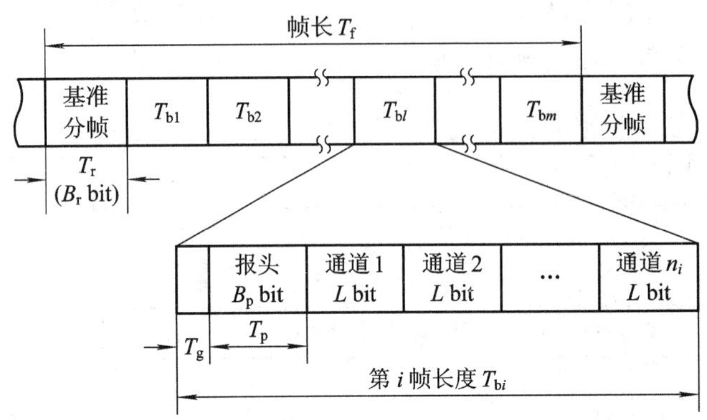

图 2－44　帧与分帧长度

1）系统传输的比特速率 R_b

由图 2－44 很容易推导出比特速率为

$$R_b = \frac{B_r + mB_p + NL}{T_f - (m+1)T_g} \quad (\text{bit/s}) \tag{2-38}$$

式中：$N = \sum_{i=1}^{m} n_i$。若为 QPSK 的情况，传输的一个码元等于 2 个比特，则码元速率为

$$R_c = \frac{1}{2}\left[\frac{B_r + mB_p + NL}{T_f - (m+1)T_g}\right] \quad (\text{baud}) \tag{2-39}$$

可见，只要已知帧结构，就可以利用上面两式计算出 R_b 和 R_c。

2）帧长与采样周期的关系

假设采样周期为 T_s，每一采样周期内 1 个 PCM 编码器输出为 S bit(复用的路数乘以每一样值的编码数)，缓冲存储器的容量为 kS bit(k 为正整数)，每隔一帧时间 T_f，在规定的时隙 ΔT 内从缓冲存储器高速读出 L bit。为了不使存储器溢出，应满足在 kT_f 时间内存入 kS bit，而在 T_f 时间内读出 $L=kS$(bit)，则

$$\frac{T_f}{T_s} = \frac{L}{S} = k$$

即

$$T_f = kT_s \tag{2-40}$$

由上式可知，帧周期是采样周期的整倍数，或者说采样速率是帧速率的整数倍。通常，PCM 编码的采样速率取 8 kHz，$T_s=1/8=125\ \mu$s。若取 $k=1$，则 $T_f=T_s=125\ \mu$s；$k=6$，$T_f=750\ \mu$s，也就是缓冲存储器每输入六次采样的比特数，才突发输出 1 次。可见 T_f 越长，则要求缓冲存储器的容量越大。因此，必须根据实现设计要求，选取适当的 T_f。

3）分帧长度 T_b

由图 2-44 可以求出第 i 个分帧的长度为

$$T_{bi} = T_g + (B_p + n_i L)\frac{1}{R_b} \tag{2-41}$$

当各分帧的通道数相同，即 $n_i=n$（$i=1, 2, \cdots$）时，那么各分帧长度相同，即 $T_{bi}=T_b$（$i=1, 2, \cdots$）。又因 $N=mn$，所以 $T_b=(T_f-T_r)/m$，这里的 T_r 为基准分帧的长度。

4）帧效率 η_f

帧效率定义为一帧内含有消息信号的时间与帧长的比值。因为（含有消息信号的时间）=（帧长）-（同步分帧长）-（总的业务分帧报头时间）-（总的保护时间），则帧效率为

$$\eta_f = \frac{T_f - T_r - mT_p - (m+1)T_g}{T_f} = 1 - \frac{T_r + mT_p + (m+1)T_g}{T_f} \tag{2-42}$$

或

$$\eta_f = 1 - \frac{(B_r + mB_p)T_s + (m+1)NST_g}{(B_r + mB_p + NkS)T_s} \tag{2-43}$$

由上式可以看出，在 T_r、T_p、T_g、m 一定的条件下，T_f 越长，效率就越高；其他参数不变时，缓冲存储器的存储量 k 越大，η_f 越高；当 $k\to\infty$ 时，$\eta_f\to 1$，但这意味着成本增加，所以应折中考虑。

5）帧长的选择需要考虑的因素

（1）帧长一般选取 125 μs 的整数倍。

（2）T_f 长，则效率高。分析结果表明，T_f 增大到一定程度后，帧效率 η_f 的改善不会超过 10%，在其他参数一定的条件下，T_f 长意味着缓冲存储器存储量大，成本高。

（3）T_f 愈长，帧与帧之间载波的相关性便愈差，因而用帧-帧相关性恢复载波电路时，解调过程中会引起附加相位噪声。

（4）当 $T_f>0.1$ s 时，其值与地球—卫星的单程传播时间 0.27 s 为同一数量级，在这种情况下所引入的附加时延对通话不利。只有在低速率数据传输时，用长的 T_f 才有益。这时保护时间也可取长一点，而帧效率仍很高，同时可大大简化定时系统，从而使定时系统降低有成本（定时系统降低的成本要超过缓冲存储器增加的成本）。

总而言之，帧结构决定了 TDMA 方式的基本特征，帧长的选择必须考虑上述各因素，折中选取。早期建立的系统常用 $T_f=125$ μs，而 IS-V 系统取 $T_f=750$ μs。

例 2-1　已知一个 TDMA 系统，采用 QPSK 调制方式。设帧长 $T_f=250$ μs，系统中所包含的站数 $m=5$，各站包含的通道数均为 $n=4$，保护时间 $T_g=0.1$ μs，基准分帧的比特数 B_r 与各报头的比特数 B_p 均为 90 bit，每个通道传输 24 路（PCM 编码，每个采样值编 8 bit码，1 群加 1 位同步比特）。求 PCM 编码器的输出速率 R_s、系统传输的比特率 R_b、分帧长度 T_b、帧效率 η_f 及传输线路要求的带宽 B。

解　$T_s=125$ μs，$S=8\times 24+1=193$(bit)，因为使用的是 QPSK 调制，因此 1 码元为 2 bit，即 $k=2$，$L=2S=386$ bit，则

PCM 编码器的输出速率为

$$R_s = \frac{S}{T_s} = 1.544 \quad (\text{Mb/s})$$

系统传输的比特率为

$$R_b = \frac{B_r + mB_p + NL}{T_f - (m+1)T_g} = 33.12 \quad (\text{Mb/s})$$

分帧长度为

$$T_b = T_g + \frac{B_p + nL}{R_b} = 49.44 \quad (\mu s)$$

帧效率为

$$\eta_f = \frac{T_f - (B_r + mB_p)/R_b - (m+1)T_g}{T_f} = 93.2\%$$

传输线路要求的带宽为

$$B = (1+\alpha) \times \frac{R_b}{2} = 20\ (\text{MHz})\ (\text{取滚降系数}\ \alpha = 0.2)$$

4. TDMA 终端

图 2-45 为 TDMA 终端组成示意图，主要包括发射部分、接收部分和控制部分。

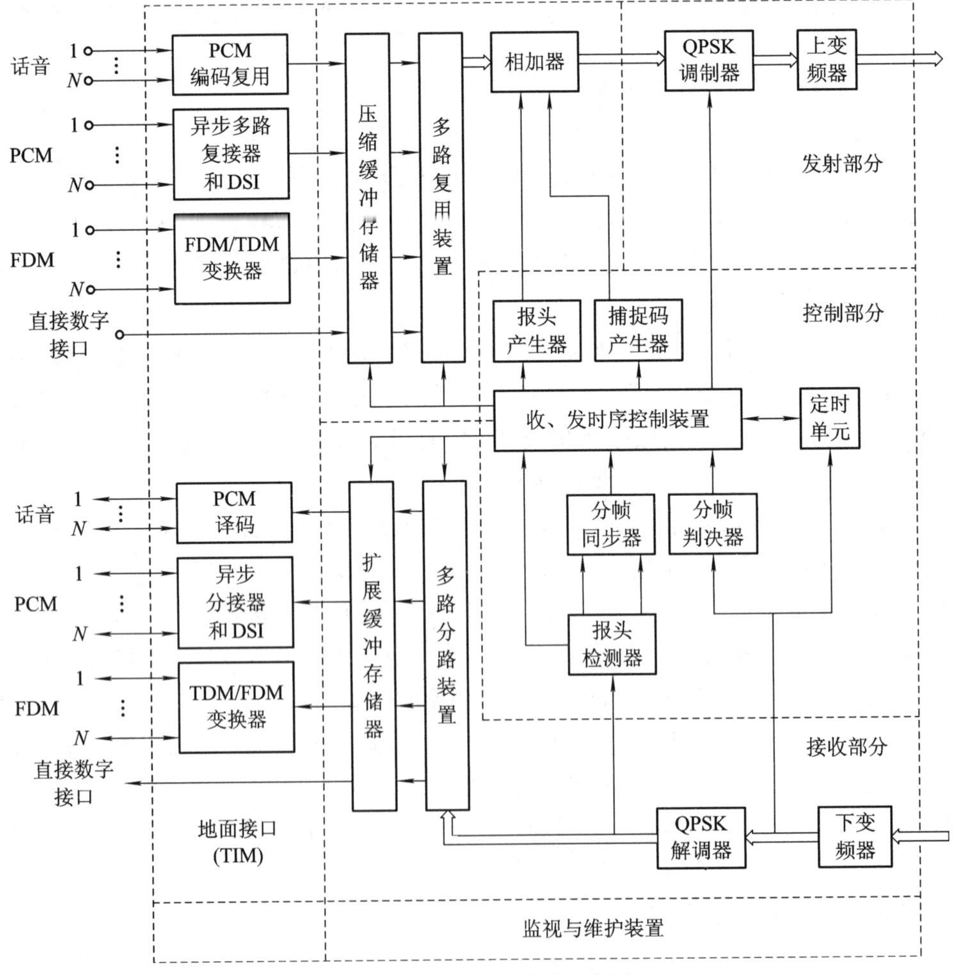

图 2-45　TDMA 终端组成图

1）TDMA 终端功能

TDMA 终端功能如下：

（1）完成帧的发送和接收。对地面接口送来的信号，首先进行分帧操作，然后进行多路复用形成一个完整帧，最后沿上行卫星链路传送到卫星转发器，在接收地球站接收由卫星转发器转发的所属分帧信号，并进行分路，将其送往地面接口。

（2）实现网络同步，即完成系统的初始捕获和分帧同步。

（3）实现对卫星链路的分配与控制。

2）帧的发送与接收

在 TDMA 系统中，不同性质的信号（如话音信号、数据信号），其发送和接收过程不同。

（1）话音信号的传送。如图 2－45 所示，N 路模拟的话音信号同时被送入地面接口电路（TIM），分别通过 PCM 编码器变换成与卫星时钟同步的数字语音信号，然后送至各自的缓冲存储器，送入多路复用装置，并经扰码和纠错编码处理，在 TDMA 定时单元的控制下，在每帧规定的时间段，由合路器将报头插入，从而构成一个完整的 TDMA 帧。随后进行 QPSK 调制，将 TDMA 帧信号调制到中频（70 MHz）上，最后由上变频器进行变频、放大处理，并向卫星发射。

当 TDMA 终端接收到来自卫星转发器的 TDMA 射频分帧信号时，由于链路衰减等原因的影响，信号已经相当微弱。因此首先需要经过低噪声放大器的放大，然后经过下变频器将信号变换为中额（70 MHz）的相应信号，再利用 QPSK 解调器进行解调，恢复出基带数据信号，并将其送至报头检测器和多路分路装置，在报头检测器中分析分帧报头中的独特码，以此判断出该分帧信号是由哪个地球站发送给本站的。同时在定时单元和收时序控制装置的控制下，取出相应的分帧数字信号，经解扰码和纠错译码后，送至扩展缓冲存储器，最后在收时序控制器的控制下，将压缩了的高速信号扩展成连续的低速数据信号，送往地面接口单元。

（2）数据信号的传送。数据信号的传送原理与话音信号的传送原理相同，所不同的是用异步合路器和异步分路器取代 PCM 编码器和解码器。此时送入地面接口的并行数据按时分多路复用方式合路成数字信号，然后送入缓冲存储器。

3）系统的定时与同步

就目前的卫星发射技术而言，如果使卫星的位置保持在±0.1°精度范围，高度变化在 0.1%以内，那么卫星可在 75 km×75 km×75 km 的立体空间内漂移。此外太阳及月亮引力的作用，也会使卫星出现缓慢漂移的现象，大气折射也会使卫星与地球站之间的距离随时间发生变化。据资料显示，每半天卫星可偏离精确位置达 15 km 之多，相当于引入约 50 μs 的时延偏差。因而即使基准站发出精确的基准分帧信号，但经过卫星转发器时，基准分帧之间的帧周期也发生了变化。如要求卫星转发器上所接收的帧信号的帧周期保持不变，那么只能要求基准站不断地改变其时钟频率，这样才能随时保持与卫星转发器上的帧周期的同步。下面就来描述 TDMA 系统的定时解决方案。

（1）TDMA 系统定时。

通常 TDMA 帧周期（T_f）是话音采样周期（125 μs）的整数倍，它与频率为 f_0 的高稳定度（10^{-11}）的时钟周期一致。由于卫星受到除地球以外的外力影响以及地球扁平度引起的摄动影响，站星距(d)是随时变化的，因此卫星转发器和各地球站具有不同的帧周期。下面以图 2-46 所示的 TDMA 网中的两个地球站为例来说明系统定时关系。

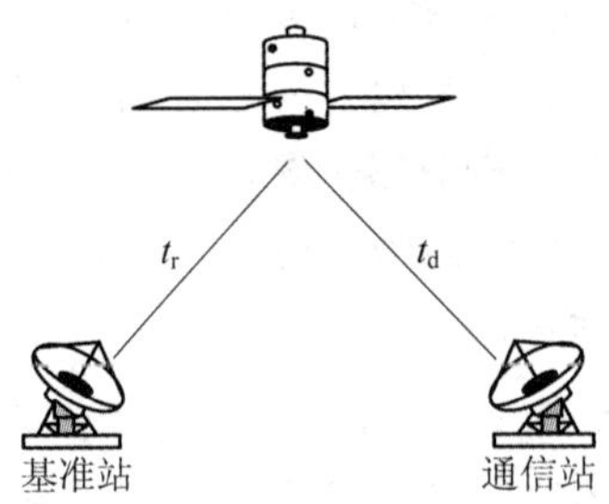

(a) TDMA 网

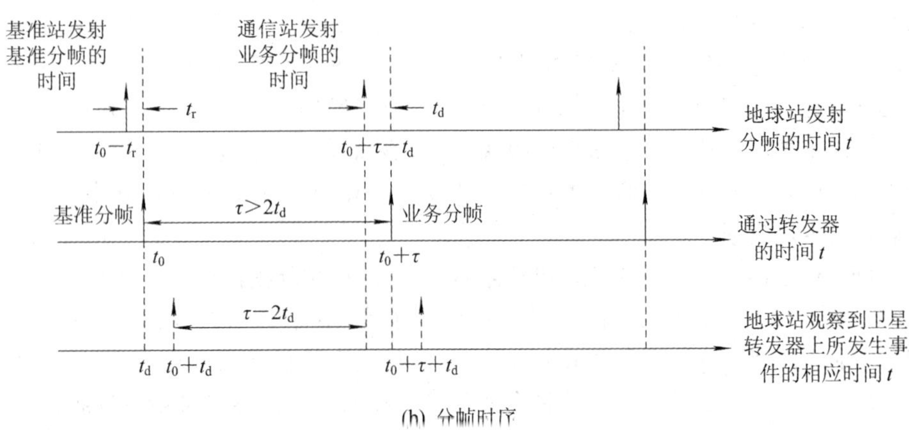

(b) 分帧时序

图 2-46　地球站发送分帧的时间关系

由图 2-46 可以看出，将其中一个地球站作为基准站，TDMA 网中的其他地球站发送业务分帧的时刻是以所接收到的基准分帧中的独特码为时间基准进行的。若基准站与卫星转发器间的传播时间为 t_r，卫星转发器与地球站间的传播时间为 t_d，为了保证卫星转发器上以相同的周期接收分帧信号，则要求基准站发射基准分帧的时间为 t_0-t_r。这样，经过基准站与卫星转发器间的信号传播，基准分帧在 t_0 时刻被卫星转发器所接收。如果以地球站作为参考物，该事件则发生在t_0+t_d 时刻。为了保证卫星转发器在接收到基准分帧后，每隔 τ 秒接收到一个业务分帧，则要求地球站在 $t_0+\tau-t_d$ 时刻发送业务分帧，这样在 $t_0+\tau$ 时卫星转发器便能接收到此业务分帧。如果仍以地球站作为参考物，该事件则发生在 $t_0+\tau+t_d$ 时刻。由此可见，只要地球站保证在接收到基准分帧后，并在延时 $\tau-2t_d$ 时刻发送业务分帧，就能够确保卫星转发器以相同周期接收分帧信号。又由于站星距随时发生变化，使得它们之间的信号传播时延也随之发生变化，因而要求基准站不断地调整其基准分帧的发射时刻，即改变其时钟频率。

(2) TDMA 系统的同步。

TDMA 系统的同步内容包括载波同步、时钟同步和分帧同步。其中要求在极短的时间内从各接收分帧报头中完成基准载波和时钟信号的提取工作。只有做到分帧同步，才能确保该分帧与其他分帧之间保持正确的时间关系，不会出现彼此重叠的现象。下面只讨论分帧同步问题。

分帧同步包括两方面的内容，其一是指在地球站开始发射数据时，如何使分帧信号进入指定的时隙，而不会对其他分帧构成干扰，这就是分帧的初始捕获；其二是指如何使进入指定时隙的分帧信号处于稳定的工作状态，即使该分帧与其他分帧维持正确的时间关系，不致出现相互重叠的现象，这就是分帧同步技术。

① 分帧的初始捕获。所谓初始捕获，就是使射频分帧准确地进入所指定时隙的过程。这可根据基准站所发射的UW作为基准信号，每个地球站都以基准信号为准来确定自己的发射时间。对实现初始捕获的要求是：捕获准确而快速，不干扰其他站的正常通信以及实现起来设备简单等。实际中可以使用多种方法来实现初始捕获，常用的有开环式方法(如计算预测法)和闭环式方法(如低电平伪随机噪声法)。

开环式预测法的基本原理是：根据监控站所提供的卫星运动轨道数据和本站地理数据，随时计算出当前和未来的站星距及传播时延，再根据卫星转发器发送给收端地球站的基准分帧，并从中检测出独特码(UW)，然后与本站向卫星发射的基准时钟信号中的UW在时间上进行比较，如存在误差，则启动误差控制电路，对本站的基准时钟信号进行调整(调整UW′的发射时间)，再与卫星送来的基准分帧中的UW相比，如仍存在误差，则继续调整本站的UW′发射时间，直至射频分帧能够正确进入指定时隙为止。

捕获过程的具体步骤如图2-47所示，地球站B欲发射业务分帧，开始时它将发射时间选择在指定分帧时隙的中间，随后发射报头信息(由于报头长度有限，因此不足以构成对相邻通道的干扰)，然后B站将基准分帧中的独特码与B站所发射的报头中的独特码所构成的示位脉冲进行比较，若存在误差，B站开始调整其发射时间，逐步地将报头调整到预定位置，随后便进入锁定状态。当B站将数据信号完整地发送完毕时，则构成了一个完整的业务分帧B，表明此时已完成初始捕获，进入通信阶段。

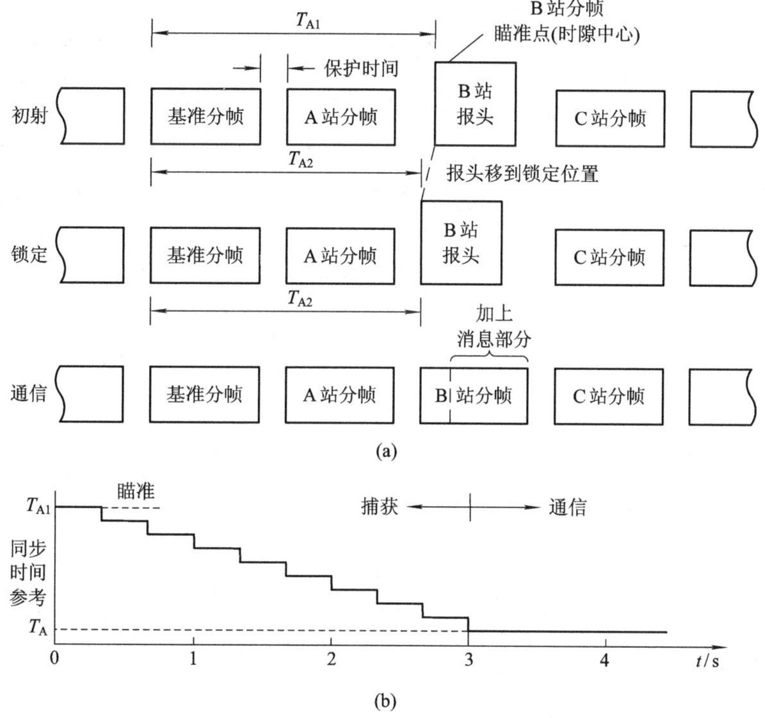

图2-47　捕获过程及所用时间示意图

相反，采用闭环式方法(如低电平伪随机噪声法)初始捕捉时，首先向卫星发出一个类似伪随机噪声的特殊信号(称之为捕捉信号)，接收到由卫星转发回来的信号以后，与基准分帧位置进行比较，从而得到分帧发送定时。在发送PN信号时，即使与其他分帧重叠也可以，因为采用低电平不会对其他发射信号造成很大的干扰。

② 分帧同步。分帧同步是指在完成初始捕获之后，为使所发射的业务分帧稳定在指定的时隙之内，而对分帧进行的定时控制。分帧同步的方法也可以分为开环式分帧同步和闭环式分帧同步。

开环式分帧同步也是基于对卫星位置进行测量或推算估计，求出站星距来决定分帧的发射时间(从接收到基准分帧到送出本站分帧的这段时间)的。这种方法的精度与测量卫星位置的方法和精度有关，一般来说，这种开环方法达不到高精度的分帧同步要求，而且由于需要较长的保护时间，使得帧的利用率不高。但是，这种方法与闭环式不同，它的最大优点是不需要特别的初始捕捉过程。

闭环式分帧同步是将所接收的来自卫星转发器的基准分帧和本站所发射的同样经过卫星转发回本站的分帧中的独特码进行比较，如存在误差，则通过调节本站分帧的发射时间，逐步减少误差，最终使本站所发射的分帧与基准分帧保持同步。其原理图如图2-48所示，其中UW_R和UW_L分别为基准站和本地站的独特码，B_i为数字延迟电路延时比特数，其数值等于本站分帧到基准分帧的帧内时间间隔。分帧同步器定时对UW_R和UW_L检测器输出的示位脉冲F_R和F_L进行比较，并以每帧1 bit的速率利用比较器的输出误差来校正发射时间，直到误差小于1 bit。图中的孔径门按F_R和F_L做周期性的开启、闭合操作，只有在F_R和F_L出现时孔径门才打开，而其余时间则关闭，因此能够起到抑制具有随机特性的虚检脉冲的目的。

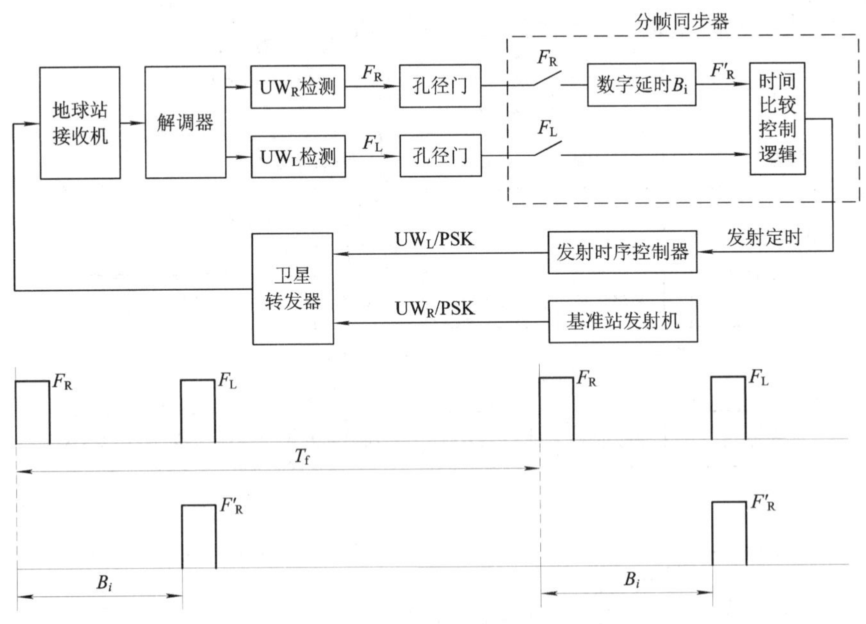

图2-48　分帧同步原理图

2.3.4 SDMA/SS/TDMA方式

SDMA是按空间划分联接方式的简称，它利用具有多波束天线的卫星(简称多波束卫星)

来实现。多波束卫星的使用大致有两种情况：第一，把单一业务区域分为几个小区域，并以多个点波束的高增益天线分别照射这些小区域。这种方式的主要目的是为了实现地球站天线的小型化。第二，用多个不同波束分别照射相互离开的几个业务区域，这种方式的主要目的是为了在卫星功率足够的前提下，实现频率再用，从而成倍地扩展卫星转发器容量。

无论是哪一种使用方式，都得与其他多址方式结合使用。由于多波束通信方式的联接状态是时变的，因此很适宜用 TDMA 方式。又由于 TDMA 方式的功率、频带利用充分，基本上无交调，且使用数字调制方式，其通信容量比 FDMA 方式等大得多，所以 SDMA 与 TDMA 相结合是提高通信容量的一种有效方法。此外，多波束卫星上必须具备波束切换功能，这样才能实现不同波束覆盖下各地球站之间的互联。

显然，SDMA 的优点是可以提高天线增益，使得功率控制更加合理有效，显著地提升系统容量，还可以削弱来自外界的干扰和降低对其他电子系统的干扰。

1. 工作原理

下面以多波束卫星的第二种使用情况为例，说明 SDMA 与 TDMA 通过卫星交换(Satellite Switched)的 SDMA/SS/TDMA 方式。图 2-49 所示的是 SDMA/SS/TDMA 系统的基本原理图，该系统主要包括控制电路部分和信号收发电路部分。

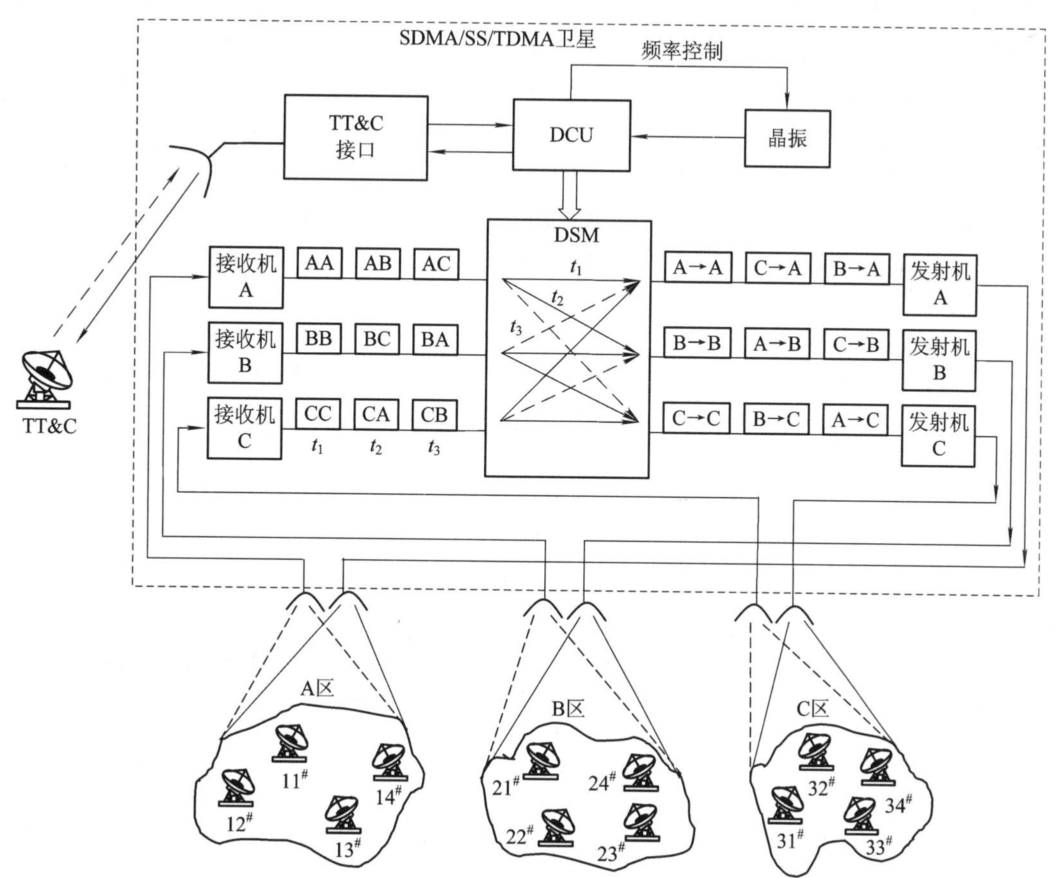

图 2-49　SDMA/SS/TDMA 系统的基本原理图

1）控制电路部分

图 2-49 中，DSM 为动态开关矩阵，通过它可将各地球站送往卫星的 TDMA 分帧信号切换到其相应方向的目的波束中，供目的站进行接收。切换控制电路(DCU)是用来完成 DSM 切换控制功能的电路，但控制 DCU 的存储信息、收发信息以及 DSM 的切换信息等操作都是由遥测遥控指令站(TT&C 站)执行的。由图可以看出，其控制信号首先被 TT&C 接口天线所接收，然后存储在 DSM 存储器中，并且其周期与 TDMA 帧的周期相同，这就要求 SS/TDMA 通信网中的 TDMA 帧必须与 DSM 的切换顺序保持同步，因此要求基准站中应配备有使 DSM 切换定时和 TDMA 帧同步的搜索同步装置(ASU)。

2）信号收发电路部分

此处仅以图 2-49 中 3 个波束的 SS-TDMA 系统为例来说明其工作原理。由图可见，卫星上共有 3 副窄波束天线，分别用于接收相应区域内地球站所发射的信号和向相应区域内的地球站转发信号。这样便形成了 3 个分离波束，各自覆盖其相应的通信区域。每个波束区域内可以有一个地球站，也可以有多个地球站，它们是按 TDMA 方式工作的，即按不同的分帧进行排列。

在一个系统中，每一时帧(某波束在卫星内占据整个时段即为卫星的一个时帧 T_f)中的分帧分配和排列既可以采用预分配(PA)方式，也可以采用按需分配(DA)方式，此时所有各波束覆盖区域内的地球站按其通信时隙发射信号。如果采用 PA 方式，则每一时帧中各分帧的分配和编排次序是系统设计者预先设定的，因此分帧的长度和排列次序是固定不变的。在图 2-50 中给出了一种按循环方式排定的均匀结构的分帧排列顺序，由图可见，若 A 区内的某一地球站要与 A、B 和 C 区内的地球站进行通信，则在上行 TDMA 时帧中包含 AA、AB 和 AC 三个分帧。同样，如果此时由 B 区和 C 区内的某一地球站要与 A、B 和 C 区内的地球站进行通信，则在上行 TDMA 时帧中包含的三个分帧分别是 BB、BC、BA 和 CC、CA、CB。

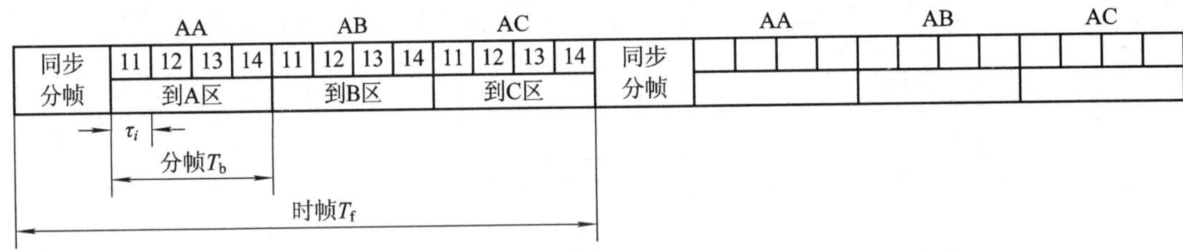

(a) 上行 TDMA 帧结构

(b) 下行 TDMA 帧结构

图 2-50 来自 A 区的上行(a)和下行(b)TDMA 帧结构

在卫星中是按图 2-50(a)所示的结构接收信息的，然后在 DSM 中根据所发往的波束区，重新组合成各下行 TDMA 帧。不同波束覆盖区的下行 TDMA 帧的内容不同，其中各分帧对应该波束内的不同地球站。

在卫星中根据 DCU 发出的控制信号分别在 t_1、t_2 和 t_3 时刻通过 DSM 分别将发往 A、B

和 C 波束区的各分帧 AA、CA 、BA 和 BB、AB、CB 以及 CC、BC、AC，组合成发往各通信区的下行 TDMA 帧信号，并经发射机和天线，向指定区域的地球站发射。

由上述分析可知，当系统采用预分配多址方式时，由于上、下行 TDMA 帧的排列次序均是事先确定的，因而信道分配无法根据各区域内或同一区域内各地球站间通信量的变化而变化，这使得分帧和时帧效率不高。而当在系统中采用按需分配方式时，则系统中的分帧长度和排列顺序可根据实际的通信容量的需求而变化。这样在各波束区域内是按照申请工作的站数和通信量来确定分帧的排列和时隙长度的，因此要求网中的各地球站向系统中的遥测遥控指令站提出通信量申请，并由该站进行分帧排列，然后将排列的结果通知网中各站，同时将相应的转换控制程序指令发送给卫星，这样各地球站和卫星转发器的 DSM 电路可根据此控制指令工作。

2. 分帧排列

1）帧交换矩阵

分帧排列的主要目的是便于在 DSM 中进行帧交换。在 SDMA/SS/TDMA 系统中，各波束之间的通信交换量可以用矩阵表示，称为帧交换矩阵或业务交换矩阵$\{d_{ij}\}$。如表 2 - 6 所示，矩阵的阶数为 k，即为波束区域数(接收波束区 Y_1，Y_2，…，Y_k；发射波束区 X_1，X_2，…，X_k)。元素 d_{ij} 则表示从第 i 波束区发送到第 j 波束区的通信量，它既可看成是通话路数，也可看成时帧中所占的时隙数。交换矩阵中行元素的总和 $S_i=\sum_{j=1}^{k}d_{ij}$ 以及列元素的总和 $R_j=\sum_{i=1}^{k}d_{ij}$ 分别表示相应发射区和接收区的总通信量。

表 2 - 6　系统通信量交换矩阵

发送波束区	接收波束区					
	Y_1	Y_2	Y_3	…	Y_k	$\sum_{j}^{k}d_{ij}$
X_1	d_{11}	d_{12}	d_{13}	…	d_{1k}	S_1
X_2	d_{21}	d_{22}	d_{23}	…	d_{2k}	S_2
X_3	d_{31}	d_{32}	d_{33}	…	d_{3k}	S_3
⋮	⋮	⋮	⋮	…	⋮	⋮
X_k	d_{k1}	d_{k2}	d_{k3}	…	d_{kk}	S_k
$\sum_{i}^{k}d_{ij}$	R_1	R_2	R_3	…	R_k	—

通常我们将交换矩阵中具有最大通信量的行(或列)称为临界行(或列)，并称临界行(或列)中的最大元素为临界元。

2）分帧的编排

分帧的编排是指把已知系统的交换矩阵分解为若干分帧矩阵，而每个分帧矩阵中的各波束区域之间的交换具有一对一的关系，因此各分帧矩阵能够用各行各列中最多只有一个的非零元素表示。

分帧的编排方法多种多样，按照不同的排列准则，如分帧数最少(即转换次数最小或分

帧长度 T_D 最短)等，可形成不同的算法，从而构成不同的分帧编排。下面描述分帧长度 T_D 最短的编排方法，利用 Greedy 算法(或称优选法)进行分帧编排。

如果 S_i 或 R_j 的最大值是 T_D，系统的时帧长度为 T_f，那么在分帧编排时间 T_D 内，所有通信量的分配过程如下：

(1) 首先根据帧交换矩阵(***D***)确定临界行 i_0。

(2) 从帧交换矩阵(***D***)的各行、各列中选一个元素，构成一个基本矩阵 ***D***，其余元素构成剩余矩阵 $\boldsymbol{D}_2$。通常取临界行 i_0 中最大元素(即临界元素)，其他行也选大的元素构成 $\boldsymbol{D}_1$ 矩阵。这样分帧矩阵 $\boldsymbol{D}_1$、$\boldsymbol{D}_2$ 和 ***D*** 一样保持同一行 i_0 为临界行，则进入第(4)步，否则需利用第(3)步进行修正。

(3) 观察基本分帧矩阵 $\boldsymbol{D}_1$，进行如下修正：

① 若有比临界元素大的元素，则将超出的值退回到剩余矩阵 $\boldsymbol{D}_2$ 中。

② 为使 i_0 行成为 $\boldsymbol{D}_2$ 的临界行，同时保证满足上一个条件，应从 $\boldsymbol{D}_1$ 向 $\boldsymbol{D}_2$ 逐单位地退回，这样才能保证满足 $\boldsymbol{D}_2$ 的临界条件，同时获得第 1 个分帧 $\boldsymbol{D}_1$。

(4) 剩余矩阵的确定：此时 $\boldsymbol{D}_2$ 至少包含一个等于零的元素，可对 $\boldsymbol{D}_2$ 重复第(3)步所述的相同步骤，从而可得到第 2 个分帧编排 $\boldsymbol{D}_2$，剩余的部分构成 $\boldsymbol{D}_3$。如果此时 $\boldsymbol{D}_3$ 矩阵中的各元素仍各不相同，则继续步骤(4)，直至相等为止。

例 2-2 已知某个 3×3 的交换矩阵如下，请根据上述分帧编排法找出其基本分帧矩阵 $\boldsymbol{D}_1$ 和剩余矩阵 $\boldsymbol{D}_2$。

5	1	5
4	3	4
2	7	2

解

(1) ***D***=

5	1	5	11
4	3	4	11 ←—— 临界行
2	7	2	11
11	11	11	

(2) 为了满足临界条件从 $\boldsymbol{D}_1$ 的 d_{11}、d_{32} 中分别退回 1 个和 3 个单元到 $\boldsymbol{D}_2$。

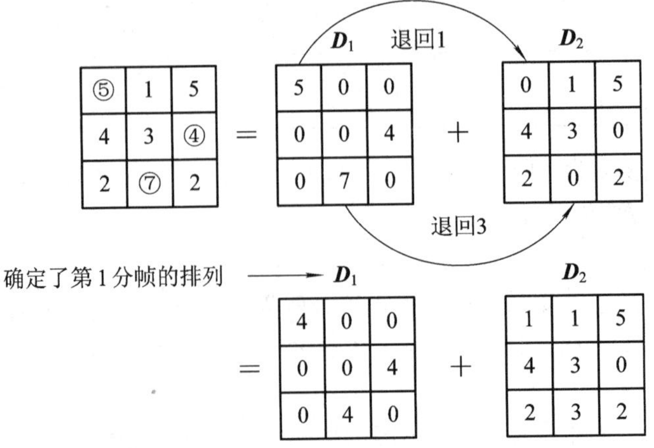

(3) 对 **D** 重复进行同样步骤的排列，可得到 2 分帧的排列：

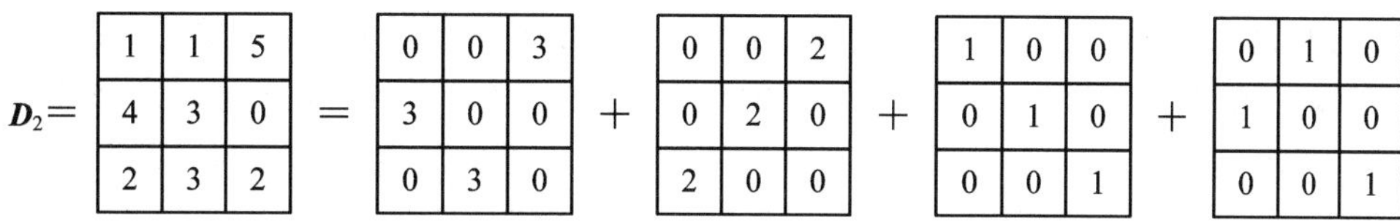

$$D_2=\begin{bmatrix}1&1&5\\4&3&0\\2&3&2\end{bmatrix}=\begin{bmatrix}0&0&3\\3&0&0\\0&3&0\end{bmatrix}+\begin{bmatrix}0&0&2\\0&2&0\\2&0&0\end{bmatrix}+\begin{bmatrix}1&0&0\\0&1&0\\0&0&1\end{bmatrix}+\begin{bmatrix}0&1&0\\1&0&0\\0&0&1\end{bmatrix}$$

由上述结果，可画出 TDMA 帧内各波束区域的收、发分帧编排，如图 2-51 所示。从图中可以看出，虽然其转换定时次数为 5 次，但它容纳的未来业务量富余时间较多(本方案为 3 个分帧的时间)，因此它是一个较为理想的方案。

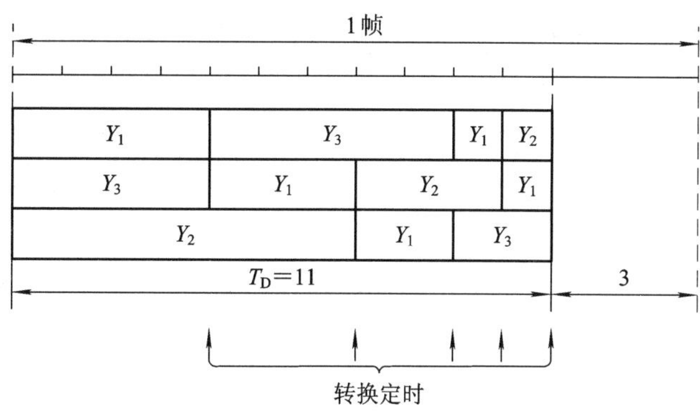

图 2-51 分帧排列举例

3. SS/TDMA 帧同步

在 SDMA/SS/TDMA 系统中，由于要求通信卫星能够提供定时切换功能，因此该系统与普通的 TDMA 系统不同，要求地面上能够检测出卫星切换器的切换定时，从而使 DSM 能够按分帧编排顺序进行切换。为了保证准确的切换操作，必须在各地球站间建立帧同步以便调节本站发送分帧的发送定时，这样才能保证该分帧能够按照预定时间通过交换矩阵。

控制帧同步的方法有两种：一种是星载定时，另一种是地球定时。

(1) 星载定时是以卫星上切换电路所提供的定时为基准的一种帧同步方法。这就要求地面上的各地球站以此为基准，随时保持同步；同时也要求卫星上能够产生同步用的基准分帧(SRB)，因此卫星上必须配置调制器，从而增加了卫星的复杂程度。

(2) 地球定时是由基准地球站控制星上的切换电路，而其他地球站受基准站的控制，从而实现帧同步。由此可见，此时要求在星上切换电路中设置指令解调器，同样会增加卫星设备的复杂程度。

2.3.5 CDMA 方式

采用 CDMA 方式时，信号的区分是依据各地球站的伪随机序列不同来实现的，各地球站所发射的信号在频率和时间上可以互相重叠。与 FDMA 和 TDMA 方式相比，它的优点是具有一定的抗干扰能力，信号功率谱密度低，隐蔽性较好，不需要网定时，使用灵活。其缺点是频带利用率低，通信容量较小(吞吐量效率较低)。

CDMA 方式的技术基础是扩频技术，典型的扩频技术有：

(1) 直接序列(DS, Direct Sequence)方式，它是直接利用高码元速率的伪随机序列去扩展信号频谱的一种方式。这种方式比较简单、易于实现、适宜于低速数据传输。

(2) 跳频(FH, Frequency Hopping)方式，它是采用多个载波，并通过使载波频率按伪随机序列的对应模式跳变以实现频谱扩展的一种方式。这种方式保密性好，不易受远近干扰和多径干扰的影响，但使用频率较多时，交调干扰比较严重。

(3) 跳时(TH, Time Hopping)方式，它是通过扩频用的伪随机码使载波断续以实现频谱扩展的一种方式。这种方式容易受到与载波中心频率一致的连续波干扰，抗干扰性能差，因此通常与其他方式(如 FH 方式)组合使用。

(4) 组合扩频方式，是把两种以上的扩频方式组合起来使用的方式。其系统处理增益是各扩频方式处理增益的乘积，因此，能使系统获得大的处理增益是这种组合方式的特点。

1. CDMA 的工作原理

下面描述直接序列 CDMA(DS－CDMA)和跳频 CDMA(FH－CDMA)两种系统的基本工作原理。

图 2－52(a)所示为 DS－CDMA 系统原理框图。发送端地球站的模拟信号先经 PCM 调制，变成二进制数字信号(信码)。地址码常用伪随机(PN)码，信码与 PN 码模 2 加，然

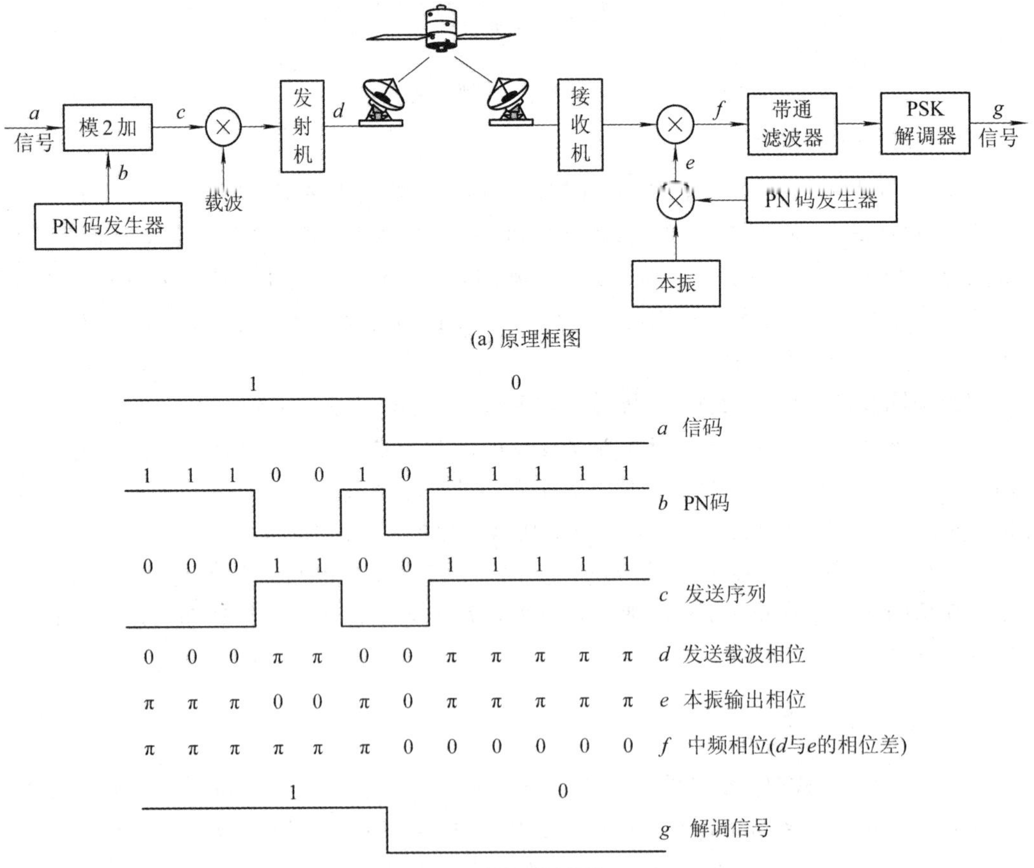

(a) 原理框图

(b) 扩谱信号传输图解

图 2－52　DS－CDMA 系统的基本组成图

后对载波进行2PSK调制。由于地址码速率远高于基带信号的速率，即1个基带信号码元的宽度是1个地址码元宽度的 m 倍（m 为正整数）。这样就使得PSK信号频谱被展宽，称为扩谱信号。在接收端，先用与发送端码型相同、严格同步的PN码和本振信号与接收信号进行混频和解扩，就得到窄带的仅受信码调制的中频信号。经中频放大、滤波后，进入PSK解调器，恢复出原信码。上述过程用图解法表示如图2-52(b)所示。

此外，由图2-52还可以看出，只要收、发两端的PN码结构相同并且同步，就可以正确地恢复出原始信码。而干扰和其他地址的信号由于与接收端的PN码不相关，因此，在接收端不仅不能解扩，反而被扩展，形成的宽带干扰信号经中频窄带滤波后，对解调器来说表现为噪声。

跳频CDMA(FH-CDMA)系统与DS-CDMA系统相比，主要差别是发射频谱的产生方式不同，其原理如图2-53所示。在发送端，利用PN码去控制频率合成器，使之在一个宽范围内的规定频率上伪随机地跳变，然后再与信码调制过的中频混频，从而达到扩展频谱的目的。跳频图案和跳频速率分别由PN码序列和PN码序列的速率决定，信码一般采用小频偏FSK。在接收端，本地PN码提供一个与发送端相同的PN码，驱动本地频率合成器产生同样规律的频率跳变信号和接收信号，混频后获得固定中频的已调信号，通过解调器还原出原始信号。

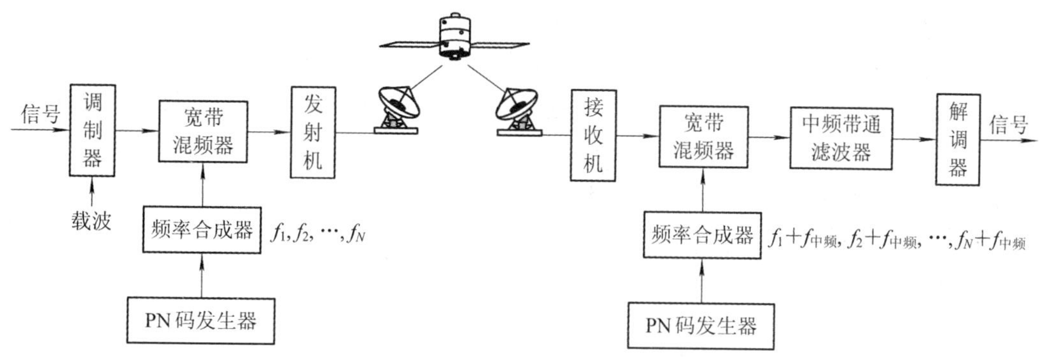

图2-53 FH-CDMA系统的原理框图

FH-CDMA方式的扩频调制采用多进制频移键控(MFSK)，这就使它具有以下特点：

(1) FH-CDMA扩频后的频谱从大范围来看分布是均匀的，它的扩频效果比DS-CDMA方式好一些；但它的瞬时频谱是窄带的，能量也是集中的，因此，它的信号隐蔽性不如DS-CDMA方式。

(2) 由于FH-CDMA方式的地址码长度短、速率低，因此其链路同步比DS-CDMA方式容易。

(3) FH-CDMA方式的处理增益取决于跳频数，跳频数越大，抗干扰能力和通信能力越强。

(4) FH-CDMA系统在任一个瞬间来看，它是一个FDMA系统，转发器处于多载波工作，因此，必须考虑交调问题，并采取必要的补偿措施，若有多个跳频载波同时工作，则可改善信号的隐蔽性。

2. 伪随机序列与信号同步

1) 伪随机序列

CDMA方式是靠伪随机序列(地址码)来区分系统中的各地球站的，因此地址码的选择是CDMA系统的关键问题。地址码的选择原则，归纳起来有以下几个方面：

(1) 要有良好的自相关性和互相关性，最好有近似白噪声那样的相关性。

(2) 可用地址码序列的数量应足够多，使系统的通信容量不受地址码数量的限制。

(3) 码序列的周期应有足够的长度，以提供必要的处理增益。

(4) 要有尽可能短的接入时间，即地址码的初始捕捉时间要短，且容易捕捉和同步。

(5) 地址码的实现应力求简便。

(6) 地址码的频谱分布应尽量宽，而且均匀。

以上各条原则互有联系，有时也相互矛盾，所以在选择地址码时应综合考虑、折中处理。从要求来看，随机噪声有很好的正交性和相关性，抗干扰能力强，也十分容易产生；但在接收端要实现捕捉和跟踪却十分困难，不可能产生与发送端完全一样的本地随机噪声。因此，人们一般采用伪随机噪声序列作为地址码，比如有m(最大长度线性)序列、L(平方剩余)序列、H(霍尔)序列、双素数序列等。其中m序列因为其采用二进制处理起来比较方便，且具有随机性好、容易产生、理论研究比较透彻等优点，而得到广泛应用。

2) 信号同步

CDMA系统不需要严格的系统定时，但要求接收机的本地伪随机码与接收到的PN码在结构、频率和相位上完全一致，即PN码捕获(精同步)，否则就不能正常接收所发送的信息，而只是一片噪声。另外，实现了收发同步后应保持同步，即PN码跟踪(细同步)，不然就无法准确可靠地获取所发送的信息数据。

(1) PN码序列捕获。

PN码序列捕获也称为扩频PN序列的初始同步，主要有滑动相关法、序列估值法等方法。

滑动相关法是通过滑动相关同步器实现的，如图2-54所示。其工作原理是调整本地产生的PN码序列的速率，使它与输入的PN码序列相关，两个PN码序列在相位上彼此相对移动，直到解扩器产生满意的结果为止。滑动相关器简单，应用范围广，缺点是当两个PN码序列的时间差或相位差过大时，特别是对于长PN码序列，其相对滑动速度较慢，导致搜索时间过长。为减少搜索范围，可以发射同步前置码，即一个短的PN码序列，以便在合理时间内对所有码位进行搜索。

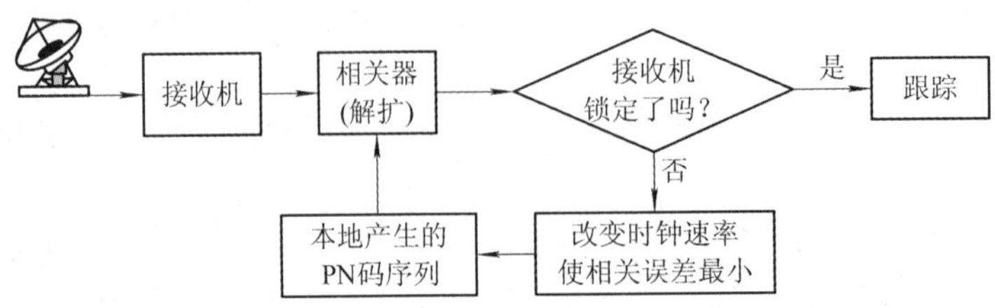

图2-54　滑动相关同步器

用于快速捕捉的一种技术是采用可捕码，这种码是一种组合码，由若干较短码序列组合而成，其码序列与各组成码序列保持一定的相关关系。

序列估值法就是一种减少长码捕获时间的快速捕获方法，它把收到的 PN 码序列直接输入本地码发生器的移位寄存器中，强制改变各级寄存器的起始状态，使其产生的 PN 码序列与外来码序列相位一致，系统即可立即进入同步跟踪状态，缩短了本地 PN 码序列与外来 PN 码序列相位一致所需的时间。但此方法先要对外来的 PN 码序列进行检测，才能送入移位寄存器，要做到这一点有时较困难；还有就是并未利用 PN 码序列的抗干扰特性，因此对干扰和噪声比较灵敏。

（2）PN 码序列跟踪。

PN 码序列跟踪主要采用跟踪环路不断校正本地序列的时钟相位，使本地序列的相位变化与接收信号相位变化保持一致，实现对接收信号的相位锁定，使同步误差尽可能小，正常接收扩频信号。

跟踪环路可分为相干与非相干两种。前者在确知发送端信号载波频率和相位的情况下工作，后者在不确知的情况下工作。实际上大多数应用属于后者。常用的跟踪环路有延迟锁定环及 T 形抖动环两种，延迟锁定环采用两个独立的相关器，T 形抖动环采用分时的单个相关器。

延时锁定环的基本框图如图 2－55 所示，假定接收信号已相干解调到基带，该基带信号直接加到中频环路上，使其与本地 PN 码序列的超前、滞后形式相乘。两条通路相减后的差信号用来控制压控振荡器（VCO）码钟，实现本地 PN 码序列对输入码序列的跟踪。

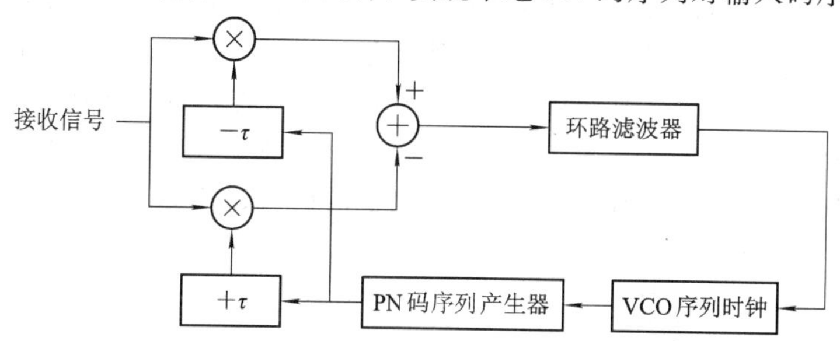

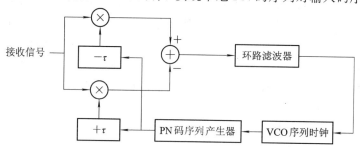

图 2－55　延时锁定环

抖动环是跟踪环的另一种形式，如图 2－56 所示。与延时锁定环相同，接收信号与本地产生 PN 码序列的超前、滞后形式相关，只是误差信号由单个相关器以交替的形式相关后得到。PN 码序列产生器由一个信号驱动，时钟信号的相位按二元信号的变化来回“摆动”，这种相位摆动称为 T 形抖动，它去除了必须保证两个通道传递函数相同的要求，因此抖动环路实现简单。但与延时锁定环相比，信噪比性能恶化大约 3 dB。

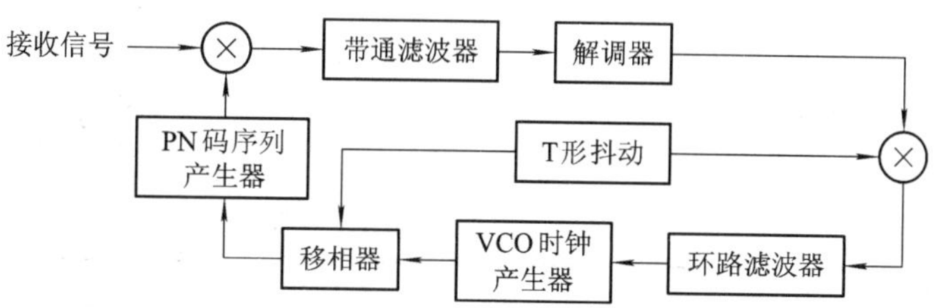

图 2－56　T 形抖动跟踪环

上述两种跟踪环路的主要跟踪对象是单径信号，但在移动信道中，由于受到多径衰落及多普勒频移等多种复杂因素影响，不能得到令人满意的跟踪性能，所以应采用适合多径衰落信道的跟踪环路。基于能量窗重心的定时跟踪环就是其中之一，其接收机不断搜索可分辨多径信号分量，选出其中能量最强的几个多径分量作为能量窗，利用基于能量窗重心的定时跟踪算法，观察相邻两次工作窗内多径能量分布变化，计算跟踪误差函数，根据能量重心变化，调整本地 PN 码时钟，控制 PN 码滑动，达到跟踪目的。

2.3.6 ALOHA 方式

ALOHA 一词是夏威夷土语中的问候或送别等意思，而 ALOHA 方式则是夏威夷大学为计算机之间的数据信息传输与交换设计的一种数据分组广播通信方式，并于 1973 年第一次用于卫星通信系统。它属于随机连接时分多址(RA/TDMA)方式，主要分为随机多址访问方式和可控多址访问方式。

1. 随机多址访问方式

以随机多址访问方式工作时，所有用户都可访问一条共享信道，而不必与其他用户协商。若多个用户同时向共享信道发射信息而产生碰撞，则用户必须采用重发机制重发信息。常用的随机多址访问方式有 P-ALOHA、S-ALOHA 等。

1) P-ALOHA

P-ALOHA 即纯 ALOHA 方式，是最早的随机多址访问方式。在采用 P-ALOHA 方式的系统中，各个地球站共用一个卫星转发器的频段，各站在时间上随机地发射其数据分组。若发生碰撞，就会使数据分组丢失，那么各站将随机地延迟一定时间后，再重发这个丢失的数据分组。其具体工作过程如图 2-57 所示，首先在各个地球站按照一定的长度将数据分成若干段。然后在每个数据段前加一个报头，即分组头。分组头中包含了收、发两端地球站的地址及其他控制比特，同时在数据段的后面还加上具有较强检错能力的检错码，以此构成一个数据分组，如图 2-58 所示。

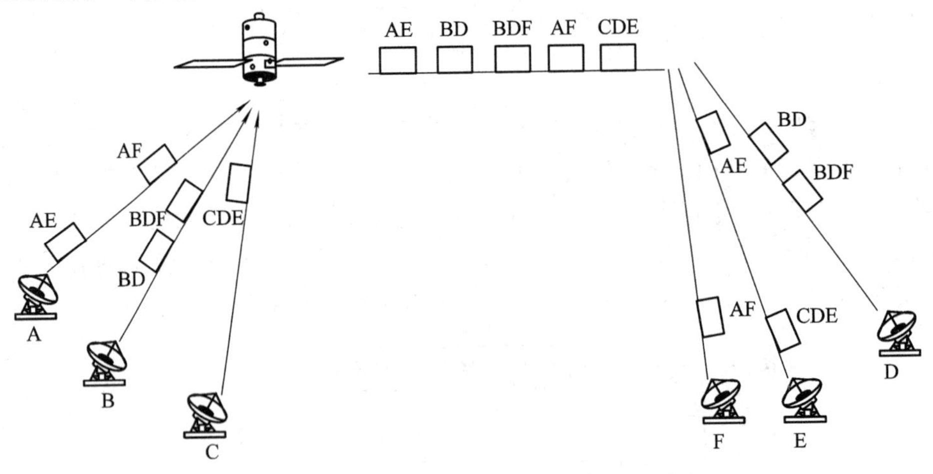

图 2-57 卫星分组通信工作原理

载波恢复	位定时恢复	发射站地址	接收站地址	信	息	校验比特
报头(32 bit)				640 bit		32 bit

图 2-58 数据分组格式

正常工作时地球站将这些数据分组调制到射频载波上，并依次发往卫星，同时在存储器中保留其副本。而卫星转发器将数据分组以广播形式发往各地球站，各地球站通过检测分组报头中的接收端地址来确定是否接收，若接收端地址与本站地址相同，便将其接收下来。然后要经过分组检测，若检验无错误便发一个应答信号，否则不做任何应答。当发送端收到应答信号时才可将存储器中相应的副本去掉。若地球站无法正常接收到数据分组，则要求发送端在随机延迟一段时间后再重发该分组，若在规定的时间内仍未收到应答信号，则将再次重发，直至成功发送(即收到应答信号)为止。这时才可以将副本删除，否则系统将处于告警状态。

实践证明，P－ALOHA 系统具有系统结构简单、用户入网方便、无需协调、业务量较小时通信性能良好等优点，其主要缺点是信道的吞吐量(即单位时间内进入和送出信道的数据总量)较低(最高为 1/2e＝18.4％)和稳定性较差。

2) S－ALOHA

在 P－ALOHA 方式中，通常将发送前一个分组的开始时刻到本分组发送完毕时刻之间的时间段称为受损时间，如图 2－59(a)所示。可见受损间隔等于两个分组的长度，只要在此时间内有其他地球站发送分组，就会出现碰撞，导致分组丢失。为克服此缺点，因而提出了时隙 ALOHA(S－ALOHA)方式。

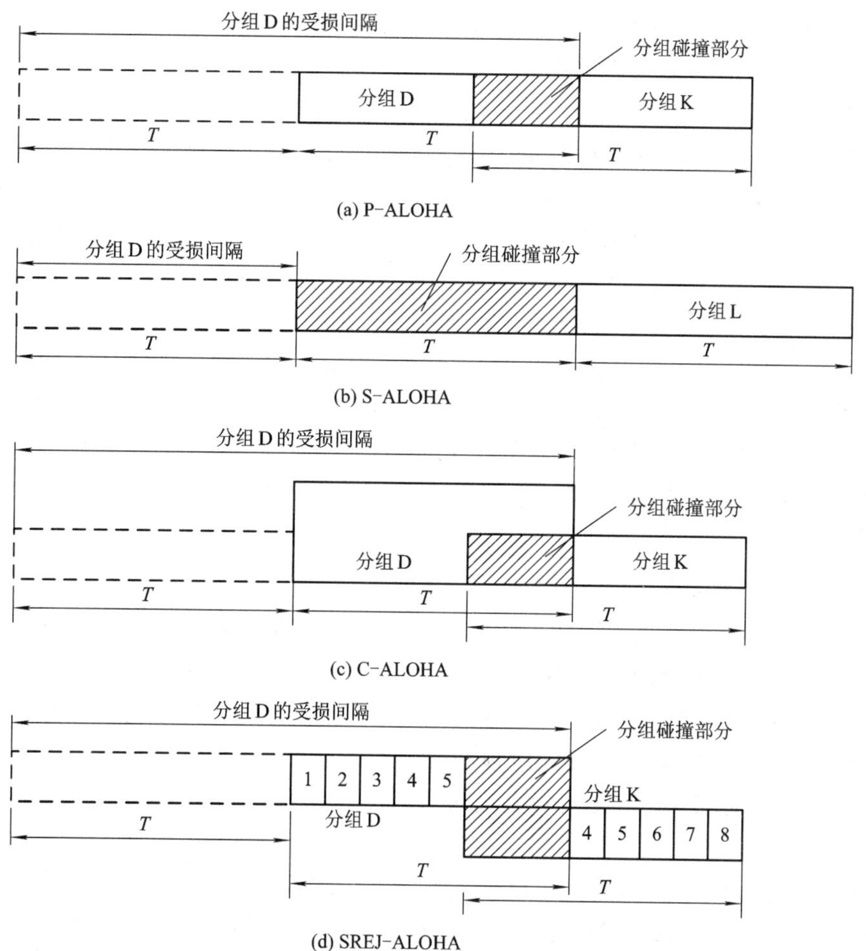

图 2－59　几种随机多址访问方式发生碰撞的对比

在S-ALOHA方式中是以卫星转发器的输入端为参考点的，在时间上等间隔地划分为若干时隙(slot，也称为时槽)，而每个站所发射的分组必须进入指定的时隙，每个分组的持续时间将占满一个时隙。可见，要求在一个特定的时刻进行分组发送，使受损间隔限制在一个时隙长度之内，就不会出现首尾碰撞现象，如图2-59(b)所示。这样便能减少信道上出现碰撞的概率，提高卫星转发器的使用效率。

与P-ALOHA方式相比，S-ALOHA的优点在于其吞吐量是P-ALOHA的两倍，最高可达36.8%。但由于在卫星转发器中采用了时间分割概念，因而全网须在定时系统支持下工作，这样便增加了设备的复杂程度。另外系统中还要求每个分组的持续时间不得大于一个时隙的长度，即使这样信道上仍然存在不稳定性。

3) C-ALOHA

C-ALOHA即具有捕获效应(Capture Effect)的ALOHA，它是改善系统吞吐量的一种方式。在P-ALOHA方式中，由于卫星转发器所接收的两个分组功率相同，因而发生碰撞情况，接收端无法正常接收分组。但如果两个分组功率不同，这样即使发生碰撞，功率较小的分组可视为一种干扰，而功率较大的分组仍可能被接收端正确接收，如图2-59(c)所示。可见，C-ALOHA的受损间隔与P-ALOHA的相同，若通过调节各站的发射功率，可控制射入卫星转发器的分组功率，从而改善了系统的吞吐量。理论上讲，C-ALOHA系统的吞吐量最高可达P-ALOHA的3倍。

4) SREJ-ALOHA

SREJ-ALOHA即选择拒绝(Selective Reject)ALOHA，它是提高P-ALOHA方式吞吐量的另一种方法，即将每个分组细分为若干个小分组(Subpacket)，且每个小分组均配有自己的报头和前同步码，因而接收端可以对每个小分组进行检测。这样当两个分组发生碰撞时，其中几个小分组很可能会彼此重叠，而其他的没有遇到碰撞的小分组仍然可以被接收端正确接收。如图2-59(d)中所示的情况那样，分组D和分组K均被细分为8个小分组，此时只有分组D中的6、7、8小分组与分组K中的1、2、3小分组发生碰撞，因此只需重发分组D中的6、7、8小分组和分组K中的1、2、3小分组。可见其吞吐量要比P-ALOHA方式大，基本与S-ALOHA相当，而且与报文长度的分布无关。但由于细分过程要在每个小分组中增加报头和前同步码，从而增加了附加开销，因而SREJ-ALOHA的吞吐量只能达到20%～30%。

2. 可控多址访问方式

可控多址访问方式又称为预约(Reservation)协议。在此方式中，有一个短的预约分组，因而可以利用它为长数据报文分组在信道上预约一个时段。若预约成功，长数据报文就可在其预约的时段内传输，而不会出现碰撞现象。因此预约协议是可控多址访问方式中所特有的，它包括两层：第一层是针对预约分组的多址协议，第二层是针对数据报文的多址协议。下面将描述两种常用的可控多址访问方式。

1) R-ALOHA

采用S-ALOHA等方式在传送长报文时，会引起传输时延较长，若收、发端之间超出正常的响应应答时间，则会影响整个网络的通信秩序。为实现长报文和短报文的通信，因此提出了R-ALOHA方案，即预约ALOHA方案，其工作原理如图2-60(a)所示。通常一个发送周期即为一个帧长，每帧中又包含若干个时隙，其中一部分为竞争时隙，用于发送短报文和预约申请信息，采用 S－ALOHA 方式工作；而另一部分为预约时隙，由用户独自掌握，主要用于发送长报文。它们之间不存在碰撞问题。

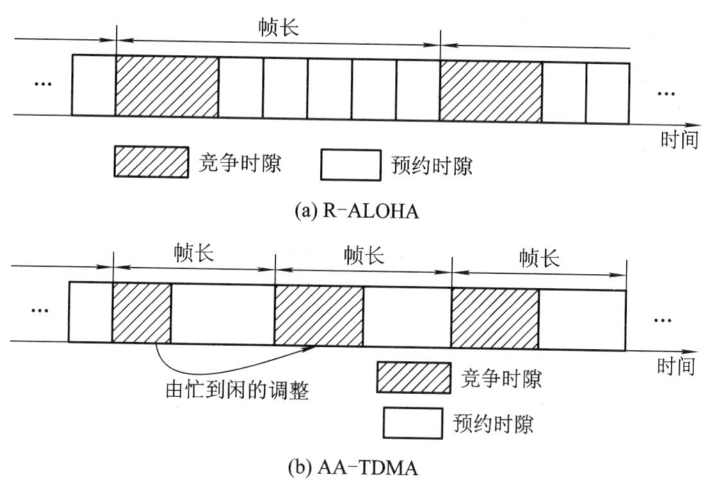

图 2－60　可控多址方式的工作原理

当某地球站要发送长报文时，首先在竞争时隙中发送申请预约消息，表明所需使用的预约时隙长度。如果没有发生碰撞，则在一定时间之后，包括全网中的各地球站都会收到一个信息，根据当时的排队情况确定该报文应出现的预约时隙位置，这样其他站就不会再去使用此时隙。同时发送地球站也可以计算出其应该发射的时隙，以便准时发射。对于短报文，既可以直接利用竞争时隙发射，也可以像长报文一样通过预约申请，利用预约时隙发射。

全网中的各地球站都能接收这一信号，只有与数据分组的地址码一致的地球站，才能够检测出发射给它们的分组。当经过差错检测确定无误时，则利用 S－ALOHA 竞争信道向发射地球站发射一个应答信号。当发射站收到这一应答信号时，则将存储器中保存的上述数据删除。若发射站在规定的时间内仍未接收到应答信号，则进行重发操作。

由上可知，R－ALOHA 方式可以很好地解决长短报文的兼容问题，具有较高的信道利用率。但信道的稳定性问题仍未解决，其实现难度要大于 S－ALOHA。

2）AA－TDMA

AA－TDMA 即自适应 TDMA，它也是一种预约协议，可以看成 TDMA 方式的改进型，其性能优于 R－ALOHA 方式，工作原理与 R－ALOHA 方式相似。只是在其每一帧中预约时隙与竞争时隙之间没有固定的边界，而是根据当时所传输的业务量情况进行调整，如图 2－60(b)所示。当网中的业务量很小或者所传送的多为短报文时，系统中的所有站多数情况是以 S－ALOHA 方式工作的，这时每帧中的时隙均为竞争时隙。当长报文业务增多时，则分出一部分时隙作为预约时隙，而另一部分时隙仍作为竞争时隙，各站可按 S－ALOHA 方式共享使用。因此，它实际上是一种竞争预约的 TDMA/DA 方式。当长报文业务量进一步加大时，只有一小部分时隙为竞争时隙，而大部分时隙则变成预约时隙，特别是在所有时隙均变为预约时隙时，系统就工作于一个预分配的 TDMA 方式。

可见，在 AA－TDMA 方式下工作的系统能够根据实际的业务量状况自动地调节一帧中竞争时隙和预约时隙的比例，既很好地解决了长短报文的兼容问题，同时其适应性又比 R－ALOHA 方式更强。即在业务量较轻时，其吞吐量与延时性能的关系与 S－ALOHA 方式相当；在中等业务量时，其吞吐量与延时性能的关系略优于竞争预约 TDMA/DA 方式；在重负荷情况下，则略优于固定帧 TDMA/DA 方式。另外，它使用灵活，信道利用率高，但也增加了设备的复杂程度。

尽管存在多种多址连接方式，但由于多址连接性能与业务模型和网络业务量紧密相关，迄今为止仍未找到一种最佳的适用于长短数据兼容的多址方案，因此，在实际应用中应视具体情况而定。

习　题

1. 什么是信源编码和信道编码？两者的目的是什么？

2. 简述线性分组码和卷积码的特点，以及它们之间的区别。

3. 已知一致监督关系为$\begin{cases} c_2 = a_6 \oplus a_4 \oplus a_3 \\ c_1 = a_6 \oplus a_5 \oplus a_4 \\ c_0 = a_5 \oplus a_4 \oplus a_3 \end{cases}$，画出编码器的原理图，并根据监督关系确定码组中错误可能出现的位置。

4. BCH 码与 RS 码之间有何联系和区别？

5. 已知(3，1)卷积码的编码器如图 2－61 所示，设输入的信息序列为(b_0，b_1，b_2，b_3，b_4，…)，写出相应的输出码序列，并仿照线性码写出编码器的监督方程。

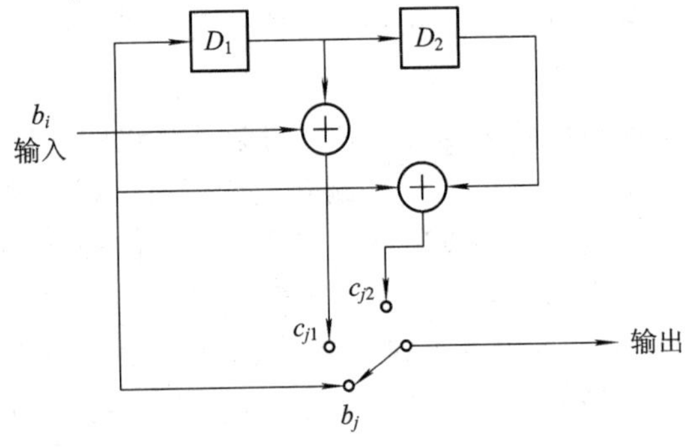

图 2－61　(3，1)卷积码的编码器(习题 5)

6. 图 2－62 为(3，1)卷积码编码器对要发送的信息序列进行编码，写出其卷积码的监督方程。设要发送的信息序列为 011(0 为先输入)，本组已输入的信息码元 $m_{j-1}=1$、$m_{j-2}=0$、$m_{j-3}=1$，求此信息比特经卷积编码后的输出序列。

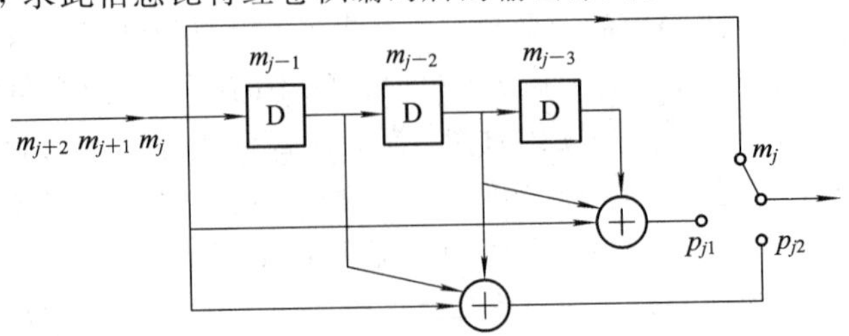

图 2－62　(3，1)卷积码的编码器(习题 6)

7. 已知卷积码的生成多项式为：$g_1=[1\ 0\ 0]$，$g_2=[1\ 0\ 1]$，$g_3=[1\ 1\ 1]$。

(1) 画出该卷积码的编码器结构。

(2) 画出该卷积码的树图、网格图和状态图。

8. 已知卷积码的结构如图 2-63 所示(输出时 c_1，c_2交替输出)。

(1) 画出该卷积码的格状图(网格图)。

(2) 求输入为 10111010 的输出。

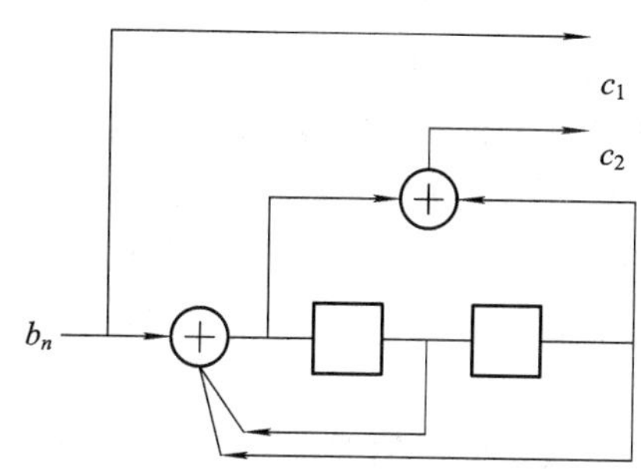

图 2-63　卷积码的结构

9. 试述 Turbo 码与卷积码编码器有何不同之处。

10. 什么叫差错控制方式？它有哪些类型？各具什么特点？

11. 在数字卫星通信中，选择调制方式时应主要考虑哪些因素？

12. 画出 QPSK 和 OQPSK 的星座图和相位转移图，并分析两种调制方法的区别。

13. 某 QPSK 系统，输入的四进制码序列$\{x_i\}$为 0、1、3、0、3、2、3、1、3、0、1，当初始状态分别为 0、1、2、3 时，试求输出的序列$\{y_i\}$和相对码二进制序列。

14. 说明 $\pi/4$-DQPSK 的调制过程，并说明它与 QPSK 和 OQPSK 的相位跳变有何不同？

15. 画出 MSK 所有可能的相位轨迹，并画出初始相位为 0，输入序列为$-1-1+1-1+1+1+1-1+1$ 的情况下，MSK 的相位轨迹。

16. 已知数字信号为 010011100110，设载波初始相位为 0，载波频率为 4000 Hz，数字信号速率为 2000 b/s。

(1) 若采用 MSK 调制，试画出载波相位路径。

(2) 若采用 QPSK 信号，写出载波相位变化。

17. 什么是 GMSK？它与 MSK 的区别在哪里？

18. 在 QAM 中，应按什么样的准则来设计信号结构？方型 QAM 星座与星型 QAM 星座有何异同？

19. 简述格型编码调制(TCM)思路。

20. 简述多载波调制中正交频分复用(OFDM)的基本原理。

21. DSI 的作用是什么？为什么采用 DSI 可使 TDMA 通信容量增大一倍？

22. 什么叫回波？为什么卫星通信系统要采用回波控制电路？

23. 试画出回波抑制器和回波抵消器的原理方框图，并说明它们在原理上有什么不同。

24. 参量编码与波形编码在原理上有什么不同？各有什么特点？

25. 简述谱带式声码器、线性预测声码器和共振峰式声码器的基本原理，并说明它们各有什么不同特点。

26. 试说明混合编码的基本原理。

27. 试说明如何将自适应信号处理技术应用于波形编码和参量编码。

28. 名词解释：多址技术，FDMA，TDMA，CDMA，SDMA，ALOHA。

29. 说出几种常用的信道分配方式，并进行比较。

30. 描述FDMA系统的工作原理及特点。

31. 什么叫交调干扰？如何减少交调干扰？

32. 与FDMA系统比较，解释TDMA系统的优点。

33. 简述TDMA系统中的帧发送与接收的工作过程。

34. 已知一个TDMA系统，采用QPSK调制方式。设帧长 $T_f=250\ \mu s$，系统中所包含的站数 $m=8$，各站包含的通道数均为 $n=3$，保护时间 $T_g=0.3\ \mu s$，基准分帧的比特数 B_r 与各报头的比特数 B_p 分别为80比特和90比特，每个通道传输24路(PCM编码，每个采样值编8个比特码，一群加一位同步比特)。求PCM编码器的输出速率 R_s，系统传输的比特率 R_b、分帧长度 T_b、帧效率 η_f 及传输线路要求的带宽B(滚降系数取0.1)。

35. 某TDMA系统的传输速率为17.156 Mb/s，每个用户(地址)的输入数据速率为1.544 Mb/s，帧效率为90%，求该传输系统的最大地址数。

36. 已知某SDMA/SS/TDMA系统通信量交换矩阵如表2-7所示，求出各波束区域的最佳分帧编排，并扼要说明该系统的工作原理。

表2-7 某SDMA/SS/TDMA系统通信量交换矩阵

发	收			
	y_1	y_2	y_3	y_4
x_1	0	7	14	16
x_2	6	13	15	22
x_3	12	19	21	3
x_4	18	20	2	9

37. 简述CDMA方式中几种典型扩频技术的特点。

38. 描述DS-CDMA系统的工作原理；FH-CDMA与DS-CDMA的主要区别在哪里？

39. 在CDMA系统中，为什么要进行信号同步？进行精同步与细同步的主要方法有哪些？

40. 试述ALOHA方式的几种主要改进方案。

第 3 章 卫星通信链路设计

在卫星通信系统中，从发端地球站到收端地球站的信息传输过程要经过上行链路、卫星转发器和下行链路。上行链路的信号质量(如误码性能)取决于卫星收到的信号功率电平和卫星接收系统的噪声功率电平的大小。下行链路的信号质量取决于收端地球站接收到的信号功率电平和地球站接收系统的噪声功率电平的大小。

卫星通信链路设计的主要目的就是尽量有效地在地球上两个通信点之间提供可靠而又高质量的连接手段，而衡量卫星通信链路传输质量最主要的指标是卫星通信链路中接收系统输入端的载波功率与噪声的比值，即载噪比(简记为 C/N 或 CNR)。因此，在进行卫星通信链路的设计或分析时，为了满足一定的通信容量和传输质量，需要对接收系统输入端的信噪比提出一定的要求，而载噪比又与发射端的发射功率、天线增益、传输过程中的各种损耗及引入的各种噪声和干扰，以及接收系统的天线增益、噪声性能等因素有关。此外，由于存在某些不稳定因素以及降雨等因素，还要考虑留有一定的余量等。

3.1 接收机输入端的载噪比

3.1.1 接收机输入端的信号功率

卫星或地球站接收机输入端的载波功率一般称为载波接收功率，记作 C。$[C]$以 dBW (以 1 瓦为零电平的分贝)为单位，由式(1-6)可得

$$[C]=[\mathrm{EIRP}]+[G_R]-[L_P] \tag{3-1}$$

式中：$[G_R]$为接收天线的增益(dBi)；$[L_P]$为自由空间损耗(dB)；[EIRP]为发射机的有效全向辐射功率(dBW)。

若考虑发射馈线损耗为$[L_{FT}]$(dB)，则由式(1-9(b))可知有效全向辐射功率[EIRP]为

$$[\mathrm{EIRP}]=[P_T]-[L_{FT}]+[G_T] \tag{3-2}$$

若再考虑接收馈线损耗为$[L_{FR}]$(dB)，大气损耗为$[L_a]$(dB)，其他损耗为$[L_r]$(dB)，则接收机输入端的实际载波接收功率$[C]$(dBW)可以表示为

$$[C]=[P_T]-[L_{FT}]+[G_T]+[G_R]-[L_P]-[L_{FR}]-[L_a]-[L_r] \tag{3-3}$$

例 3-1 已知 IS-Ⅳ卫星作点波束 1872 路运用时，其有效全向辐射功率$[\mathrm{EIRP}]_S=34.2$ dBW，接收天线的增益$[G_{RS}]=16.7$ dBi。又知某地球站有效全向辐射功率$[\mathrm{EIRP}]_E=98.6$ dBW，接收天线的增益$[G_{RE}]=60.0$ dBi。接收馈线损耗$[L_{FRE}]=0.5$ dB。试计算卫星接收机输入端的载波接收功率$[C_S]$和地球站接收机输入端的载波接收功率$[C_E]$。

解　若上行链路的工作频率为 6 GHz，下行链路的工作频率为 4 GHz，距离 $d=40\ 000$ km，则利用式(1－8)可求得上行链路自由空间传播损耗$[L_{PU}]$为

$$[L_{PU}]=200.04\ \text{dB}$$

下行链路自由空间传播损耗$[L_{PD}]$为

$$[L_{PD}]=196.52\ \text{dB}$$

利用式(3－3)(忽略$[L_a]$、$[L_r]$和$[L_{FRS}]$)，求得卫星接收机输入端的载波接收功率$[C_S]$为

$$[C_S]\approx[\text{EIRP}]_E+[G_{RS}]-[L_{PU}]=-84.74\ \text{dBW}$$

地球站接收机输入端的载波接收功率$[C_E]$(忽略$[L_a]$和$[L_r]$)为

$$[C_E]\approx[\text{EIRP}]_S+[G_{RE}]-[L_{PD}]-[L_{FRE}]=-102.82\ \text{dBW}$$

3.1.2　接收机输入端的噪声功率

在卫星通信链路中，地球站接收到的信号是极其微弱的。特别是地球站中使用了高增益天线和低噪声放大器，使接收机内部的噪声影响相对减弱。因此，外部噪声的影响已不可以忽略，即其他各种外部噪声也应同时予以考虑。

地球站接收系统的噪声源如图 3－1 所示，可分为外部噪声和内部噪声两大类。

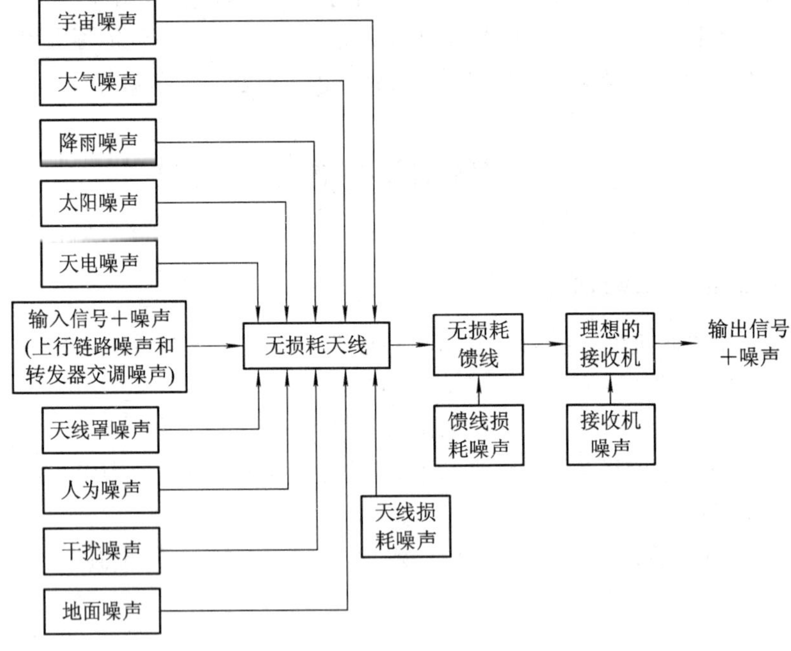

图 3－1　地球站接收系统的噪声源

外部噪声主要有如下几种：

(1) 宇宙噪声。宇宙噪声主要包括银河系辐射噪声，太阳射电辐射噪声，月球、行星及射电点源的射电辐射噪声。频率在 1 GHz 以下时，银河系辐射噪声影响较大，故一般将银河系噪声称为宇宙噪声。

(2) 大气噪声。大气除产生吸收现象外，还会产生噪声。通常天线波束内的大气，将在天线输出上产生随入射角而变化的大气噪声。这种影响在入射角较小时，将急剧增加。

(3) 降雨噪声。降雨除会引起无线电波的损耗外，还会产生噪声。实践证明，在4 GHz时，噪声温度的上升最大可达100 K。国际卫星通信组织设计4 GHz接收系统时，为了避免暴雨的影响，考虑到天线口径通常都小于10 m，其降雨余量通常取1～2 dB。

(4) 干扰噪声。这是来自其他地面通信系统的干扰电波引起的噪声。按CCIR的规定，任意1 h内干扰噪声的平均值应该在1000 pW以下。

(5) 地面噪声。在天线副瓣较大的情况下，会混进来一些直接由地面温度引起的噪声以及由地面反射的大气噪声，这些噪声叫作地面噪声。通过天线设计，可以把此噪声温度控制在3～20 K。

(6) 上行链路噪声和转发器交调噪声。上行链路噪声主要由转发器接收系统产生，其大小取决于卫星天线增益和接收机噪声温度。转发器交调噪声主要是由于行波管放大器同时放大多个载波，因非线性特性而产生的。这些噪声将随信号一起，经下行链路而进入接收系统。

此外，还有天电噪声、太阳噪声、天线罩噪声等。

接收系统的内部噪声主要来自馈线、放大器和变频器等部分。

由电子线路分析可知，如果接收系统输入端匹配，则各种外部噪声和天线损耗噪声综合在一起，进入接收系统的噪声功率应为

$$N = kT_tB \tag{3-4}$$

式中：N为进入接收系统的噪声功率；T_t为天线的等效噪声温度；$k=1.38\times10^{-23}$ J/K，为玻尔兹曼常数；B为接收系统的等效噪声带宽。

3.1.3 接收机输入端的载噪比与地球站性能因数

模拟通信系统中的输出信噪比，以及数字通信系统中的传输速率和误码率，均与接收系统的输入信噪比有关。卫星通信也是这样。由于在卫星通信系统中，其接收机收到的不是调频信号就是数字键控信号，因此接收机收到的信号功率可以用其载波功率C来表示。对于调频信号，载波功率等于调频信号各个频谱分量的功率之和；而对于数字键控信号，载波功率就是其平均功率。

根据前面已经求出的接收机输入端的信号功率和噪声功率，可以直接列出接收机输入端的载波噪声功率比为

$$\frac{C}{N} = \frac{P_TG_TG_R}{L_P}\cdot\frac{1}{kT_tB} \tag{3-5}$$

以分贝(dB)表示为

$$\left[\frac{C}{N}\right] = [\mathrm{EIRP}] - [L_P] + [G_R] - 10\lg(kT_tB) \tag{3-6}$$

式中：有效全向辐射功率$[\mathrm{EIRP}]=[P_T\cdot G_T]=[P_T]+[G_T]$。

1. 卫星转发器接收机输入端的$[C/N]_S$

对于上行链路，地球站为发射系统，卫星为接收系统。设地球站有效全向辐射功率为$[\mathrm{EIRP}]_E$，上行链路自由空间传输损耗为$[L_{PU}]$，卫星转发器接收天线的增益为$[G_{RS}]$，卫星转发器接收系统的馈线损耗为$[L_{FRS}]$，大气损耗为$[L_a]$，则卫星转发器接收机输入端的载噪比$[C/N]_S$为

$$\left[\frac{C}{N}\right]_S = [\mathrm{EIRP}]_E - [L_{PU}] + [G_{RS}] - [L_{FRS}] - [L_a] - 10\lg(kT_SB_S) \tag{3-7}$$

式中：T_S 为卫星转发器输入端的等效噪声温度；B_S 为卫星转发器接收机的带宽。

若$[G_{RS}]$中计入了$[L_{FRS}]$，则该$[G_{RS}]$称为有效天线增益；若将$[L_a]$和$[L_{PU}]$合并为$[L_U]$（称为上行链路传输损耗或上行链路传播衰减），则式(3-7)可写为

$$\left[\frac{C}{N}\right]_S = [\mathrm{EIRP}]_E - [L_U] + [G_{RS}] - 10\lg(kT_SB_S) \tag{3-8}$$

2. 地球站接收机输入端的$[C/N]_E$

对于下行链路，卫星转发器为发射系统，地球站为接收系统。设卫星转发器的有效全向辐射功率为$[\mathrm{EIRP}]_S$，下行链路传输损耗为$[L_D]$，地球站接收天线有效天线增益为$[G_{RE}]$，则地球站接收机输入端的载噪比$[C/N]_E$为

$$\left[\frac{C}{N}\right]_E = [\mathrm{EIRP}]_S - [L_D] + [G_{RE}] - 10\lg(kT_tB) \tag{3-9}$$

式中：T_t 为地球站接收机输入端等效噪声温度；B 为地球站接收机的频带宽度。

式(3-9)是整个卫星链路计算的综合效果。应该指出，折算到地球站接收系统输入端的噪声 N_t 不仅包括了地球接收系统本身的噪声 N_D，还包括了上行链路噪声 N_U 和转发器交调噪声 N_I。虽然这三部分噪声到达接收机输入端时已经混合在一起，但因各部分噪声之间彼此是独立的，所以计算噪声功率时，可以将三部分相加，即

$$N_t = N_U + N_I + N_D = k(T_U + T_I + T_D)B = kT_tB \tag{3-10}$$

则有

$$T_t = T_U + T_I + T_D \tag{3-11}$$

式中：T_U、T_I 和 T_D 分别表示上行链路、卫星转发器和下行链路的噪声温度。

令

$$r = \frac{T_U + T_I}{T_D} \tag{3-12}$$

则

$$T_t = (1+r)T_D \tag{3-13}$$

将上式代入式(3-9)，得

$$\left[\frac{C}{N}\right]_E = [\mathrm{EIRP}]_S - [L_D] + [G_{RE}] - 10\lg[k(1+r)T_DB] \tag{3-14}$$

当只计下行链路本身的噪声时，有

$$\left[\frac{C}{N}\right]_D = [\mathrm{EIRP}]_S - [L_D] + [G_{RE}] - 10\lg[kT_DB] \tag{3-15}$$

所以不难得出$[C/N]_D$与$[C/N]_E$的关系为

$$\left[\frac{C}{N}\right]_D = \left[\frac{C}{N}\right]_E + 10\lg(1+r) \tag{3-16}$$

式(3-16)表明，当计入上行链路噪声和转发器交调噪声后，$[C/N]_E$的值有所下降。

3. 地球站性能因数 G/T

当转发器设计好了之后，$[\mathrm{EIRP}]_S$ 的值就确定了。如果地球站的工作频率和通信容量均已确定，L_D 和 B 的值也是确定的，则接收系统输入端载波噪声比 C/N 将取决于地球站的性能因数 G_{RE}/T_D，通常简写为 G/T。显然 G/T 的值越大，C/N 的值越高，表明接收系统的性能越好。

3.2 卫星通信链路的 C/T 值

无论是模拟通信系统要保证话路输出端信噪比 S/N 为一定值，还是数字通信系统要满足一定的传输速率与误码率要求，都需要接收系统输入端载噪比 C/N 达到一定的数值。如果卫星通信链路的通信容量和传输质量等方面的指标已经确定，那么接收系统输入端要达到的载噪比也就确定了。在 3.1 节，我们已经得出了载噪比 C/N 的公式，不过，由于它是带宽 B 的函数，因此缺乏一般性，对不同带宽的系统不便于比较。若改用载波功率与等效噪声温度之比 C/T 值表示，这就与带宽 B 无关了，即

$$\frac{C}{T}=\frac{C}{N}\cdot k\cdot B \tag{3-17}$$

因此，通常都把 C/T 值作为卫星通信链路的一个重要参数。若 T_t 是接收系统的等效噪声温度，则它包括上行链路的热噪声 T_U、下行链路的热噪声 T_D 以及转发器的交调噪声 T_I。本节将对它们分别进行讨论。

3.2.1 热噪声的 C/T 值

1. 上行链路的 $[C/T]_U$ 值

由式(3-17)得 $[C/T]_U$ 值为

$$\left[\frac{C}{T}\right]_U=\left[\frac{C}{N}\right]_S+[B_S]+10\lg k \tag{3-18}$$

将式(3-8)代入式(3-18)得

$$\left[\frac{C}{T}\right]_U=[\mathrm{EIRP}]_E-[L_U]+\left[\frac{G_{RS}}{T_S}\right] \tag{3-19}$$

由式(3-19)可以看出，G_{RS}/T_S 值的大小直接关系到卫星接收性能的好坏，故将它称为卫星接收机的性能因数(或品质因数)，通常简写为 G/T。G/T 值越大，C/T 值越大，说明接收系统的性能越好。

为了说明上行链路 $[C/T]_U$ 值与转发器输入信号功率的关系，在此引入转发器灵敏度的概念。当卫星转发器达到最大饱和输出时，其输入端所需要的信号功率就是转发器灵敏度，通常用功率密度 W_S 或 SFD 来表示，亦即单位面积上的有效全向辐射功率：

$$W_S=\frac{\mathrm{EIRP}_E}{4\pi d^2}=\frac{\mathrm{EIRP}_E}{\left(\frac{4\pi d}{\lambda}\right)^2}\cdot\frac{4\pi}{\lambda^2}=\frac{\mathrm{EIRP}_E}{L_U}\cdot\frac{4\pi}{\lambda^2} \tag{3-20}$$

或以分贝表示为

$$[W_S]=[\mathrm{EIRP}]_E-[L_U]+10\lg\left(\frac{4\pi}{\lambda^2}\right) \tag{3-21}$$

以上讨论的是卫星转发器只放大一个载波的情况。而在 FDMA 系统中，一个转发器要同时放大多个载波。为了抑制因交调所引起的噪声，需要使总输入信号功率从饱和点减少一定数值，如图 3-2 所示。

通常把行波管放大单个载波时的饱和输出电平与放大多个载波时工作点的总输出电平之差称为输出功率退回或输出补偿；而把放大单个载波达到饱和输出时的输入电平与放大多个

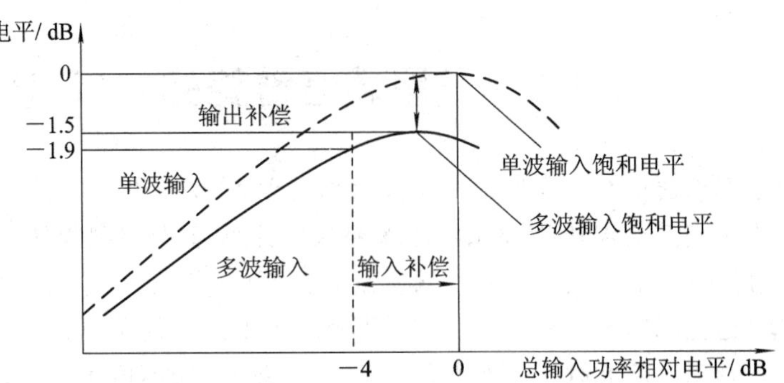

图 3-2 行波管的输入、输出特性

载波时工作点的总输入电平之差称为输入功率退回或输入补偿。由于进行输入补偿，因而由各地球站所发射的[EIRP]总和，将比单载波工作使转发器饱和时地球站所发射的[EIRP]要小一个输入补偿$[\mathrm{BO}]_\mathrm{I}$。假设以$[\mathrm{EIRP}]_\mathrm{ES}$表示转发器在单载波工作时地球站的有效全向辐射功率，那么多载波工作时地球站的有效全向辐射功率的总和$[\mathrm{EIRP}]_\mathrm{EM}$应为

$$[\mathrm{EIRP}]_\mathrm{EM}=[\mathrm{EIRP}]_\mathrm{ES}-[\mathrm{BO}]_\mathrm{I} \tag{3-22}$$

所以，将式(3-21)代入式(3-22)可得

$$[\mathrm{EIRP}]_\mathrm{EM}=[W_\mathrm{S}]-[\mathrm{BO}]_\mathrm{I}+[L_\mathrm{U}]-10\lg\left(\frac{4\pi}{\lambda^2}\right) \tag{3-23}$$

与之相对应的$[C/T]_\mathrm{U}$值用$[C/T]_\mathrm{UM}$表示，即

$$\left[\frac{C}{T}\right]_\mathrm{UM}=[\mathrm{EIRP}]_\mathrm{EM}-[L_\mathrm{U}]+\left[\frac{G_\mathrm{RS}}{T_\mathrm{S}}\right]$$

$$=[W_\mathrm{S}]-[\mathrm{BO}]_\mathrm{I}+\left[\frac{G_\mathrm{RS}}{T_\mathrm{S}}\right]-10\lg\left(\frac{4\pi}{\lambda^2}\right) \tag{3-24}$$

显然，$[C/T]_\mathrm{UM}$是$[W_\mathrm{S}]$、$[\mathrm{BO}]_\mathrm{I}$和$[G_\mathrm{RS}/T_\mathrm{S}]$的函数。如果保持$[\mathrm{BO}]_\mathrm{I}$和$[G_\mathrm{RS}/T_\mathrm{S}]$不变，降低转发器的灵敏度，就意味着要使转发器达到同样大的输出，此时应该加大W_S，或加大地球站发射功率。当然，这时$[C/T]_\mathrm{UM}$也要相应地提高。

为此，在卫星转发器(如IS-Ⅳ和IS-Ⅴ)上一般都装有可由地面控制的衰减器，以便可以调节它的输入，使$[C/T]_\mathrm{UM}$与地球站的$[\mathrm{EIRP}]_\mathrm{E}$得到合理的数值。

应该强调指出，当卫星上的行波管进行多载波放大时，用$[C/T]_\mathrm{UM}$表示与各载波的总功率相对应的C/T值，以区别于某一载波的$[C/T]_\mathrm{U}$。

2. 下行链路的$[C/T_\mathrm{D}]$值

在下行链路中，卫星转发器为发射系统，地球站为接收系统。用上述同样的方法可以求得

$$\left[\frac{C}{T}\right]_\mathrm{D}=[\mathrm{EIRP}]_\mathrm{S}-[L_\mathrm{D}]+\left[\frac{G_\mathrm{RE}}{T_\mathrm{D}}\right] \tag{3-25}$$

式中：$[G_\mathrm{RE}/T_\mathrm{D}]$称为地球站性能因数，常用$[G_\mathrm{R}/T_\mathrm{D}]$表示。

当考虑到卫星转发器要同时放大多个载波时，为了减少交调噪声，在行波管放大器进行输入补偿时，输出功率也应有一定的补偿值。因此，多载波工作时的有效全向辐射功率为

$$[\mathrm{EIRP}]_\mathrm{SM}=[\mathrm{EIRP}]_\mathrm{SS}-[\mathrm{BO}]_\mathrm{O} \tag{3-26}$$

式中：$[\mathrm{EIRP}]_\mathrm{SS}$是卫星转发器在单载波饱和工作时的[EIRP]；$[\mathrm{BO}]_\mathrm{O}$为输出补偿值。

由式(3-25)和式(3-26)可得

$$\left[\frac{C}{T}\right]_{\mathrm{DM}} = [\mathrm{EIRP}]_{\mathrm{SS}} - [\mathrm{BO}]_{\mathrm{O}} - [L_{\mathrm{D}}] + \left[\frac{G_{\mathrm{R}}}{T_{\mathrm{D}}}\right] \tag{3-27}$$

IS -Ⅳ卫星输入、输出补偿的标准值如下：

对于全波束，$[\mathrm{BO}]_{\mathrm{O}}=4.8$ dB，$[\mathrm{BO}]_{\mathrm{I}}=11$ dB；

对于点波束，$[\mathrm{BO}]_{\mathrm{O}}=8.8$ dB，$[\mathrm{BO}]_{\mathrm{I}}=16$ dB。

3.2.2 交调噪声的 C/T 值

由于转发器中输出行波管放大器的非线性特性，会在同时放大多个不同频率的载波时产生交调噪声，并像热噪声那样会影响到信息的传输质量，因此卫星通信系统采用 FDMA 方式。交调噪声的大小取决于行波管放大器的工作状态。

在各载波均受调制的情况下，频谱的分布很广。如果近似认为卫星通信的交调噪声为均匀分布，则可以采用与热噪声类似的处理方法，求得载波交调噪声比。也可以用$[C/N]_{\mathrm{I}}$或$[C/T]_{\mathrm{I}}$来表示载波交调噪声：

$$\left[\frac{C}{T}\right]_{\mathrm{I}} = \left[\frac{C}{N}\right]_{\mathrm{I}} + 10\lg k + 10\lg B = \left[\frac{C}{N}\right]_{\mathrm{I}} - 228.6 + [B] \tag{3-28}$$

其大小取决于行波管的非线性特性、工作状态、被同时放大的各载波的频谱、各载波的位置以及传输带宽等因素。当同时考虑这些因素的时候，问题分析起来是非常复杂的。

一般情况下，越远离行波管饱和点(即输入补偿越大)，$[C/T]_{\mathrm{I}}$ 越大；越接近饱和点(即输入补偿越小)，$[C/T]_{\mathrm{I}}$ 越小。而$[C/T]_{\mathrm{U}}$ 和$[C/T]_{\mathrm{D}}$ 的情况却相反。例如，当输入补偿减小时，$[\mathrm{EIRP}]_{\mathrm{S}}$ 会增大，这时可使$[C/T]_{\mathrm{D}}$ 得到相应的改善。然而$[C/T]_{\mathrm{I}}$ 会因行波管的非线性而降低，如图 3-3 所示。因此，为了使卫星通信链路得到最佳的传输特性，必须适当选择补偿值的大小。显然，选择最佳工作点在卫星通信链路设计中是极其重要的。

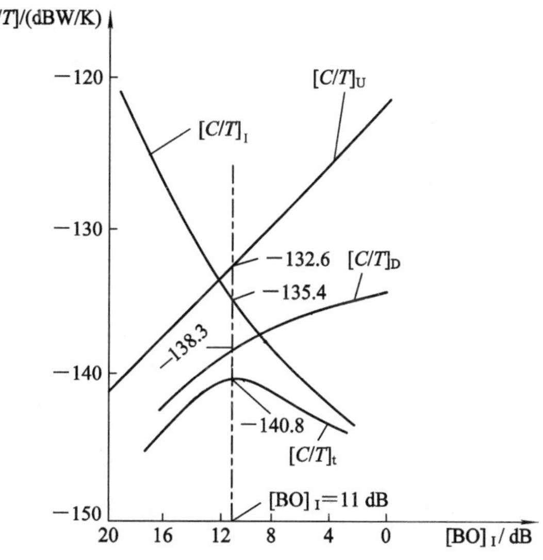

图 3-3 $[C/T]_{\mathrm{U}}$、$[C/T]_{\mathrm{D}}$、$[C/T]_{\mathrm{I}}$及卫星链路$[C/T]_{\mathrm{t}}$与$[\mathrm{BO}]_{\mathrm{I}}$的关系

3.2.3 卫星链路的 C/T 值

由式(3-9)可推得整个卫星链路的 C/T 为

$$\left[\frac{C}{T}\right]_{\mathrm{t}}=[\mathrm{EIRP}]_{\mathrm{S}}-[L_{\mathrm{D}}]+[G_{\mathrm{RE}}]+\left[\frac{G_{\mathrm{RE}}}{(1+r)T_{\mathrm{D}}}\right] \tag{3-29}$$

当求出上行链路噪声、下行链路噪声和交调噪声 C/T 值之后，便可求得整个卫星链路的 C/T 值。即由式(3－11)可以推得

$$\frac{1}{\left[\frac{C}{T_{\mathrm{t}}}\right]}=\frac{1}{\left[\frac{C}{T_{\mathrm{U}}}\right]}+\frac{1}{\left[\frac{C}{T_{\mathrm{I}}}\right]}+\frac{1}{\left[\frac{C}{T_{\mathrm{D}}}\right]} \tag{3-30}$$

或

$$\left[\frac{C}{T}\right]_{\mathrm{t}}^{-1}=\left[\frac{C}{T}\right]_{\mathrm{U}}^{-1}+\left[\frac{C}{T}\right]_{\mathrm{I}}^{-1}+\left[\frac{C}{T}\right]_{\mathrm{D}}^{-1} \tag{3-31}$$

不难看出，当输入补偿变化时，不但会使$[C/T]_{\mathrm{U}}$和$[C/T]_{\mathrm{I}}$变化，还会使$[C/T]_{\mathrm{D}}$和$[C/T]_{\mathrm{t}}$也发生变化。这可由图 3－3 中的曲线看出，图中曲线是根据 IS－Ⅳ卫星转发器同时放大多个载波时的情况画出的。若以某一 W_{S} 作为标准值，均匀改变地球站的$[\mathrm{EIRP}]_{\mathrm{E}}$和转发器的输入补偿$[\mathrm{BO}]_{\mathrm{I}}$，不但$[C]_{\mathrm{U}}$、$[C/T]_{\mathrm{I}}$、$[C/T]_{\mathrm{D}}$都随之变化，求出的$[C/T]_{\mathrm{t}}$也将同时随之变化。并且，如图 3－3 中曲线所示，由于$[C/T]_{\mathrm{I}}$随$[\mathrm{BO}]_{\mathrm{I}}$的变化和$[C/T]_{\mathrm{D}}$相反，所以当$[\mathrm{BO}]_{\mathrm{I}}$改变时，会使$[C/T]_{\mathrm{t}}$出现一个最佳值。在 IS－Ⅳ卫星系统中，$[C/T]_{\mathrm{t}}$等于最佳值时，$[\mathrm{BO}]_{\mathrm{I}}=11$ dB。这是 IS－Ⅳ转发器选择工作点时的一个重要依据。当然，在实际工作中，卫星转发器工作点的选择，还应考虑增益的调节以及其他因素的影响。

3.2.4 门限余量和降雨余量

以上讨论的只是如何计算卫星链路的 C/T 值的问题。如果对传输质量已提出了一定要求，便可求出满足该质量指标要求的 C/T 值。通常把容许的最低 C/T 值称为门限，用$[C/T]_{\mathrm{th}}$表示。在进行卫星链路设计时，应合理地选择系统中各部分电路的组成，以便使实际可能达到的$[C/T]$值超过门限值$[C/T]_{\mathrm{th}}$。

但是，任何一条卫星链路建立后，其参数值不可能始终不变，它经常会受到气象条件、转发器和地球站设备的某些不稳定因素以及天线指向误差等方面的影响。为了保证在这些因素变化后仍能使其通信质量满足要求，则必须留有一定的余量，这就是“门限余量”，以$[M]_{\mathrm{th}}$表示，即

$$[M]_{\mathrm{th}}=\left[\frac{C}{T}\right]-\left[\frac{C}{T}\right]_{\mathrm{th}} \tag{3-32}$$

式(3－32)说明$[M]_{\mathrm{th}}$代表正常气候条件下$[C/T]$超过门限值的分贝值。

在各种气象条件变化中，影响最大的是雨、雪等引起的传播损耗和噪声的增加，而且吸收体在常温条件下每 0.1 dB 的衰减将会产生大约 7 K 的噪声。特别是在地球站接收系统使用高增益天线和低噪声放大器的情况下，下行链路本身的噪声在正常工作时已不是很大，因而降雨使信号的衰减和热噪声的增加将对下行链路参数产生显著的影响。降雨余量就是针对这一情况而留取的。

降雨使噪声增加的结果是使$[C/T]_{\mathrm{D}}$减小。假定降雨使下行链路噪声增加到原来噪声的 M_{R} 倍，而其他 C/T 值(即$[C/T]_{\mathrm{U}}$和$[C/T]_{\mathrm{I}}$)保持不变，即下行噪声温度由 T_{D} 增加到 $T'_{\mathrm{D}}=M_{\mathrm{R}}T_{\mathrm{D}}$，显然 T'_{D}应为

$$T'_{\mathrm{D}}=T_{\mathrm{th}}-(T_{\mathrm{U}}+T_{\mathrm{I}})$$

因此，降雨余量应为

$$M_R = \frac{T'_D}{T_D} = \frac{(C/T)_{th}^{-1} - \lfloor (C/T)_U^{-1} + (C/T)_I^{-1} \rfloor}{(C/T)_D^{-1}} \tag{3-33}$$

若用分贝表示，则降雨余量为$[M_R]=10\lg M_R$。

将式(3-12)代入式(3-33)，可得出门限余量M_{th}与降雨余量M_R之间的关系，即

$$M_{th} = \frac{M_R + r}{1 + r} \tag{3-34}$$

另外，对于上行链路，在实际系统中由于卫星发射功率会时刻受到监控站的监视，地球站将随时得到监控站的指令，要对发射的功率加以调整。因此，上行链路电波的衰减对$[C/T]_U$的影响比较容易解决。

3.3 数字卫星链路计算及举例

3.3.1 主要通信参数的计算方法

目前国际卫星通信组织规定将数字卫星系统传输质量可靠性指标的误码率P_e作为链路标准，比如传输话音的链路标准取误码率$P_e \leqslant 10^{-4}$。由于数字卫星通信中大多采用PSK调制方式，通常为2PSK或QPSK，因此下面以PSK调制方式为例，阐述数字卫星通信链路中主要通信参数的确定。

1. 归一化信噪比E_b/n_0

当接收数字信号时，载波接收功率与噪声功率之比C/N可以写成

$$\left[\frac{C}{N}\right]_t = \frac{E_b R_b}{n_0 B} = \frac{E_S R_S}{n_0 B} = \frac{(E_b \mathrm{lb} M) R_S}{n_0 B} \tag{3-35}$$

式中：E_b为每单位比特信息能量；E_S为每个数字波形能量，对于M进制，则有$E_S = E_b \mathrm{lb} M$；R_S为码元传输速率(波特速率)；R_b为比特速率，且$R_b = R_S \mathrm{lb} M$；B为接收系统等效带宽；n_0为单边噪声功率谱密度。

2. 误码率与归一化信噪比的关系

对于2PSK或QPSK，有如下关系：

$$P_e = \frac{1}{2}\left(1 - \mathrm{erf}\sqrt{\frac{E_b}{n_0}}\right) \tag{3-36}$$

当$P_e = 10^{-4}$时，归一化理想门限信噪比为

$$\left[\frac{E_b}{n_0}\right]_{th} = 8.4\ (\mathrm{dB}) \tag{3-37}$$

$$\left[\frac{C}{T}\right]_{th} = \left[\frac{E_b}{n_0}\right] + 10\lg k + 10\lg R_b \tag{3-38}$$

3. 门限余量

当仅考虑热噪声时，为保证误码率$P_e = 10^{-4}$，归一化理想门限信噪比为8.4 dB，则门限余量$[M]_{th}$可由下式来确定：

$$[M]_{th}=\left[\frac{C}{N}\right]_{t}-\left[\frac{C}{N}\right]_{th}=\left[\frac{E_b}{n_0}\right]-\left[\frac{E_b}{n_0}\right]_{th}=\left[\frac{E_b}{n_0}\right]-8.4\ (\mathrm{dB}) \tag{3-39}$$

考虑到 TDMA 地球站接收系统和卫星转发器等设备特性不完善所引起的性能恶化，必须采取门限余量作为保障措施。

4. 接收系统最佳频带宽度 B 的确定

接收系统的频带特性是根据误码率最小的原则确定的。根据奈奎斯特速率准则，在频带宽度为 B 的理想信道中，无码间串扰时码字的极限传输速率为 $2B$ 波特。由于 PSK 信号具有对称的两个边带，其频带宽度为基带信号频带宽度的两倍。因此，为了实现对 PSK 信号的理想解调，系统理想带宽应等于波形传输速率(波特速率)R_S。但为了降低码间干扰，一般要求选取较大的频带宽度。通常取最佳带宽为

$$B=(1.05\sim1.25)R_S=\frac{(1.05\sim1.25)R_b}{\mathrm{lb}M} \tag{3-40}$$

5. C/T 值

满足传输速率和误码率要求所需的 C/T 值为

$$\left(\frac{C}{T}\right)_t=\left(\frac{C}{N}\right)_t\cdot k\cdot B=\frac{E_b}{n_0}\cdot k\cdot R_b \tag{3-41}$$

用分贝表示为

$$\left[\frac{C}{T}\right]_t=\left[\frac{E_b}{n_0}\right]+10\lg k+10\lg R_b \tag{3-42}$$

3.3.2 PSK/TDMA 方式举例

1. 数字链路参数的计算

例 3-2 已知工作频率为 6/4 GHz，利用 IS-Ⅳ 卫星，卫星转发器 $[G/T]_S=-18.6$ dB/K，$[W_S]=-72$ dBW/m^2，$[\mathrm{EIRP}]_{SS}=23.5$ dBW，上行传播衰减为 200.6 dB，下行传播衰减为 196.7 dB。考虑到卫星行波管存在 AM/AM 和 AM/PM 转换等非线性特性的影响会使误码率变坏，为此采取一些必要的输入、输出补偿。取 $[\mathrm{BO}]_I=6$ dB，$[\mathrm{BO}]_O=2$ dB。又知标准地球站 $[G_{RE}/T_D]=40.7$ dB/K，链路标准取误码率 $P_e\leqslant10^{-4}$，$d=40\ 000$ km，$R_b=60$ Mb/s，试计算 QPSK-TDMA 数字链路的参数。

解 (1) 求接收系统的最佳带宽 B。

根据式(3-40)，可得

$$B=\frac{(1.05\sim1.25)\times60}{2}=(31.5\sim37.5)\mathrm{MHz}$$

则取 $B=35$ MHz。

(2) 确定满足传输速率和误码率要求所需的 $[C/T]_{th}$ 值。

当要求 $P_e\leqslant10^{-4}$ 时，有 $[E_b/n_0]\geqslant8.4$ dB。考虑到差分译码引起的误码，取 $[E_b/n_0]=10.4$ dB，由式(3-38)得

$$\left[\frac{C}{T}\right]_{th}=\left[\frac{E_b}{n_0}\right]+10\lg k+10\lg R_b=10.4-228.6+77.8=-140.4\ \mathrm{dBW/K}$$

(3) 计算卫星链路实际达到的 C/T 值。

① 求地球站和卫星的有效全向辐射功率。由式(3-23)和式(3-26)分别求得

$$[\mathrm{EIRP}]_E=-72-6+200.6-37=85.6\ \mathrm{dBW}$$

$$[\mathrm{EIRP}]_S=23.5-2=21.5\ \mathrm{dBW}$$

② 求 C/T 值。利用式(3-26)和式(3-27)，得

$$[C/T]_U=85.6-200.6-18.6=-133.6\ \mathrm{dBW/K}$$

$$[C/T]_D=21.5-196.7+40.7=-134.5\ \mathrm{dBW/K}$$

因为TDMA方式不存在多载波工作产生的交调干扰，故可利用式(3-31)得

$$\left[\frac{C}{T}\right]_t=-10\lg(10^{13.36}+10^{13.45})=-137.1\ \mathrm{dBW/K}$$

(4) 计算门限余量 $[M]_{th}$。

$$[M]_{th}=\left[\frac{C}{T}\right]_t-\left[\frac{C}{T}\right]_{th}=-137.1-(-140.4)=3.3\ \mathrm{dB}$$

2. 信息速率的计算

1) 功率受限下的信息速率

在卫星转发器功率受限的情况下，说明卫星的有效全向辐射功率 $[\mathrm{EIRP}]_S$ 是固定不变的。根据下行链路方程可以得到

$$\left[\frac{E_b}{n_0}\right]=[\mathrm{EIRP}]_S-[L_D]+[G_{RE}]-10\lg(kTB)-[M] \tag{3-43}$$

或写成

$$[R_P]=[\mathrm{EIRP}]_S-[L_D]-\left[\frac{E_b}{n_0}\right]+\left[\frac{G_{RE}}{T_D}\right]-10\lg k-[M] \tag{3-44}$$

式中：R_P 为卫星链路在功率受限条件下的信息传输速率；$[M]$ 为系统余量。

例3-3 已知 $[\mathrm{EIRP}]_{SS}=23.5$ dBW，工作频率为6/4 GHz，$[L_D]=196.7$dB($f=4$ GHz)，当采用QPSK调制时，$[E_b/n_0]=8.4$ dB，收端地球站性能因数 $[G_{RE}/T_D]=40.7$ dB/K，其他衰减 $[L_r]=1.5$ dB。试计算卫星链路的信息传输速率。

解 取 $[M]=7.5$ dB，因 $10\lg k=-228.6$，由式(3-44)得

$$[R_P]=23.5-196.7-8.4-1.5+40.7-(-228.6)-7.5=78.7\ \mathrm{dB}$$

即

$$R_P\approx 74\ \mathrm{Mb/s}$$

2) 频带受限下的信息速率

在卫星频带受限的情况下，转发器带宽与码元速率之比可近似地表示为

$$k_{WR}=\frac{B_S}{\dfrac{R_b}{\mathrm{lb}M}}=\frac{B_S}{\dfrac{R_b}{m}} \tag{3-45}$$

或表示为

$$[R_b]=[B_S]+[\mathrm{lb}M]-[k_{WR}] \tag{3-46}$$

式中：B_S 为卫星转发器带宽；R_b 为带宽受限条件下的信息速率；m 为信息速率与码元速率之间的关系($m=\mathrm{lb}M$)。对于QPSK调制($M=4$)，$m=2$；k_{WR} 一般取1.2。

例3-4 已知IS-Ⅴ系统的一个转发器带宽 $B_S=36$ MHz，$k_{WR}=1.2$，试计算该系统的信息传输速率。

解 将已知数据代入式(3-46)，可得

$$[R_b] = 10\lg 36 \times 10^6 + 10\lg 2 - 10\lg 1.2 \approx 78.2\ \text{dB}$$

即

$$R_b \approx 60\ \text{Mb/s}$$

3. 系统容量的确定

对于信息速率的计算，在功率受限和频带受限的情况下，所求的 R_P 与 R_b 相差不多，都接近于 60 Mb/s。这说明，若按照 60 Mb/s 确定系统容量，既可满足功率受限条件的要求，又可满足频带受限条件的要求。

若计算结果出现 $R_P < R_b$ 的情况，但要求卫星链路的传输速率 R_P 不能低于系统传输速率 R_b 时，为了不致使系统的误码率 P_e 增大而降低通信质量，可采用前向纠错编码等措施。

反之，若计算结果出现 $R_P > R_b$ 的情况，而确定系统传输速率为 R_b 时，则表明卫星转发器的功率尚有余量，可以采用 MPSK 调制。

在求得卫星链路信息速率之后，便可根据帧周期、分帧数目等求出系统通路容量。

卫星链路一帧内传输的比特数＝一帧内 n 路话音编码后传送的比特数
＋一帧内各分帧报头所含的比特数

若以 R 表示卫星链路的比特数，以 P 表示每一分帧内报头所含的比特数，以 R_{ch} 表示每一话路编码后的比特速率，以 T_f 表示帧周期，n_f 表示一帧内的分帧数(站数)，则上式可表示为

$$R \cdot T_f = nR_{ch} + n_f \cdot P \tag{3-47}$$

整理后，可以得出系统容量为

$$n = \frac{1}{R_{ch}}\left(R - \frac{n_f \cdot P}{T_f}\right) \tag{3-48}$$

例 3-5 以 IS-Ⅴ系统参数为例，若取 $R=60$ Mb/s，采用 PCM 编码后，每话路的比特速率为 $R_{ch}=64$ kb/s。已知共有 10 个站，$P=150$ bit，$T_f=750\ \mu$s。试计算其系统容量。

解 根据式(3-48)得

$$n = \frac{1}{64 \times 10^3}\left(60 \times 10^6 - \frac{10 \times 150}{750 \times 10^{-6}}\right) \approx 900(\text{单向话路})$$

如第 2 章所述，当系统采用数字话音内插技术时，可使容量达到 1800 个单向话路。

3.3.3 SCPC/PSK/FDMA 方式

SCPC 卫星通信方式主要适用于那些地址数较多，但业务量很小的地球站。如 SCPC/PSK 方式，它以一个载波只传输一路数字电话或相当于一路数字电话的数据。如果信道采用预分配方式，与 SPADE 方式(即 SCPC/PCM/ACCESS/DAMA/EQUIMENT)相比，由于它不使用计算机或交换机等按呼叫分配链路的设备，因而系统简单，成本低。例如在 IS-Ⅳ和 IS-Ⅴ系统中，将一个带宽为 36 MHz 的转发器用于传输 SCPC/PSK 信号，载波间隔定为 45 kHz，则大约可安排 800 个通路(载波)。

例 3-6 在 IS-Ⅴ系统中，设工作频率为 6/4 GHz，在一个带宽为 36 MHz 的转发器内，共安排了 800 个载波传输电话信号(采用语音激活)；转发器饱和输入功率密度 $[W_S] = -72\ \text{dBW/m}^2$；上行传播衰减为 200.6 dB，下行传播衰减为 196.7 dB；转发器的性能因数

$[G_{RS}/T_S]=-11.6$ dB/K，天线口径为 8 m，地球站的性能因数$[G_{RE}/T_D]=30$ dB/K；卫星发射功率为 29 dBW，为了减小交调分量的影响，行波管的输入、输出补偿分别为$[BO]_I=10$ dB 和$[BO]_O=4$ dB($[C/N]_I$ 按 16 dB 计算)；若计入邻道干扰的影响，取$[C/N]_{IA}=26$ dB。试计算卫星链路的 C/T 值，地球站的有效全向辐射功率$[EIRP]_{EI}$和传输带宽。

解 (1) 卫星链路的 C/T 值。

① 上行链路。卫星转发器工作在多载波状态时，按式(3-24)可以计算出$[C/T]_{UM}$。对于 SCPC 方式，因为每一通路的 C/T 值是相等的，故均为

$$\left[\frac{C}{T}\right]_U=[W_S]-[BO]_I+\left[\frac{G_{RS}}{T_S}\right]-10\lg\left(\frac{4\pi}{\lambda^2}\right)-10\lg n \tag{3-49}$$

式中：n 为通路数。考虑到系统中采用了话音激活，只有当有话音时才发射载波，若取激活因数为 0.4，则实际工作的载波数为 $800\times0.4=320$，即取 $n=320$。因此

$$\left[\frac{C}{T}\right]_U=-72-10+(-11.6)-37-10\lg320=-155.6 \text{ dBW/K}$$

② 下行链路。与上行链路类似，每一载波的 C/T 值为

$$\left[\frac{C}{T}\right]_D=[EIRP]_{SS}-[BO]_O-[L_{PD}]+\left[\frac{G_{RE}}{T_D}\right]-10\lg n \tag{3-50}$$

则

$$\left[\frac{C}{T}\right]_D\approx29-4-196.7+30-25=-166.7 \text{ dBW/K}$$

③ 交调噪声的信噪比$[C/N]_I$。当卫星转发器同时放大多个载波，其间隔为 45 kHz 时，交调分量在转发器频带中心处最大，两侧较小。又考虑到一部分交调分量会落在工作频带之外，因而实际上会因为采用话音激活使交调失真的影响有所减小，使$[C/N]_I$ 有所提高(大约可以提高 4dB)。根据式(3-28)可以得到

$$\left[\frac{C}{T}\right]_I=\left[\frac{C}{N}\right]_I+10\lg k+10\lg B+4$$

若取$[C/N]_I=16$ dB，取中频带宽为 38 kHz，则 $[C/T]_I=-162.8$ dBW/K。

根据题意$[C/N]_{IA}=26$ dB，再由式(3-28)可求得 $[C/T]_{IA}=-151.8$ dBW/K。

由以上各个 C/T 值，根据式(3-31)可求得$[C/T]_t=-168.2$ dBW/K。

(2) 门限值$[C/T]_{th}$。

对于 QPSK 调制，当取误码率 $P_e=10^{-4}$时，$[E_b/n_0]=8.4$ dB。考虑到译码器的影响，会使误码率有所增大，因而取$[E_b/n_0]=10.4$ dB。按传送一路话音信号计算，传送速率 $R=64$ kb/s，即$[R]\approx48.1$ dB。由式(3-38)可得

$$\left[\frac{C}{T}\right]_{th}=10.4-228.6+48.1=-170.1 \text{ dBW/K}$$

这样，卫星链路实际达到的$[C/T]$值与门限值$[C/T]_{th}$相比，还有 1.9 dB 的门限余量。

(3) 地球站的有效全向辐射功率$[EIRP]_{EI}$。

因为卫星转发器为多载波工作，且每一载波的发射功率相等，故均为

$$[EIRP]_{EI}=[W_S]-[BO]_I+[L_{PU}]-10\lg\left[\frac{4\pi}{\lambda^2}\right]-10\lg n \tag{3-51}$$

则

$$[EIRP]_{EI}=-72-10+200.6-37-25=56.6 \text{ dBW}$$

若保留 2.4 dBW 的余量，则$[\mathrm{EIRP}]_{\mathrm{EI}}=56.6+2.4=59$ dBW。

（4）传输带宽。

因为采用的是 QPSK 调制，按每一码元传输 2 bit 信息计算，所以当传输速率为 R(b/s)时，带宽应为 $R/2$(Hz)。若一路数字话音信号的传输速率 R 为 64 kb/s，则信号带宽可取为 32 kHz。

在发射端，为了不因频带受限引起较大的波形失真而使误码率增大，发送带宽应尽量取得宽一些。同时，通常规定载波两边 22.5 kHz 处的信号电平要比中心频率处至少低 26 dB 或更多一些。为此发信滤波器的带宽大约为 42 kHz，一般取 45 kHz。

在接收端，为了使 C/T 值尽量高一些，总希望接收滤波器带宽取得窄一些。当然，也不能太窄，否则会因波形失真而使误码率增大。一般来说，接收滤波器带宽 B_{R} 按 $R/2$ 的 1.1～1.4 倍计算。当取 $R/2$ 的 1.19 倍计算时，可以求得

$$B_{\mathrm{R}}=1.19\times\frac{1}{2}R=1.19\times\frac{1}{2}\times64\approx38\ \mathrm{kHz}$$

3.3.4 卫星通信系统总体设计的一般程序

假定使用的通信卫星、工作频段、通信业务类别、容量及站址等已确定，卫星通信系统的设计程序如下：

（1）确定传送信号质量。

（2）根据总通信量确定使用的多址方式。

（3）确定地球站天线直径。天线直径大，地球站 G/T 值高，转发器利用率就高，频带宽，地球站的建设费用多。相反，天线直径小，地球站 G/T 值低，地球站成本也低。因此，对于中央大站，或者通信量大、质量要求高的站，天线的尺寸相应要大。对于边远地区，通信量较小，从经济角度考虑，采用小型天线，能保证正常的通信即可。

（4）根据电话、电视等业务的要求，确定系统配置，包括各类附属设备、专用设备以及地面传输系统设备等。在此基础上确定相应的土建工艺要求，并向土建设计师提出。

（5）按照相应规范要求，确定总体系统指标，并对各分系统提出分指标要求。

（6）对各分系统设备进行设计。

作为地球站设计工程师，对于上行链路应特别注意发射机功率放大器位置的确定，以尽量减小传输线上的损耗。同时，也要考虑功率放大器有较大的功率调整范围。下行链路设计对地球站有着十分重要的作用。低噪声接收机要尽量靠近馈源，提高 G/T 值，防止外部干扰信号进入；系统增益分配要合理，系统匹配要良好，以提高通信质量指标。从某种意义上来说，地球站实际上是围绕下行链路设计的。

3.3.5 卫星链路设计的步骤与方法

1. 卫星链路设计的一般步骤

卫星链路设计的一般步骤如下：

（1）根据实际的卫星通信系统需求，建立卫星链路的通信模型，明确链路计算的目的——是对新建系统进行设备估算，还是对已有系统进行线路评估。

(2) 确定已知条件及所需计算的参数。参数包括以下几种：

卫星参数：卫星的轨道位置、工作频率、频率计划、EIRP、G/T、饱和功率密度$[W_S]$(即SFD)、转发器的载波输入功率补偿$[BO]_I$(即IBO)和输出功率补偿$[BO]_O$(即OBO)等。卫星参数可从相关卫星公司处获取。

地球站参数：发射站和接收站的经纬度、海拔高度、雨区系数等。

载波参数：同时发送载波的个数，每一个载波的调制特性、纠错方式、调制系数及E_b/n_0门限值。

设备配置参数：发射、接收天线的口径，发送端功放功率，接收端LNA的噪声系数等。

(3) 明确需计算的参数。选择卫星链路设计的基本方法(正推法和倒推法)及原则，进行计算。

2. 卫星链路设计的基本方法

卫星链路设计的基本方法有正推法和倒推法。

(1) 正推法：先拟定地面站上行载波EIRP值，计算出上行链路载噪比；然后根据卫星转发器增益以及输入/输出补偿，计算出卫星下行EIRP值及下行链路载噪比，从而得出全链路的载噪比；最后将干扰因素引入计算，得到总的载噪比，并将其与门限载噪比作比较，得出系统及E_b/n_0余量，若余量大于0，则符合设计要求，否则需重新进行数值拟定。

(2) 倒推法：正推法的逆运算，即首先设定地面站门限载噪比，根据链路可用度确定降雨备余量；然后由下行链路载噪比计算出卫星下行EIRP值；最后根据卫星转发器增益及输入/输出补偿，计算出上行链路载噪比及地面站发射载波EIRP值。在实际工程应用中，一般采用倒推法进行链路设计，可以提高针对性和可行性。

3. 卫星链路设计的计算机辅助方式

由于在设计卫星链路时，涉及大量的数学运算，且变量较多，因此大多数工程师多选用计算机辅助的方式进行设计。例如，Satmaster是Arrowe公司开发的一款卫星链路设计软件，它将复杂的数学运算软件化，使用Windows界面，操作方便。Satmaster软件有点对点和广播链路两种计算模式可选，界面略有不同，适用于不同的业务类型，可在新建文件时进行选择。Satmaster的界面有Uplink、Downlink、Satellite、Carriers and Modulation四个输入模块，使用者总共需输入包括地面站(发射站、接收站)参数、卫星及转发器参数、业务载波参数、干扰参数(含临星干扰、交叉极化干扰、多载波干扰和临信道干扰)这四类共几十个参数。

使用Satmaster软件进行优化设计时，应遵循三个原则：功带平衡的原则，上、下链路降雨不同时考虑的原则，适度保守的原则。其中功带平衡的原则，即使用转发器功率与转发器总功率的比值等于租用带宽与卫星转发器带宽的比值。因为卫星公司是按用户租用的占卫星带宽百分比与用户使用的占卫星功率百分比的较高者来收取转发器租金的，所以为了使用户最大限度地利用带宽，应尽量将链路优化至这两个百分比基本相同。

当系统余量较高时，可从以下措施去考虑，以达到最优的频带利用率和合理的设备配置：第一，提高链路可用度，即一年中经过该链路传输的误比特率性能优于给定的门限P_b的时间百分比，总链路可用度＝1－[(1－上行链路可用度)＋(1－下行链路可用度)]；第二，减小接收天线尺寸，占卫星功率会增加；第三，使用效率更高的 FEC 方式，从而节省占卫星带宽。

总之，卫星链路设计是一个比较复杂的过程，虽然可以借助一些辅助软件简化工作量，但工程设计人员必须在深入理解卫星通信技术的基础上，根据不同的网络规划和业务需求，选择适合的卫星通信体制，进行合理的链路设计，提高系统的可用度和经济性。

习　题

1. 对地静止卫星采用 L、C、Ku 和 Ka 频段，该卫星距离地面站 38 500 km。试求以下频率的路径损耗：

(1) 1.6 GHz/1.5 GHz；

(2) 6.2 GHz/4.0 GHz；

(3) 14.2 GHz/12 GHz；

(4) 30 GHz/20 GHz。

2. 设某卫星$[\mathrm{EIRP}]_{\mathrm{S}}=32$ dBW，下行频率为 4 GHz，$d=40\ 000$ km，地球站接收天线直径 $D=25$ m，效率为 0.7，试计算地球站接收信号的功率。

3. 有哪几种噪声在卫星通信中必须考虑？它们产生的原因是什么？

4. 已知某卫星链路上行载波噪声比为 23 dB，下行载波噪声比为 20 dB，卫星转发器上的载波交调噪声比为 24 dB，问总的载波噪声比为多少？

5. 设某地球站发射机末级输出功率为 2 kW，天线直径为 15 m，发射频率为 14 GHz，天线效率为 0.7，馈线损耗为 0.5 dB，试计算[EIRP]。

6. 设某地球站发射天线增益为 63 dBi，损耗为 3 dB，有效全向辐射功率为 87.7 dBW，试求发射机输出功率。

7. 设发射机输出功率为 3 kW，发射馈线损耗为 0.5 dB，发射天线直径为 25 m，天线效率为 0.7，上行频率为 6 GHz，$d=40\ 000$ km，卫星接收天线增益为 5 dBi，接收馈线损耗为 1 dB，若忽略大气损耗，试计算卫星接收机输入端的信号功率。

8. 已知地球站$[\mathrm{EIRP}]_{\mathrm{E}}=33$ dBW，天线增益为 64 dBi，工作频率为 14 GHz，接收系统$[G/T]=-5.3$ dB/K，忽略其他损耗，试求卫星接收机输入端的载噪比$[C/N]$和$[C/T]$。

9. 设某地球站接收天线直径为 30 m，天线效率为 0.7，下行频率为 4 GHz，下行链路损耗为 200 dB，卫星$[\mathrm{EIRP}]_{\mathrm{S}}=26$ dBW，折算到地球站低噪声放大器输入端的系统噪声温度为 50 K，接收机的等效噪声带宽为 329 MHz。若不考虑接收馈线系统的损耗，试求低噪声放大器输入端的载噪比 C/N。

10. 设某地球站天线直径 $D=30$ m，效率为 60%，频率为 6 GHz，天线馈线损耗为 1.3 dB，卫星$[G/T]_{\mathrm{S}}=-17.6$ dB/K，$[W_{\mathrm{S}}]=-67$ dBW/m^2，设$[\mathrm{BO}]_{\mathrm{I}}=5$ dB。试计算$[\mathrm{EIRP}]_{\mathrm{EM}}$和$[C/T]_{\mathrm{UM}}$。

11. 设某地球站工作频率为 4 GHz，接收天线直径 $D=30$ m，效率为 70%，天线噪声温度（仰角为 5°时）$T_{\mathrm{A}}=47$ K，馈线损耗$[L_{\mathrm{FR}}]=1$ dB，冷参放大器噪声温度为 20 K，卫星

$[\text{EIRP}]_{\text{SS}}=13.9$ dBW，试求$[C/T]_{\text{DM}}$($d=40\ 000$ km)。

12. 已知亚洲 3S 卫星系统，工作频率为 14.2/12.5 GHz，$[\text{EIRP}]_{\text{S}}=55$ dBW，$[G/T]_{\text{S}}=-7.9$ dB/K，$[W_{\text{S}}]=-100.9$ dBW/m^2，设取$[\text{BO}]_{\text{I}}=6$ dB，$[\text{BO}]_{\text{O}}=3$ dB，$[G/T]_{\text{E}}=4.8$ dB/K，要求 $P_e\leqslant 10^{-7}$，$d=40\ 000$ km，$R_b=60$ Mb/s。试计算 QPSK - TDMA 数字链路的参数。

13. 一个地球站发射机输出功率为 2 kW，上行链路频率为 6 GHz，天线直径 $D=30$ km，卫星的$[G/T]_{\text{S}}=-5.3$ dB/K。试计算当 $R_b=60$ Mb/s 时卫星输入的 E_b/n_0。

14. 如果传输速率为 $R_b=90$ Mb/s，接收机输入端的$[G/T]=-128.1$ dB/K，那么收端地球站接收系统输入端的 E_b/n_0 是多少？

15. 已知某卫星通信系统$[G/T]_{\text{R}}=37.3$ dB/K，$[G/T]_{\text{S}}=-5.3$ dB/K，链路标准取 $P_e=10^{-4}$，门限余量为 6 dB，上行频率为 14 GHz，下行频率为 11.7 GHz，比特率 $R_b=120$ Mb/s，设 $r=0.4$，补偿值为 0 dB，试计算满足传输速率和误码率要求所需要的$[C/T]$及$[\text{EIRP}]_{\text{S}}$和$[\text{EIRP}]_{\text{E}}$。

16. 设有一个 36 MHz 带宽的转发器，用来传输 60 Mb/s 的数据信号，使用 QPSK 调制载波。若要求 $P_e\leqslant 10^{-7}$，接收系统所需$[C/T]$为多少？若要求 $P_e\leqslant 10^{-4}$，所需$[C/T]$又为多少？

17. 已知工作频率为 14.2/12.5 GHz，利用亚洲 3S 卫星，卫星转发器$[G/T]_{\text{S}}=-7.9$ dB/K，$[W_{\text{S}}]=-89.8$ dBW/m^2，$[\text{EIRP}]_{\text{SS}}=55$ dBW，地球站$[G_{\text{RE}}/T_{\text{D}}]=4.8$ dB/K，链路标准取误码率 $P_e\leqslant 10^{-7}$，取 $d=40\ 000$ km，$R_b=120$ Mb/s，$[\text{BO}]_{\text{I}}=6$ dB，$[\text{BO}]_{\text{O}}=3$ dB。试计算 QPSK - TDMA 数字链路的参数。

18. 在某 QPSK/TDMA 系统中，$[\text{EIRP}]_{\text{SS}}=40$ dBW，工作频率为 6/4 GHz，$[L_{\text{D}}]=196.7$ dB($f=4$ GHz)，$[E_b/n_0]=11.4$ dB，收端地球站性能因数$[G_{\text{RE}}/T_{\text{D}}]=35$ dB/K，其他衰减$[L_r]=2$ dB，试计算卫星链路的信息传输速率。

19. 某 TDMA 系统卫星链路的信息速率为 60 Mb/s，采用 ADPCM 编码后，每话路的比特率为 32 kb/s。已知共有 20 个站，帧周期为 750 μs，每个分帧内报头所含的比特数为 150，试计算其系统容量(单向话路数)。

20. 已知某 SCPC/ FDMA 卫星通信系统工作频段为 6/4 GHz，卫星行波管单波饱和输出功率为 10 W，卫星天线增益为 26 dBi(含馈线损耗)，$[G_{\text{RS}}/T_{\text{S}}]=-4.5$ dB/K，$[\text{BO}]_{\text{I}}=7.5$ dB 和$[\text{BO}]_{\text{O}}=2.5$ dB，$[L_{\text{U}}]=201.4$ dB，$[L_{\text{P}}]=197$ dB，转发器在匹配条件下功率增益为 105 dB，转发器带宽为 36 MHz，$[G_{\text{RE}}/T_{\text{D}}]=23$ dB/K；链路标准取 $P_e\leqslant 10^{-4}$，采用 QPSK 调制，信道带宽为 38 kHz，通路带为 38 kHz，数据速率 $R_b=64$ kb/s，$[M]_{\text{th}}=4$ dB。试计算：

(1) $[C/T]_{\text{tM}}$和每载波的$[C/T]_{\text{t1}}$；

(2) 不计邻道干扰条件下的信道容量 n；

(3) 每通路所需卫星和地球站的$[\text{EIRP}]_{\text{S1}}$和$[\text{EIRP}]_{\text{E1}}$。

第 4 章 卫星通信网

所谓通信网，就是将各种通信设备互联在一起的通信网络。其可描述为由各个通信节点(端节点、交换节点、转接点)及连接各节点的传输链路互相依存的有机结合体，以实现两点或多个规定点间的通信体系。从物理结构或硬件设施方面看，它由终端设备、交换设备和传输链路三要素所组成。

所谓卫星通信网，就是利用人造地球卫星作为中继站转发无线电波，在地球站之间进行通信所组成的网络。它具有全球覆盖的能力，不仅能够保证高传输速率和较宽的带宽，而且支持灵活的、大规模的网络结构。卫星通信网不但可以作为地面网络的补充和完善，而且可以单独构成天基卫星网络，使得来自陆地、海洋、天空乃至于太空的信息流能够顺利通过卫星网络传输。

根据卫星通信系统使用目的和要求的不同，可以分成各种不同的卫星通信网。例如，根据卫星在轨高度，可分为 GEO 卫星通信网、MEO 卫星通信网和 LEO 卫星通信网；根据通信用途，可分为民用卫星通信网和军事卫星通信网；根据服务范围，可分为国际卫星通信网、国内卫星通信网、区域卫星通信网，等等。对于大量分散、稀路由、低速的数字卫星通信系统，还可组成 VSAT(甚小口径天线终端)卫星通信网。根据业务性质、容量和特点的不同，组成的网络结构也将有所不同。本章主要描述 VSAT 卫星通信网的基本概念与原理，以及典型的卫星通信网络系统。

4.1 卫星通信网的网络结构

由多个地球站构成的卫星通信网络可以归纳为两种主要形式，即星形网络和网形网络，如图 4-1 所示。

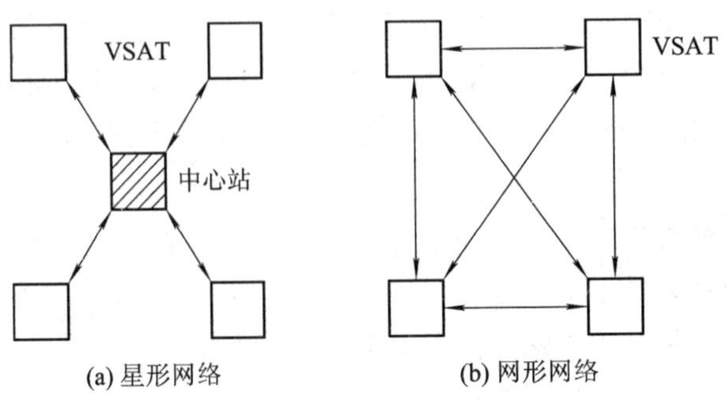

图 4-1 卫星通信的网络结构

4.1.1 星形网络

图4-1(a)所示为星形网络，它是一种由中心站与各地球站之间的相互连接而形成的网络。

在星形网络中，各远端地球站都是直接与中心站(或称主站)发生联系的，而各远端地球站之间则不能经卫星直接进行通信。两个地球站之间若有通信要求，则必须经中心站转发，才能进行连接和通信。无论是远端地球站与中心站进行通信，还是各地球站经中心站进行通信，都必须经过卫星转发器。中心站执行控制和转发功能，使得通信系统的故障容易隔离和定位；并且可以在不影响系统其他设备工作的情况下，方便地对卫星通信系统进行扩容。

采用星形网络最适合于广播、收集等进行点到多点间通信的应用环境，例如具有众多分支机构的全国性或全球性单位作为专用数据网，可以改善其自动化管理、发布或收集信息等。但这种结构非常不利的一点是，中心站必须具有极高的可靠性。因为一旦出问题，将影响着整个系统的工作。

4.1.2 网形网络

图4-1(b)所示为网形网络，它将各地球站彼此相互直接连接在一起，这种点对点连接而成的网络，又称为全互连网络，其中每个地球站皆可经由卫星彼此相互进行通信。

采用网形网络的优点是：星间链路的冗余备份充分，系统可靠度高，可扩展性强；星间链路的传输带宽可以很高，数据的传输速度快，时延小，可以实现全球覆盖。因此，采用网形网络比较适合于点到点之间进行实时性通信的应用环境，比如建立单位内的VSAT专用电话网等。但是网形网络的缺点也很明显，即网络结构较为复杂，建造成本高，对于卫星的数量要求较多等。

4.1.3 混合网络

在卫星通信网络中，根据经过卫星转发器的次数，卫星通信网络又可分为单跳和双跳两种结构。

对于星形网络，各远端地球站可通过单跳链路与中心站直接进行话音和数据的通信；而各远端地球站之间一般都是通过中心站间接地进行通信的，因此信号会经历两跳的时延。

在网形网络中，任何两个远端地球站之间都是单跳结构，因而它们可以直接进行通信。但是必须利用一个中心站控制与管理网络内各地球站的活动，并按需分配信道。显然，单跳星形结构是最简单的网络结构，而网形网络结构则是最复杂的网络结构，它具有全连结特性，并能按需分配卫星信道。

为此，将单跳与双跳结构相结合，可以得到一种混合网络，如图4-2所示。在这种网络中，网络的信道分配、网络的监测管理与控制等由中心站负责，但是通信不经中心站连接。它可以为中心站与远端地球站之间提供数据和话音业务，为各远端地球站之间提供数据和记录话音业务。从网络结构来说，业务信道是网形网络，控制信道是星形网络，因而混合网络是一种很有吸引力的网络结构。

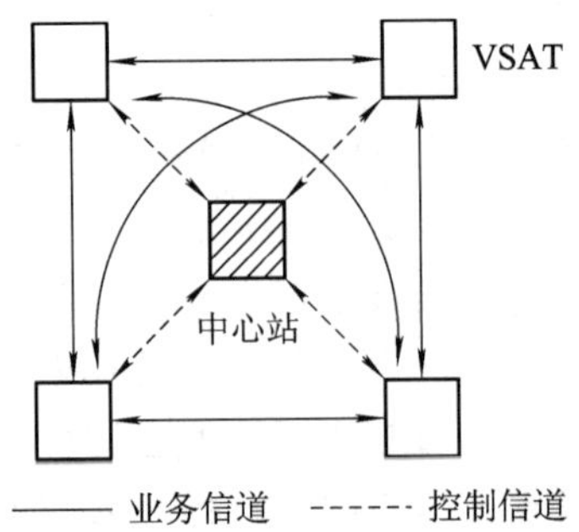

图 4－2　卫星通信的单跳与双跳混合结构

以上描述了卫星通信系统的一般网络结构。下面结合电话传输来阐述卫星通信网与地面通信网之间的连接问题。关于卫星数据通信网与地面通信网之间的连接，由于要涉及到数据传输规程与接口等方面的问题，所以将其放在 VSAT 卫星数据通信网一节中进行论述。

4.2　卫星通信网与地面通信网的连接

一个卫星通信系统，当考虑到它与地面通信网的连接时，地球站的作用犹如一个地面中继站。由于电波传播和电磁干扰等原因，一般大、中型地球站都设置在远离城市的郊区。而卫星通信的用户和公用网中心都集中在城市市区。因此，卫星通信链路必须通过地面线路与长途通信网及市话网连接，才能构成完整的通信网。在通信过程中，地面网一个用户的电话信号要经过当地市话网、长途电话网的交换机以及传输设备接至地球站，才能经卫星转发到达另一城市的地球站，再经地面线路进入公用网，最后达到另一用户，这样才完成了信息的传输。

4.2.1　地面中继传输线路

为保证卫星通信进行多路通信，应采用大容量的与地球站的容量相匹配的地面中继线路。目前用得较多的是微波线路、电缆线路和光缆线路。

1. 微波线路

目前采用微波线路较为普遍，工作频段可在 2～13 GHz 之间选择。由于工作频率低于 10 GHz 时受气候影响较小，高于 10 GHz 时因降雨引起的吸收衰减较大，可能会影响正常通信；同时还要避免与其他地面微波通信系统间的相互干扰，因此最好不要使用 4～6 GHz 频段。在一般情况下，以选用 2 GHz、7～8 GHz 频段为宜。若在降雨较少的地区且距离较近(≤30 km)，则也可选用 10～13 GHz 频段。

至于地面微波中继线路的容量，则应根据卫星链路确定，并留有一定余量。

2. 电缆线路

可以用作长途通信的电缆主要有对称电缆和同轴电缆。

对称电缆的特点是频带较窄、容量较小。这种线路一般采用双缆四线制单边带传输方式。一个4芯组可以传输120路，且收、发信使用同样的频带，均为12～252 kHz。为了克服线路衰减的影响，通常每隔13 km设一增音站。

同轴电缆具有路际串音小、频带宽、容量大等优点。通常用作地面中继的小同轴电缆是300路系统，其传输频带为60～1300 kHz，如图4-3所示。小同轴电缆的容量也可扩大到960路，这时传输频带为60～4028 kHz，但必须缩短增音站间的距离和增加增音站的数目。中同轴电缆也可用作地面中继线路，而且特别适用于传送电视信号。若选择增音站之间的距离适当，则中同轴电缆可以传输1800路或4380路电话。

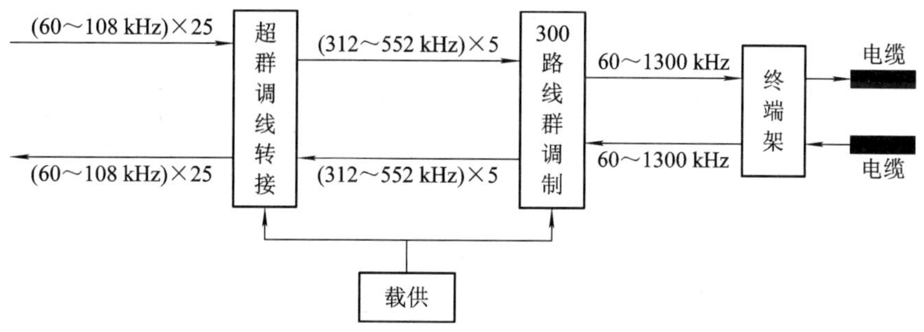

图4-3　小同轴电缆工作频谱

同轴电缆的最大缺点是中继距离短(1.5～2.5 km)、维修不便和造价较高。

3. 光缆线路

地面中继线路除了可以采用微波线路和电缆电路外，还可以采用光缆线路。光缆传输的优点是：第一，传输距离长。单模光纤每公里衰减可做到0.2～0.4 dB，是同轴电缆损耗的1%。第二，传输容量大。一根光纤可传输几十路以上的视频信号，若采用多芯光缆，则容量成倍增长。第三，抗干扰性能好，不受电磁干扰。第四，传输质量高。由于光纤传输不像同轴电缆那样需要相当多的中继放大器，因而没有噪声和非线性失真叠加，且基本上不受外界温度变化的影响。其缺点就是造价较高，施工的技术难度较大。因此，需视应用的具体要求(有效性、可靠性和经济性等)而定。实际上，当站内的设备间链路(IFL，Interfacility Link)，如大型地球站射频机房与天线之间连接，VSAT终端的室外单元(ODU)与室内单元(IDU)之间连接，VSAT终端与用户之间连接时，光缆是最好的选择，因为光缆噪声少，没有电磁干扰。然而，对于20 km以上的地面中继线路，光缆所需的投资比微波和电缆的要大。

4.2.2　地面中继方式

地球站与长途交换中心之间的中继方式可以是各种各样的，具体采用哪一种方式取决于地球站和中继线路及长途交换网的工作方式。目前绝大多数地球站采用的是FDM、SCPC、TDMA或IDR(中等数据速率)工作方式。因此地面中继线路也分为模拟线路和数字线路。考虑到今后的发展，下面以地面中继线路与TDMA方式的地球站连接为主进行描述。

1. 模拟地面接口

地球站按TDMA方式工作，地面中继采用模拟传输线路。这种工作方式分为两类，一类是数字话音插空的(TDMA/DSI)，另一类是非数字话音插空的(TDMA/DNI)。在实际使用中，DSI设备均以240路为一个单元。为完成与地面模拟通信网的接口，需要进行

FDM与TDMA的转换。这种转换可使用标准的FDM复接/分接设备后接TDMA复接设备来实现，即将输入的模拟基带信号(FDM)分接成单独信道，再进行PCM编码和TDMA复接，如图4-4(a)所示；也可以用复用转换器在60路超群接口直接转换和连接完成相同的功能，这样便降低了成本和尺寸并增强了可靠性，如图4-4(b)所示。这种变换复接器，既能以模拟方式实现，也能以数字方式实现，并可按多种规格设计。实际上，对于2.048 Mb/s的信号，通常用一个60路的FDM超群转换成两个30路的TDM/ PCM信号(每个信号速率为2.048 Mb/s)。

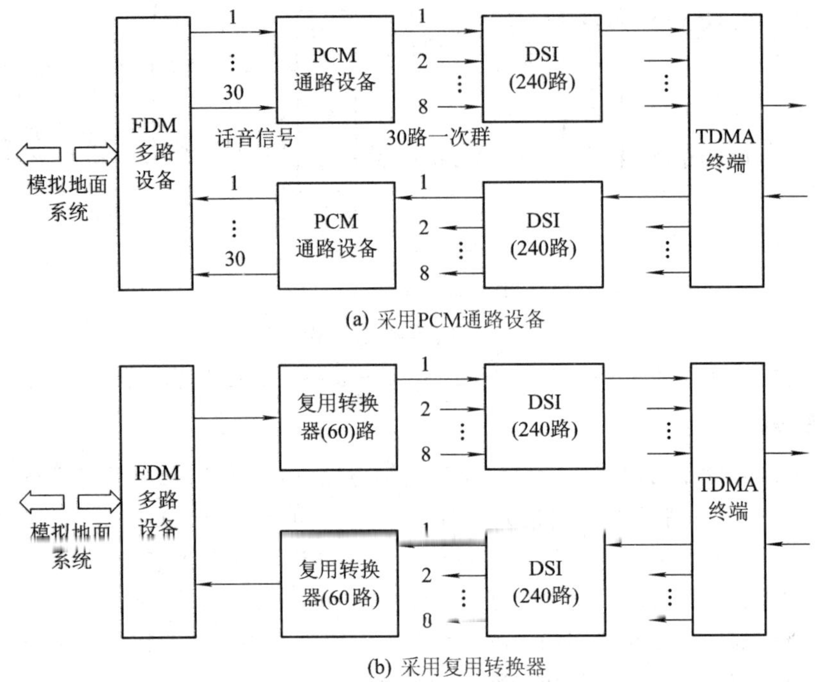

(a) 采用PCM通路设备

(b) 采用复用转换器

图4-4　TDMA地球站与地面模拟线路的连接

2. 数字地面接口

地球站按TDMA方式工作，地面中继采用数字线路。这种方式随着通信网数字化程度的不断提高，将会用得越来越多。当卫星链路和地面线路都数字化以后，地球站与长途交换中心之间的中继将会变得比较简单，数字设备可以直接在一次群接口上连接，如图4-5所示。

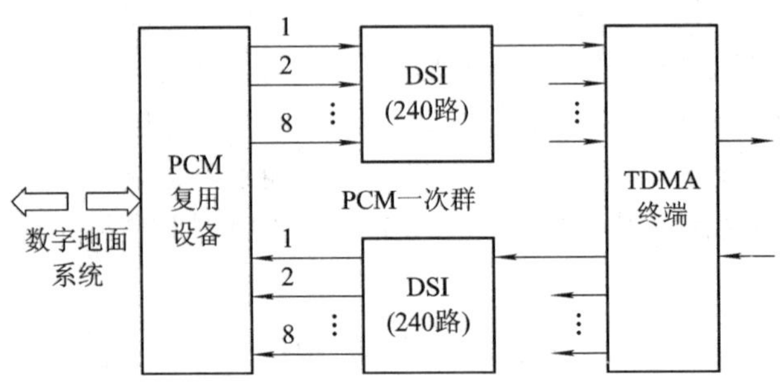

图4-5　TDMA地球站与地面数字线路的连接

应该指出，各地球站所发信号的帧定时是与基准站的帧定时同步的，可是在这种连接方式中，它与地面线路的帧同步是不相关的，这是因为数字地面接口处于数字地面线路和TDMA 终端设备之间，它要接收来自两个方向的时钟。通常 TDMA 系统与地面数字线路是准同步连接的，即两者的时钟独立，但应具有相同的标称频率和精度。按照 CCITT 建议 G.811 每 72 天滑动一次的要求，时钟的精度应为 1×10^{-11}。为此，当地面线路与 TDMA 卫星链路直接进行数字接口时，必须解决好 TDMA 卫星链路与地面数字线路间的同步问题，在数字地面接口处设置缓冲器吸收时钟差异。根据同步方法的不同，直接数字接口有以下三种连接方法。

1）完全同步连接

若使用完全同步连接，则设在长途交换中心局的 PCM 复用终端和时分制交换机都按地球站送来的帧定时工作，而后者是与卫星 TDMA 系统保持同步的。其系统组成如图 4-6(a)所示。

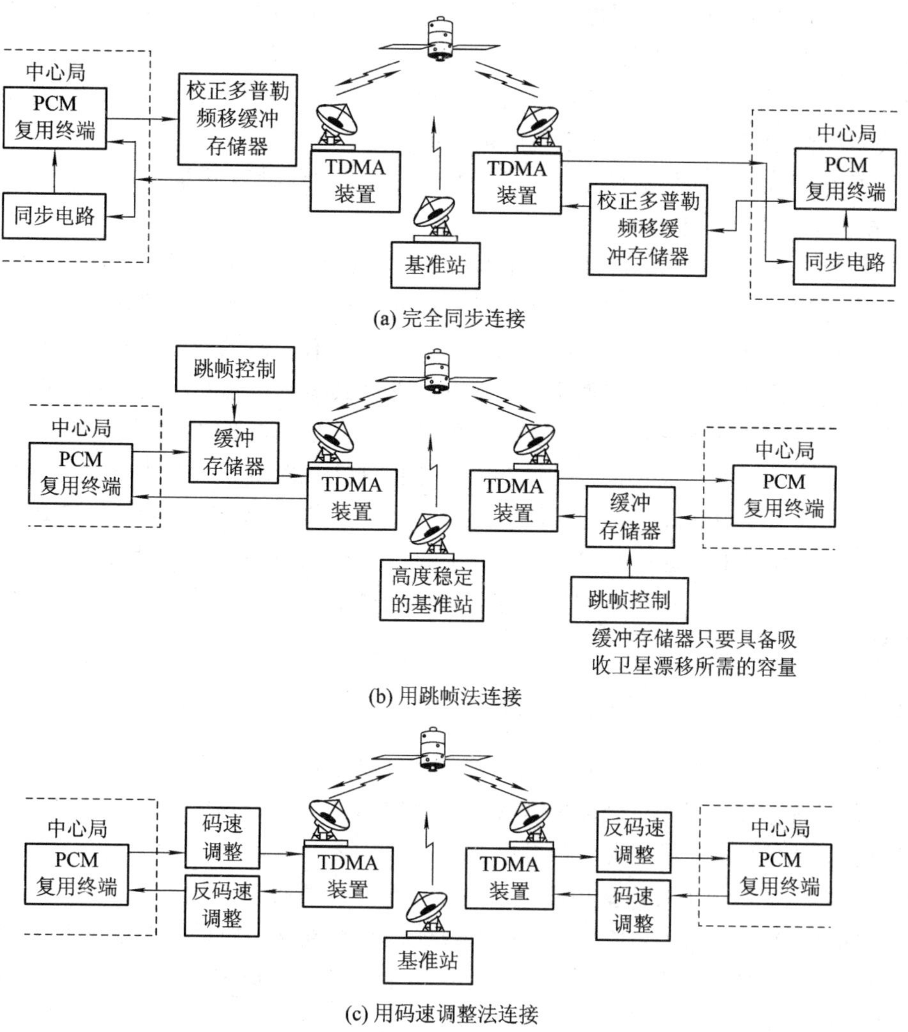

图 4-6　TDMA 地球站与地面数字线路连接的同步问题

需要指出的是，由于卫星的摄动，使其轨道位置偏移，从而导致传播时延、信号的帧长和时钟频率都将随之变化(多普勒频移)。因此，地球站发送信号的帧周期便不可能与接收信号的帧周期相等。结果在地球站内，从中心站来的输入信号的帧周期与发向卫星的信号帧周期出现了差异。不过，考虑到卫星的位置只是在有限范围内变化，所以可以通过设置适当容量的缓冲存储器来补偿这种帧周期的差值。这一缓冲存储器通常称为校正多普勒频移缓冲存储器，如图 4-6(a)所示。

采用完全同步连接方式时，由于系统内所有的地球站以及所组成的通信网的同步，都从属于基准站，因此，一旦基准站发生故障，就会影响到整个网络的正常工作，这是它的主要缺点。

2) 采用跳帧法连接

若采用跳帧法连接，则中心局与 TDMA 系统各自保持独立的帧同步，但帧频的标称值是相等的，而且要求其有非常高的稳定性。采用这种方法连接的系统组成如图 4-6(b)所示，其中地球站的发射端设有缓冲存储器及其控制器。只要缓冲存储器两端的信号频率不同，即使差异极其微小，存储器的写入和读出也会产生微小的偏移。这种偏移一旦超过某一规定数值，便会强制去掉一帧信息或重复插入一帧信息，这叫作跳帧。采用跳帧法连接，虽然损失了一帧信息，但不会破坏系统的帧同步。

因卫星漂移而引起的传播延迟变化的影响，还要通过缓冲存储器来加以补偿。

3) 采用码速调整法连接

若采用码速调整法连接，则可使卫星系统的时钟频率比地面系统的时钟频率略高。在地球站的发送端，当写入和读出时差超过某一预定值时，读出就会暂停，并在卫星链路中插入不含有信息的脉冲。接收端接收到信号后再把不含有信息的脉冲去掉，同时将数据流进行匀滑。通常这种方法称为码速调整或脉冲填充。其优点是相互独立同步的两个数字线路或通信网之间，可以不丢失任何信息完成数字连接。这种电路的连接如图 4-6(c)所示。

上面分别描述了几种典型的地球站与地面通信网连接时的地面中继方式。在实际情况下，只用单一的地面中继方式的情况是很少的。因为 FDM、SCPC、TDMA 和 IDR 等多种方式同时使用，而且地面通信网中模拟与数字通信方式也还要并存一段时间，所以地面中继方式也往往不止一种。根据地球站和地面通信网的实际情况，可能由两种或多种连接方式组合使用。

4.2.3 电视信号传输中的地面中继

通过卫星传送的电视信号可以是模拟的，也可以是数字的。如今数字电视信号传输已成为电视信号的主要传输形式。而地球站与长途交换中心或电视广播中心之间的地面中继线路可以选微波线路、光缆线路和同轴电缆等。

当长途交换中心或电视广播中心与地球站相距较近时可以采用同轴电缆；如果相距甚远，由于同轴电缆衰耗太大，最好采用微波或光缆线路连接。如果需要在某些场合利用卫星进行电视实况转播，一般是把电视信号从现场送到电视广播中心，再经长途交换中心送到地球站发向卫星。

在电视信号的传输过程中，在地球站内，图像信号通过视频转接，伴音信号通过音频转接，所以对传输质量的监视是十分方便的。在长途交换中心一般也通过视频转接和音频转接。如果在长途交换中心与电视广播中心之间利用微波线路进行转接，也可以采用中频转接方式。

4.3 VSAT卫星通信网

4.3.1 VSAT网的基本概念及特点

1. VSAT基本概念

VSAT(Very Small Aperture Terminal)，即甚小口径天线终端，有时也称为卫星小数据站或个人地球站(PES)，是指一类具有甚小口径天线的、非常廉价的智能化小型或微型地球站，可以方便地安装在用户处。

而VSAT卫星通信网是指利用大量小口径天线的小型地球站与一个大站协调工作构成的卫星通信网。通过它可以进行单向或双向数据、语音、图像以及其他业务的通信。VSAT卫星通信网是20世纪80年代发展起来的卫星通信网，它的产生是卫星通信采用一系列先进技术的结果，例如大规模/超大规模集成电路，微波集成和固态功率放大技术，高增益、低旁瓣小型天线，高效多址联接技术，微机软件技术，数字信号处理，分组通信，扩频、纠错编码，高效、灵活的网络控制与管理技术等等。VSAT出现后不久，便受到了广大用户单位的普遍重视，发展非常迅速，现已成为现代卫星通信的一个重要发展方向。

VSAT的发展可以划分为三个阶段：第一代VSAT是以工作于C频段的广播型数据网为代表，其在高速数据广播、图像和综合业务传送以及移动数据通信中起着重要的作用；第二代VSAT具有双向多端口通信能力，但系统的控制与运行还是以硬件实现为主；全部以软件定义的第三代VSAT以采用先进的计算机技术和网络技术为特征，系统规模大，有图形化面向用户的控制界面，有由信息处理器及相应的软件操控的多址方式，有与用户之间实现多协议、智能化的接续。

我国从1984年开始成为世界上少数几个能独立发射静止通信卫星的国家，卫星通信已被国家确定为重点发展的高技术电信产业。VSAT专用网和公用网不断建成并投入使用。从我国的国情看，VSAT卫星通信的需求量巨大，美、加、日和欧洲诸国家或地区的VSAT厂商早已把目光投向中国，争相进入中国市场。我国自己也在积极研制开发VSAT产品。现在，VSAT在我国的大量应用方兴未艾，必将推动我国卫星通信事业迅速发展。

2. VSAT通信网的特点与优点

与地面通信网相比，VSAT卫星通信网具有以下特点：

(1) 覆盖范围大，通信成本与距离无关，可对所有地点提供相同的业务种类和服务质量。

(2) 灵活性好，多种业务可在一个网内并存，对一个站来说，支持业务种类、分配的频带和服务质量等级的动态调整；可扩容性好；扩容成本低；开辟一个新的通信地点所需时间短。

(3) 点对多点通信能力强，独立性好，是用户拥有的专用网，不像地面网受电信部门的制约。

(4) 互操作性好，可使采用不同标准的用户跨越不同的地面网，而在同一个 VSAT 卫星通信网内进行通信，通信质量好，有较低的误比特率和较短的网络响应时间。

与传统卫星通信网相比，VSAT 卫星通信网具有以下特点：

(1) 面向用户而不是面向网络，VSAT 与用户设备直接通信，而不是如传统卫星通信网中那样中间经过地面电信网络后再与用户设备进行通信。

(2) 天线口径小，一般为 0.3～2.4 m；发射机功率低，一般为 1～2 W；安装方便，只需简单的安装工具和一般的地基，如普通水泥地面、楼顶、墙壁等。

(3) 智能化功能强，包括操作、接口、支持业务、信道管理等，可无人操作；集成化程度高，从外表看 VSAT 只分为天线、室内单元(IDU)和室外单元(ODU)三部分。

(4) VSAT 站很多，但各站的业务量较小；一般用作专用网，而不像传统卫星通信网那样主要用作公用通信网。

综合起来，VSAT 通信网具有以下优点：

(1) 地球站设备简单，体积小，重量轻，造价低，安装与操作简便。它可以直接安装在用户的楼顶上、庭院内或汽车上等等，还可以直接与用户终端接口，不需要地面链路作引接设备。

(2) 组网灵活方便。网络部件的模块化，便于调整网络结构，易于适应用户业务量的变化。

(3) 通信质量好，可靠性高，适用于多种业务和数据率，且易于向 ISDN(综合业务数字网)过渡。

(4) 直接面向用户，特别适合于用户分散、稀路由和业务量小的专用通信网。

3. VSAT 的分类

国际上已有许多公司相继推出了多种系列的 VSAT 系统，按照其业务类型和网络结构等，VSAT 系统可以进行如下分类：

(1) 按业务类型可分为三类：以语音业务为主的 VSAT 系统，如美国休斯网络系统(HNS)公司的 VSAT 产品 TES(Telephony Earth Station，小型卫星电话地球小站)；以数据业务为主的 VSAT 系统，如 PES(Personal Earth Station，小型卫星数据地球小站)；以综合业务为主的 VSAT 系统，如美国军方转型卫星通信系统 TSAT(Transformational Satellite Communication System)，日本 NEC 公司的 NEXTAR(明日之星)系统。

(2) 按业务性质可分为两种：固定业务的 VSAT 系统和移动业务的 VSAT 系统。

(3) 按网络结构可分为三类：星形结构的 VSAT 系统，如 PES；网形结构的 VSAT 系统，如 TES；星形和网形混合结构的 VSAT 系统。

特别是这种混合网络结构的 VSAT 系统，它在传送实时性要求不高的业务(如数据)时采用星形结构，而在传送实时性要求较高的业务(如话音)时采用网形结构；当需进行点对点通信时采用网形结构，而进行点对多点通信时采用星形结构。因此它可充分利用当前两种网络结构的特点，同时能最大限度地满足用户的要求。由于此结构中允许两种网络结构并存，则可采用两种完全不同的多址方式，如用星形结构时采用 TDM/TDMA 方式，而用网形结构时采用 SCPC 方式等。

目前，VSAT 产品多种多样，VSAT 小站按其性质、用途或其他某些特征可做如下分类：

(1) 根据安装方式可分为固定式、墙挂式、可搬移式、背负式、手提式、车载式、机载式和船载式等。

(2) 按业务类型可分为小数据站、小通信站和小型电视单收站等。不过，目前许多公司推出的产品都兼有多种功能，例如美国休斯公司的 PES 系统以数据为主，兼传 16 kb/s 声码话音，而 TES 系统则以 32 kb/s ADPCM 话音为主，兼传数据和图像。

(3) 按天线口面尺寸可分为 0.3 m、0.6 m、1.2 m、1.5 m、1.8 m 和 2.4 m 等。

(4) 按收发方式可分为单收站和双向站。

(5) 根据调制方式、传输速率、天线口径以及应用等综合特点，又可以分为非扩频 VSAT、扩频 VSAT、USAT(0.25～0.3 m 的特小口径终端)、TSAT(数据速率高达 1.544/2.048 Mb/s 载波小口径终端)和 TVSAT(广播电视终端)。为了便于了解和比较，表 4-1 中列出了这 5 种 VSAT 的主要特点。

此外，还有一些其他特点的 VSAT 网，如 LCET、SO/SAT 网等。

表 4-1　VSAT 的主要特点

类　型	VSAT	VSAT(扩频)	USAT	TSAT	TVSAT
天线直径/m	1.2～1.8	0.6～1.2	0.3～0.5	1.2～1.5	1.8～2.4
频　段	Ku	C	Ku	Ku/C	Ku/C
外向信息率/(kb/s)	56～512	9.6～32	56	56～1544	—
内向信息率/(kb/s)	16～128	1.2～9.6	2.4	56～1544	—
多址(内向)	ALOHA S-ALOHA R-ALOHA DA-TDMA	CDMA	CDMA	TDMA/FDMA	—
多址(外向)	TDM (PSK/QPSK)	DS-CDMA	FH-CDMA/ DS-CDMA	TDMA/FDMA (QPSK)	PA (FM)
连接方式	无主站/有主站	有主站	有主站	无主站	有主站
通信规程	SDLC，X.25 ASYNC，BSC	SDLC，X.25	专用		

4.3.2 VSAT 网的组成及工作原理

1. VSAT 网的组成

典型的 VSAT 网是由主站、卫星转发器和众多远端 VSAT 小站组成的。

1) 主站

主站也叫中心站或中央站，是 VSAT 网的核心。它与普通地球站一样使用大型天线，天线直径一般约为 3.5～8 m(Ku 频段)或 7～13 m(C 频段)。主站由高功率放大器(HPA)、低噪声放大器(LNA)、上/下变频器、调制/解调器以及数据接口设备等组成。

在以数据业务为主的 VSAT 卫星通信网中，主站既是业务中心也是控制中心。主站通常与计算机放在一起或通过其他(地面或卫星)链路与主计算机连接，作为业务中心(网络的中心结点)；同时在主站内还有一个网络控制中心(NCC)负责对全网进行监测、管理、控制和维护，如实时监测，诊断各小站及主站本身的工作情况，测试信道质量，负责信道分配、统计、计费等。

由于主站涉及整个VSAT卫星通信网的运行，其故障会影响全网正常工作，故其设备皆有备份。为了便于重新组合，主站一般采用模块化结构，设备之间采用高速局域网的方式互连。

2) 卫星转发器

卫星转发器亦称空间段，目前主要使用C频段或Ku频段转发器。它的组成及工作原理与一般卫星转发器基本一样，只是具体参数有所不同而已。

由于转发器造价很高，空间部分设备的经济性是VSAT网必须考虑的一个重要问题，因此，可以只租用转发器的一部分，地面终端网可以根据所租用卫星转发器的能力来进行设计。

3) 小站

小站由小口径天线、室外单元(ODU)和室内单元(IDU)组成。

VSAT天线口径通常为1～2.4 m(C频段的天线口径不超过3.5 m，单收站的天线口径可小于1 m)，发射功率为1～10 W。VSAT天线有正馈和偏馈两种形式，正馈天线尺寸较大；而偏馈天线尺寸小、性能好(增益高、旁瓣小)，且结构上不易积冰雪，因此常被采用。室外单元主要包括GaAsFET固态功率放大器、低噪声FET放大器、上/下变频器及其监测电路等，整个室外单元可以集成在一起安装在天线支架上。室内单元主要包括调制解调器、编译码器和数据/话音接口设备等。在小站接口设备中，将完成输入信号和协议的转换。比如，在话音接口中将标准的公用电话网协议转换为VSAT网络协议，而在数据接口中将数据协议(如TCP/IP)转换为VSAT协议。原有话音、数据相应的协议和地址在VSAT主站的接收端恢复。

室内外两单元之间以同轴电缆连接，用于传送中频信号和提供电源。整套设备结构紧凑、造价低廉、全固态化、安装方便、适应环境范围广，可直接与数据终端(微计算机、数据通信设备、传真机、电传机、交换机等)相连，不需要中继线路。

2. 工作频段

目前，VSAT卫星通信网使用的工作频段为C频段和Ku频段。

如果使用C频段，电波传播条件好，特别是降雨影响小，路径可靠性较高，还可以利用地面微波通信的成熟技术，使之开发容易、系统造价低。但由于与地面微波通信使用的频段相同，需要考虑这两种系统间的相互干扰问题，功率通量密度不能太大，因此限制了天线尺寸进一步小型化，而且在干扰功率密度较强的大城市选址比较困难。为此，当使用C频段时，通常采用扩频技术以降低功率谱密度，减小天线尺寸，但采用扩频技术限制了数据速率的提高。相反地，如果使用Ku频段，则具有以下一些优点：

(1) 不存在与地面微波通信线路的相互干扰，架设时不必考虑地面微波线路，可随地安装。

(2) 允许的功率通量密度较高，天线尺寸可以更小。若天线尺寸相同，则比C频段天线增益高6～10 dBi。

(3) 可以传输更高的数据速率。

虽然Ku频段的传播损耗，特别在降雨时受影响较大，但在实际链路设计中都有一定的裕量，链路可用性很高。在多雨和卫星覆盖边缘地区，使用稍大口径的天线即可获得必要的性能裕量。因此，目前多数 VSAT 卫星通信网都使用 Ku 频段。在我国，由于受空间段资源的限制，使用的 VSAT 网基本上还是工作在 C 频段。另外，美国赤道公司(Equatorial)采用直序扩频技术的微型地球站(Micro Earth Station)，主要工作在 C 频段，当其他非扩频系统工作在 C 频段时，则需要较大的天线和较大的功率放大器，并占用卫星转发器较多的功率。

3. VSAT 网的网络结构

虽然通信经常是双向的，但是 VSAT 网络在很多情况下仍是单向的。用在 VSAT 网络中的主要结构有星形结构、网形结构、星形和网形的混合结构、卫星单跳结构、作为远地终端等，如图 4-7 所示。

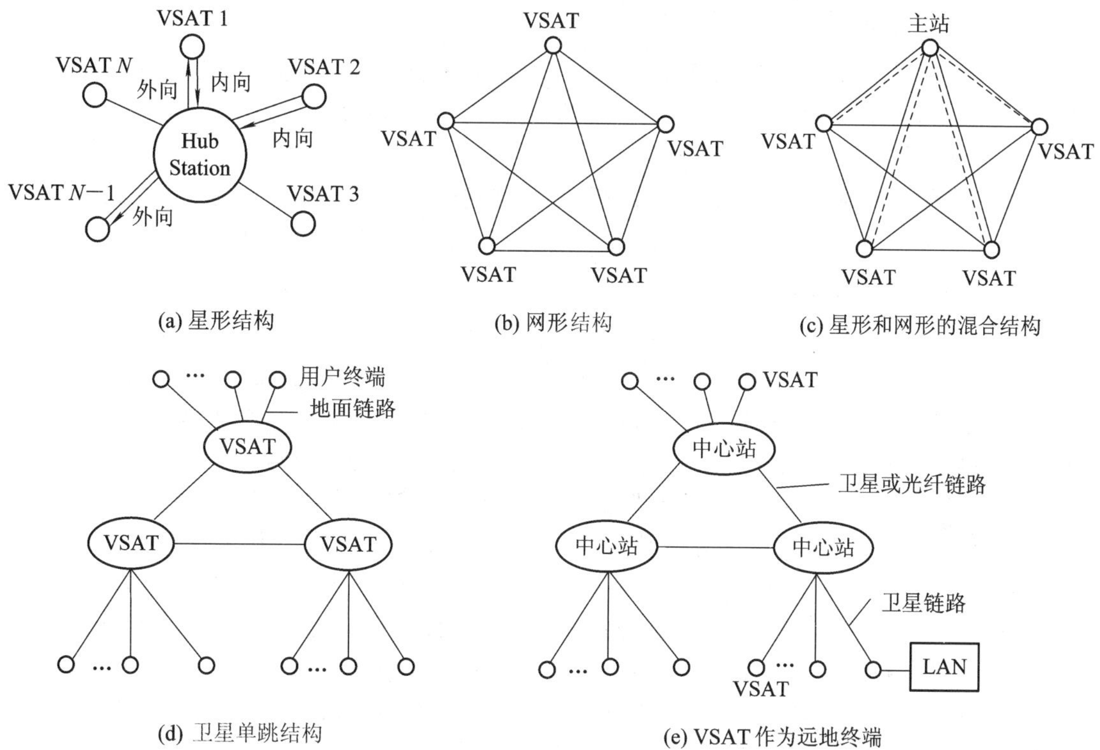

图 4-7　VSAT 网典型网络结构

1）星形结构

星形结构是最通用的 VSAT 结构方式，如图 4-7(a)所示。VSAT 站之间的业务通过中心站(Hub Station)进行转接。Hub 站控制着网络中的业务流量，两个 VSAT 站之间不能直接连接。从 Hub 送到端站的载波，支持高比特率数据流；而从端站发出的载波，支持中比特率数据流。一个大的 Hub 站意味着要求端站的规模较小，从而使得总的网络造价较低。Hub 站的规模决定于系统参数和预期网络的增长情况。

广播网络是星形拓扑的一种特殊形式，因为信息总是由中心 Hub 向端站传输的，但是端站向中心站方向没有传输。因此，这种结构只适用于网络从 Hub 到 VSAT 站的单向业务路由。

在 VSAT 网中，由主站通过卫星向远端小站发送数据，称为外向(Outbound)传输；由小站通过卫星向主站发送数据，称为内向(Inbound)传输。

2) 网形结构

网形结构如图 4-7(b)所示，这种结构使得 VSAT 可与其他任一端站通信，因而使端站的设备复杂得多。网形 VSAT 结构支持小站之间的相互连接，虽然它可以含有涉及呼叫建立和网络监控的网络控制中心，但它并不使用互作用网络形成的控制中心。

3) 星形和网形的混合结构

图 4-7(c)所示为星形和网形的混合结构，在传输语音或点对点通信时采用网形结构(如图中实线所示)，传输数据或点对多点通信时采用星形结构。例如在语音 VSAT 网中，网络的道信分配、监控由网络中心负责，即控制信道是用星形网(如虚线所示)实现的。

4) 卫星单跳结构

卫星单跳结构如图 4-7(d)所示，其中 VSAT 端站作为低速数据的终端或语音业务的网关(Gateway)，用户终端可以是个人计算机或某商业系统的分支机构。

5) 远地终端

VSAT 作为远地终端，用来向一组远地用户终端或局域网(LAN)收集或分配数据。在这种应用中，VSAT 站与一个特定的中心站(一般是大、中型站)连接，如图 4-7(e)所示。

4. VSAT 网的工作原理

现以星形结构为例说明 VSAT 网的工作原理。由于主站发射 EIRP 高，且接收系统的 G/T 值大，所以网内所有的小站可以直接与主站通信，但若小站之间需要进行通信，则因小站天线口径小，发射的 EIRP 低和接收 G/T 值小，必须首先将信号发送给主站，然后由主站转发给另一个小站。即必须通过小站—卫星—主站—卫星—小站，以双跳方式完成。而对于网形网络，各站可以直接进行业务互通，即只需经卫星单跳完成通信。

在星形 VSAT 网中进行多址联接时，有多种不同的多址协议，其工作原理也随之不同。现结合随机接入时分多址(RA/TDMA)系统为例，简要描述 VSAT 网的工作过程。网中任何 VSAT 小站的入网数据，一般都按分组方式进行传输和交换，数据分段后，加入同步码、地址码、控制码、起始标志及终止标志等，构成数据分组。任何进入网的数据，在网内发送之前首先进行格式化，即每份较长的数据报文将分解成若干固定长度的“段”，每段报文再加上必要的地址和控制信息，按规定的格式进行排列作为一个信息传输单位，通常称之为“分组”(或包)。例如，每 1120 bit(140 B)组成一个数据分组，在通信网中，以分组作为一个整体进行传输和交换到达接收点后，再把各分组按原来的顺序装配起来，恢复原来的长报文。

1) 外向传输

在 VSAT 网中，由主站通过卫星向远端小站的外向传输(或出境传输)，通常采用时分复用(TDM)或统计时分复用技术连续向外发送，即从主站向各远端小站发送的数据，先由主计算机进行分组格式化组成 TDM 帧，然后通过卫星以广播方式发向网中所有远端小站。为了各 VSAT 站的同步，每帧(约 1 s)开头发射一个同步码。同步码特性应能保证各 VSAT 小站在未纠错误比特率为 10^{-3} 时仍能可靠地同步。该同步码还应向网中所有终端提供如 TDMA 帧起始信息(SOF)或 SCPC 频率等其他信息。TDM 帧的结构如图 4-8 所示。

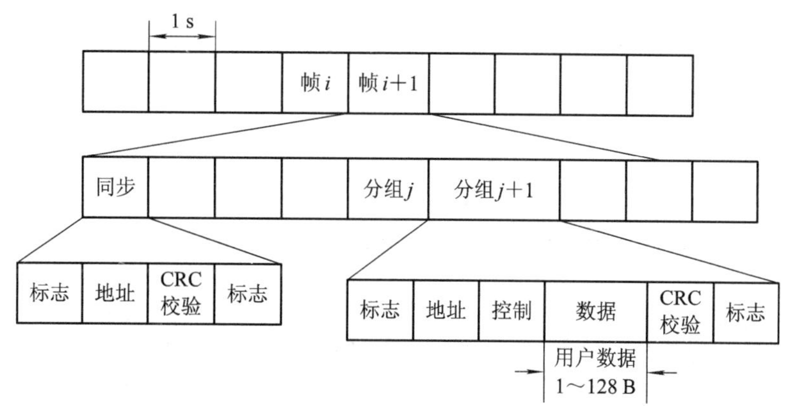

图 4-8　VSAT 网外向传输的 TDM 帧结构

在 TDM 帧中，每个报文分组包含一个地址字段，标明需要与主站通信的小站地址。所有小站接收 TDM 帧，从中选出该站所要接收的数据。利用适当的寻址方案，一个报文可以送给一个特定的小站，也可发给一群指定的小站或所有小站。当主站没有数据分组要发送时，它可以发送同步码组。

2）内向传输

各远端小站通过卫星向主站传输的数据称作内向传输数据(或入境传输)。在 VSAT 网中，各个用户终端可以随机地产生信息。因此，内向数据一般采用随机方式发送突发性信号。通过采用信道共享协议，一个内向信道可以同时容纳许多小站，所能容纳的最大站数主要取决于小站的数据率和业务量。

许多分散的小站以分组的形式，通过具有延迟的 RA/TDMA 卫星信道向主站发送数据。由于 VSAT 小站受 EIRP 和 G/T 值的限制，一般接收不到经卫星转发的小站发射的信号，因而小站不能采用自发自收的方法监视本站发射信号的传输情况。因此，利用争用协议时需要采用肯定应答(ACK)方案，以防数据的丢失。即主站成功收到小站信号后，需要通过 TDMA 信道回传一个 ACK 信号，应答已成功收到数据分组。如果由于误码或分组碰撞造成传输失败，小站收不到 ACK 信号，则失败的分组需要重传。对一些网形网络，内向信道用来传输网络的信令及各种管理信息。对于 TDMA 方式的 VSAT，其控制信道为控制时隙。

RA/TDMA 信道是一种争用信道，可以利用争用协议(例如 S-ALOHA)由许多小站共享 TDMA 信道。TDMA 信道分成一系列连续性的帧和时隙，每帧由 N 个时隙组成，TDMA 的帧结构如图 4-9 所示。各小站只能在时隙内发送分组，一个分组不能跨越时隙界限，即分组的大小可以改变，但其最大长度绝不能大于一个时隙的长度。各分组要在一个时隙的起始时刻开始传输，并在该时隙结束之前完成传输。在一帧中，时隙的大小和时隙的数量取决于应用情况，时隙周期可用软件来选择。

在 VSAT 网中，所有共享 RA/TDMA 信道的小站都必须与帧起始(SOF)时刻及时隙起始时刻保持同步，这种统一的定时是由主站在 TDM 信道上广播的 SOF 信息获得的。TDMA 数据分组包括前同步码、数据字符组、后同步码和保护时间。前同步码由比特定时、载波恢复、FEC(前向纠错)、译码器同步和其他开销组成。数据字符组则包括起始标志、地址码、控制码、用户数据、CRC(循环冗余校验)和终止标志，其中控制码主要用于小站发送申请信息。后同步码可包括维特比译码器删除移位比特(Veterbi decoder flushing out bit)。小站可以在控制字段发送申请信息。

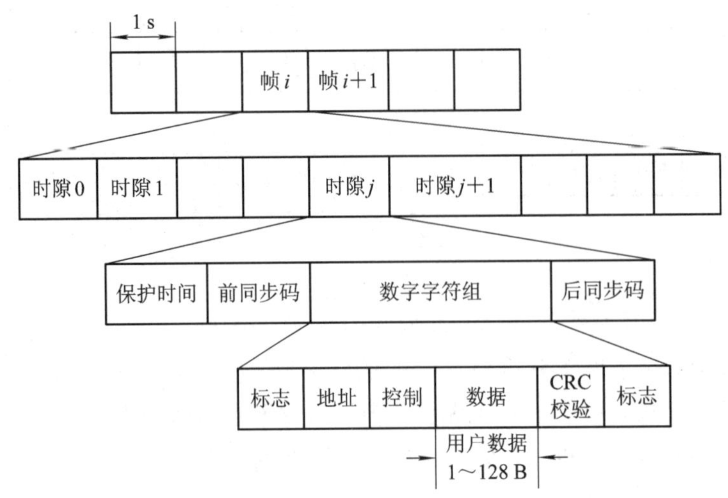

图 4-9　VSAT 网内向传输的 TDMA 帧结构

综上所述可以看出，VSAT 网与一般卫星网不同，它是一个典型的不对称网络，即链路两端的设备不同，执行的功能不同；内向和外向传输的业务量不对称，内向和外向传输的信号电平不对称；主站发射功率大得多，以便适应 VSAT 小天线的要求；VSAT 发射功率小，主要利用主站高的接收性能来接收 VSAT 的低电平信号。因此，在设计系统时必须考虑到 VSAT 网的上述特点。

3) VSAT 网中的交换

VSAT 网的业务包括数据、话音、图像、传真等。要实现这些业务的传输，可以采用不同的交换方式。

在 VSAT 网中，交换功能由主站中的交换设备完成，主站中的交换方式一般有分组交换和电路交换(即线路交换)两种形式。分组交换主要用于各分站的分组数据、突发性数据、主计算机和地面网传来的数据，它按照各个分组数据的目的地址，转发给外向链路、主计算机和地面网，这样可以提高卫星信道的利用率和减轻用户小站的负担。对于实时性要求很高的话音业务，由于分组交换延迟和卫星信道的延迟太大，则应采用电路交换。所以当 VSAT 网对于要求同时传输数据和话音的综合业务网时，网内主站应对这两种业务分别设置并提供各自的接口。当然，在主站中，这两种交换机之间也可能是有信息交换的，如图 4-10 所示。其中线路交换机设有主站用户声码话接口，输入内向链路的声码话数据，输出外向链路的同步时分复用(STDM)声码话数据；分组交换机则设有主站用户的数据接口，输入内向链路的数据和输出外向链路的异步时分复用(ATDM)数据。可以看出，VSAT 网的交换机的特点是数据率低，大多数为 2.4 kb/s，而接入的线路数却可能达到数百条以上。所以，交换机的输入内向链路与输出外向链路在数目与速率方面也是不对称的。

综上所述，VSAT 网是一个集线路交换和分组交换于一身的网络，根据业务性质可将其业务分别与地面程控(线路)交换机和分组交换机相连。对于实时性要求不强的数据(分

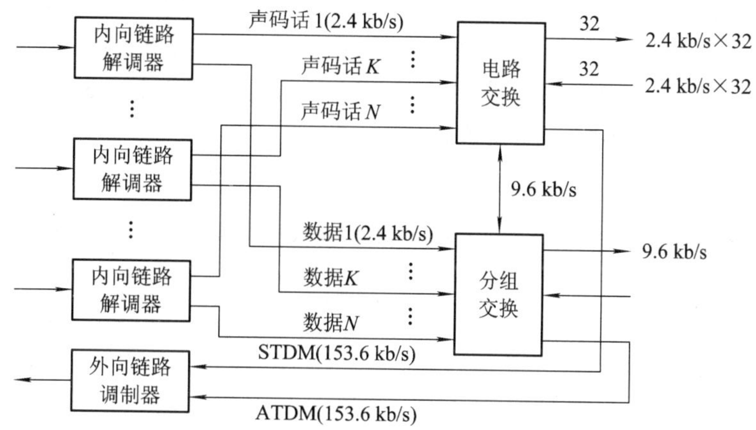

图4-10 VAST网主站的交换设备

组数据)，可以进行分组交换以提高网络的灵活性和利用率；而对于实时数据和话音则应采用线路交换。

4.3.3 VSAT数据通信网

1. VSAT数据网的特点

数据通信可用数字传输方式，也可用模拟传输方式。随着卫星通信的不断发展，利用卫星进行数据传输越来越广泛。利用卫星进行数据传输与话音传输具有许多不同的特点，概括起来有如下几点：

(1) 数据传输和交换可以是非实时的。

(2) 传输数据时是随机、间断地使用信道。

(3) 当突发式传输数据时，数据传送率可以很高，达数千比特每秒。不传送数据时，数据传送率为零。因而峰值和平均传输速率相差很远，二者比值可高达数千。

(4) 数据业务种类繁多，如数据终端之间的通信、人机对话、文本检索和大容量的数据传输系统。因此要求通信网中能容纳低速(300 b/s以下)、中速(600～4800 b/s)和高速(9600 b/s以上)多种传送速率。

(5) 由于要传送的数据长短不同、各种数据又可以非实时传送，因此为了提高卫星信道利用率，可以采用分组传输方式。

(6) 利用卫星信道的广播性质进行数据传输的卫星通信网，一般拥有大量低成本的地球站。

(7) 数据传输必须高度准确和可靠。在电话、电报通信中，由于通信双方是人，信息在传输过程中如果受到干扰而造成差错，部分差错可以通过人的分析判断来发现并予以纠正；而数据通信的计算机一方没有人介入，所以数据通信要求保证信息的传输有极高的准确性和可靠性。为此，在数据通信中经常采用检、纠错技术，一般要求报头差错率小于10^{-9}，数据段差错率小于10^{-7}。

2. VSAT网络体系结构

从信道共享的特点来看，VSAT数据网比较接近本地网(LAN)；从VSAT网的覆盖范围来看，又是一个广域网(WAN)；而从 VSAT 单结点、无层次的网络结构来看，其网内路由选择功能比较简单，也即其网络层(第三层)协议功能比较简单；从星形网络结构来看，是一种不平衡链路结构。所有通信都是在一个主站与其他小站之间进行的，据此可得到 VSAT 网的协议结构，如图 4－11 所示。

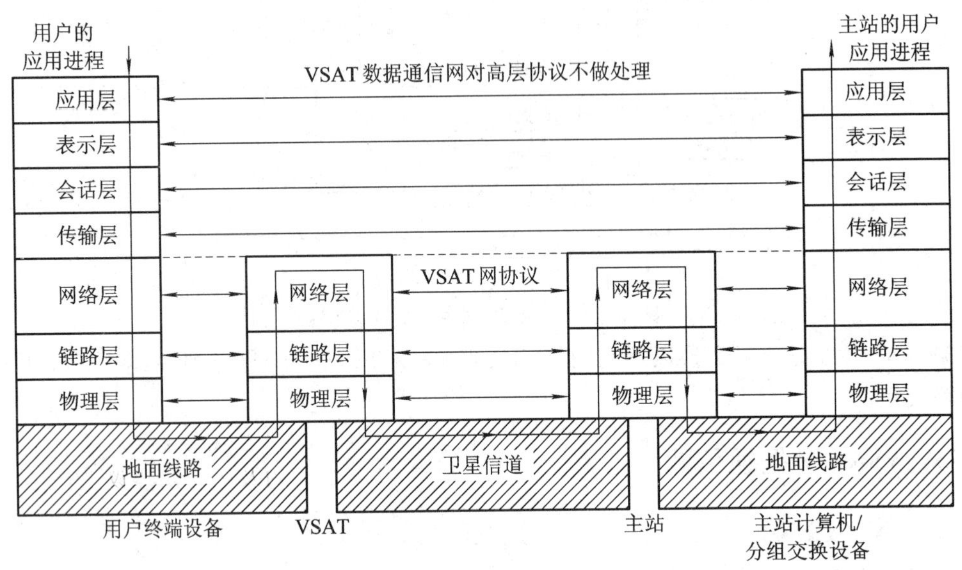

图 4－11　VSAT 数据通信网协议结构

可见 VSAT 通信子网为数据终端设备相互连接提供通道。按照 OSI 参考模型，它只提供下三层服务。下三层的主要功能及典型通信协议如下：

(1) 物理层：对网络结点间通信线路的机电特性和连接标准方面的规定，以便在数据链路实体之间建立、维护和拆除物理连接。如目前广泛使用的接口标准有 RS－232C 或 D、RS－449、X.21、X.24 等。

(2) 链路层：提供物理媒介上信息的可靠传输，传送数据帧的同时还传输同步、差错控制、流量控制的信息。如典型协议 HDLC、SDLC、BSC 等。

(3) 网络层：控制通信子网进行工作，提供路由选择，流量控制，传输的确认、中断、差错及故障的恢复等功能，实现整个网络系统内连接，为传输层提供整个网络范围内两个终端用户之间的数据传输通路。其典型协议如 X.25 协议。

3. 多址协议的确定原则

对于 VSAT 网，其多址协议就是大量分散的远端小站通过共享卫星信道进行可靠的多址通信的规则。卫星数据网多址协议是发展 VSAT 数据网的关键技术。传统的卫星通信多址协议，如 FDMA、TDMA 和 CDMA，主要是针对话音通信业务设计的，主要目的是追求信道容量和吞吐量达到最大，适合于大型地面站共享高速卫星信道。在这种环境下，信道共享效率和不延迟是最重要的要求，而且可以用复杂的设备来实现。因为站少，每个地球站的成本对整个系统影响不大。这时主要的多址技术是 FDMA 和 TDMA，信道分配可以采用固定分配或利用某种控制算法的按需分配，FDMA 和 TDMA 对于话音和某些成批数据传输业务是有效的多址方案。但是对于数据通信网而言，由于数据传输业务的突发性，使得若在一般的数据传输中仍沿用电话业务中使用的FDMA或TDMA预分配方式，则其信道利用率会很低，即使是使用按需分配方式也不会有很大改善，因为如果发送数据的时间远小于申请分配信道的时间，则采用按需分配也不会很有效。

对于VSAT网来说，大量分散的小型VSAT站共享卫星信道与中心站沟通。由于这种方式有别于目前通用的卫星通信系统，因此选择有效、可靠且易于实现的多址协议是保证数据通信系统性能的重要问题。

确定多址协议时应考虑的原则主要如下：

(1) 要有较高的卫星信道共享效率，即吞吐量要高。

(2) 有较短的延迟，其中包括平均延迟和峰值延迟。

(3) 在信道出现拥塞的情况下具有稳定性。

(4) 应有能承受信道误码和设备故障的能力。

(5) 建立和恢复时间短。

(6) 易于组网，且设备造价低。

目前，VSAT数据通信网采用的多址协议有很多，这些协议是根据系统对信道延时、系统容量、系统稳定性和复杂性、业务数据类型等方面的不同要求而提出的。根据远端站报文的入网方式，信道的共享协议可分为固定分配、争用、预约及混合型协议，按照是否将卫星共享信道划分成若干固定长度的时隙，将多址协议划分为时隙型和非时隙型两类。表4-2为多址协议的分类。

表4-2　卫星多址协议分类

报文入网类型	信道同步	
	非时隙	分时隙
固定分配协议	SCPC/FDMA CDMA	TDMA
争用(随机多址协议)	P-ALOHA C-AHOLA SREJ-ALOHA RA-CDMA	S-ALOHA CRA ARRA
预约(可控多址协议)	自同步预约	R-ALOHA TDMA-DAMA AA-TDMA

4. 固定分配多址方式

固定分配多址方式包括非时隙和分时隙这两种固定分配方式，其中非时隙固定分配方式主要用于SCPC/FDMA和CDMA卫星通信系统，分时隙固定分配方式主要用于TDMA卫星通信系统。

1) 非时隙固定分配方式

SCPC/FDMA是最简单的卫星多址协议，它是将卫星转发器的频段划分成多个低速到中速的SCPC(单路单载波)链路。如前所述，对于突发性信号，使用SCPC一般效率很低。这是因为端站信号以单路单载波方式发向卫星，而所需要的突发速率和终端的平均数据速率之间基本上是不匹配的。具有突发性终端的SCPC系统的容量用归一化平均终端率(也即平均终端速率/信道速率)来表示。如终端速率接近于信道速率，此时容量接近于1。

CDMA是采用扩频技术将信号在比信息带宽大得多的带宽上进行扩展的，在接收机中通过与已知扩频码的相关处理就可以恢复信号，因此抑制了同一频带内其他发射的干扰。固定分配CDMA的特点是带宽利用率低，主要用在提高抗干扰性具有重要意义的场合。其容量(最大利用率)是通过归一化平均数据率除以扩频的带宽扩展因子来表示的。若不用前向纠错，则可以达到的典型容量值约为0.1。当使用FEC纠错后，容量可以提高到0.2～0.3。

2) 分时隙固定分配方式

TDMA方式是分时隙固定分配方式的典型方式。它将信道时间分割成周期性的时帧，每个站分配一段时间供其发射突发信号。这种传输方式不是一种动态信道共享。在VSAT数据网中，TDMA协议对地球站业务量较大、数据传输速率较高的系统比较适合。但对于像VSAT这样一种站数十分多的系统，单纯使用TDMA是不合理的，但TDMA是一种很有吸引力的多址方式，尤其是数字传输系统为TDMA的实现创造了有利的技术基础。在VSAT系统中，TDMA是与FDMA及频率跳变(FH)结合在一起发挥其优点的。系统占用的带宽先按频率划分成各个载波，然后在每个独立载波的基础上采用TDMA，每个站指定的载波在所分配的时隙内发射，时隙的长短可以按业务量改变，也可以在必要时跳变到另一个载波上指定的时隙内发射。这种多载波的TDMA方式避免使用较大的TDMA载波，降低了小站发射功率和成本，在VSAT系统中被广泛应用。

5. 随机多址协议

随机多址协议的特点是网中各个用户可以随时选取信道，因此在同时使用信道时会发生“碰撞”，若对于遭受碰撞的报文采用某种适当的“碰撞分辨算法”，最终可以成功地重发。图4-12所示为一般随机多址系统的报文流程图，可以看出，随机多址规则主要表现为新报文入网和重发(碰撞分辨)算法的结合。

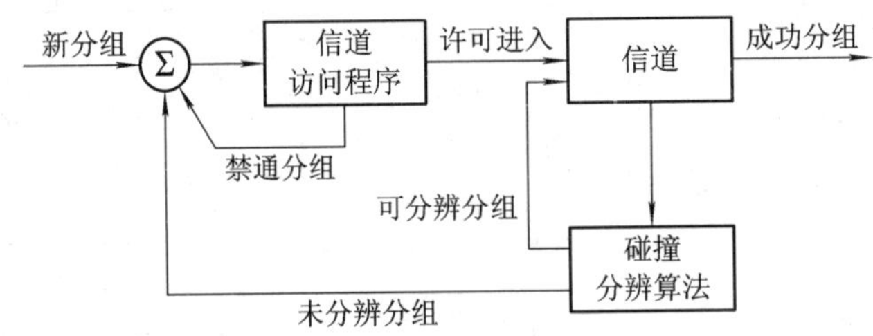

图4-12　随机多址系统的一般形式

随机多址协议也分为非时隙和分时隙两种方式。其中，非时隙方式包括P-ALOHA、SREJ-ALOHA(选择拒绝ALOHA)、RA-CDMA(异步分组CDMA)和C-ALOHA(捕获效应ALOHA)等方式，分时隙方式包括S-ALOHA(时隙-ALOHA)、CRA(异步分组CDMA)和ARRA(预告重发随机多址)等方式。

ALOHA方式已在第2章中做了具体介绍，下面仅对RA-CDMA、CRA和ARRA进行描述。

对于RA-CDMA来说，CDMA属于宽频带、低信噪比工作方式。信道的共享是利用伪随机正交码的相关性区分不同地址的。当信号使用扩展系统和ALOHA相结合的多址协议后，分组的抗干扰性增强，系统容量有所提高，并可以提供较好的延迟特性，但增加了设备的复杂性，同时也存在业务量增大后系统稳定性差的问题。

对于CRA来说，其主要特点是系统采用载波和碰撞检测方法。这种协议适合于传输固定长度的报文。它是基于一种冲突分解的算法，使碰撞的分组依次重发，或者说是基于有规则的重发程序和新报文入网规则。它与S-ALOHA不同，不是采用随机延迟和自由入网。如果碰撞分解程序收敛，则可保证信道能稳定地工作。采用这种冲突分解算法的容量一般可能达到0.43～0.49。正是由于它具有这样一些优点，且性能优于S-ALOHA，所以这种多址协议也受到了人们的关注，并仍在进一步研究和发展。

对于ARRA来说，由于在随机多址系统中，重发实际上是伪随机的，是可以预测的，所以对未来试图进行重发时隙的预告，可以用来防止新发射分组与重发分组相互干扰；另外，通过预测来重发分组之间的碰撞，可以使所有不成功的重发中途停止。它的主要缺点是系统的复杂程度比S-ALOHA的大。小站的价格因素会制约它的发展。

6. 预约多址方式

预约多址是指用户在发送数据报文前，先发送一申请信号，得到确认后才能发送报文。对传输信道而言，这是一种动态按需分配方式。它主要包括非时隙自同步预约和分时隙的R-ALOHA(预约-ALOHA)、TDMA-DAMA、AA-TDMA(自适应TDMA)等协议。

非时隙自同步预约的主要思想是对申请预约信息以非时隙模式(例如ALOHA)方式提供初始入网，当收到规定数目的成功申请后，信道进入自同步预约报文传送模式。由于在协议中信道时间的分隔是动态划分的，因此与传统的TDMA系统相比，具有更优良的延迟—吞吐量特性。

R-ALOHA方式可以实现长报文和短报文的通信，能很好地解决长、短报文的兼容问题，具有较高的信道利用率。但信道的稳定性问题仍未解决，其实现难度要大于S-ALOHA。

TDMA-DAMA是时隙预约多址方式。它是可控的按需分配多址方案，预约信息的多址有固定分配的TDMA方式和S-ALOHA方式两种，让可能的碰撞发生在预约层上，信号在预约层上是以时隙模式传送的，一旦预约成功，系统将按用户的优先权和业务类型，将预约时隙分配给用户终端，使实际数据报文在预约的时隙上无碰撞传输。由于卫星链路传输延时长，因此预约申请过程的等待时间较长。对于可变长数据报文业务，DAMA-TDMA是一种可行的卫星多址技术，并可以处理混合业务，例如交互型数据和文件传输共存的情况。

AA-TDMA，即自适应TDMA，可以看成TDMA方式的改进型，其工作原理与R-ALOHA方式相似。所谓自适应协议，即在轻业务负载下按随机多址方式工作，当业务量增加时自动地变成预约协议。这种方式的适应性强，但实现起来比较复杂，系统的平均信通利用率在P-ALOHA和TDMA方案之间。

7. 多址协议的性能比较

上面描述了一些多址协议，若要评价它们在VSAT网中的性能，则必须结合VSAT网的业务性质和业务模型来分析。从业务性质方面来看，VSAT网主要分为交互型事务处理、询问/应答型事务处理、叙述/记录事务处理和成批数据事务处理等类型。

(1) 交互型事务处理。这是小规模数据传输，这种业务的特点是所传的数据长度很短，具有突发性，响应时间短，只有 2～5 s。譬如计算机间的数据交换、文档编辑等都属于这种业务。

(2) 询问/应答型事务处理。这种业务虽然也具有突发性，但数据长短可能有相当大的变化，而且询问与应答的数据规模也往往是不同的。一般询问信息很短，而应答信息较长，可能从几行到几页报告，或者是一个表格。根据应用场合的不同，所需响应时间也有很大差别，可能是几秒(如飞机订票)到几小时(例如已归档的信息检索)。这类业务处理在商业管理信息系统、仓库管理以及旅行预订客房、座位等场合均会用到。

(3) 叙述/记录事务处理。这是以文件字符格式进行的数据传输，例如电传、转报、文字处理等等。处理格式很像普通信件，数据格式均含有源地址和目的地址、正文和传送结束等字段，所需时间可能为几秒到几分钟。

(4) 成批数据事务处理。它是以字符或二进制格式进行交换的大量数据用户间的通信，譬如传真、图像数据、计算机软件传递等等。图像数据和计算机数据性质上的差别会影响到终端设备的收发方法。高速传真虽要求宽带设备，但可以不用精确的差错控制协议进行传送，而计算机数据则必须有精确的差错控制协议。所以成批数据传输的特点是数据量较大、传输时间较长。

为了比较和评价 VSAT 网和多址协议的性能，现结合交互型事务处理作一些分析。

1) VSAT 网业务模型

对于交互型事务处理业务，VSAT 站产生的报文一般是短的，可变长度的，且平均速率低于多址信道速率(内向传输速率)。通常，VSAT 站的业务模型大致可用如下两个参数表示：一个是新报文产生的平均数据速率(字符/秒)，另一个是报文长度分布参数。

对于上述 VSAT 网的几种常见的事务处理业务，图 4-13 给出了它们的平均数据速率与平均报文长度的大致范围。其中交互式数据在坐标原点附近，平均数据速率较低，报文长度较短。不难理解，图中的长度分布参数是以平均值表示的。对于具体的特定应用，需确定精确的报文长度分布，才能给出精确的估算。而在一般情况下，都是假设报文长度分布是按具有一定平均长度和最大长度的截尾指数分布的，而采用指数分布近似，可以给出最不利的结果。

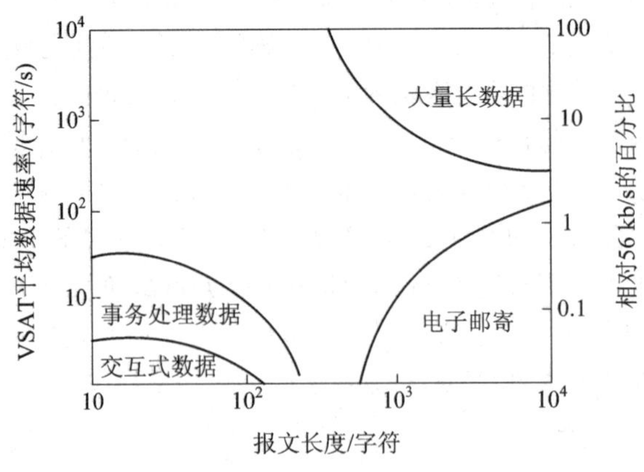

图 4-13　几种 VSAT 网通信的平均数据速率与报文长度的关系

2) 性能比较的指标

进行网络设计时，要根据 VSAT 站网的多址协议的性能来确定究竟选用哪一种协议。为此，了解下列评价比较的指标是十分必要的。

(1) 延迟、吞吐量 S 及共享信道的 VSAT 站数目 N。从用户角度来看，VSAT 站入网多址协议的一个关键指标是延迟要短。它可用平均延迟和延迟分布来描述，延迟分布又可用峰值延迟来表示，即以延迟分布为 95%时的数值来表示。

从运行角度来看，用户关心的是共享信道的 VSAT 站数目 N。由于它和吞吐量有直接关系，所以一般多用平均延迟与吞吐量来表征多址协议的性能。

(2) 稳定性。采用争用协议的 VSAT 网，无论是用于传输数据报文，还是传输预约申请信息，都存在一个潜在的不稳定问题。例如 ALOHA 方式，当业务量较小时，吞吐量是随业务量的增加而加大的。由于碰撞的概率逐渐加大，当业务量大到一定程度后，再增加业务量，吞吐量反而下降。若信道长时间处于拥塞状态，以致无法正常通信，则表明该信道"不稳定"。所以应该将"容量"理解为在稳定运行的条件下采用一定的多址协议可能达到的最大吞吐量。

(3) 信道总业务量 G。信道总业务量是在不同信道负载条件下所有业务量的归一化测度，其中包括碰撞和附加开销业务量。随机多址协议总业务量 G 与吞吐量 S 的差值，则表示因碰撞造成的重发业务量的大小。对于预约多址协议，这一差值则表示因预约业务开销的大小。

对于可变长度报文的情况，还需进一步讨论不同多址协议条件下，平均延迟与报文长度变化的关系。

关于多址协议性能比较的方法，可以用解释的方法，也可以用计算机模拟(仿真)的方法。图 4-14 给出了几种多址协议的部分特性曲线，由图可以了解各多址协议的相关性能。

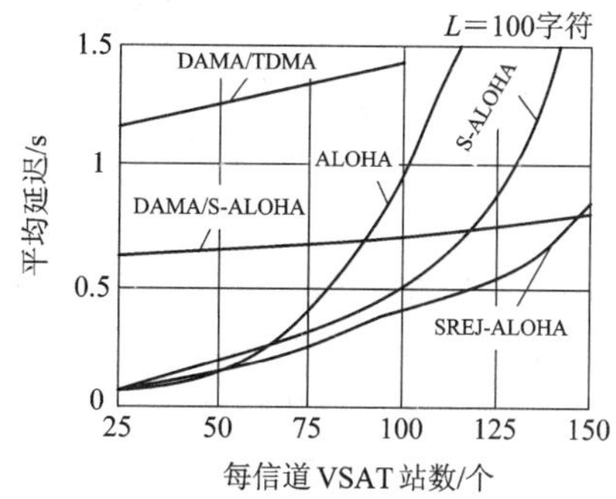

(a) 平均延迟与每信道VSAT站数(基本参数)的关系

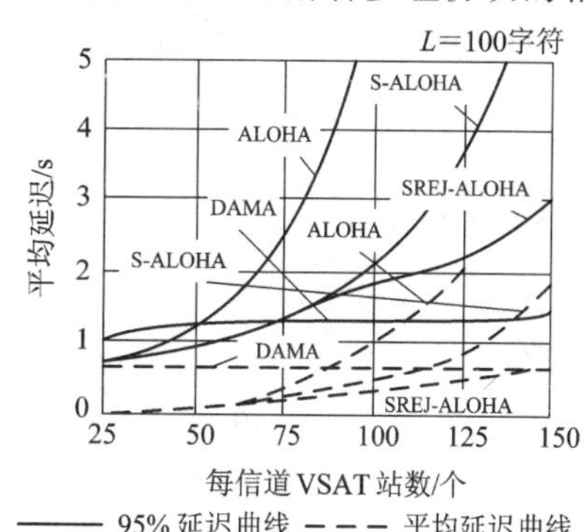

(b) 平均延迟和95%延迟与每信道VSAT数目之间的关系曲线(基本参数)

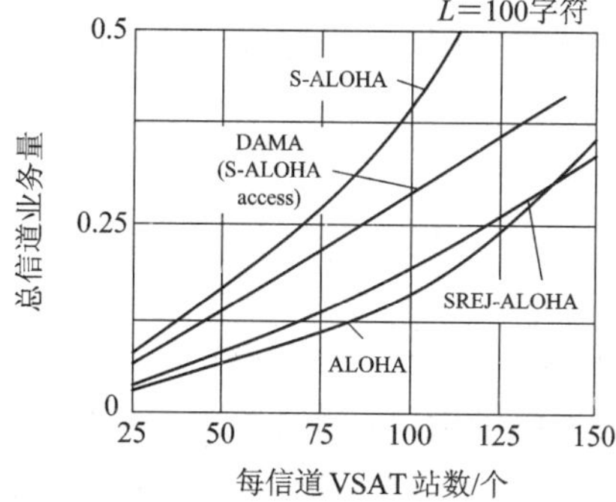

(c) 总信道业务量与每信道VSAT站数的关系

图 4-14　几种多址协议特性

4.3.4 VSAT电话通信网

1. VSAT电话网的特点

就传送信息这一点来说，电话通信与数据通信并没有明显的区别，也就是说所有的通信，其目的都是互换信息，而且话音信号经过“数字化”处理，也可以用数码序列来表示，因此，也可以说它是数据的一种原始信息。但是，电话通信与数据通信仍有区别，主要有如下几点：

(1) 通信对象不同。数据通信是人—机或机—机之间的通信。而在电话通信中，通信的双方都是人，即人—人之间的通信，因此是实时通信，对传输时延要求很严。

(2) 通信内容不同。在数据通信中，传输的是“数据”，即一系列的字母、数字和符号，等等。而在电话通信中，所传输信息的内容是连续的话音，是一种“流型”业务。

(3) 对传输差错的要求不同。数据通信的对象是计算机，它是依靠进来的“0”、“1”码动作。若因传输差错而使原来的“0”变“1”或“1”变“0”，将会引起计算机的错误动作。因此，在数据通信中，误码率的要求比较严格。但电话通信双方都是人，所以信息在传输过程中造成的差错，人是容易理解、判断并加以纠正的。例如，两人打电话，若有一两个字听不清楚，可以要求对方再讲一次或者根据说话的内容加以推测，所以对差错的要求比较低。

(4) 组网要求不同。由于话音通信对传输实时性要求很高，而卫星通信传播时延较长，因此，用户的要求通常是希望网内任意两个VSAT小站能够直接通话而不是经过主站转发(双跳会使响应时间超过1 s，用户不易习惯)。这个要求决定了话音VSAT网应该采用网形拓扑结构。

2. VSAT话务量分析

设计电话网所遇到的重要问题之一是能否提供足够的线路和交换设备，使电话用户得到适当合理的服务质量。同时，还要避免使用过多的设施而造成费用过高。要做到这一点，工程技术人员就需要知道网路上载送的话务量(或业务量)的某些性质。要使这项工作合乎科学，就有必要有某些客观的度量方法和某些适当规定的度量单位。

1) 话务量(或业务量)

话务量又叫话务量强度，是度量用户使用电话设备频繁程度的一个重要量，是一个统计平均值。它可分成流入话务量和完成话务量。流入话务量(或呼叫话务量)是指每小时呼叫次数和每次呼叫平均占线时间的乘积。假定每小时呼叫C次，其中接通C_C次。平均占线时间为t_0，则流入话务量为

$$A = Ct_0 \tag{4-1}$$

而完成话务量则为

$$A_C = C_C t_0 \tag{4-2}$$

其单位为欧兰(Erlang)，简记为erl或e。

可以看出，用erl作单位的话务量A，可理解为一个平均占用时长内，话源发生的平均呼叫数，还可理解为同时发生的呼叫次数，也即同时占用的信道数。

例如，某系统平均呼叫率为200次每小时，而系统平均通话的时间为0.05 h，则$A=200\times0.05$ e$=10$ e。

2）呼损率（阻塞率）

呼损率即呼叫不通的概率，它只考虑因系统不能提供服务而丢失的呼叫，不包括因被叫忙而不通的呼叫。在全部 C 次呼叫中，如果接通 C_C 次，显然，没有接通的次数为 $C_L=C-C_C$，损失话务量为

$$A_L = C_L t_0 = (C - C_C)t_0 = A - A_C \tag{4-3}$$

它与所进行的呼叫话务量之比称为呼损率 B，即

$$B = \frac{A_L}{A} = \frac{C_L}{C} \tag{4-4}$$

例如，呼损率为10%，即表示呼叫丢失的概率为10%。也即在该系统中平均10次呼叫会有1次因系统阻塞而丢失。阻塞率也反映了系统的服务等级，阻塞率越小，意味着服务等级越高。

显然，在一个通信系统中，提高信道效率与降低阻塞率是有矛盾的。对于一定的用户和一定的话务量而言，信道数越多，则阻塞率就越低，服务等级就越高，但信道效率却越低。

3）忙时

系统的实际话务量是随机变化的。所谓忙时，是指系统的业务最忙的一小时区间。实际上，各个电话用户在任何时间都可能使用他的电话，然而一天中有几个时间可能比其他时间用得更多一些。通过对大量用户的统计，就可能得到典型的一天平均呼叫的估计图形。电话用户的使用情况，在周末和周日与日常上班日的情况是不同的。在发生事故或天气突然变化等情况时，很可能发生标准图形所不能预测的局部变化。典型的24 h的呼叫结构图如图4-15所示。高峰的幅度是相对的，垂直标度的单位取决于所考虑的用户抽样的规模。一个系统的用户并不都在忙时打电话，只有一部分业务量集中在忙时，忙时业务量和每天总业务量之比称为忙时集中系数。例如，每天1000次电话中若有300次是在忙时打的，则忙时集中系数为0.3。一个系统的服务等级要看它在忙时的阻塞率如何，忙时的服务令人满意，则其他时间就不成问题了。因此忙时业务量是重要的参数，而用24 h来平均的每小时业务量是没有什么意义的。所以，设备的设置是以标准忙时统计为基本依据的。至于有时由于没有预料到的对电话业务的临时需要，电话网偶然的超负荷，致使服务质量下降也在所难免，也是可以接受的。

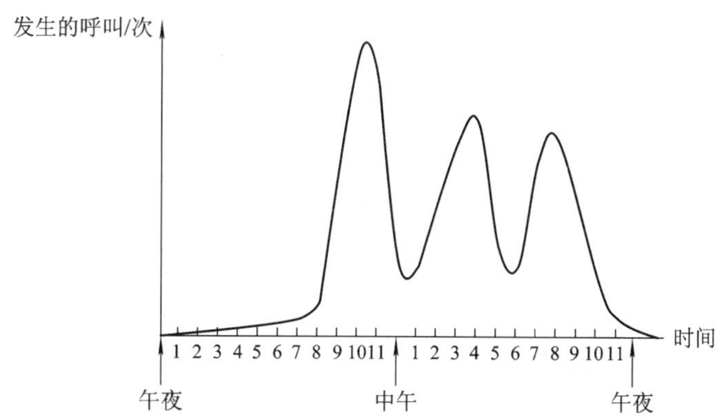

图4-15　典型的24 h的呼叫特性曲线

4）欧兰公式

这里讨论信道数 N、话务量 A 和阻塞率 B 之间的关系。在卫星通信系统中，电话业务的呼叫过程基本上都满足下列条件：

(1) 话源数足够大，远大于信道数，因此可以认为单位时间内呼叫次数的平均值是一个常数。

(2) 每一条输出信道都可被任一个输入的话源所使用。

(3) 阻塞概率较小，故可以认为流入话务量和完成话务量近似相等。

(4) 各个站的呼叫是随机发生的，呼叫的占用时长服从指数分布，各站之间的呼叫是相互独立的。

(5) 采用回绝制的交换方法，即发生呼叫时，若输出信道已被占满，就直接回绝呼叫用户的要求，造成一次呼叫损失(即阻塞)。

由话务理论可知，满足上述条件时，信道被占用概率服从欧兰分布。具有 N 个信道的通信系统，若某一个用户呼叫时，恰好 N 个信道已被占用，这时就造成阻塞，其阻塞率 B 分布服从以下公式：

$$B(N,\ A)=\frac{A^N/N!}{\sum\limits_{i=0}^{N}A^i/i!} \qquad (4-5)$$

此即欧兰 B 公式，因 B 是 N 和 A 的函数，故记为 $B(N,\ A)$。可以看出：

(1) 如果给定 N 个信道，要求传达话务量为 A，则阻塞率可由欧兰 B 公式算出。反之，给定信道数 N 和阻塞率 B，能传送的话务量可由式(4-5)的反函数算出；若给定阻塞率 B 及话务量 A，那么信道数 N 也就可以确定。

(2) 卫星通信系统的总体设计经常遇到的问题是：① 给定各发射站、接收站和转发器所允许的阻塞率 B，然后根据所传送的话务量来确定系统所需提供的总信道数(即通信容量)，进一步再确定所需的卫星功率、频带以及调制、解调方式；② 若由于技术条件限制，只能提供一定数量的信道数 N，则根据 N 及所要求的阻塞率 B 来限制各站之间的话务量 A。

(3) 根据欧兰 B 公式列出的函数表，称为欧兰表。图 4-16 是根据欧兰表作出的 A、N、B 函数关系曲线图的一小部分。从图中可看出：当阻塞率 B 一定时，话务量愈大，所需信道数 N 就愈多，信道效率 η 也就愈高。即若 $A_1<A_2<\cdots<A_i<\cdots$，则 $N_1<N_2<\cdots<$

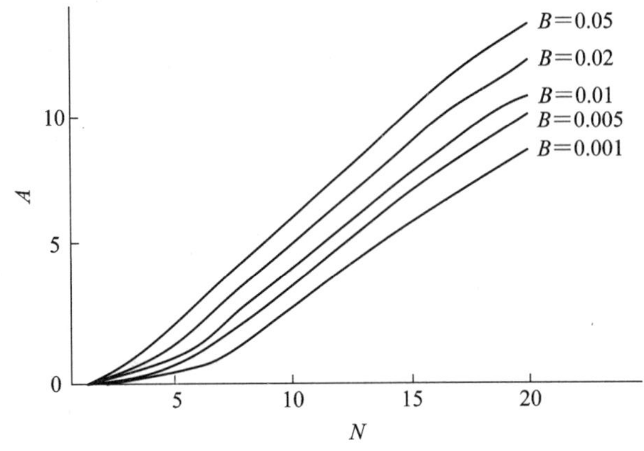

图 4-16　欧兰(Erlang)公式曲线图

$N_i<\cdots$及$\eta_1<\eta_2<\cdots<\eta_i<\cdots$。但当话务量超过某一数值后，$A\sim N$ 近似呈线性关系，此时，信道效率 $\eta=A/N$，近似为一常数。当信道数 N 一定时，话务量 A 愈大，阻塞率 B 也就愈大。

3. VSAT 电话网的网络结构

1）话音 VSAT 网的组成

话音 VSAT 网通常由一个中心站、卫星和许多话音 VSAT 用户小站组成，如图 4－17 所示。

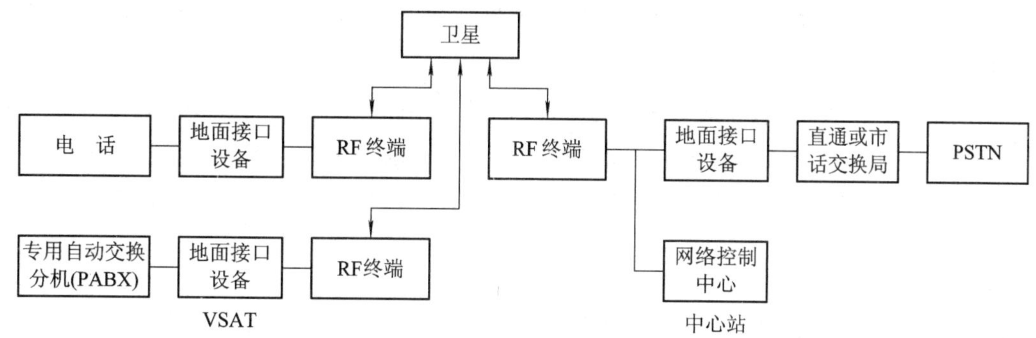

图 4－17 话音 VAST 网的组成

2）网络结构

对于使用静止卫星的 VSAT 电话网而言，用户通常要求任意两个 VSAT 小站能够直接通话而不经过中心站转发。这一要求决定了 VSAT 电话网应该是网形网，即话音 VSAT 网的业务子网是网形网，而控制子网是星形网。网控中心所在的站被称为中心站。网控中心负责处理话路 VSAT 网的交换功能，完成网络的监视、控制、管理、卫星信道频率分配和系统诊断等功能。

3）卫星信道

VSAT 电话通信网中通常有如下两类卫星信道。

（1）业务信道。话音 VSAT 网通常采用电路交换（即线路交换）方式，这是由电话业务的实时性决定的。话音 VSAT 网的业务子网中，业务信道（话音信道）较多采用简单易行的单路单载波按需分配的 SCPC/QPSK/DAMA 方式，有时也可采用时分多址按需分配的 TDMA/DAMA 方式，还有可变带宽的 TDMA 方式，以及多路单载波 MCPC 方式，至于模拟 CFM 方式也有应用，但已逐渐被数字系统所代替。除了按需分配信道资源方式之外，在少数大业务量的站间也可分配一定数量的固定预分配（PAMA）信道或分时预分配信道。

（2）控制信道。话音 VSAT 网的控制子网相当于一个数据网。在控制子网中有两种公用控制信道，中心站到远端小站采用 TDM 广播信道，小站到中心站采用 ALOHA、S－ALOHA 或其他改进型。这种方式技术简单，造价低廉，因此在实用系统中应用较多。

4.3.5 VSAT 网的总体方案设计

对于 VSAT 卫通信网系统的设计，要根据用户的需要，有效地利用卫星资源，以较低的投资达到所要求的通信质量和网络性能，即价格性能比好。

VSAT 系统的设计主要包括通信体制的确定、工作频段的选择、主站及 VSAT 规模的确定、典型链路的计算、造价评估等。建设 VSAT 网，首先要进行总体方案设计，要从使用、技术、工程及经济方面，优化系统网络构成。

总体方案设计包括使用总体、技术总体、工程建设总体三个方面。

(1) 使用总体：主要研究论证使用要求，进行概念设计，提出比较合理的技术总体要求。

(2) 技术总体：包括空间段卫星的选择、地球站的体制论证、卫星链路计算、各种参数优化和网络设计等。

(3) 工程建设总体：主要制定建设规范，实施计划、方法、步骤，开通程序及经费预算。

1. 用户需求分析

"用户需求书"是 VSAT 网总体方案设计的依据。用户不一定要了解通信技术，需求书只是从使用角度提出需求的内容、数量和质量等最基本的要求。总体方案设计首先应在用户的配合下，对"用户需求书"进行研究分析，制定合理的使用总体方案，并且确定技术总体的要求。

1) 需求内容

VSAT 网可传输数据、电话、传真、图像，并能召开电话会议、电视会议，开办远程电教等多种业务。开通某种业务必须给地球站配置相应的硬件和软件设备。也就是说，业务种类越多，地球站就越复杂，体积就越大，成本也就越高。所以，要综合多方面因素，比较权衡，区别情况：哪些是主要的业务，哪些是次要的业务；哪些业务必须在 VSAT 网中解决，哪些业务可在公用网中解决。这些都要周密调查研究，合理安排。

还有，用户需要建立什么结构的网络，就要搞清网中各业务点之间的距离和业务往来关系，从而决定网络的拓扑结构。

VSAT 网最基本的网络结构是星形数据网和网形电话网。20 世纪 90 年代又有了数话兼容、星形网与网形网合一的 VSAT 系统。先进的网络管理可以通过改变网络管理软件来改变网络结构。所以，VSAT 组网非常灵活，可以满足各种用户的需求。

2) 需求数量

(1) 建设规模。建设规模即建站数量的多少，取决于分散在各地的业务部门的数量及其地理分布状况。考虑地理分布状况是因为有些业务部门相距很近，之间又有通信线路连接，这种情况可共建一个 VSAT 站；有些部门地处通信发达地区，公用网的线路可以利用，可采用公用网线路与 VSAT 联网方式，不必建 VSAT 小站。总之，要把一切可利用的因素考虑进去，既要满足使用要求，又要尽量减小建设规模、提高经济效益。

(2) 业务量。所谓业务量，这里指的是话务量和数据量的大小及分布。① 话务量分析。话务量分析主要在于研究话务量与阻塞率、信道数及其分配的动态匹配关系。② 数据量分析。在数据传输中，数据量常用传输速率表示，有码元传输速率 R、比特传输速率 R_b 和消息传输速率 R_m 三种表示方法。

在 VSAT 网中，信道传输的数据量一般以消息传输速率表示。例如，从"用户需求书"中的统计数据得知，某金融 VSAT 网的各站之间每日传结账务数据合计 840 万笔。根据报文长短、编码格式等情况，采用每笔账 200 字节，每字节为 8 bit，按每天工作 6 h 计，则 $R_m=[840\times10^4\times200\times8/(3600\times6)]=622$ kb/s。

3）需求质量

通信质量包括传输信号的质量和可靠性。

（1）传输信号的质量。① 数字电路的通信质量与采用的语音编码数码率、调制制度以及传输误码率有关。一般语音编码的数码率越高，语音质量越好。调制制度不同，信号噪声比也不同，影响通话质量。语音编码的数码率和调制制度是通信技术体制选择的问题。在通信技术体制确定之后，通信质量主要由传输误码率 P_e 决定，一般增量调制（ΔM）要求 $P_e \leqslant 10^{-3}$，PCM 要求 $P_e \leqslant 10^{-4}$。用户对话音质量的要求往往是希望尽可能好，这意味着语音编码的数码率的提高，设备复杂，占用信道带宽增加，信道费用也就增加。因此，设计者应协助用户分析实际需要，提出合理的要求。② 卫星数据通信的质量好坏，主要取决于差错率，包括码元差错率、比特差错率和码组差错率。

（2）可靠性。VSAT 系统的可靠性包括卫星、信号传输和地球站三个方面。卫星可靠性一般都很高，可以满足用户的要求。传统的卫星传输信道有“恒参信道”之称，信号传输稳定可靠。而 VSAT 终端在许多情况下不易选址，且天线口径较小，波瓣较宽，难以避免所处环境中遇到的电磁干扰。因此，地球站（含网络管理设备）的可靠性是建立 VSAT 网所须重点考虑的部分，地球站的各个分系统都采用某种备用方式，以提高它的可靠性。

一般情况下，硬件的可靠性是表明它在设计条件下和规定的时间内，正常运行不出故障的概率。使用最为广泛的衡量可靠性的参数是平均故障时间（MTTF，Mean Time to Failure）和平均维护时间（MTTR，Mean Time to Restoration，包括确认失效发生所必需的时间以及维护所需要的时间）。地球站的可用平均概率，不仅决定于它的平均故障时间，还决定于分系统出故障后在多长时间内能够修理好或置换好。用 MTTF1 和 MTTR1 分别表示发送端的平均故障时间和平均维护时间，MTTF2 和 MTTR2 分别表示接收端的平均故障时间和平均维护时间，那么地球站的可用平均概率 P_A 为

$$P_A = P_{A1} P_{A2} \tag{4-6}$$

其中

$$P_{A1} = \frac{\text{MTTF1}}{\text{MTTF1} + \text{MTTR1}}$$

$$P_{A2} = \frac{\text{MTTF2}}{\text{MTTF2} + \text{MTTR2}}$$

在设计大型地球站时，要求的可靠性很高，即可以正常使用的平均概率大约为 99.9％～99.98％。

2. 确定使用的卫星

空间通信卫星资源是建立卫星通信系统的前提条件。空间卫星一般由专门的卫星公司来经营。建网部门可购买卫星转发器或租用卫星转发器或信道，组成自己的卫星通信网络。选择使用的卫星时应主要考虑这几点：卫星的轨道位置、卫星天线的覆盖区域、工作频段、卫星 EIRP 值、卫星的费用与服务。

1）卫星轨道位置及卫星天线的覆盖区域

为了确保我国国内各地球站都能有效地利用卫星进行通信，卫星的轨道位置必须在各地球站的有效可视弧段内，该弧段为：

C 频段，地球站天线仰角≥5°时，有效可视弧段为 65.22°E～147.25 °E。

Ku 频段，地球站天线仰角≥10°时，有效可视弧段为 72.9°E～140.75 °E。

另外，各地球站必须在卫星天线波束覆盖区内。一般要求覆盖区的边缘卫星 EIRP 值比中心小 3 dBW。

2）工作频段

目前，固定卫星业务普遍使用 C 频段(4/6 GHz)和 Ku 频段(11/14 GHz)，并正向 Ka 频段(20/30 GHz)发展。VSAT 系统采用 Ku 频段比较合适。

3）卫星 EIRP 值

卫星 EIRP 值受到卫星的能源、功率器件、地面通量密度要求，以及要覆盖我国大面积国土等限制，不可能太大，但我们希望尽可能大些，这样不仅可以增加转发器的容量(转发器容量大体上是由转发器的 EIRP 和地球站的 G/T 值的组合来决定的)，而且地球站可简单，天线口径可小，LNA 要求也低，地球站的成本就会下降。

目前卫星 EIRP 值一般有：

C 频段，国际通信卫星为 20～30 dBW；我国国内通信卫星为 30～40 dBW。

Ku 频段，国际通信卫星(点波束)为 44～47 dBW；我国国内通信卫星为 40～50 dBW。

以上覆盖我国国内通信卫星 Ku 频段比 C 频段 EIRP 值高，这并非频率高低所致，而是由于转发器的功率有适当提高。

4）卫星的费用与服务

技术的发展进步，使得购买卫星转发器或租用卫星转发器及电路的费用逐年下降。由于空间各卫星的技术状况不一样，经营者的管理、服务的差异，卫星的费用也不同。用户自然要选择那些技术状况适合自己使用，价格便宜、服务周到、可靠性好的卫星，而且对卫星的寿命及接续等空间保障体系应予重视。

5）我国可利用的通信卫星

我国使用的卫星主要有“亚洲卫星”“亚太卫星”“鑫诺卫星”“中星”，以及太平洋、印度洋上空的国际通信卫星等，还有其他一些卫星组织和卫星集团的通信卫星。所使用的通信卫星主要为地球同步轨道卫星(GEO)，卫星转发器通常采用透明转发机制，不进行星上数据处理。目前我国在轨自主可控的民用宽带通信卫星多达 15 颗，卫星转发器资源涵盖 C 频段、Ku 频段和 Ka 频段，可覆盖中国全境、澳大利亚、东南亚、南亚、中东以及欧洲、非洲等地区。例如，中星 12 号卫星定轨于东经 87.5°，其 Ku 频段中东非波束覆盖北京、中东和中北非地区。

3. 通信体制的选择

卫星通信的技术体制主要指基带信号处理方式、调制解调方式、多址接入方式、信道分配与交换方式。VSAT 系统一般为全数字通信系统。

在基带信号处理过程中，数据通信由于计算机提供的信号是二进制编码信号，因此只需进行接口处理。而电话通信提供的是模拟信号，要进行模数变换处理(信源编码与译码)。ITU 提出的，符合进入长途电话网络的标准有 64 kb/s PCM(脉码调制)、32 kb/s ADPCM(自适应差分脉码调制)、16 kb/s LD-CELP(低延迟码激励线性预测编码)。另外用得较多的还有 32 kb/s CVSD(连续可变斜率增量调制)，它的电路相当简单(已集成化)，在误比特率为 10^{-3}时仍能保持良好性能，甚至在 10^{-2}时仍能被接受。还有一些曾公布的编码标准，如欧共体(GSM)13 个国家公布的泛欧数字移动通信系统语音编码标准 13 kb/s

RPE/LT(长时预测规则码激励线性预测编译码器)，美国蜂窝通信工业协会(CTIA)宣布的北美 8 kb/s CELP 数字移动通信语音编码标准，美国国家安全局(NSA)公布的 4.8 kb/s CELP 新的声码器标准，以及美军原用的 2.4 kb/s LPC 声码器标准等。

上述语音编码标准，应根据处理时延、误码容限、级连编码容限(音频转接次数)、非话信号通过能力和语音再生质量等合理选择。

调制方式对数字通信，特别是 VSAT 网，一般情况下由于卫星功率受限，通常都采用功率利用率高的 BPSK 或 QPSK。

在多址接入及信道分配、交换方式方面，常用的多址方式有 FDMA、TDMA、CDMA、SDMA；信道分配方式有固定预分配(PAMA)、按需分配(DAMA)。它们各自适应于不同的使用场合。对于小容量稀路由的 VSAT 电话网，一般采用 FDMA 派生的单路单载波(SCPC)、按需分配(DAMA)为宜。对于数据网，鉴于它占用信道的随机突发性，峰值传送率与平均传送率之比很大，业务种类繁多，各站的速率可能不同，实时、非实时以及要求无差错传输等特点，传统的以通道为基础的多址体制不能达到较好的效率，而采用以分组为基础的卫星分组交换方式为宜，例如各种 ALOHA 方式。具体选择时应考虑信道通过效率要高，延时短，建立和恢复时间短，使用方便、灵活，实现简单，价格合理等因素。

4. 链路预算

卫星链路预算的目的在于通过计算、比较、权衡，安排系统中的各种参数，使之满足使用及传输质量要求，并能充分利用卫星转发器的频带、功率资源，提高使用效率。

由于目前 VSAT 的技术已发展成熟，在通信体制的确定、工作频段的选择和主站及 VSAT 规模等方面的设计已基本定型，下面仅对网络规模与业务、中继线数量与无线信道数等方面的计算作简单描述。

1) 网络规模与业务

VSAT 通信网由一个主控站和若干个远端站组成。远端站包括固定远端站和移动远端站两种类型，其中，固定站能以中继方式与本地公用电话交换网相连接，成为地面公用电话交换网的一个节点(简称汇接站)，也可作为终端用户，通过汇接站与公用电话交换网相连。移动远端站(又称为远端用户站)用户只能作为终端用户，通过汇接站与公用电话交换网相连接。网络结构为混合网，采用单路单载波/频分多址(SCPC/FDMA)连接，按需分配多址(DAMA)信道分配方式。主控站与一个汇接站合设一处，共用一套射频系统，保证对全网的控制管理及监控，如图 4-18 所示。

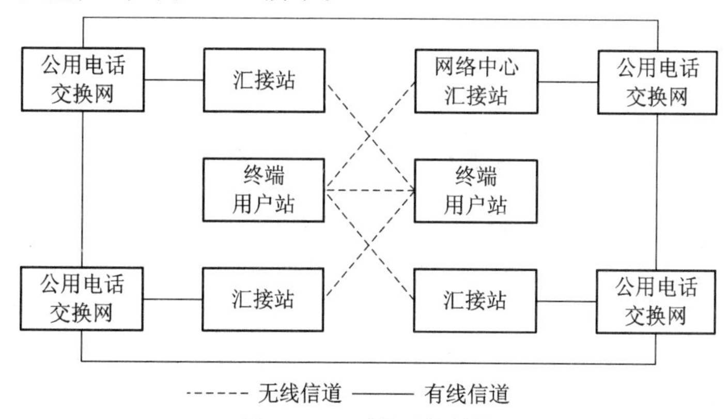

图 4-18 系统网络结构

VSAT 卫星通信网络可根据用户需要进行配置，以经营话音业务的某专网工程为例，全网共有 4 个汇接站以中继线方式与公用电话交换网相连，150 个终端用户站通过 4 个汇接站出入公用电话交换网。每个终端用户站容量为 2 路，每路话务量 $A_{终}$ 为 0.3 e，其中，网内终端用户之间呼叫占 10%，网内用户与公用电话交换网之间相互呼叫占 90%，汇接站之间不提供无线信道的话务流向。因此，整个系统的总话务量为

$$A = A_{终} \times 2 \times 150 = 90\ \text{e}$$

2）中继线数量及无线信道数

（1）中继线数量。汇接站与公用电话交换网相连接的中继线数量取决于全网内的话务量，根据前面所设定的话务数据可知出入地面中继线话务量为

$$A_{地} = A \times 90\% = 81\ \text{e}$$

地面中继线呼损率按 0.005 考虑，通过查欧兰表可得到中继线数量为 101 条，即需 4 个 2 Mb/s 口(30 路)，每个汇接站与公用电话交换网各接一个 2 Mb/s 口，合计 4×30=120 条中继线。

（2）无线信道数。无线信道包括控制信道及业务信道。业务信道数取决于全网的话务量及信道的分配方式(DAMA 系统可视为全可变按需分配方式)。根据前面计算的全网话务量 90 e，按卫星链路阻塞率为 1%，查欧兰表得到系统的业务信道数为 107；DAMA 的控制信道包括 1 条外向控制信道和至少 2 条内向控制信道，根据设备的特点，本网设置 1 条外向控制信道和 3 条内向控制信道。

5. 网络设计

1）电话网

（1）网络结构。VSAT 系统的网络结构有星形数据网、网形电话网，以及星形数据网和网形电话网合一的 VSAT 系统，例如美国凌康(LINKCOM)公司生产的 VSAT/LCS－3000，网络拓扑结构如图 4－19 所示，其中实线为网形电话网。

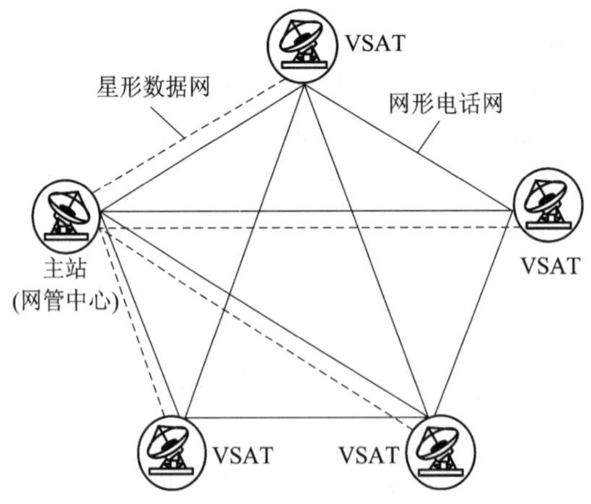

图 4－19　VSAT 网络结构示意图

（2）技术体制(全数字制)。语音编码方式一般选用 CCITT 推荐的 32 kb/s ADPCM 或 16 kb/s LD－CELP，在通话的话音质量要求不高的情况下，也可选用 13 kb/s RPE/LT 或 8 kb/s CELP；调制方式为 BPSK 或 QPSK，1/2 或 3/4 或 7/8FEC；多址及信道分配方式为 SCPC/DAMA 或 PAMA。

(3) 信道终端配置。假设某 VSAT 的话务量为 0.5 e，每次通话平均占用信道的时间为 0.05 h，要求全网呼损率为 0.03，各站呼损率为 0.01。由欧兰表可查得信道数为 3～4 路，即该站需配置 3～4 路信道终端单元。

又假设全网每个 VSAT 站均配置 2～4 个话路，每个话路端口平均每天(按 8 h 计)呼叫 40 次，每次平均占用时间 3 min，话务量为 0.0625 e。由欧兰表及简单运算，全网可设置电话端口数或 VSAT 站数列于表 4-3。

表 4-3　全网可设置电话端口数或 VSAT 站数计算结果

信道数/路	呼　损　率		
	0.01	0.03	0.05
20	192(96～48)	224(112～56)	244(122～61)
60	751(375～187)	824(412～206)	872(436～218)
100	1344(672～336)	1452(725～362)	1523(761～380)

(4) 用户入网接口方式。接口方式要根据各 VSAT 地球站用户的使用情况选用。

① 与用户电话机直接接口。这种方式适用于 SCPC 信道单元数较少，用户电话机数目等于或少于 SCPC 信道单元数的 VSAT 站，例如，地质野外勘探队、救灾、边防、海岛等用于特殊任务的 VSAT 小站。

② 与自动电话小交换机接口。这种方式适用于电话机数目多于 VSAT 站的 SCPC 信道单元数目，并配备有自动电话小交换机的场合。自动电话小交换机通常采用出、入中继电路合并使用方式，它与 SCPC 信道单元接口电路之间的中继线为二线。

这是半自动接续方式，A 站的用户可以通过拨号(中继引示号码+B 站的站号码)，自动接续卫星电路，并与 B 站相连接的交换机话务员通信联络。然后，通过话务员呼叫本站用户进行通话。

③ 与市话局接口。如果 VSAT 站位于城市内或近郊，需要使若干业务量很小的单位共同使用一个 VSAT 站，就可以把 VSAT 站的 SCPC 信道单元通过中继线路直接与市话局的交换设备相接。

④ 与长话局接口。这种方式是把 VSAT 站看作是长话网中一个特殊的转接局或终端局。例如，西藏与北京建设的电缆、光缆，其维护、管理复杂，费用相当高，而在两地建设卫星地球站，可使西藏用户通过卫星链路进入全国地面长途网。

2) 数据网

数据网一般是指若干独立的计算机和数据终端，通过网络彼此互相进行通信，并共享硬件或软件资源。

(1) 网络结构。选用星形网，主站与各 VSAT 站构成直达通信，VSAT 站之间由主站自动转接构成通信，其网络拓扑结构如图 4-19 所示，其中虚线为星形数据网。

(2) 传输体制。主站至 VSAT 站的外向载波(Outbound)，采用时分多路(TDM)方式。VSAT 站至主站的内向载波(Inbound)，采用 ALOHA 方式及其改进型。

ALOHA 有多种改进方式，例如，VSAT/LCS-3000 系统采用的是改进非同步分组随机突发和自适应排队方式，这种方式的数据吞吐量在不计再分组开销时，与 S-ALOHA

相当，即为 0.368。考虑再分组开销，有效吞吐量在 0.2～0.3 之间。由于它能很好地适应可变长业务的需要，又保留了非同步系统便于加密，设备具有可靠简单、操作方便等优点，所以实际工作性能通常优于 S-ALOHA。在大业务量的情况下，这种方式会自动进入自适应排队传输，吞吐量可达 0.6 以上。

(3) 信道配置。VSAT/LCS-3000 典型数据信道配置如图 4-20 所示。主站可发 1～30 个 64 kb/s(64～2048 kb/s 任选)TDM 外向载波；VSAT 站可共发 1～60 个 ALOHA 内向载波。1 个外向载波可对应 2 个内向载波工作。每个内向载波可连接 1～255 个 VSAT 站(由业务量大小而定)，全系统理论上可容纳 15 300 个 VSAT 站工作。用户可根据建网的规模大小，选择外向、内向载波的配置数目。

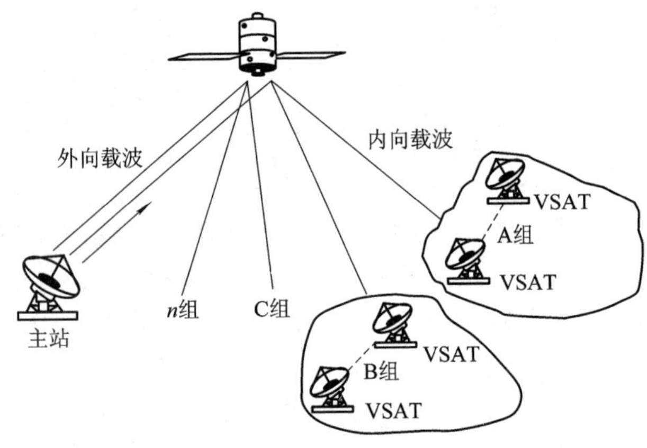

图 4-20 VSAT/LCS-3000 典型数据信道配置示意图

例如，VSAT 数据网总业务量 $D_{AD}=622$ kb/s，则外向载波业务量 $D_{AO}=D_{AD}=622$ kb/s，若 TDM 信道利用率为 $\eta=75\%$(一般是 70%～80%)，信道速率 $R_b=64$ kb/s，则

TDM 外向载波信道数为

$$N_O=\frac{D_{AO}}{\eta\cdot R_{bO}}=\frac{622}{0.75\times 64}=12.96\quad(\text{取整 } N_o=13)$$

核算外向载波的信道利用率为

$$\eta_O=\frac{D_{AO}}{N_O\cdot R_{bO}}\times 100\%=\frac{622}{13\times 64}\times 100\%=74.8\%$$

另外，内向载波的业务量 $D_{AI}=D_{AD}=622$ kb/s，若 ALOHA 信道利用率取 $\eta_I=25\%$，信道速率 $R_{bI}=64$ kb/s，则

ALOHA 内向载波信道数为

$$N_I=\frac{D_{AI}}{\eta_I\cdot R_{bI}}=\frac{622}{0.25\times 64}=38.9\quad(\text{取整 } N_I=39)$$

核算内向载波的信道利用率为

$$\eta_I=\frac{D_{AI}}{N_I\cdot R_{bI}}\times 100\%=\frac{622}{39\times 64}\times 100\%=24.9\%$$

3) 建网方式

建设 VSAT 网一般有自建网管和共用网管两种基本方式。

(1) 自建网管方式：自己建设主站及网络管理中心，租用一定数量的卫星信道，并自建大量 VSAT 小站，构成完全独立管理的专用网络。这种方式虽完全自主，比较方便，但投资大，建设周期长，管理复杂，用户不仅要对全网的业务运行进行管理，而且要花很大精力对全网的技术状态，包括空间信道的安排、协调等进行管理。

(2) 共用网管方式：租用主站及网络管理中心，自己只要建设 VSAT 小站，构成独立的通信业务网络。这种方式避免了自建网管方式的缺点，是通常建设 VSAT 网的好方式。如图 4－21 所示。

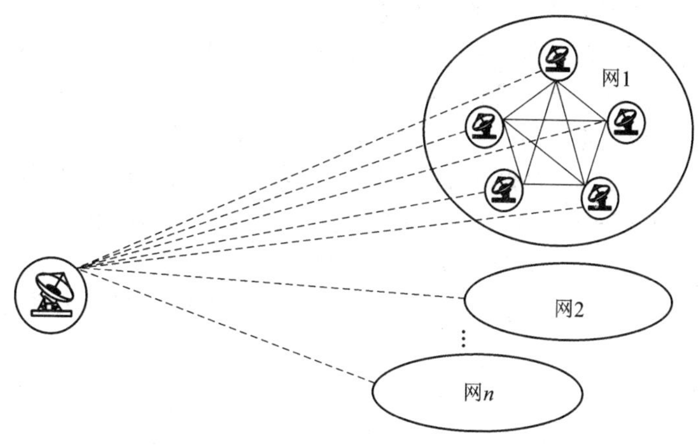

图 4－21　共用网管中心建网方式示意图

4.4　典型卫星通信网络系统

卫星通信主要包括卫星固定通信、卫星移动通信和卫星直接广播等领域。本节主要针对卫星固定通信和卫星直接广播这两个领域中的一些典型通信网络系统(如 IDR/IBS 系统、卫星电视、卫星 IP 网络、卫星宽带网络等)进行介绍。

4.4.1　IDR/IBS 系统

IDR 和 IBS 都是国际卫星组织(Intelsat)提供的一类数字卫星通信系统，只是服务的对象不同而已，它们均属卫星固定通信范畴。

1. IDR 系统

IDR(Intermediate Data Rate)即中等数据速率，其数据速率在 64 kb/s～44.736 Mb/s 之间，可以认为是 FDM/FM/FDMA 的数字化或者是 SCPC 的扩展。由于当时提出 IDR 是为了填补 Intelsat 的预分配 SCPC 系统(最大速率 56 kb/s)和 TDMA 系统(120 Mb/s)之间的空白，故取名“中等”一词。

所谓 IDR 业务，是指数据速率在 64 kb/s～44.763 Mb/s 范围内的数字话音和数据业务。用得最多的是 2 Mb/s 的数字载波，其次是 6.312 Mb/s 和 8.448 Mb/s，并逐步由单址 IDR 发展为多址 IDR。

1) 工作方式

IDR 系统采用 DSI＋ADPCM 信源编码、3/4 率 FEC 信道编码、TDM 多路复用方式、相干 QPSK 载波调制和 FDMA 方式，即 ADPCM/TDM/QPSK/FDMA 工作方式，其先进性体现在以下方面：

(1) 采用 QPSK 限带调制技术，其频谱利用率比 BPSK 高一倍。

(2) 采用 3/4 前向纠错卷积编码，维特比软判决解码，故纠错增益提高。

(3) 采用符合国际卫星通信组织 IDRIESS－308 规范的成形滤波器，限带后占用卫星带宽为传输速率的 0.6 倍，消除了码间干扰。

(4) 采用扰码技术，使数据时钟中断时载波仍能符合 IESS－308 的规范，即能提取时钟，因此 IDR 系统全网定时统一相对容易。

(5) 集成化、智能化程度高，测试调整简单，操作直观方便。

(6) 使用 DCME(数字电路倍增设备)技术，能够实现用户扩容，提高信道的利用率。

IDR 卫星系统技术比较成熟，设备规范比较完善，比 TDMA 系统简单，成本低。在当前或今后一个时期内，中小容量用户需求比较突出，特别适合于中国在内的发展中国家组成 IDR 卫星通信系统，我国目前许多省会城市都建立了 IDR 卫星通信系统的地球站。

2) 系统组成

采用 DCME 技术的 IDR 扩容系统如图 4－22 所示，其中 DCME 由低速编码(LRE)和数字话音内插(DSI)技术组合而成，LRE 采用 ADPCM，可将每路的信息速率由 64 kb/s 压缩到 32 kb/s，从而获得 2 倍的增益；DSI 增益可达 2.5 倍，话路越多，倍增效应越好，这两种技术的组合，总电路倍增增益可达 5 以上。因此，IDR 通过 DCME 信道复用，复用度可达 1∶5 和 1∶7，甚至达到 1∶10 以上。因此，这是一种新的、经济而有效的卫星通信方式。

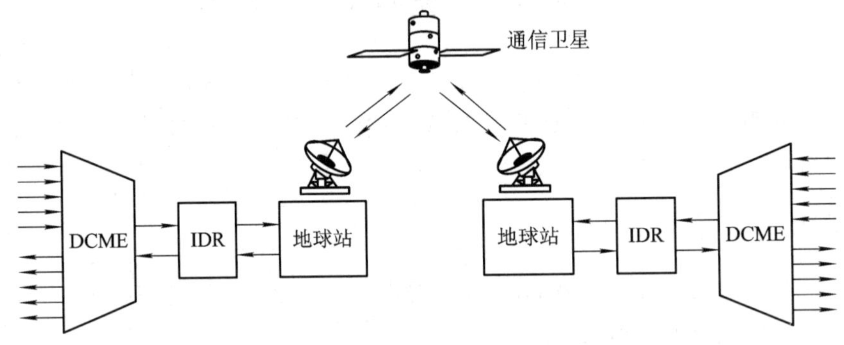

图 4－22　IDR 及 DCME 扩容系统图

DCME 技术广泛应用于国际、国内通信容量不是很大的地球站，如图 4－23 所示。采用这种技术可以灵活实现多种容量的卫星通信系统。如发送端可将 8×2.048 Mb/s 数字信号压缩成 1×2.048 Mb/s 数字信号在卫星链路上传输，接收端再扩展回原来的 8×2.048 Mb/s；可实现将发送端 10×1.544 Mb/s 数字信号压缩成 1×2.048 Mb/s 数字信号在卫星链路上传输，接收端扩展为 8×2.048 Mb/s 或 10×1.544 Mb/s 数字信号；可实现将发送端 8×2.048 kb/s 数字信号压缩成 1×1.544 Mb/s 数字信号经卫星链路传输后，接收端扩展为 8×2.048 Mb/s 或 10×1.544 Mb/s 数字信号。除此之外还可以进行多种编组运行。

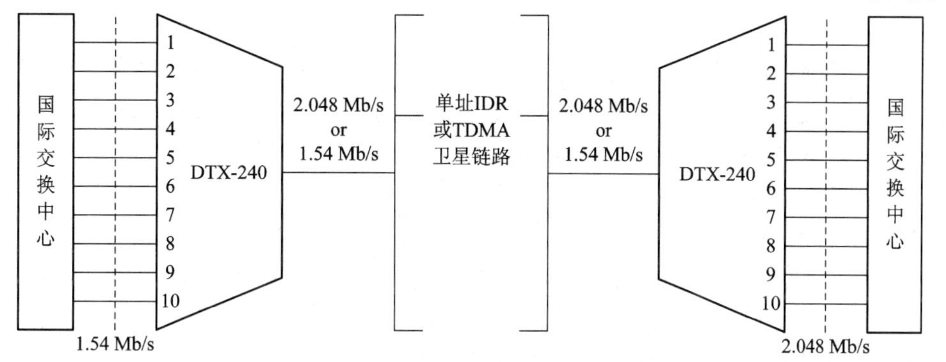

图 4-23　数字卫星链路上的 DCME 设备应用

2. IBS 系统

IBS(International Business Service，国际商用业务)是为专用网设计的中速率数字系统，能够提供多种业务，通信方式灵活多样，设备安装方便，是目前应用较广泛的系统。

IBS 系统数据速率为 64 kb/s～8.448 Mb/s，各挡数据速率比 IDR 分得更细一些，信道编码采用 1/2 率 FEC，也可以采用 3/4 率 FEC，其余特征与 IDR 的基本一致，它们都属于同一种通信体制的系统。

下面将简单介绍该系统的地球站标准、传输参数和服务质量方面的相关数据和要求。

1) 地球站标准

IBS 系统的普通地球站有 C 频段的 A、B 型和 Ku 频段的 C 型。作为普通地球站的补充，还引入了 F 标准站(C 频段)和 E 标准站(Ku 频段)，表 4-4 列出了这些标准站的天线尺寸和 G/T 值。系统允许利用非标准地球站使用 IBS 空间转发器容量，但必须先得到主管部门的批准。

表 4-4　IBS 地球站技术特性

地球站标准		天线尺寸/m	G/T 值/(dB/K)
Ku 频段	E1	3.5	25.0
	E2	5.5	29.0
	E3	8.0	34.0
	C	13.0	37.0
C 频段	F1	4.5	22.7
	F2	8.0	27.0
	F3	10.0	29.0
	B	12.0	31.7
	A	18.0	35.0

作为国家级的信关站，应采用大型地球站(如 C 频段的 15～18 m 站；Ku 频段的 11～13 m 站)，并应有一个网控中心。作为城市信关站或地区卫星通信港(Teleport)，一般可采用中型地球站(如 C 频段的 9～11 m 站，Ku 频段的 5.5～9 m 站)。小型站(如 C 频段的5～7 m站，Ku 频段的 3.5～5.5 m 站)用作专用网或小用户群的信关站。

2）传输参数

从 IBS 系统的网络协议和体系结构来划分，有封闭型和开放型两类网络。前者的用户在一组特定的参数方面保持一致，以便于网内用户选择所需的数字系统，满足其特殊要求。后者是为支持一组普遍认同的技术参数而设计的，以便于与其他网络接口，并为此对公共终端性能做出了一系列规定。

封闭网支持的信息速率为 64 kb/s、…、1544 kb/s、2048 kb/s、…、8448 kb/s，开放网支持 64 kb/s、…、1544 kb/s、2048 kb/s 的信息速率。两种网络都采用 QPSK 调制，1/2FEC 编码(但封闭网的报头为 10%，开放网为 6.7%)。表 4－5 列出了一些数据速率下的传输参数，表中所列的“分配带宽”包括保护间隔，实际信号占用的带宽要小(表中未列出)，如信息速率为 64 kb/s 和 2048 kb/s(传输速率分别为 141 kb/s 和 4500 kb/s)的信号，实际占用带宽为 85 kHz 和 2700 kHz，基带成形滤波器滚降系数为 0.2，“分配带宽”分别为 112.5 kHz 和 3173 kHz。

表 4－5　IBS 传输参数(E_b/N_0＝4.6 dB 时)

信息速率/(kb/s)	封闭网(报头 10%)				开放网(报头 6.7%)				C/N/dB
	传输速率/(kb/s)	分配带宽/kHz	C/T/(dBW/K)	C/N_0/(dB·Hz)	传输速率/(kb/s)	分配带宽/kHz	C/T/(dBW/K)	C/N_0/(dB·Hz)	
64	141	112.5	－172.4	56.2	137	112.5	－172.5	56.1	6.8
384	846	607.5	－164.7	63.9	819	607.5	－164.8	63.8	6.8
1544	3400	2408	－158.7	69.9	3277	2318	－158.7	69.9	6.8
2048	4500	3173	－157.4	71.2	4369	3082	－157.5	71.2	6.8
8488	18 600	13 028	－151.3	77.3					6.8

3）IBS 业务类型和业务质量

IBS 业务在用户要求的比特率基础上，可以是全时租用业务、部分时间租用(在每天的特定时段租用)业务、短期全时租用(租期 1～3 个月)业务和临时租用(0.5 小时起，之后以 15 分钟为增量计费)业务。对于全时租用业务，以 9 MHz 的带宽增量来分配部分或全部转发器。

所提供业务的质量有两个等级：基本 IBS 业务和超级 IBS(Super IBS)业务。

(1) 基本 IBS 业务。C 频段可提供符合 ISDN 标准的服务质量，晴天条件下 BER$\leqslant 10^{-8}$；恶劣天气条件下，每年 99.96%的时间保证 BER$\leqslant 10^{-3}$。

Ku 频段，晴天条件下 BER$\leqslant 10^{-8}$；恶劣天气条件下，每年 99%的时间可保证BER$\leqslant 10^{-6}$。

(2) 超级 IBS 业务。C 频段与基本 IBS 业务相同。Ku 频段提供符合 ISDN 标准的服务质量。晴天条件下 BER$\leqslant 10^{-8}$；恶劣天气条件下，每年 99.96%的时间保证BER$\leqslant 10^{-3}$。

表 4－6 列出了开放网的服务质量和系统余量。

表 4-6　IBS 开放网的服务质量和系统余量

性能指标	C 频段(6/4 GHz)	Ku 频段(14/11(12) GHz)	
业务	基 本	基 本	超 级
不可用性(%每年)	0.04	1.0	0.04
晴天 BER 门限 BER	10^{-8}(C/N=6.8 dB) 10^{-3}(C/N=3.8 dB)	10^{-8}(C/N=8.2 dB) 10^{-6}(C/N=5.7 dB)	10^{-8}(C/N=10.8 dB) 10^{-3}(C/N=3.8 dB)
系统余量/dB	3.0	2.5	7.0

4.4.2　卫星电视

卫星电视从广义上讲属于卫星通信范畴，目前得到迅猛发展，特别是卫星电视直播业务已成为卫星通信业发展的主流。为此，下面介绍卫星电视广播系统。

1. 卫星电视广播系统的组成

卫星电视广播是指利用 GEO 卫星转发电视信号，直接实现个体接收和集体接收的电视广播。卫星电视广播系统包括 GEO 卫星、地面主发控站和测控站以及地面接收网三大部分，如图 4-24 所示。卫星接收并转发由地面主发控站发射的电视信号，供地面接收网站接收。主发控站一方面把电视节目中心的电视信号发送给卫星，另一方面还和测控站一起担负着对卫星的轨道位置、姿态、各部分的工作状态等参数的测量、遥控、发出指令等任务。地面移动站是为适应临时性电视实况节目向卫星直接传送或进行各种数据测试而设置的。地面接收网分为两种类型：一种是供地方电视台、收转站以及专门接收数据等而使用的专业接收站；另一种是供个体或集体接收电视信号的简易接收站。主发控站、静止卫星、移动站之间是一种双向点对点的通信系统；静止卫星和简易接收站、专业接收站之间则是一种单向的点对面的广播系统。

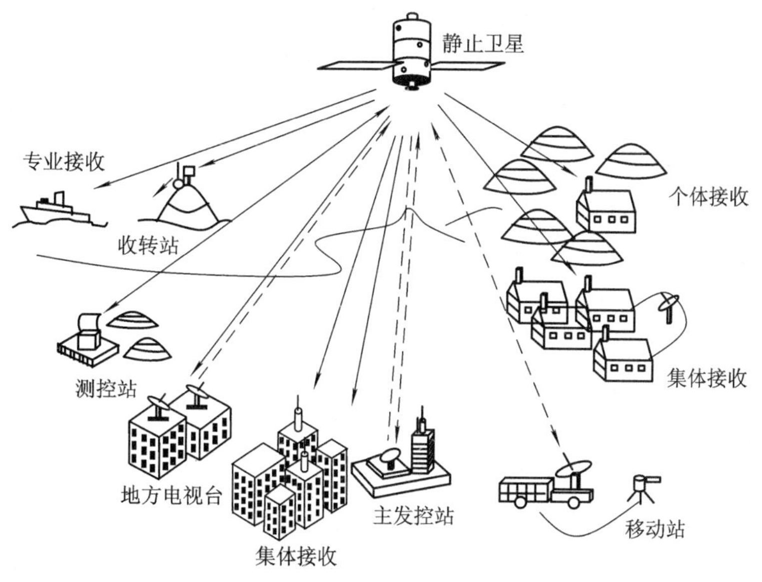

图 4-24　卫星电视广播系统示意图

2. 卫星电视基带信号

由电视原理知道，电视分为黑白电视和彩色电视。黑白电视的全电视信号包括图像信号、行消隐信号、行同步信号、场消隐信号、场同步信号以及前、后均衡脉冲。其中图像信号是单极性的，只能取正值和负值。而彩色电视是在黑白电视的基础上发展起来的，其彩色电视信号除包括图像信号、复合消隐信号和复合同步信号外，还包括色度信号。

目前彩色电视与黑白电视大部分采用兼容制，国际上已采用的彩色电视制式有如下三种：

(1) NTSC 制(正交平衡调幅制)。NTSC 制包括正交调制和平衡调制两种，它是美国在 1953 年 12 月首先研制成功的，并以美国国家电视系统委员会(National Television System Committee)的缩写命名。其特点是解决了彩色电视和黑白电视广播相互兼容的问题，但也存在相位容易失真、色彩不太稳定的缺点。美国、日本、加拿大等国家采用。

(2) PAL 制(逐行倒相制)。PAL 是英文 Phase Alteration Line 的缩写，即对同时传送的两个色差信号中的一个色差信号采用逐行倒相，另一个色差信号进行正交调制的方式。它是由联邦德国在综合 NTSC 制的技术成就基础上于 1962 年研制出来的一种改进型，其优点是对相位失真不敏感，图像彩色误差较小，与黑白电视的兼容好，缺点是编码器和译码器复杂，信号处理比较麻烦，接收机造价高。中国、德国、英国、荷兰、瑞士、泰国、新加坡、澳大利亚等国家采用。

(3) SECAM 制(调频顺序转换制)。SECAM 的法文意思为“按顺序传送彩色与存储”，SECAM 制即亮度信号每行都传送，而两个色差信号则是逐行依次传送的方式。它是由法国于 1966 年研制成功的，与 NTSC 制和 PAL 制的调幅制不同，其特点是不怕干扰，彩色效果好，缺点就是兼容性较差。法国、苏联、埃及等国家采用。

我国从卫星上可收到的其他国家的卫星电视节目制式分别有 M/NTSC(美、日)、K/SECAM(苏联)，为此，可以把这两种制式与我国使用的 D、K/PAL 制式作一对比，如表 4-7 所示。这三种制式可相互转换。

表 4-7 电视三种制式参数比较表

参　数	D、K/PAL 制	M/NTSC 制	K/SECAM 制
每幅画面行数/行	625	525	625
帧频/场频/Hz	25/50	30/60	25/50
标称视频宽带/MHz	6.5(5.5)	4.5(4.18)	6
伴音与图像载频之距/MHz	6.5	4.5	6.5
色副载频 f_S(或 f_{SR})与行频 f_h的关系	$f_S=\left(\frac{1136}{4}-\frac{1}{625}\right)f_h$ 或$\left(284-\frac{1}{4}\right)f_h+25\text{Hz}$	$f_S=\frac{455}{2}f_h$	$f_{SR}=262f_h$ $f_{SR}=272f_h$
色副载波频率及允许偏差	4.433 618 75 MHz ±5 Hz	3.579 554 5 MHz ±10 Hz	f_{SR}=4.406 25 MHz±2000 Hz f_{SR}=4.2500 MHz±2000 Hz
色差信号	$U=0.493(B'-Y')$ $U=0.877(R'-Y')$	$I=0.74(R'-Y')$ $-0.27(B'-Y')$ $Q=0.48(R'-Y')$ $+0.41(B'-Y')$	$D_R=-1.9(R'-Y')$ $D_B=1.5(B'-Y')$

3. 卫星电视广播信号的传播

1979 年国际无线电管理委员会将卫星广播的频率分为 6 个频段，有 L、S、Ku、K、Q、E。亚洲地区主要使用 C 频段(3.7～4.2 GHz)和 Ku 频段(11.7～12.2 GHz、12.2～12.7 GHz)。

卫星电视广播的电磁波穿越大气层直接进入卫星接收天线，属于视线接收，因而避免了重影现象。卫星电视信号工作频率高，受 C、Ku、K 等频段内的工业干扰、汽车火花等干扰小，因此，图像信号信噪比高，图像质量好。

在卫星电视传输中，一般都把图像和伴音分开传输，有的是把图像经数字压缩为数字信号后再传送。这种处理均把伴音分开，进行伴音与图像时分传输，并把行同步脉冲和色同步信号所占的时间都减小，向前搬移，仍在扩展了的后沿上安排伴音编码信号，使之在不同的时间上出现同步、伴音、图像信号，即时分复合信号，并对载波进行调制。比如，目前卫星电视系统中正在使用一种时分复用模拟分量方式(MAC)，它是彩色电视信号的一种新的基带传输方法，可将行正程的亮度信号分量(Y)与轮行传输的一个色差信号(R－Y 或 B－Y)，分别在时域进行压缩后，再顺序地在行正程期间，以模拟分量时分复用方式在一个通道中传输。MAC 有 A－MAC、B－MAC、C－MAC、D－MAC 和 D_2－MAC 等类型。

依据现在数字视频广播(KVB)标准，卫星数字电视广播(KVBS)正进入一个更加广泛的实施和发展阶段。DVB 标准的核心内容是在信源编码、视音频压缩和复用部分采用了 MPEG 标准，而在信道编码和调制部分制定了一系列标准。MPEG 是活动图像专家组(Moving Picture Expert Group)的缩写，主要包括 MPEG－1 和 MPEG－2 两种标准，目前，普遍使用 MPEG－2 视频压缩标准及 MUSICAM 音频压缩方法。DVB－S 的信道编码主要使用卷积码、RS 码等方式，调制方式为 QPSK 调制，输出 70 MHz，最后变频到卫星频道，其转播仍为电磁波。

4. 卫星电视广播方式

卫星电视广播方式按照传播性质可分为转播和直播两种基本方式。

所谓转播，是指用固定卫星业务(FSS)转发电视信号，再经地面接收站传送到有线电视前端，然后由有线电视台转换成模拟电视送到用户。

所谓直播，是指通过大功率卫星直接向用户发送电视信号，一般使用 Ku 频段。

所谓直播卫星(DBS)，是指通过大功率信号辐射地面某一区域，传送电视、多媒体数据等信息的点对面的广播，直接供广大用户接收，属于广播卫星业务(BSS)，采用 Ku、Ka(有待开发)频段。

所谓卫星直播，是指使用 Ku 频段的固定卫星业务(BSS)，提供卫星直接到户(Direct To Home，DTH)的一项服务。比如，鑫诺 1 号卫星 Ku 频段的“村村通”工程，就是 DTH 服务，而鑫诺 2 号则是一颗 DBS 直播卫星。

与传统通信卫星相比，直播卫星主要有四个特点：第一，转发器的功率较大，而且地面场强分布均匀，电波利用率高，家庭可用 0.5 m 以下口径的天线接收；第二，按照需求设计，以成形多波束覆盖全国，以提高频率利用率；第三，不受地面频率分配的限制(通信 C 频段受微波干扰)，可开展多种类型的电视服务以及高速 Internet 下载等数字信息服务；第四，覆盖范围受国际公约保护，在覆盖区内不受其他卫星的溢出电波干扰。

1）卫星转播电视

所谓卫星转播电视，是指由卫星转发电视信号，供一般用户收看的电视系统，转播进行的是点对点的节目传播。其特点是转发器功率较小，一般在100 W以下，接收需要较大的天线，一般用于有线电视台接收。目前我国各省级卫视频道均采用此方式传输。

由于电视信号包括图像信号和伴音信号。当利用通信卫星转发电视信号时，可以有两种方案，一种是采用图像与伴音分传的方案，另一种是采用伴音副载波的方案。当采用第一种方案时，电视信号被发送到地球站电视终端设备，先将其图像与伴音信号分开。图像信号经过基带处理后调制到一个载波上，而伴音信号则被插入到多路电话系统，经复用后调制到另一载波上。

2）卫星直播电视

所谓卫星直播电视，是指由卫星直接发送电视信号，供一般用户直接收看的电视系统。其特点是转发器功率较大，一般在100～300 W之间，可用较小的天线接收，适用于集体和个人接收，可提供卫星直接到户的用户授权和加密管理。

利用这种方式转播电视信号时，由全国电视中心控制和调度的几十套以上的电视节目，以至国际转播的电视节目都可经过电视直播卫星向全国各地播送。由于卫星转播系统具有地址通信的优点，因此包括那些不方便设置电视台的地方都可直接收看到电视广播的节目，而不必经过电视台转播。与此同时，还可将其中一部分频道用作电视教学和科学研究等等。

卫星直播电视的优点是功率利用率高，它可以用较小的功率服务于广大地区，而不像地面广播电视那样，一部上千瓦的发射机服务半径也只有几十到一百多千米；来自卫星的电波，受高大建筑物和山峰阻挡的影响小；由于电波通过大气层的行程和它所经过的整个路径相比较短，因此有助于改善接收质量；而且，由于卫星直播电视的转播环节少，因此接收质量高。

当然，电视直播卫星的发射功率比一般通信要大得多(例如日本的BS-2卫星的一个转发器的功率约为100 W)。若要覆盖我国全部版图的话，卫星的发射功率要达到千瓦以上，才能保证全国各地用户的正常接收。

根据有关国际会议决定，卫星直播电视系统的频段规定为620～790 MHz，2.5～2.69 GHz，11.7～12.2 GHz，22.5～23 GHz等等。

关于卫星直播电视所用的调制方式，对于图像转播，目前仍主要是采用调频方式。至于伴音信号的传输，多采用伴音副载波方案，可以是单路伴音，也可以是多路伴音，且调制方式也各不相同。正是由于伴音路数和伴音信号对副载波调制方式的不同，伴音系统的组成会有很大差异。多路伴音是由多民族国家为了解决同时传送多种语言而提出的，显然对我国来说同样是非常重要的问题。

5. 卫星直播电视系统终端设备

在只有一个电视发射主站(一般是单向的)的卫星直播电视系统中，一般实行面覆盖。此站主要由一般地面站发送设备组成，它只向卫星发射卫星电视信号，其卫星基带信号是电视图像信号和数字伴音信号。调制和高功放与一般通信地面站基本相同。

卫星电视接收站一般只是单向接收，因此也称为单收站，其结构如同 VSAT 小站结构，采用前馈式抛物面天线的种类较多，分为户外单元和户内单元两部分。与 VSAT 端站的区别是基带信号为图像和伴音信号。

由于卫星电视的信号很弱，虽然直播电视卫星转发器的功率一般都在 100 W 以上，但由于传播距离太远，致使到达地面的场强仅约为 10～100 μV/m，而一般电视机的灵敏度为 50 μV/m (VHF)和 300 μV/m (UHF)，因此，为了正常收看卫星直播电视，须采用强方向性的天线和高灵敏度的接收机。

6. Spaceway 系统

Spaceway(太空大道)系统是休斯网络系统公司于 1994 年 7 月 26 日向美国 FCC 申请备案的一种以区域服务为中心连接全球的卫星通信网络。Spaceway 系统总投资约 30～50 亿美元，将提供包括双向语音、高速数据、图像、电话电视会议、多媒体等多种交互宽带通信业务，以满足各种应用需求。

2005 年 4 月 26 日，首颗 Ka 频段高清电视直播卫星 Spaceway F1 发射成功，一个小时后，地面成功收到了该卫星发送的信号，开辟了 Ka 波段高清电视直播的先河。同年 11 月 16 日，Spaceway F2 卫星被成功发射，随后在 2007 年和 2008 年，分别发射了 DirecTV 10 和 DirecTV 11 两颗卫星。这四颗卫星为全美国电视家庭用户提供 1500 个以上的本地高清电视频道、150 个国家高清电视频道以及其他先进的节目服务。

(1) 空间段。Spaceway 系统采用 GEO 和 MEO 的混合结构，整个系统由包括 8 颗同步轨道卫星的子系统 Spaceway EXP 和包括 20 颗非同步轨道卫星的子系统 Spaceway NGSO 组成，Spaceway EXP 使用在四个轨道位置 117°W、69°W、26.2°W 和 99°E 上的同步卫星，主要提供高数据率传送业务。Spaceway NGSO 卫星分布在离地面高度为 10 352 km 的 4 个圆形轨道平面上，每个平面上有 5 颗卫星，主要面向先进交互式宽带多媒体通信业务，通过小终端系列提供很大范围的宽带数据速率。

Spaceway 系统使用 Ka 频段在 20～30 GHz 频率间运作，用于太空至地球的传送的频段为 18.8～19.3 GHz，用于地球至太空的传送频段为 28.6～29.1 GHz。

Spaceway 系统将覆盖全球的四个区域：北美洲、拉丁美洲、亚太地区和欧非中东。每个地区由 GEO 和 MEO 卫星共同服务。

(2) 用户段。Spaceway 系统的地面终端为多媒体超小口径终端(USAT)，这种终端构成可直接与 ATM 设备进行分组交换。系统可与两类地面通信设备连接：① USAT 用户终端；② 地面网接口。两种类型的终端均可使用 66 cm～1.2 m 直径的天线，提供速率为16 kb/s～1.5 Mb/s(T1)的传输。

(3) 系统特点。Spaceway 系统的显著特点是使用多点波束来提供到达被称作超小孔径终端的交互式语音、数据以及视频服务业务，可提供高达 6 Mb/s 的上行速率，超小孔径终端的直径约为 66 cm。用 60 GHz 频率在卫星间链路传送卫星之间的信息流。在卫星上处理与切换的播出信号将依靠一个虚拟网络，这一网络连接 VSAT 与 USAT，而不需要地面中心。通过点波束技术可重复使用 Ka 频段 20～30 GHz 这段频谱达 20 次。用户使用 USAT 就能够与专用和公共网络相连，无论这些网络是企业网、广域网、局域网，还是 ATM 主干网或 PSTN。对于小用户终端，天线直径即使仅为 32 cm，也可以提供高达 2 Mb/s 的数据率。对于天线直径为 52 cm 的大终端，将可提供高达 10 Mb/s 的数据率，当终端天线达到 2 m 时，将可提供高达 155 Mb/s 的双向数据率。

Spaceway 完善了现有的地面宽带方案，并通过本地接入宽带网络来按需提供带宽。其主要市场是中小型商场、处于不具有宽带连接地区的遥远分支机构以及在家办公的工作人员。由于商业需求的变化，特别是随着因特网应用的增长，更多的信息量实际上都是宽带和多媒体的。对于那些经常需要将大量的数据从 A 点传送到 B 点的用户，还是敷设光纤线路比较合算。然而，对于那些偶尔需要使用宽带通路，并且实时性要求很高的用户来说，Spaceway 的使用费用可以比地面接入网更低。另一方面，Spaceway 系统可以用于发展中地区的乡村电话，以及因特网访问、电话会议、远程教育、电子医疗和其他交互式数据、图像和视频业务。

此外，2007 年 8 月 15 日，由休斯网络系统公司研制并运营的 Spaceway-3 系统是一种新的宽带多媒体卫星网络系统，将在下面有关章节中介绍。

4.4.3 卫星 IP 网络

1. 卫星 IP 网络概述

TCP/IP 协议（Transmission Control Protocol/Internet Protocol）即传输控制/网际协议，又称为网络通信协议。它是 Internet 国际互联网络的基础，其中 TCP 和 IP 是核心协议，且分别控制着数据在互联网上的传输和路由选择。从本质上说，IP 是指导网络上的数据包从发送端送达到接收端，而 TCP 则负责确保数据在设备之间进行端到端的可靠交付。

利用 TCP/IP 协议进行数据传输已经成为网络应用的主流。Internet 在全球的急剧膨胀导致传输带宽资源紧缺，这成为限制其发展的主要因素，业务应用一方面要求增大接入带宽，另一方面对移动 Internet 的需求越来越大。由于卫星通信的宽覆盖范围，良好的广播能力和不受各种地域条件限制的优点，使卫星通信在未来仍将发挥重要作用，卫星通信将是无线 Internet 的重要手段。因此利用卫星进行 TCP/IP 数据传输（卫星 IP 网络）已经引起人们的高度重视。

1）卫星 IP 网络面临的主要问题

在卫星 IP 网络中，基于地面的网络通过互联单元（IWU）与卫星调制解调器相连。互联单元可以是协议网关，也可以是 ATM 卫星互联单元（ASIU），这些互联单元（也很可能配置在卫星调制解调器中）完成广域网（WAN）协议（如 IP，ATM）和卫星链路层协议间的转换。

卫星 IP 网络面临的各种问题源于卫星信道和卫星网络的各种固有特性，主要表现在以下方面：

（1）信道差错率。卫星信道的比特差错率（BER）大约为 10^{-6} 数量级，这远远高于高速有线媒质（如光纤）。另外，空间信道的各种随机因素（如雨衰等）使得信道出现突发错误。噪声相对高的卫星链路大大地降低了 TCP 的性能，因为 TCP 是一个使用分组丢失来控制传输行为的丢失敏感协议，它无法区分拥塞丢失和链路恶化丢失。较大的 BER 过早地触发了窗口减小机制，虽然这时网络并没有拥塞。此外，ACK 分组的丢失会使吞吐量进一步恶化。

（2）传播延迟。影响卫星网络延迟的一个主要因素是轨道类型，多数情况下低轨系统单向传播延迟是 20～25 ms，中轨系统是 110～130 ms，静止轨道系统为 250～280 ms。系统延迟还受星间路由选择、星上处理以及缓存等因素的影响。一般而言，延迟对 TCP 的影响体现在：它降低了TCP对分组丢失的响应，特别是对于仅向临界发送超过缺省启动窗口大小(仅超过一个TCP数据段)的连接。此时用户必须在慢启动状态下，在第一个ACK分组收到前，等待一个完全的往返延迟；卫星延迟和不断增加的信道速度(10 Mb/s或更高)必须有效地缓存；增加的延迟偏差(Variance)反过来也会通过在估算中加入噪声而影响TCP定时器机制，这一偏差会过早产生超时或重传，出现不正常的窗口大小，使总的带宽效率降低。

(3) 信道不对称。许多卫星系统在前向和反向数据信道间有较大的带宽不对称性，采用速度较慢的反向信道可使接收机设计更经济且节省了宝贵的卫星带宽。考虑到大量TCP传输的较大单方向性特性(如从Web服务器到远端主机)，慢速反向信道在一定程度上是可以接受的。但非对称配置对TCP仍有显著的影响。例如，由于ACK分组会丢失或在较大数据分组后排队，较慢的反向信道会引起像ACK丢失和压缩(Compression)的有害影响，从而大大减小吞吐量。有资料显示，吞吐量随不对称的增加呈指数减小。此外，前向和反向信道速率的较大不对称会由于线速率突发错误较大而明显加重前向缓存拥塞。

2) 卫星TCP/IP传输的改进策略

TCP是TCP/IP中的用于可靠数据传输的数据传输协议，TCP要求反馈以确认数据接收成功，但是在协议形成之初没有考虑到传输速率非常高的链路或传播延时较长的链路的情况，对于“高带宽延时”链路，必须对协议进行适当的修改，以防止协议性能的恶化。卫星信道的一些固有特性(如较大延迟、较高比特差错率和带宽不对称等)对通过卫星链路进行TCP/IP传输有一定的负面影响，主要体现在过长的TCP超时和重传引起较大的带宽浪费，此外还要考虑卫星环境下的一些TCP特性，如窗口较小，往返定时器不精确，以及启动窗口等问题。研究人员对提高卫星网中的TCP性能提出了各种解决方案。

改进TCP协议的策略主要有四类：链路层的增强协议、端到端的TCP增强协议、基于卫星网关站的解决方案和采用更有效的通信模式。其中，链路层的增强协议的研究方向是寻找更强有力的前向纠错(FEC)方案和自动请求重传(ARQ)协议，研究不同的链路层协议对上层协议的影响，以降低高误码字对通信的影响；端到端的TCP增强协议的研究主要包括对一些基本参数的调整及协议的扩展，改进定时机制，采用更先进的分组丢失恢复算法等，以及如何选择合适的协议以提供更高的吞吐率、更好的公平性是端到端TCP协议研究的内容；基于卫星网关站的解决方案提供了一个提高卫星环境下TCP性能的新途径，根据卫星特点对TCP协议本身进行改进；采用更有效的通信模式是根据卫星网络的路由特点，从提高卫星信道利用率出发，提出的网络层新建议。

3) IP over 卫星和IP over 卫星ATM

IP over 卫星和IP over 卫星ATM是两种类型的卫星IP网络，它们应用的通信卫星技术有所不同，且各具特点。

(1) IP over 卫星。IP over 卫星现阶段使用的是C或Ku频段的GEO卫星，可用于作为地面网中继的大型卫星关口站或VSAT卫星通信网。这种方式主要是采用协议网关来实现的。协议网关既可以是单独的设备，也可以将功能集成到卫星调制解调器中。它截取来自客户机的TCP连接，将数据转换成适合卫星传输的卫星协议(即根据卫星特点对TCP的改进)，然后在卫星链路的另一端将数据还原成TCP，以达成与服务器的通信。在整个过程中，协议网关将端到端的TCP连接分成三个独立的部分：一是客户机与网关间的远程

TCP连接；二是两个网关间的卫星协议连接；三是服务器方网关与服务器间的TCP连接。

这一结构采取分解端到端连接的方式，既保持了对最终用户的全部透明，又改进了性能。客户机和服务器不需做任何改动，TCP避免拥塞装置可继续保留地面连接部分，以保持地面网段的稳定性。同时通过在两个网关间采用大窗口和改进的数据确认算法，减弱了窗口大小对吞吐量的限制，避免了将分组丢失引起的传输超时误认为是拥塞所致的情况。

(2) IP over 卫星 ATM。为满足多媒体通信业务的需求，采用Ka频段、星上处理和ATM技术是宽带IP卫星网络的主要特点。IP over 卫星 ATM就是这类网络，能够使宽带卫星无缝传输Internet业务。其中，卫星能支持几千个地面终端，地面终端则通过星上交换机建立虚拟通道(VC，Virtual Channel)与另一地面终端之间传输ATM信元。由于星上交换机的能力有限，以及每个地面终端的VC数量有限，当路由选择IP业务进出ATM网时，这些地面终端则成为IP与ATM间的边缘设备(路由器)，必须能将多个IP流聚集到单个VC中，并能提供在IP和ATM网间拥塞控制的方法。而星上ATM交换机必须在信元和VC级完成业务管理。此外，为了有效利用网络带宽，TCP主机可以实现各种TCP流量和拥塞控制机制等。

2. 现有宽带IP卫星通信系统

所谓宽带，目前还没有一个公认的定义，一般理解为能够满足人们感观所能感受到的各种媒体在网络上传输所需要的带宽。所谓宽带IP卫星通信，是一种在卫星信道上传输Internet业务的通信，也就是将各种卫星业务都承载在TCP/IP协议栈之上。

由于宽带IP卫星系统是在卫星通信系统的基础上使用了IP技术，可见它既兼备卫星通信的特点，又具备TCP/IP的工作特点，主要表现为如下三个方面：

(1) 使用了三颗GEO卫星，具有极高的覆盖能力和广播特性，传输时延相对较长。

(2) 网络中使用了TCP/IP，应用范围广，利于灵活组网。

(3) TCP(通信控制协议)提供了重发机制，数据传输性能可靠。

宽带IP卫星通信的关键技术，主要包括如下三个方面：

(1) 卫星通信的网络层和传输层协议及其性能。

(2) IP层协议用于卫星链路时，应如何完善高层协议以满足链路性能的要求。

(3) IP保密安全协议对卫星链路提出的要求等。

下面描述实现卫星IP业务的两种技术：一种是基于DVB(Digital Video Broadcasting，数字视频广播)技术，另一种是基于UMTS的3GPP(第3代移动通信协议标准)技术。

1) 基于DVB技术的宽带卫星IP通信系统

DVB技术规定了应用MPEG-2技术来实现数字卫星广播。第1代DVB系统是单向系统，用户的请求消息是通过地面链路发送的，可见其系统在操作性和通信质量等方面存在很大缺陷。而第2代DVB系统具有用户访问信道(从用户终端到中心站)速度可变和支持话音通信的能力，并且具有话音通信功能。日本NTT无线实验室提出一种基于第2代DVB系统的卫星IP组网方案，如图4-25所示。其中卫星系统包括一个地面中心站(CES)和若干便携式用户站(PUS)。地面中心站由网关(GW)、发送设备、接收设备和接入服务器组成。一台便携用户终端(PUT)至少应包括一副天线和一台PC。这种用户终端既可以接入卫星网，也可以接入地面有线网(如PSTN/ISDN)。表4-8是日本NIT无线实验室提出的各项无线子系统参数。

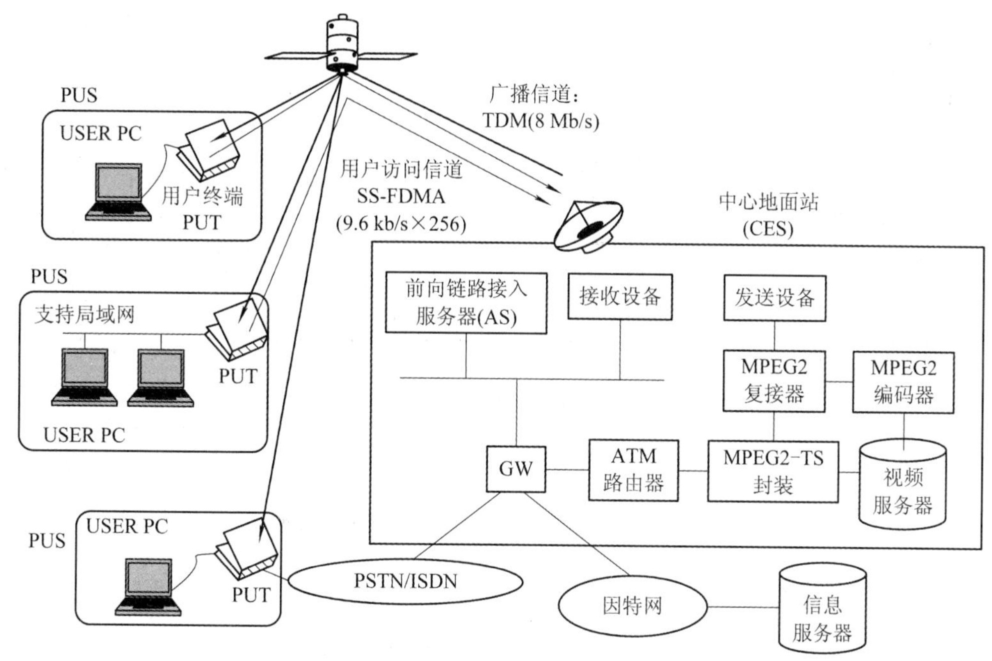

图 4－25　基于 DVB 的 IP 卫星通信系统结构

表 4－8　无线子系统参数

项目	参　数	项目	参　数
频段	Ku	内码	卷积码(R=1/2，K=7)
带宽	54 MHz	调制	前向：QPSK；反向：QPSK
数据速率	反向：8 Mb/s；前向：9.6 kb/s	多址方式	前向：TDM；反向：SS－FDMA
外码	RS 码(188/204)		

为了满足用户访问信道的 C/N 值，且满足便携用户终端的 EIRP 限制，该方案采用了 SS－FDMA(Spread Spectrum FDMA)方式，利用了扩频的抗干扰特性。计算表明，采用这种方式，一个 54 MHz 的转发器可以容纳 256 个数据速率为 9.6 kb/s 的用户同时发送，而且干扰程度不超过 ITU－R Rec. S.524 和 S.728 中规定的门限。

由于信道的非对称性，所以在协议与帧结构上用户访问信道和广播信道有所不同。广播信道指 CES→PUT，该信道采用卫星链路 TDM 8 Mb/s×1 个信道；用户访问信道指 PUT→CES，该信道采用卫星链路 SS－FDMA 9.6 kb/s×256 个信道或地面链路(PSTN、ISDN 等)。基于 DVB 的 IP 卫星通信系统协议堆栈如图 4－26 所示，其帧结构如图 4－27 所示。

在广播信道中(如图 4－27(a)所示)，当 CES 向 PUT 发送信息时，首先在 CES 中将 IP 包封装到 ATM 信元(装入 AAL5 中)，然后经过复接，再放入符合 MPEG2－TS 标准的卫星帧中。此后再经复接，将沿前向链路传送至用户终端 PUT。当便携式用户终端接收到这个符合 MPEG2－TS 标准的卫星帧时，PUS 从 ATM 信元中解出原 IP 包，并交由用户终端中的 PC 处理。

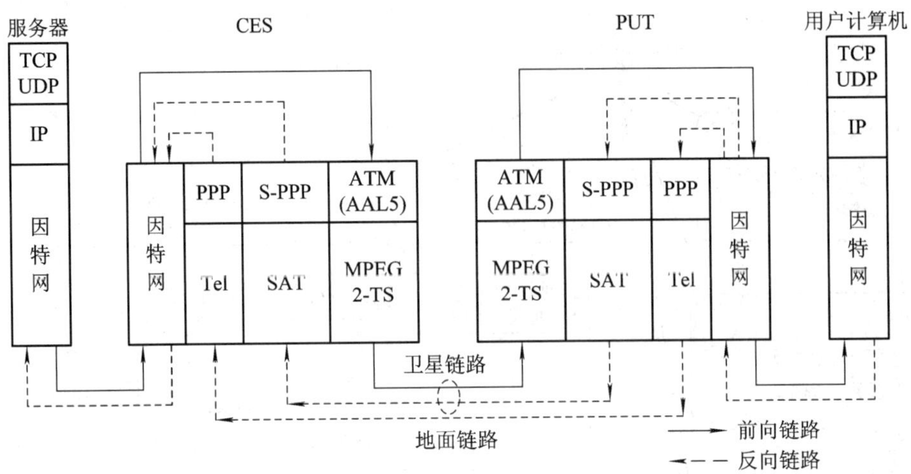

图 4-26　基于 DVB 的 IP 卫星通信系统协议堆栈

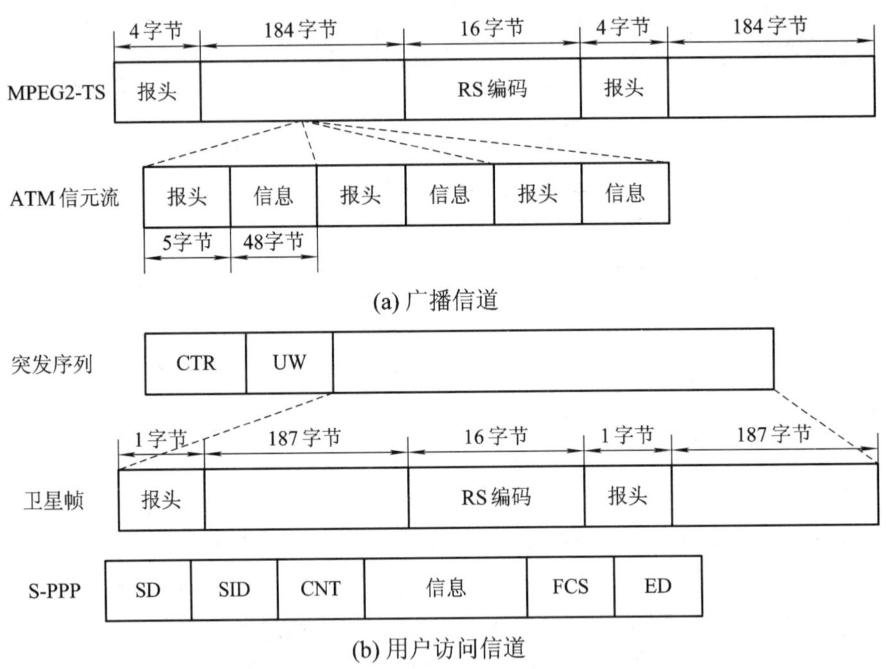

图 4-27　基于 DVB 的 IP 卫星通信系统帧结构

在用户访问信道中(如图 4-27(b)所示)，由于 ATM 的开销较大，所以没有采用 ATM 信元，而是在卫星帧中封装了一种基于 PPP(点到点)协议的扩展 PPP(S-PPP)分组。为了增大 TCP 流通量，用户访问接入控制采用的是一种经过简单改进的 ALOHA 机制。

这种基于 DVB 构建 IP 卫星网的方式得到了广泛的关注。美国军方打算利用它构建 GBS(Global Broadcast Service，全球广播服务)第二阶段系统，用于战场信息的直播和实现有限的交互，向便携终端用户提供各种因特网业务。基于 DVB 构建 IP 卫星网的方式基本上只能用于静止轨道卫星系统，而且对移动性的管理基本没有。若要支持移动终端，则可采用基于S－UMTS的移动 IP 系统。

2）基于 S－UMTS 的移动 IP 系统

为了在卫星 UMTS(S－UMTS)上实现支持移动的 IP 业务，以欧洲为首的 3GPP 研究组织开展了两个大的项目研究：ACTS－SECOMS(Advanced interactive multimedia satellite communications for a variety of compact terminals)和 SUMO(Satellite－UMTS Multimedia Service Trials Over Integrated Test beds)。其中 SUMO 主要解决建立在 IP 基础上的卫星多媒体应用。基于 S－UMTS 的移动卫星 IP 技术有两个方面的难点：一是 IP 技术在移动卫星系统中如何应用；二是基于 IP 的 S－UMTS 业务如何与第 3 代移动通信系统的 IP 核心网互联。因此很多公司和大学的研究机构就这两个关键技术展开了研究。

法国 Alcatel Space Industries 建立了一个 SUMO 试验网，如图 4－28 所示。

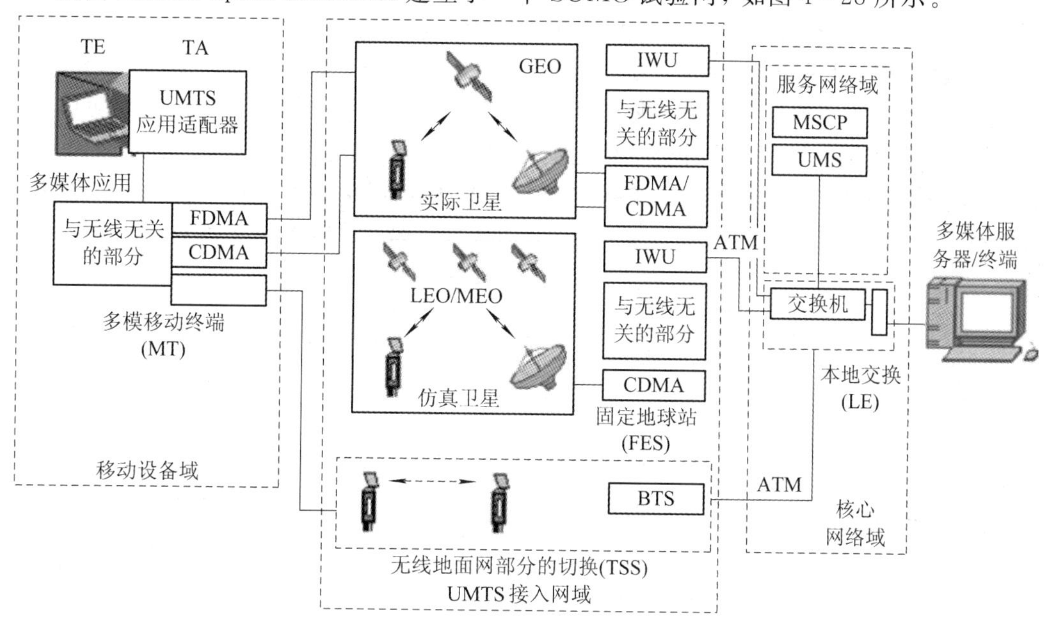

图 4－28　基于 UMTS 的移动卫星 IP 实验系统结构

由图 4－28 可以看出，多模移动终端可以通过不同星座来实现多媒体移动应用。其中 LEO 或 MEO 星座的卫星信道是用 140 MHz 的中频硬件信道模拟器仿真的，信道模型包括城市、郊区和车载等多种类型，试验中的 GEO 卫星是真实卫星(如 Italsat 卫星)。在第 3 代移动通信系统的 IP 核心网中使用的是 ATM 交换机，而本地交换(LE)具有智能网(IN)功能，可以提供漫游和切换服务。试验结果表明，基于 W－CDMA 的 S－UMTS 更适合于星座系统。因为，第一，星座系统的延时小，适合高速的交互业务；第二，由于采用了 3GPP 的 FDD 模式，星座系统更容易采用信道分集技术；第三，多星非静止轨道系统使地面终端受遮蔽的概率大大减小；第四，W－CDMA 容易在波束之间或星间实现软切换。

该系统可以实现 144 kb/s 的双向信道，码片(chip)速率为 4 Mb/s，带宽为 4.8 MHz。RAKE 接收可以很好地应用在星座系统的 S－UMTS 中。

此外，英国 Bradford 大学的卫星移动研究组提出了一个较为完整的基于 S－UMTS 的移动卫星 IP 系统的协议堆栈，如图 4－29 所示。

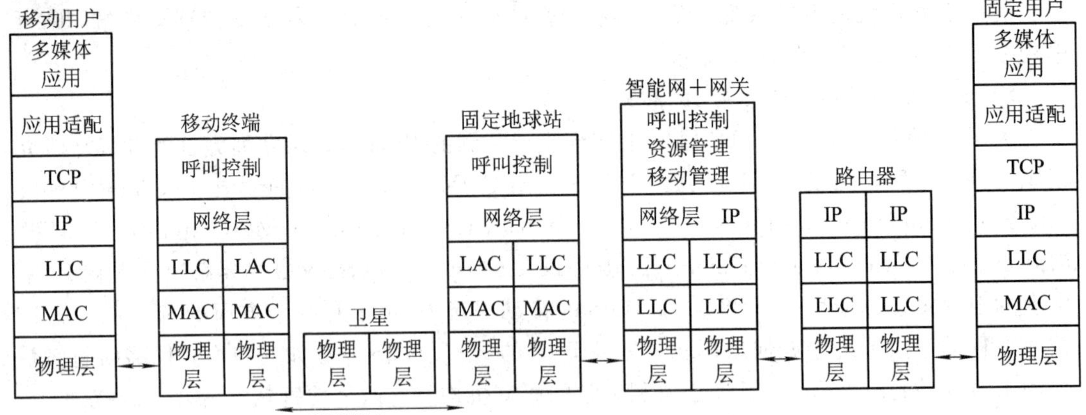

图 4-29　基于 IP 的 S-UMTS 功能模型的协议栈

当移动用户欲与某固定网用户进行通话时，移动用户信息首先经过多媒体应用和适配设备进入 TCP，然后逐层封装，并将信号由物理层递交给移动终端的物理层，随后通过 UMTS 卫星接入网与固定用户相连的固定地球站连接，再通过智能网网关及路由器，从而实现移动用户与固定用户的互通。其中，物理层和 MAC 层采用同步 CDMA 方式，工作在 Ka 频段的卫星具有星上再生功能。表 4-9 和表 4-10 给出了一些主要参数。

表 4-9　上行链路参数

项　目	膝上终端 A	车载终端 B	车载终端 C	固定地面站	合计
最大功率/W	3	4.9	16.5	61.5	—
平均功率/W	2.1	3.7	13.3	18.8	—
码长	16	8	8	8	—
载波带宽/MHz	2.78	4.45	17.81	17.81	—
每波束最多载波数	10	7	4	10	31
带宽/MHz	27.8	31.2	71.2	178.1	308.3
总载波数	113	93	55	100	361

表 4-10　下行链路参数

参　数	值	参　数	值
所需的[E_b/N_0]	4.9 dB	卫星输出损耗	1.5 dB
膝上终端 A 的[G/T]	9.4 dB/K	卫星[C/T]$_1$	14 dB
车载终端 B/C 的[G/T]	11.6 dB/K	移动传播余量	2 dB
固定地面站的[G/T]	29.2 dB/K	极化损失	0.5 dB
膝上终端 A 的指向损耗	0.3 dB	解扩损失	0.5 dB
车载终端、固定地面站的指向损耗	0.2 dB	实现余量	1.7 dB
R_x 损耗	0.2 dB	功控差错余量	0.5 dB
卫星输出补偿[BO]$_O$	2 dB	链路余量	1.0 dB

4.4.4 卫星宽带网络

随着多媒体业务需求的不断增加，卫星网络将成为不可缺少的多媒体卫星网络。而多媒体卫星网络就是卫星宽带网络，它是卫星通信网与互联网相结合的产物。许多卫星系统采用 Ka 频段以及 Ka 频段以上频段的 GEO 卫星、MEO 卫星和 LEO 卫星星座，而且将使用具有 ATM 或带 ATM 特点的星上处理与交换功能，从而为进出地球站提供全双向的包括话音业务、数据业务和 IP 业务在内的多种现有业务以及在综合卫星——光纤网络上运行的移动业务、专用内部网和高速数据 Internet 接入等新业务。

图 4-30 中画出了卫星宽带网络结构。它是由网关、用户终端、网络控制站和接口等组成的。

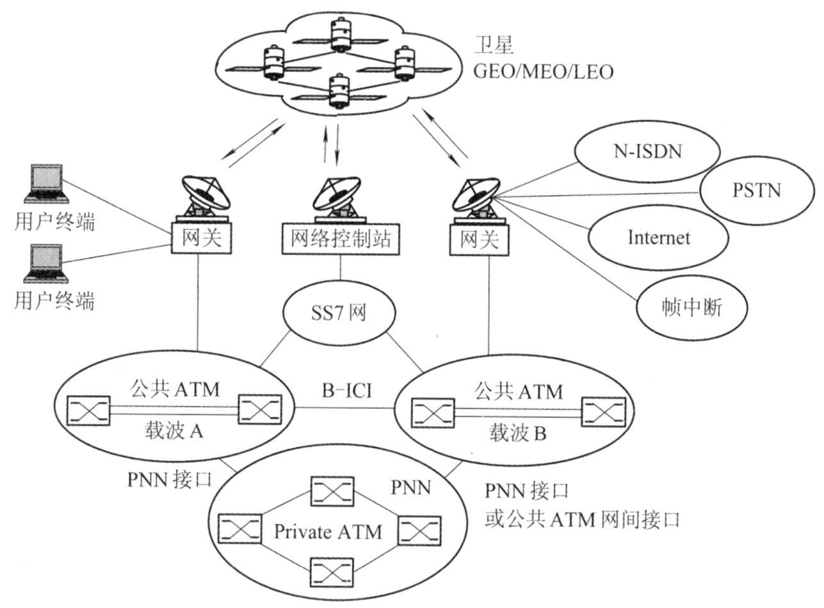

图 4-30 卫星宽带网络结构

(1) 网关：要求同时支持几种标准网络协议，例如 ATM 网络接口协议(ATM-UNI)、帧中继用户接口协议(FR-UNI)、窄带综合业务数据网(N-ISDN)以及传输控制协议/网间互连协议(TCP/IP)。这样多种网络信息都能分别通过网关中的相关接口转换成多媒体宽带卫星网络中的 TCP/IP 业务进行传输。

(2) 用户终端：用户终端设备通过其中的接口单元(TIU)与网关连接。TIU 提供包括信道编码、调制解调功能在内的物理层的多种协议功能，不同类型的终端支持 16 kb/s、144 kb/s、384 kb/s 到 2.048 Mb/s 的不同速率的业务。

(3) 网络控制站：用于完成如配置管理、资源分配、性能管理和业务管理等各种控制和管理功能。在多媒体宽带网络中可以同时存在若干个网络控制站，具体数量与网络规模、覆盖范围及管理要求有关。

(4) 接口：即与外部专用网络或公众网络的互连接口。若采用 ATM 卫星，则可采用基于 ITU-TQ.2931 信令。若采用其他网络，则可以使用公共信道信令协议(一般为 7 号信令

SS7)。而公共和专用ATM网络之间的其他互连接口，则采用ATM网际接口(AI-NI)。公共用户网络接口(PUNI)或专用网络接口以及两个公共ATM网络之间的非标准接口(即B-ISDN内部载波接口(B-ICI))，但这些接口协议都应根据卫星链路的通信要求进行相应的修正。

随着全球信息化的到来，交互式多媒体业务量迅速增加，全球卫星宽带多媒体通信成为国际上有远见公司注目的焦点，多种全球宽带卫星通信系统的出现将使卫星通信发生一次质的飞跃。到目前为止，已公布的新一代卫星宽带多媒体通信系统有20～30个，比如最典型的有美国的Spaceway-3系统、泰国的IP-Star系统和欧洲的O3b系统等。

下面简述美国Spaceway-3系统和泰国IP-Star系统，欧洲O3b系统将在下一章讲述。

(1) 美国Spaceway-3系统。由休斯网络系统公司研制并运营的宽带多媒体卫星Spaceway-3于2007年8月15日在法属圭亚那发射升空。系统覆盖范围为美国全部和加拿大大部分地区，上行点波束为112个，其中100个覆盖北美大陆地区，另外12个点波束覆盖夏威夷、阿拉斯加和7个拉美城市，每个点波束直径为200英里(1英里约为1.6千米)。下行点波束为784个，此外系统还具有覆盖北美大陆的广播波束。该系统研制历时8年，耗资近20亿美金，能够容纳165万用户终端，总通信容量约为10 Gb/s，是当前Ku频段通信卫星容量的5～8倍。

Spaceway-3系统主要包括宽带通信卫星、用户终端、信关站、网络运行控制中心(NOCC)和服务传送系统(SDS)等功能实体。另有引导星载接收点波束精确对地指向的地面信标站，特别是该系统采用星上再生式处理转发技术，卫星具有星上基带交换功能，用户终端之间可以实现灵活的网状通信。

(2) 泰国IP-Star系统。IP-Star是新一代宽带卫星，也是当今世界上最大的高性能宽带卫星，由美国劳拉空间系统公司(Space System/Loral)制造并于2005年8月11日在法属圭亚那发射成功，定点于东经119.5°轨道位置，覆盖亚太17个国家和地区，提供Ku波段84个点波束、3个成型波束和7个区域广播波束，以及18个Ka波段波束，共计114个转发器，服务时间截止到2022年6月31日，IP-Star卫星是由泰国曼谷的地面站进行控制的。

IP-Star系统是一个完全基于IP技术的宽带卫星通信广播系统，可提供包括语音、数据、会议电视、互联网宽带接入、信息和视频广播等在内的综合业务。它由IP-Star卫星、业务关口站和小口径天线地面终端组成，共设置18座业务关口站，分布于中国、韩国、日本、泰国、东南亚、澳大利亚等卫星服务区，在中国大陆有北京、上海、广州三个关口站，相互之间通过地面光缆相连接，卫星为中国大陆提供约12 Gb/s的通信能力，从而构建了一座覆盖中国全境，提供经济的双向宽带接入服务，又可提供广播服务的天基宽带网络。

IP-Star卫星系统的优点：采用Ka+Ku复合传输技术及频率多重覆用技术，使卫星的转发器成本远低于传统卫星成本，卫星系统星上转发器价格是现在通用转发器价格的一半以上。采用星上动态功率管理和动态带宽管理等新技术，解决了Ka与Ku波段卫星通信雨衰大的问题，采用Ka+Ku频段空间交链技术和跳频技术，可有效防止不法信号的干扰，终端设备成本低。

4.4.5 高通量卫星通信

1. 概述

随着传输速率的进一步提高，多媒体业务的不断增多以及网络节点规模的不断扩大，宽带卫星通信系统大规模推广应用已受限于卫星的通信容量(简称通量)。为了解决通信卫星通量不足的问题，美国北方天空研究所(NSR)于 2008 年首先提出高通量通信卫星(HTS，High Throughput Satellite)的概念，主要借鉴陆地无线蜂窝通信的相关原理，采用频率复用和多点波束技术，在同样频谱资源的条件下，整颗卫星的通信容量是传统支持固定通信卫星的数倍。基于此，卫星通信进入到高通量发展阶段。

业界普遍认为，高通量通信卫星属于宽带通信卫星，用户链路频段不局限于 Ka 频段，其通信容量应大于 10 Gb/s。从高通量通信卫星的发展历程看，可将其分为两个阶段：第一阶段(2005—2010 年)，单星通量 10～100 Gb/s；第二阶段(2011—2019 年)，单星通量 100～300 Gb/s，通量大于 10 Gb/s 的高通量通信卫星(包括非静止轨道的星座)。

在互联网业务与多媒体业务的应用进一步普及之时，卫星通信有向宽带化、高通量方向迈进的客观需求，带动多点波束技术应用范围的持续扩大，从 L 频段或 S 频段的移动通信卫星扩大至 C 频段、Ku 频段、Ka 频段通信卫星。

多点波束的优势在于通过减小天线波束的孔径角，带来星载天线单元增益提高的优势，实现不同波束之间频率的复用，以提高卫星通信系统的通量。同时，高通量通信卫星在相同覆盖区域内可代替数颗传统通信卫星来承担通信任务，节约地球静止轨道(GEO)的轨道资源和频率资源。

2. 高通量卫星通信系统结构

高通量卫星通信系统分为空间段、地面段和用户段，为星形网络结构。馈电链路工作频段为 Ka 频段，用户链路由应用场景来决定频段，可为 C 频段、Ku 频段、Ka 频段。空间段为一颗 GEO 高通量通信卫星；地面段包括主控站、网络控制中心(NCC)、若干个关口站，其中关口站将陆地宽带互联网业务、移动宽带多媒体业务接入高通量卫星通信系统，以实现对卫星宽带多媒体业务的支持；用户段包括便携式 VSAT 地球站、固定地球站、车载 VSAT 地球站，如图 4-31 所示。

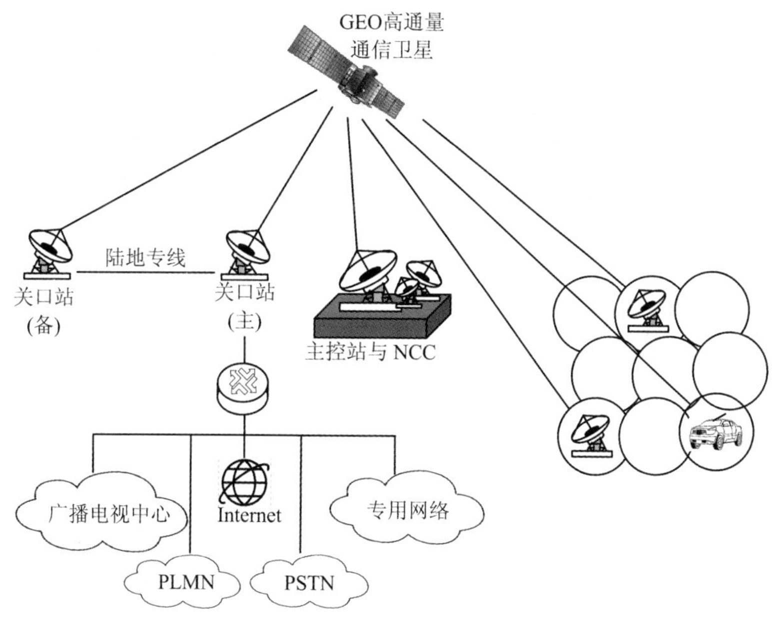

图 4-31　高通量卫星通信系统结构

高通量卫星通信系统的每个关口站采取主用与备用相结合的方式。主用关口站与备用关口站相距几百千米，通过陆地专线连接，实现空间分集接收，均可接收和处理业务流量。主用关口站受雨衰影响较大时，系统自动切换到备用关口站，通过冗余和分集手段，抵抗雨衰的影响。当用户链路为 Ka 频段时，采用自适应调制编码(ACM)和自动载波功率控制机制(ACPC)，对雨衰进行补偿。

3. 高通量通信卫星

世界第一颗高通量通信卫星 IPSTAR－1 于 2005 年 8 月发射入轨，同年 10 月开通运营，用户链路工作频段为 Ku，包括 84 个用户点波束，整星通信容量可达 40 Gb/s，开启了高通量卫星通信的时代。此后，国际移动卫星公司(Inmarsat)、国际通信卫星公司(Intelsat)、欧洲卫星公司(SES)、欧洲通信卫星公司(Eutelsat)、卫讯公司(ViaSat)、休斯公司(Hughes)等世界主要卫星通信运营商均订购了高通量通信卫星。

近年来，一些国家陆续发射了覆盖本国范围的高通量通信卫星，例如加拿大 Telstar－19V 于 2018 年 7 月发射入轨，印度 GSAT－29 和 GSAT－11 分别于 2018 年 11 月和 12 月发射入轨，印尼 Nusantara Satu 卫星于 2019 年 2 月发射入轨。同时，高通量通信卫星也正向超高通量卫星(VHTS)方向迈进，ViaSat 公司在建的 ViaSat－3 通量达 1 Tb/s，Hughes 公司 Jupiter－3 通量达 500 Gb/s，Eutelsat 公司在建的 Konnect VHTS 卫星通量达500 Gb/s。

我国首颗高通量通信卫星中星 16 号于 2017 年 4 月 12 日发射，定点于 110.5° E 地球静止轨道，提供 26 个 Ka 频段用户波束，覆盖中国中部、中西部、东部、南部、拉萨地区及中国近海地区，可应用于远程教育、医疗、互联网接入、机载和船舶通信、应急通信等领域。中星 16 号整星通量达 20 Gb/s，大于我国所有在轨通信卫星的容量之和，但仅达到高通量通信卫星第一阶段的发展水平。第二颗高通量通信卫星中星 18 号于 2019 年 8 月 19 日发射至预定轨道，但遗憾的是由于供电设备故障而无法开展工作。亚太 6D 卫星于 2020 年 7 月 9 日成功发射，最终定点于 134° E 地球静止轨道，为 Ku/Ka 频段高通量通信卫星，通量达 50 Gb/s，包括 90 个用户波束，单波束通量达 1 Gb/s 以上，覆盖亚太地区绝大部分陆地和海洋地区，包括 7 个在建关口站。亚太 6D 是我国目前通信容量最大、输出功率最大、设计程度最复杂的民商用通信卫星，可满足海事通信、航空机载通信、陆地车载通信、应急固定卫星宽带互联网接入等多种应用需求。后续还将陆续发射多颗高通量通信卫星，实现对中国全境、周边国家以及“一带一路”等区域的覆盖。我国已具备研制 100～1000 Gb/s 超高通量通信卫星的能力，可满足未来 20 年的大容量卫星应用需求。

4. 应用领域

1) 陆地宽带接入服务

在电信基础设施落后地区，如偏远地区、低人口密度乡村、群岛、远离大陆的岛屿等，融合 5G 的高通量卫星通信系统将承担骨干网络的作用，而单位带宽的使用资费相对较低，使其应用具有非常大的优势，解决宽带互联网的接入问题。

2) 客机宽带通信服务

现在航空出行呈现大众化的趋势，旅客对在航程中告别“网络信息孤岛”颇为期待，为基于高通量卫星通信的机载应用带来了机遇。高通量通信卫星可进一步提高客机舱内 WiFi 的通信速率，满足旅客出行期间享受宽带多媒体业务的实际需求。

3）海事领域宽带通信服务

如今海洋战略地位日渐凸显，海上商业航运量逐年提升，油气资源勘探、深海科学考察、远海捕捞作业等社会经济活动显著增多。海上作业平台及过往船舶的工作人员迫切需要宽带互联网，以缓解其长期枯燥无味的海上生活，丰富其工作之余的精神文化生活。

4.4.6 平流层通信

1. 平流层通信概述

在国际电联ITU-RSG9(有关固定业务)1997年1月的会议上出现了一些新的技术内容，其中较为引人注目的是平流层电信业务(STS，Stratospheric Telecommunication Service)。

地面上方8～50 km的空间范围称为平流层，该区域内的大气温度基本上是常数，所以也称为同温层。与较低的对流层不同，在平流层高度18～24 km内平均风速为10 m/s，最大为40 m/s，而且风向大部分时间不变。显然，如果将载有大量通信设备的飞艇作为高空信息平台长时间稳定在平流层的某一固定位置，就可以和地面控制/交换中心以及多种类的无线用户终端构成一个无线通信系统。该高空平台被称为平流层通信平台，相应的通信系统称为平流层通信系统。

平流层无线通信系统配备有无线通信有效载荷与平流层通信平台，平台固定于大城市的上空约20 km的高度，高于商业飞行与天气能够影响的高度，但是与卫星通信相比，它的高度又足够低，能够为它的覆盖地区提供高容量、高密度的通信服务。较大的有效载荷承受能力使得平台能装下各种各样的通信设备。通过地面站，使一个平流层平台能和天空站以及公用网与其他的平台实现无缝连接。平台使用太阳能电池与燃料电池，可以在5～10年的平台服务年限内给推进系统及承载有效载荷提供所需的能量。平台还可以被回收、修复并重新安放。总之，平流层通信系统是一种应用前景广阔的新一代无线通信系统。

2. 平流层通信的特点

平流层中的气流比较平稳，在飞艇中装备适当的推进器可以保持飞艇稳定。目前研制的平台大体上位于平流层底部，距地面约20 km，ITU建议称之为“高空平台站”(HAPS，High Altitude Platform Stations)并决定将47/48 GHz两个带宽各为300 MHz的频带分配给高空平台通信系统使用。

平流层通信的主要特点如下：

(1) 与卫星通信相比，平流层平台与地面的距离是GEO卫星的1/1800，自由空间衰减少65 dB，延迟时间只有0.5 ms，有利于通信终端的小型化、宽带化和双工数据流的对称传输和互操作，实现对称双工的无线接入。

(2) 与地面蜂窝系统相比，平流层平台的作用距离远、覆盖地区大，作为一个高空中继站时，其作用距离可达1000 km，比地面中继站约大20倍，而且信道衰落只是地面系统的2/5，发射功率可显著减少。

(3) 平流层平台既可运用于城市，也可运用于海洋、山区，还可以迅速转移，用于发生自然灾害地区(如洪水、山火)的监测和通信。

(4) 飞艇的放飞不需要复杂庞大的发射基地，估算每一平台造价只是通信卫星的1/10；

而且每个平台都可以独立运行，建设周期短，初期投资少。一般用户端机价格较低，通信资费不高于已有的公众电话。

(5) 平台可以回收，不会像卫星那样失效后变成空间垃圾，有利于环境保护。平台位于国境之内，主权、使用权、管理权均属于本国，有利于研制开发运用于本国的产品。

3. 平流层通信系统的组成

平流层通信系统由多个平流层通信平台与多个地面交换/控制中心以及各种类型的用户无线接入终端构成。如图 4-32 所示，整个系统构成一个无线接入网。

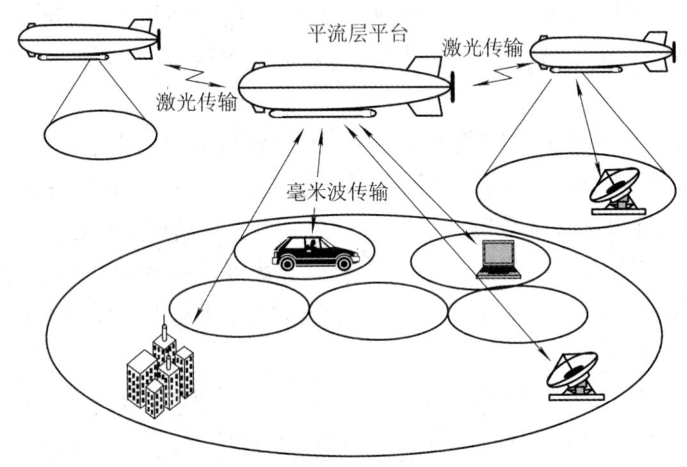

图 4-32 平流层通信系统示意图

根据使用的频率与带宽以及设备配置的不同，目前研究开发的系统主要有如下两种基于平流层平台的宽带无线通信系统。

1) 47 GHz 平流层宽带通信系统

1996 年 5 月，联邦通信委员会(FCC)将 47 GHz 频带分配给平流层通信平台，1997 年 11 月，ITU 在世界无线电会议(WRC-97)上一致同意将 47 GHz 频带的 600 MHz 带宽分配给平流层通信系统。工作频率在 47 GHz 的平流层通信平台位于主要城市上空 21 km 左右，它能够为 19 000 km^2 的覆盖范围提供业务服务。该系统可以为各种类型的移动终端提供数字电话、传真、电子邮件、可视电话、互联网接入等各种服务。

2) 2 GHz 平流层移动通信系统

装有 2 GHz 相控阵列天线的通信平台能够为 1000 km 直径范围内的上百万用户提供宽带移动业务。天线阵作为一个“高天线塔”发射数以百计甚至上千计的波束并可多次复用频率，这就相当于在地面建造了成百上千的地面天线塔。这样，采用 2 GHz 范围内频率的标准分配后，一个通信平台加上几个地面站就可以为覆盖范围内上百万蜂窝和固定话音设备提供移动业务。系统不断地动态分配容量，使系统容量指向最需要的地方，从而可避免业务量大的地方出现业务阻塞。

4. 平流层通信系统的网络结构

为了充分利用有限的频谱资源，可在平流层通信平台上使用相控阵天线或机械控制的可展开轻型抛物面天线等波束形成技术，在地面上形成“蜂窝小区”结构。这样即与 GSM

移动通信系统相似，空间分离的用户可以复用无线信道。

这种蜂窝结构为系统采用何种传输和复用技术提供了一个基础。在考虑多媒体业务的各种传输技术之后，我们可以发现 ATM 在有线环境下有其突出的优势，所以可以考虑将 ATM 引入平流层通信系统，采用目前的一种新的传输技术——无线 ATM 作为系统的基本传输和交换技术。为了支持蜂窝移动 ATM 通信，在 ATM 高层协议中需要相应增加新的信令/控制功能来处理诸如蜂窝小区切换、终端寻址和定位以及流量控制等一系列与蜂窝移动通信有关的事务。

将整个平流层平台相互连接，还可以构成类似地面微波中继通信的空中中继体系。美国 Sky Station 公司认为，在全世界建立 250 个中继平台，就可以构成环绕全球的平流层通信网。

5. 平流层通信业务

一般来说，平流层电信业务可使数字电话、计算机图像信息和混合信息发送到手提式多媒体终端、WLL(无线本地环路)终端以及固定的无线网络终端之上。其业务内容如下：

(1) 数字电话，传真和 E-mail(64 kb/s)。

(2) 全运动视听业务(256 kb/s)。

(3) Web TV，高速 Web Surfing(512 kb/s～1.5 Mb/s，即 T1)。

(4) E1(2048 kb/s)，T3(45 Mb/s)。

(5) OC3(155 Mb/s)、LANs、MANs 和 WANs 以上为 T 电接口，OC 为光接口。

4.4.7 流星余迹通信

1. 流星余迹通信概述

流星在掠过空中时会发出大量的光和热，它会使周围的气体电离，并很快扩散形成以流星轨迹为中心的柱状电离云，这种电离云具有反射无线电波的特性，这就是所谓的“流星余迹”。

利用流星余迹反射无线电波而进行的远距离通信叫流星余迹通信，其基本工作原理如图 4-33 所示，流星余迹通信常用的波段为 30～100 MHz。

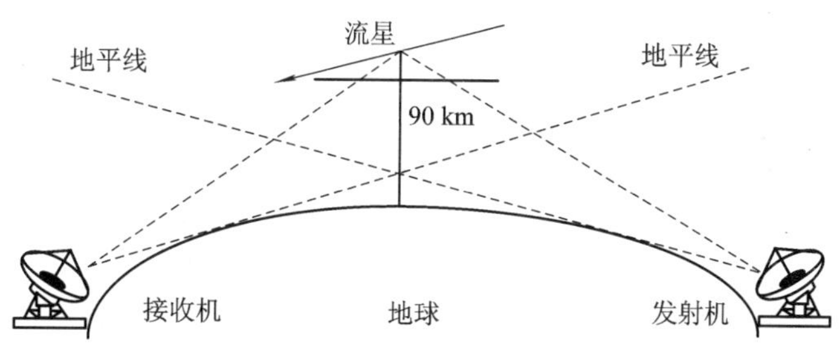

图 4-33 流星余迹通信工作原理

据估计，每昼夜进入大气层的流星总数达 1012 个，仅当收发天线波束相交区域内出现流星余迹且反射信号，并在接收点有足够场强时才能通信。流星余迹信号的持续时间为零点几秒到几秒，故这种通信是一种间歇的突发通信。其可用工作频率为 30～70 MHz，常用 40～50 MHz，单跳最大距离为 2000 km。

流星余迹通信系统由甚高频(VHF)收发信机、天线、自动控制设备及收发信息存储设备等组成。采用了微处理机控制、前向纠错、频率合成、自适应调节数据率(2～64 kb/s)等技术。

流星余迹通信有如下优点：

(1) 通信距离远。实验表明，利用功率为 500 W 至几千瓦的发射机及普通的八木天线，通信距离就可达 1500 km，最大通信距离约 2300 km。

(2) 保密性强。由于电波反射具有非常明显的方向性，不易被窃听，而且容易防止干扰台的影响。

(3) 通信的稳定性好，不太受电离层骚扰和极光的影响，受核爆炸和太阳黑子活动的影响相对较小。

流星余迹通信有以下缺点：

(1) 由于发送状态是断续的，信息有延迟，有时可达几分钟，因而不适应传送实时信息。

(2) 用印字电报传送信息时，错误的百分比较大。

(3) 终端设备较复杂。

2. 流星余迹通信网

流星余迹通信最早于 20 世纪 50 年代由业余无线电爱好者提出，50 年代末加拿大实现了流星余迹通信，70 年代末美国用于数据收集及军事通信。其他国家如英、苏、芬兰、埃及等均有应用。我国于 50 年代末进行了传播试验，60 年代研制设备，70 年代末开始建立流星余迹专用链路。目前英、美等国的研究人员正在建设一个覆盖西欧和部分东欧国家的流星余迹通信网，探讨最终以流星通信代替卫星通信的可能性。

流星余迹通信网可分为单一数据收集网(单一网)、主干线网及格型网，如图 4－34 所示。这些网的特点是链路均为突发型。在由主站、从站构成的链路中，主站连续地发送探测信号，从站收到后得知有流星余迹可供建立通信时，即向主站发送数据，一旦流星余迹消失，则等待下次出现流星时再发。流星余迹通信网的主要性能参数是吞吐量及等待时间，即为一种小容量、非实时、可靠的通信手段。

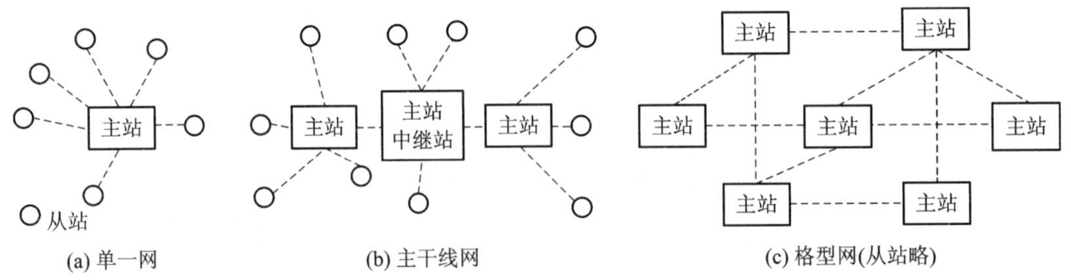

图 4－34　流星余迹通信网

3. 应用

(1) 战争。流星余迹通信早已在战争中获得应用。今天，面对现代战争随时有可能发生的严酷现实，人们又一次对流星余迹通信的作用和地位进行了新的认识和评价。人们发现，它受核爆炸和太阳黑子活动的影响相对较小，适合于用做核爆炸情况下的应急通信。

另外，在未来战争中，当卫星受到袭击时，流星余迹通信可用于对部队的指挥和调度。正是由于这些缘故，它曾被美国国防部列为 20 世纪 90 年代重点建设的十大通信系统之一，其他一些国家也竞相进行这方面的研究。

(2) 民用。流星余迹通信还在许多民用领域派上了用场，如用于飞机和车辆的调度，以及森林火灾的报警等。流星余迹通信也特别适合于恶劣环境下的气象通信。

习 题

1. 卫星通信网络有哪些拓扑结构？各自具有什么特点？
2. 卫星通信地球站与地面数字电话通信网相互连接时应考虑哪些问题？为什么？
3. 卫星数据通信网与一般的卫星数字电话网有什么不同特点？为什么？
4. VSAT 的含义是什么？试述 VSAT 网的特点和优点。
5. 简述 VSAT 网的组成和网络结构。
6. 简述 VSAT 的主要业务类型及应用。
7. 在 VSAT 网中，确定多址协议的原则是什么？多址协议性能比较的指标有哪些？
8. 试参考有关资料比较以下适于 VSAT 网的多址协议的特点与性能：ALOHA、S-ALOHA、SREJ-ALOHA、异步分组 CDMA、TDMA。
9. 从网络拓扑结构、信号传输路径、信息传输速率、多址方式、对小站的 EIRP 和 G/T 的要求等方面比较 VSAT 数据网和电话网。
10. 如何评价 VSAT 网的通信质量与网络性能？
11. VSAT 卫星数据通信网与地面数据通信网(譬如光纤网)互连时所用网间连接器的作用是什么？
12. 已知话务量 $A=10$ e，信道数 $N=15$，求阻塞率 B。
13. 试述 VSAT 网中的 DAMA 方式的信道接入策略。
14. 试述 VSAT 网总体方案设计的基本内容。
15. 简述 IDR/IBS 的组成、特点及应用。
16. 简述卫星电视系统的组成及工作原理。
17. 简述卫星 IP 通信的关键技术和卫星宽带通信的特点。
18. 简述高通量通信卫星的概念和高通量卫星通信的应用领域。
19. 试比较平流层通信与卫星通信的异同点。
20. 阐述流星余迹通信的基本工作原理以及其优缺点。

第 5 章 移动卫星通信系统

5.1 移动卫星通信系统的分类及特点

移动卫星通信(MSS)，又称为卫星移动通信，是指利用卫星转接实现移动用户间，或移动用户与固定用户间的相互通信。

移动卫星通信是以 VSAT 和地面蜂窝移动通信为基础，结合空间卫星多波束技术、星载处理技术、计算机和微电子技术的综合运用，是更高级的智能化新型通信网，能将通信终端延伸到地球的每个角落，实现“世界漫游”，从而使电信业产生质的变化。因此，它可以看成是陆地移动通信系统的延伸和扩展，如今移动卫星通信系统的研制和开发取得了很大的进展。

从“移动”角度来看，MSS 有三种情形：第一种为卫星不动(同步轨道卫星)，终端动；第二种为卫星动(非同步轨道卫星)，终端不动；第三种为卫星动(非同步轨道卫星)，终端也动。由于 MSS 充分发挥了卫星通信的优势和特点，因此它不仅可以向人口密集的城市和交通沿线提供通信，也可以向人口稀少的地区提供移动通信，尤其是对正在运动中的汽车、火车、飞机和轮船，以及个人进行通信更具有特殊意义。其业务范围包括单向和双向无线传信、话音、数据、定位和视频等。

5.1.1 移动卫星通信系统的分类

移动卫星通信系统按用途可分为：海事移动卫星系统(MMSS)、航空移动卫星系统(AMSS)和陆地移动卫星系统(LMSS)。MMSS 主要用于改善海上救援工作，提高船舶使用的效率和管理水平，增强海上通信业务和无线定位能力；AMSS 主要用于飞机和地面之间为机组人员和乘客提供话音和数据通信服务。LMSS 则主要是利用卫星为陆地上行驶的车辆和行人提供移动通信服务。

移动卫星通信系统按卫星运行轨道(椭圆轨道、圆轨道)和高度(高、中、低)大致可以分为大椭圆轨道(HEO)、同步静止轨道(GEO)、中轨道(MEO)和低轨道(LEO)等四种通信系统。表 5-1 列出了不同轨道高度的移动卫星通信系统星座参数。表 5-2 比较了 GEO、HEO、MEO 和 LEO 系统的优、缺点。

表 5-1 不同轨道高度的移动卫星通信系统星座参数

类　型	LEO	HEO	MEO	GEO
倾角/°	85～95(近极轨道) 45～60(倾斜轨道)	63.4	45～60	0
高度/km	500～2000 或 3000 (多数在 1500 以下)	低 500～20 000; 高 25 000～40 000	约 2000 或 3000～20 000	约 35 786
周期/小时	1.4～2.5	4～24	6～12	24
星座卫星数/颗	24～几百	4～8	8～16	3～4
覆盖区域	全球	高仰角覆盖北部高纬度国家	全球	全球 (不包括两极)
单颗卫星覆盖地面/(%)	2.5～5	—	23～27	34
传播时延/ms	5～35	150～250	50～100	270
过顶通信时间	10 min	4～8 h	1～2 h	24 h
传播损耗	比 GEO 低数十 dB	—	比 GEO 低 11 dB	—
典型系统	Iridium, Globalstar Orbcomm, Teledesic	Molniya Loopus Archimedes	Odyssey ICO	Inmarsat MSAT Mobilesat

表 5-2 LEO、MEO、HEO 和 GEO 卫星通信系统的优缺点

	LEO/MEO	HEO	GEO
优点	① 可覆盖全球 ② 传播时延短 ③ 频率资源可多次再用 ④ 卫星和地面终端设备简单 ⑤ 要求有效全向辐射功率小 ⑥ 抗毁性能好 ⑦ 适合个人移动卫星通信 ⑧ 研制费用低及研制较容易	① 可覆盖高纬度地区 ② 地球站可工作在大仰角上，减少大气影响 ③ 可用简单的高增益非跟踪天线 ④ 发射成本较低 ⑤ 在业务时间内不会发生掩蔽现象	① 开发早，技术成熟 ② 多普勒频移小 ③ 发展星上多点波束技术，可简化地面设备 ④ 适用于低纬度地区
缺点	① 连续通信业务需要多颗卫星 ② 网络设计复杂 ③ 要使用星上处理及星间通信等先进技术 ④ 较大的多普勒频移，需要频率补偿功能 ⑤ 当从一颗星向另一颗星切换时，需要电路中断保护措施	① 连续通信业务需要 2～3 颗卫星 ② 当从一颗星向另一颗星切换时，需要电路中断保护措施 ③ 需要多普勒频移补偿功能 ④ 卫星天线必须有波束定位控制系统 ⑤ 保持轨道不变需要相当多的能量 ⑥ 当近地点高度较低时，需要防辐射措施，因为卫星会经过范伦带 ⑦ 全球覆盖需星间链路 ⑧ 地面设备较大，成本高	① 高纬度地区通信效果差 ② 地面设备大，成本高，机动性差 ③ 需要星上处理技术和大功率发射管及大口径天线

GEO系统技术成熟、成本相对较低，目前可提供业务的GEO系统有Inmarsat系统、北美移动卫星系统MSAT、澳大利亚移动卫星通信系统Mobilesat。LEO系统具有传输时延短、路径损耗小、易实现全球覆盖及避开了静止轨道的拥挤等优点，目前典型的系统有Iridium、Globalstar、Teledesic等系统。MEO则兼有GEO、LEO两种系统的优缺点，典型的系统有Odyssey、ICO等。HEO采用大仰角，用于其他类型卫星难以胜任业务的高纬度地区，尤其对欧洲许多国家特别有用，典型的系统有Molniya、Loopus等系统。另外，还有区域性的移动卫星系统，如亚洲的AMPT、日本的N-STAR、巴西的ECO-8系统等。

现今，LEO和MEO系统在个人卫星通信业务方面具有极大潜力，并引起人们的关注。为方便管理，美国联邦通信委员会(FCC)把LEO和MEO系统分为大LEO和小LEO两类，其他国家也按此分类。大LEO系统可处理语音传输，并使用高于1 GHz的频率。小LEO系统只处理数据传输，且使用低于1 GHz的频率，一般为VHF和UHF。

5.1.2 移动卫星通信系统的特点

移动卫星通信系统由移动终端、卫星、地球站构成。其最大特点是利用卫星通信的多址传输方式，为全球用户提供大跨度、大范围、远距离的漫游和机动、灵活的移动通信服务，是陆地蜂窝移动通信系统的扩展和延伸，在偏远的地区、山区、海岛、受灾区、远洋船只及远航飞机等通信方面更具独特的优越性。

1. 移动卫星通信系统具有的技术特点

移动卫星通信系统具有以下技术特点：

(1) 系统庞大、结构复杂、技术要求高、用户(站址)数量多。

(2) 卫星天线波束应能适应地面覆盖区域的变化并保持指向，用户移动终端的天线波束应能随用户的移动而保持对卫星的指向，或者是全方向性的天线波束。

(3) 移动终端的体积、重量、功耗均受限，天线尺寸外形受限于安装的载体，特别是手持终端的要求更加苛刻。

(4) 因为移动终端的EIRP有限，对空间段的卫星转发器及星上天线需专门设计，并采用多点波束技术和大功率技术以满足系统的要求。

(5) 移动卫星通信系统中的用户链路，其工作频段受到一定的限制，一般为200 MHz～10 GHz。

(6) 由于移动体的运动，当移动终端与卫星转发器间的链路受到阻挡时，会产生“阴影”效应，造成通信阻断。对此，移动卫星通信系统应使用户移动终端能够多星共视。

(7) 多颗卫星构成的卫星星座系统，需要建立星间通信链路、星上处理和星上交换，或需要建立具有交换和处理能力的信关关口地球站(即网关，Gateway)。

2. 移动卫星通信系统的卫星轨道带来的特点

移动卫星通信系统的卫星轨道带来如下特点：

(1) 移动卫星通信覆盖区域的大小与卫星的高度及卫星的数量有关。

(2) 为了实现全球的覆盖，需要采用多卫星系统。对于GEO轨道，利用三颗卫星可构成覆盖除地球南、北极区的移动卫星通信系统。若利用一颗GEO轨道卫星仅可能构成区域覆盖的移动卫星通信系统。若利用中、低轨道卫星星座则可构成全球覆盖的移动卫星系统。

(3) 采用中、低轨道带来的好处是传播时延较小，服务质量较高；传播损耗小，使手持卫星终端易于实现；由于移动终端对卫星的仰角较大，一般在 20°～56°，故天线波束不易遭受地面反射的影响，可避免多径深衰落。但是，中、低轨道必须是多星的星座系统，技术上较为复杂，造价昂贵，投资较大，用户资费高。

(4) 采用 GEO 轨道的好处是只用一颗卫星即可实现廉价的区域性移动卫星通信，但缺点有两个：一是传播时延较大，两跳话音通信延迟将不能被用户所接受；二是传播损耗大，使手持卫星终端不易于实现。这两个缺点可通过采用星上交换和多点波束天线技术来克服。

(5) 移动卫星通信保持了卫星通信固有的一些优点，与地面蜂窝系统相比，其优点是：覆盖范围大；路由选择比较简单；通信费用与通信距离无关。因此可利用卫星通信的多址传播方式提供大跨度、远距离和大覆盖面的漫游移动通信业务。另外，移动卫星通信可以提供多种服务，例如移动电话、调度通信、数据通信、无线定位以及寻呼服务等。

5.1.3 移动卫星通信系统的发展动力与发展趋势

1. 移动卫星通信系统的发展动力

1) 海上通信需要的推动

海上通信过去一般采用短波通信，但短波通信存在严重衰落现象，信号传播很不稳定，抗干扰能力差。随着海上事业的发展，对多种类的通信服务要求越来越迫切。卫星通信的问世为解决海上通信问题带来了希望，因此，1976 年，卫星开始在海上通信中获得应用，建成了海事卫星通信系统，成为首先投入应用的一种移动卫星通信系统。

2) 陆地移动通信迅速发展的促进

公共陆地移动通信的使用最早可追溯到 20 世纪 20 年代，但其蓬勃发展是从 80 年代初期蜂窝移动通信网的建成开始的，而 90 年代初期数字蜂窝移动通信系统的建成更为公共陆地移动通信的发展注入了更大的活力。20 世纪 80 年代中期以来，全球的移动通信用户数以 50%～60%的速率逐年增长。但不管怎样，地球上仍有许多地方是公共陆地移动通信系统覆盖不到的。空中和海上自不必说，即便在陆地上，许多人烟稀少的地方靠陆地系统或者是难以覆盖的，或者是非常不经济的，因此，不得不依靠卫星来为这些地区提供移动业务。另外，由于世界上已经存在许多不同种类的陆地通信系统，它们之间可能是不兼容的，这给用户的使用带来了诸多的不便，而卫星系统可以跨越不同的地面网络，具有极强的互操作性，这也刺激了移动卫星通信系统的发展。

3) 个人通信的提出带来了新的刺激

所谓个人通信，是指任何人在任何时间和任何地点都可以通过通信网用任何信息媒体及时地与任何人进行通信。显然，实现个人通信的一个基本条件是要有一个在全球范围内无缝的通信网络，这离开卫星显然是无法实现的。因此，人们在探讨未来的个人通信系统时，无一例外地都考虑了全球个人卫星通信系统(S-PCS)。

4) 市场的驱动

随着经济的全球化，每时每刻经济活动都不会停止。在一个普通的公司内，25%的工作人员有多达 20%的时间在其办公室外工作，这样，全球约有 5500 万人有 20%的时间不在其办公室内工作。其次，全球只有约5%的陆地面积能被地面蜂窝移动通信系统覆盖，并且这些蜂窝移动通信系统之间可能还互不兼容；另外，即使对于被蜂窝移动通信系统覆盖的区域，还可能存在着覆盖缝隙。这些都为移动卫星通信系统的发展提供了机遇，或者说提供了潜在的使用对象。

从电信市场看，全球移动卫星通信业的总收入，1997年约为20亿美元，2016年达到36亿美元，2019年达到41亿美元。所有这些外在的因素，加上卫星通信本身具有的独特优点、良好的使用经历和技术基础，使得移动卫星通信取得了迅速的发展，并继续呈现高速发展的态势和良好的发展前景。

2. 移动卫星通信系统的发展趋势

从目前的形势来看，移动卫星通信系统的发展趋势主要表现在如下几个方面：

(1) 在继续发展静止同步轨道移动卫星通信的同时，重点发展低轨道移动卫星通信系统。

(2) 发展能实现海事、航空、陆地综合移动卫星通信业务的综合移动卫星通信系统。

(3) 未来的移动卫星通信系统的功能不仅具有话音、数据、图像通信功能，还具有导航、定位和遇险告警、协助救援等多种功能。

(4) 将移动卫星通信系统与地面有线通信网、蜂窝电话网、无绳电话网联接成个人通信网。

(5) 移动卫星通信系统大多是全球通信系统，要求与各个国家的通信网联接，所以必须制定统一的国际标准和建议，并解决与各个不同用户国、不同地面接口兼容的问题。

(6) 移动卫星通信系统面向全球，系统复杂，投资巨大，单凭公司或集团难以单独完成开发经营，需要在全球寻找用户和投资者。因此，开展国际间的合作开发和合作经营势在必行。

(7) 在卫星及其技术方面，主要趋向是采用低轨道小型卫星，发展高增益多波束天线和多波束扫描技术，星上处理技术，开发更大功率固态放大器和更高效的太阳能电池，开展星间通信技术研究等。

(8) 移动终端及其技术方面，重点开展与地面移动通信终端(手机)兼容和与地面网络接口技术的研究，开展终端小型化技术研究，包括小型高效天线的研究开发和采用单片微波集成电路，以减少终端的体积、重量和功耗，同时研究进一步减少系统的成本和降低移动终端的价格。

(9) 频率资源利用方面，将进一步开展移动卫星通信新频段和频谱有效利用技术的研究。

5.2 国际移动卫星通信系统

5.2.1 INMARSAT系统概述

最早的GEO移动卫星系统，是利用美国通信卫星公司(COMSAT)的Marisat卫星进行卫星通信的，它是一个军用卫星通信系统。20世纪70年代中期，为了增强海上船只的安全保障，国际电信联盟决定将L频段中的1535～1542.5MHz和1636.3～1644MHz分配给海事卫星通信业务，这样Marisat中的部分能力就提供给远洋船只使用。

1982年形成了以国际海事卫星组织(INMARSAT)管理的INMARSAT系统，开始提供全球海事卫星通信服务，1985年对公约作修改，决定把航空通信纳入业务之内，1989年再次把业务从海空扩展到了陆地，真正全方位地提供全球移动卫星通信服务，并于1990年开始提供海上、陆地、航空全球性的移动卫星通信服务。中国交通部的中国交通通信中心代表中国参加了INMARSAT组织。

INMARSAT第一代共租用9颗卫星，寿命至1995年。INMARSAT第二代于1990年投入使用，共4颗卫星，寿命至2002年。第三代卫星INMARSAT-3于1996年开始陆续发射使用，共有9颗卫星在轨运行，寿命至2013年。2005年开始发射第四代卫星，它用3颗大功率同步卫星覆盖全球。2013年至2014年完成INMARSAT第五代三颗卫星的发射，在原系统上新增了Ka频段全球覆盖的宽带卫星移动通信系统。另外，对于预研中的第六代卫星，已于2021年底发射了一颗INMARSAT-6 F1卫星。表5-3给出了INMARSAT各类系统投入使用的时间和它们提供的主要业务类型。

表5-3 各类INMARSAT系统的主要业务和投入使用的时间

系统名称	投入使用时间	主要业务
INMARSAT-A	1982年	早期的话音/数据业务
INMARSAT-Aero	1990年	航空话音和数据
INMARSAT-C	1991年	手提箱式业务
GMDSS	1992年	各种求救、救援业务
INMARSAT-M	1993年	手提箱式数字电话
INMARSAT-B	1993年	数字低速全业务终端
全球呼叫	1994年	袖珍寻呼机
导航业务	1995年	各种专用业务
INMARSAT mini-M	1996年	膝上数字电话、传真和数据
INMARSAT-E	1997年	全球遇险告警业务
INMARSAT-D/D+	1998年	CD机大小的单向/双向数据终端
INMARSAT-M4	1999年	笔记本式高速全业务终端
INMARSAT RBGAN	2002年	区域性宽带网络
INMARSAT BGAN	2005年	宽带全球区域网
INMARSAT Global Xpress	2013年	全球高速无缝覆盖移动宽带业务
INMARSAT Fleet Xpress	2016年	高可靠性全球覆盖高通量海事业务

5.2.2 INMARSAT系统的构成

1. 提供海事移动卫星业务的INMARSAT系统

提供海事移动卫星业务的INMARSAT系统主要由船站、岸站、网络协调站和卫星等部分组成，如图 5-1 所示。其中卫星与船站之间的链路采用 L 频段，卫星与岸站之间通信在 C 或 L 双频段工作，传送话音信号时用 C 频段，L 频段用于用户电报、数据和分配信道。

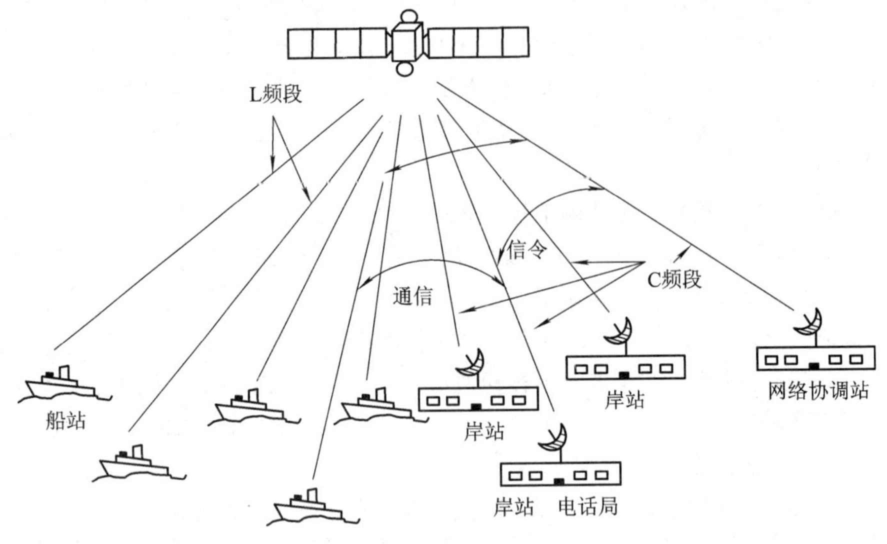

图 5-1　INMARSAT 系统组成

1) GEO 卫星

INMARSAT 卫星系统陆续演进了五代，其中第一代为租用卫星，第二代为自建系统(已被第三代系统替代)，目前主要在用的卫星系统是第三代(L 波段语音通信系统)、第四代(L 波段数据通信系统)以及第五代(Ka 宽带通信系统)。

INMARSAT-3 的空间段由四颗 GEO 卫星构成，分别覆盖太平洋(定位于东经 178°)、印度洋(东经 65°)、大西洋东区(西经 16°)和大西洋西区(西经 54°)，可以动态地进行功率和频带分配，提高了卫星信道资源的利用率。为了降低终端尺寸及发射电平，INMARSAT-3 系统通过卫星的点波束系统进行通信。除南北纬 75°以上的极地区域以外，四颗卫星几乎可以覆盖全球所有的陆地区域。

INMARSAT-4 的空间段由三颗完全相同的 GEO 卫星组成，其容量和功率分别是第三代卫星的 16 倍和 60 倍，支持宽带全球区域网(BGAN，Broadband Global Area Network)无线宽带接入业务等，满足日益增长的数据和视频通信的需求，尤其是宽带多媒体业务。

INMARSAT-5 是由四颗卫星组成的全球高速移动网络(Global Xpress)，第一颗卫星 5F1 于 UTC 时间 2013 年 12 月 8 日 12 时 12 分在哈萨克斯坦共和国境内的发射平台成功发射，并成功在轨运行。至 2014 年，由共投资 12 亿美元的波音公司提供了三颗工作在 Ka 频段的卫星，每颗卫星包括两个有效载荷，即全球载荷和可旋转高容量载荷。全球载荷提供 89 个固定点波束、72 个信道，实现全球覆盖。每颗卫星下部署六个可移动高容量载荷，提供多地区动态覆盖，有效提升热点区的通信能力。2017 年 5 月 16 日晨 7 时 21 分，INMARSAT-5 的第四颗 Ka 卫星由美国 SpaceX 的猎鹰 9 号火箭顺利发射升空，这颗专门服务中国及“一带一路”沿线的 Ka 卫星，选择在“一带一路”峰会圆满闭幕的背景下发射升空，为“一带一路”的互联互通助力，使得 Ka 宽带卫星阵营又添加一员虎将，为 Global

Xpress系统在中国业务的开展，打开了更多的想象空间。

此外，INMARSAT第六代卫星已在预研中，容量相比第五代又有数十倍的增加，2021年12月22日使用三菱重工的H-2A火箭发射了INMARSAT-6 F1卫星(两颗卫星中的第一颗)，这颗卫星标示着INMARST的L频段网络开始更新。表5-4为第五代卫星与前三代卫星技术比较。

表5-4　第五代卫星与前三代卫星技术比较

技术特征	第二代卫星	第三代卫星	第四代卫星	第五代卫星
启动时间	1990年	1996年	2005年	2013年
全球服务时间	1992年	1998年	2009年	2015年
卫星数量/颗	4	5	3	4
预计服务截止日期	2010年	2010—2014年	2023年后	2031年后
波束	1个全球波束	1个全球波束 7个宽点波束	1个全球波束 19个宽点波束 193个窄点波束	89个固定波束 6个移动波束
终端EIRP/dBW	39	49	67	51
信道数量	4个信道	46个信道	630个信道	72个信道
频段	L	L	L	Ka
信道带宽	4.5～7.3 MHz	0.9～2.2 MHz	200 KHz	36 MHz
卫星发射质量/kg	1500	2050	5959	6100
单侧太阳电池翼翼展/m	14.5	20.7	45	33.8
业务	话音	话音/ISDN	话音/ISDN最高700 kb/s数据	上行5 Mb/s，下行50 Mb/s数据

2) 岸站(CES)

CES是指设在海岸附近的地球站，归各国主管部门所有，并归它们经营。它既是卫星系统与地面系统的接口，又是一个控制和接续中心。其主要功能有：

(1) 对从船舶或陆地来的呼叫进行分配并建立信道。

(2) 信道状态(空闲、正在受理申请、占线等)的监视和排队的管理。

(3) 船舶识别码的编排和核对。

(4) 登记呼叫，产生计费信息。

(5) 遇难信息监收。

(6) 卫星转发器频率偏差的补偿。

(7) 通过卫星的自环测试。

(8) 在多岸站运行时的网络控制功能。

(9) 对船舶终端进行基本测试。

每一海域至少有一个岸站具备上述功能。典型的CES抛物面天线直径为11～14 m，收发机采用C和L双频段工作方式，C频段(上行6.417～6.4425 GHz，下行4.192～4.200 GHz)用于语音，L频段用于用户电报、数据和分配信道。

3）网络协调站(NCS)

网络协调站(NCS)是整个系统的一个重要组成部分。在每个洋区至少有一个地球站兼作网络协调站，并由它来完成该洋区内卫星通信网络必要的信道控制和分配工作。大西洋区的 NCS 设在美国的绍斯伯里(Southbury)，太平洋区的 NCS 设在日本的茨城(Ibaraki)，印度洋区的 NCS 设在日本的山口(Yamaguchi)。

4）网络控制中心(NOC)

设在伦敦国际移动卫星组织总部的 NOC，负责监测、协调和控制网络内所有卫星的运行，检查卫星工作是否正常，包括卫星相对于地球和太阳的方向性，控制卫星姿态和燃料的消耗情况，各种表面和设备的温度，卫星内设备的工作状态等。NOC 也对各地面站的运行情况进行监控。

5）船站(SES)

SES 是设在船上的地球站。因此，SES 的天线在跟踪卫星时，必须能够排除船身移位以及船身的侧滚、纵滚、偏航所产生的影响；同时在体积上 SES 必须设计得小而轻，使其不致影响船的稳定性，在收发机带宽方面又要设计得有足够带宽，能提供各种通信业务。为此，对 SES 采取了以下技术措施：

(1) 选用 L 频段(上行 1.636～1.643 GHz，下行 1.535～1.542 GHz)。由于海面对 L 频段的电磁波是足够粗糙的，而船站天线仰角通常都大于 10°，这样可以克服镜面反射分量的形成。

(2) 采用 SCPC/FDMA 制式以及话路激活技术，以充分利用转发器带宽。

(3) 卫星采用极子碗状阵列式天线，使全球波束的边缘地区亦有较强的场强。

(4) 采用改善 HPA(发送部分的高功放)，来弥补因天线尺寸较小所造成天线增益不高的情况。

(5) L 频段的各种波导分路和滤波设备，广泛采用表面声波器件(SAW)。

(6) 采用四轴陀螺稳定系统来确保天线跟踪卫星。

每个 SES 都有自己专用的号码，通常 SES 由甲板上设备(ADE)和甲板下设备(BDE)两大部分组成。ADE 包含天线、双工器和天线罩；BDE 包含低噪声放大器、固体高功放等射频设备，以及天线控制设备和其他电子设备。射频部分也可装在 ADE 天线罩内。

SES 有 A 型站、B 型站、M 型站和 C 型站标准等，1992～1993 年投入应用的 B、M 型站，采用了数字技术，它们最终将取代 A 型站和 C 型站。

2. 提供陆地移动卫星业务的 INMARSAT 系统

INMARSAT 标准 A、B、C、D、D/D+、M 系统都有可以提供陆地使用的移动地球站。

常规的标准 A 或 B 站可以安装在轻型车辆上，天线可以加上一个防护罩以防机械损伤。对于不要求“动中通”的标准 A 或 B 站，即无需天线跟踪时，可以采用较简单的天线安装方法。为了便于搬移，可使用能拆卸的反射面天线，整个移动站可放入一个手提箱内。

真正用于陆地可搬移的 INMARSAT 移动终端是标准 M 站，它采用电池供电，整个站的尺寸不大于一个公文包，天线安装在公文包的盖子上。与海事系统中移动站天线的设计不同，标准 M 站天线的极坐标方向图是水平对称的，通过调整可以适应不同的卫星仰角。M 站天线方向图的主瓣在水平面相当窄，而在垂直面相当宽，用户还可以旋转公文包，以把天线主瓣指向卫星信号最强的方位角。对于固定、半固定的使用环境，标准 M 站还可以把天线与室内单元分离开来，把天线单独安装在室外视野开阔地带。

INMARSAT 标准 M 系统由空间段、M 移动站、陆地地球站和网络协调站组成，如图 5-2 所示。主要用于在固定用户和移动用户之间提供中等质量的话音业务及传真和全双工数据业务。

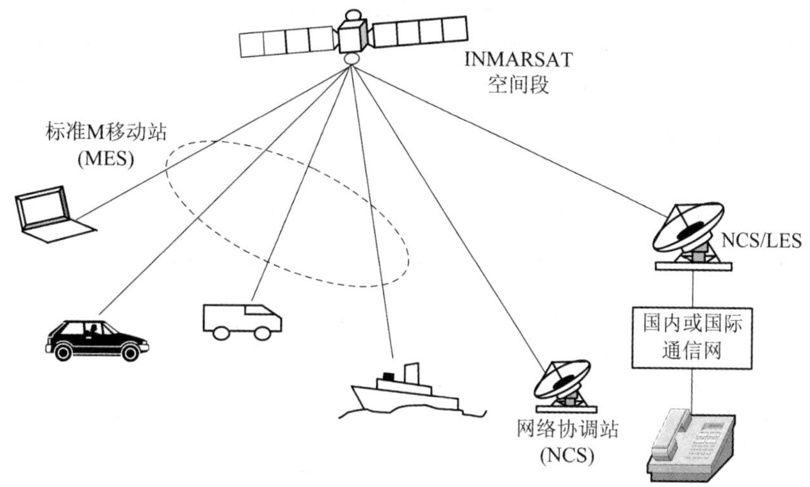

图 5-2　INMARSAT 标准 M 系统的网络组成

(1) INMARSAT 空间段：主要是指卫星转发器及相应 LMSS 频段。

(2) 标准 M 移动站(MES)：利用 L 频段(1.5/1.6 GHz)通过 INMARSAT 空间段与 LES 进行通信。

(3) INMARSAT 陆地地球站(LES)：它与 INMARSAT 空间段在 C 频段(4/6 GHz)和 L 频段进行接口，并作为 MES 与地面通信网之间进行通信的网关。

(4) INMARSAT 网络协调站(NCS)：负责整个系统的网络控制和管理，与 INMARSAT 空间段在 C 和 L 频段进行接口，以实现与 LES 和 MES 之间的信令交换。它通常安装在一个 LES 上。

3. 提供航空移动卫星业务的 INMARSAT 系统

INMARSAT 航空卫星通信系统主要提供飞机与地球站之间的地对空通信业务，该系统主要由卫星、航空地球站和机载站(AES)三部分组成，如图 5-3 所示。

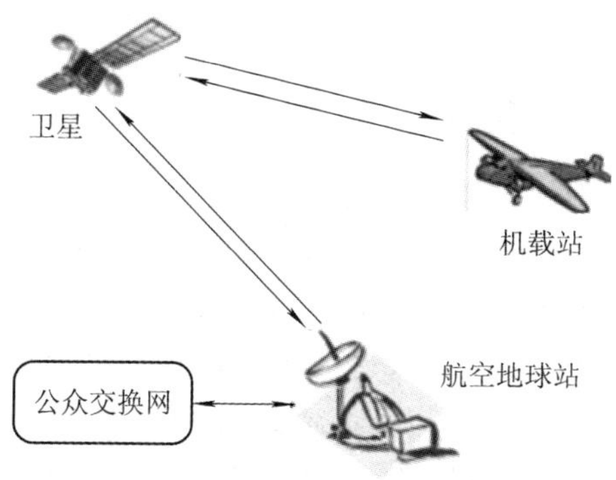

图 5-3　INMARSAT 航空卫星通信系统

卫星与航空地球站之间采用C频段，卫星与机载站(AES)之间采用L频段。航空地球站是卫星与地面公众交换网的接口，它是INMARSAT地球站的改装型。机载站是设在飞机上的移动地球站。INMARSAT航空卫星通信系统的信道分为P、R、T和C信道，P、R和T信道主要用于数据传输，C信道可传输话音、数据、传真等。

航空移动卫星通信系统与海上或陆地移动卫星通信系统有明显差异，例如飞机高速运动引起的多普勒效应比较严重、机载站高功率放大器的输出功率和天线的增益受限。因此，在航空移动卫星通信系统设计中，采取了许多技术措施，如采用相控阵天线，使天线自动指向卫星；采用前向纠错编码、比特交织、频率校正和增大天线仰角，以改善多普勒频移的影响。

目前，支持INMARSAT航空业务的系统主要有以下几个：

(1) Aero-L系统：低速(600 b/s)实时数据通信，主要用于航空控制、飞机操纵和管理。

(2) Aero-I系统：利用第三代INMARSAT卫星的强大功能，并使用中继器，在点波束覆盖的范围内，飞行中的航空器可通过更小型、更廉价的终端获得多信道话音、传真和电路交换数据业务，并在全球覆盖波束范围内获得分组交换的数据业务。

(3) Aero-H系统：支持多信道话音、传真和数据的高速(10.5 kb/s)通信系统，在全球覆盖波束范围内，用于旅客、飞机操纵、管理和安全业务。

(4) Aero-H+系统：是H系统的改进型，在点波束范围内利用第三代INMARSAT卫星的强大容量，提供的业务与H系统基本一致。

(5) Aero-C系统：它是INMARSAT-C航空版本，是一种低速数据系统，可为在世界各地飞行的飞机提供存储转发电文或数据包业务，但不包括航行安全通信。

(6) Mini M Aero系统：适用于边境巡逻，海岸警卫队，紧急服务和远程行动应用。

(7) Swift 64：全球分区网络(GAN)的飞机版本称为Swift 64，通过其移动ISDN和基于IP的移动数据包数据服务(MPDS)产品，为诸如高品质语音，电子邮件，互联网、内部网访问以及视频会议等应用程序提供带宽。

(8) SwiftBroadband(SB)：旨在满足飞机、商务飞机和政府飞机中乘客、客舱乘务员和飞行员的高速数据通信需求。

如今，INMARSAT的航空卫星通信系统已能为旅客、飞机操纵、管理和空中交通控制提供电话、传真、数据和视频业务。从飞机上发出的呼叫，通过INMARSAT卫星送入航空地球站，然后通过该地球站转发给世界上任何地方的国际通信网络。

5.2.3 各类INMARSAT的终端

INMARSAT采用几种不同的移动通信系统，通过一系列终端向用户提供不同的服务，其中包括INMARSAT-A、C、B/M、Aero、D、E、RBGAN、BGAN、Global Xpress和Fleet Xpress等系统。与之相适应，INMARSAT可在全球提供以下不同类型的移动终端。

(1) INMARSAT-A：它属于模拟系统，其终端通过直径大约1 m的抛物面天线提供话音(9.6 kb/s)、数据、电传、传真，以及高速数据(56/64/384 kb/s)。船用终端天线放在屏蔽罩中，具有自动跟踪系统保证使天线始终对准卫星，并可通过按键启动遇险告警，其中遇险告警在INMARSAT系统中处于最高级别。陆用移动终端是便携式的，可以装在手提箱里，并可在几分钟之内开始工作。典型的 INMARSAT－A 终端提供一个话音和一个电传信道，可连接电传机或小型交换机等外设。

(2) INMARSAT－B：它是 INMARSAT－A 的数字式接替产品，将先进的数字通信技术应用到移动卫星通信领域，提供所有与 INMARSAT－A 相同但有所增强的服务，比 INMARSAT－A 更能充分利用功率和频段。这就意味着空间段费用大大降低，终端体积和重量都较 A 系统减少许多。INMARSAT－B 可提供实时的直拨数字电话(16 kb/s)传真和电传服务，还有增强数据通信业务(16 kb/s)和高速数据通信服务(64 kb/s)可传图像。INMARSAT－B 既可以工作于全球波束，也可工作于 INMARSAT 第三代卫星的点波束，在与 A 并存一段时间以后，已完全接替 A 而成为海事通信的主力。

(3) INMARSAT－M：它是 INMARSAT－B 的简化型，以提供电话服务为主，有海事和陆用两种类型，提供高质量数字式电话(4.8 kb/s)、低速传真和数据(2.4 kb/s)，体积小(天线 0.4 m)，重量为 15 kg 左右，价格相对便宜。

(4) INMARSAT－C：其终端通过一个十几厘米高的全向天线，以存储转发方式提供电传和低速数据(600 b/s)，用户终端小巧，陆用终端及天线可装在一个手提箱中，重仅 3 kg 左右，价格经济，能耗低，可以使用电池、太阳能等，因而在边远地区尤为适用。车载式的卫星终端具有全向性天线，能在行进中进行通信；便携式或固定式的终端采用小型定向无线，可方便携带及减低能耗。INMARSAT－C 除提供普通的电传、数据、文字传真外，还有许多其他服务：增强群呼安全网和车、船管理网，数据报告，查询、一文多址，多文多址等。已有多种型号 C 终端可与 GPS 综合在一起，作为定时位置报告手段。其轮询和数据报告功能很适合于遥测、控制和数据采集(SCADA)。C 终端还可通过具有 X.25 或 X.400 协议的 LES 提供电子邮件服务。此外，C 终端作为满足全球海上遇险和安全系统(GMDSS)要求所必备的设备，还广泛应用于发送级别优先的遇险报警信息。

(5) INMARSAT－Aero：它为航行在世界各地的飞机提供双向话音和数据服务，包括高质量话音、数据包信息、传真和电路模式数据。不仅提供个人通信，而且主要用于空中交管，将飞机的过境航行实现综合监控和管理。该系统由 INMARSAT 和航空工业界制定并形成统一的工业技术标准。系统定义与 AEEC 制定的 Arine 标准 741 兼容，与 ICAO 颁布的标准和建议相符，按这些标准设计和制造的设备在世界各地都可工作，没有地域限制(需得到国家无线电管理部门批准)。高增益的 Aero－H、低增益的 Aero－L 以及后来推出的 Aero－I 终端正为航空界所推崇。

(6) INMARSAT－D：它是 INMARSAT 推出的全球卫星短信息服务系统，即移动卫星寻呼机，可支持中心办公室与偏远地区的使用者、无人监控设备、传感器之间的通信，传输多达 128 个字符的字母和数字混编短语信息。新近推出的 D 可双向通信，既可收到短信息，也可发送短数据报告和应答，亦为实现数据采集的极佳选择。D 终端为袖珍型，只稍大于普通寻呼机。

(7) INMARSAT－E：即卫星无线电紧急示位标(EPIRB)，利用 INMARSAT 系统的卫星 EPIRB 功能，使用 L 频段频率提供遇险告警。船舶遇险时安装的 EPIRBs 将自动飘浮，并自动启动，将船舶的紧急信息、位置坐标、船舶等级、速度等不间断地送进卫星 EPIRB 处理器，以最快的速度(一般 1 min 内)将遇险信息传给搜救中心，以便救援。卫星 EPIRB 接收处理器分布在三个地面站中，其服务覆盖整个四个洋区。该功能已纳入

GMDSS。

(8) INMARSAT RBGAN：2002 年底推出的区域性宽带网络这一服务与 GPRS 网络完全兼容，可提供基于 IP 协议的一条 144 kb/s 安全共享信道。其轻便小巧的终端设备使企业客户可方便地连接到因特网、企业局域网和广域网，或者简单方便地发送电子邮件，覆盖范围包括欧洲、中东、非洲、东欧和次大陆地区的 99 个国家。

(9) INMARSAT BGAN：它是具有宽带网络接入、移动实时视频直播、兼容 3G 等多种通信能力的新一代 INMARSAT 宽带全球区域网的简称。BGAN 将对 85%的全球陆地面积提供无缝隙网络覆盖，重量约 1～2.5 kg 的终端设备承载最高达 492 kb/s 的高速互联网接入、话音、传真、ISDN、短信、语音信箱等多种业务应用模式，在空海通信中最高可达 432 kb/s 的高速连接。

(10) INMARSAT Global Xpress：第五代 Ka 频段卫星移动宽带网络，为用户提供一种独特的全球高速无缝覆盖移动宽带业务。具有通信带宽宽(可使用 Ka 波段 2.5 GHz 的可用频带宽度)、超高的通信速率(50 Mb/s 下行，5 Mb/s 上行)和终端体积小、重量轻等特点。

(11) INMARSAT Fleet Xpress：它是 2016 年推出的高可靠性全球覆盖的高通量海事通信系统，基于 Global Xpress(GX)卫星群，通过 Ka 频段的高速宽带和可靠的 L 频段作为备用，提供高带宽与可靠性兼具的船岸通信保障，并为全球海上通信设定了一个新的标准。海事终端具有配置简单快捷、结构紧凑、重量轻、易于在船上安装等特点。

5.2.4 Global Xpress 系统

Global Xpress 系统是目前世界上首个也是唯一一个能够提供全球服务的端到端商业 Ka 频段的通信系统。此系统可以分为空间段、地面段和用户段，空间段由四颗 GEO 卫星组成，地面段包括卫星测控中心、卫星接入站和其他地面网络等，用户段由各种用户终端组成。

1. 空间段

INMARSAT-5 称作 Global Xpress，采用全 IP 体制，空间段采用三颗主用(120°间隔)加一颗专用静止轨道卫星的组网方式，使用 Ka 波段。第一颗卫星位于 62.6°E，覆盖范围包括欧洲、中东、非洲和亚洲；第二颗卫星位于 55°W，覆盖范围为美洲及大西洋地区；第三颗卫星将覆盖亚太地区。第四颗专门服务中国及“一带一路”沿线国家和地区。每颗 GX 卫星有 89 个 Ka 固定波束(最多可支持 72 点波束同时工作)，提供 72×40 MHz 信道带宽。每颗卫星支持 6 个高容量可移动波束。

第五代卫星星具有高频段、高带宽、高移动性、高稳定性等特点。它提供无缝高吞吐量覆盖；采用点波束体系结构确保了容量均匀分布，能够实现连续不间断的连通能力；卫星上搭载的波束可控天线可根据用户需求灵活增强网络容量；在全球范围内为陆上、海上和空中的移动型客户所提供的宽带速度，比第四代星群(I-4)要快一个数量级。

为了抵抗 Ka 频段雨衰影响，Global Xpress 在用户下行链路采用多频时分多址接入(MF/TDMA)制式，每波束共计 32 MHz 的带宽被划分为多个载波，可依据用户终端返回的链路状态报告(信噪比值)自适应实时调整调制编码和载波资源分配方案，并使用预留的可调卫星功率来控制数据速率，同时依据服务质量(QoS)、终端等效全向辐射功率(EIRP)以及信道衰落特性等多因素综合分配用户端可支配的时隙资源数目。

2. 地面段

在地面段，采用经过 iDirect 公司优化过的网络结构，卫星接入站(SAS)分为主站和备用站，实现了空间分集，两个相距数百千米的站点均能接收和处理所有的业务流量。印度洋区域的卫星接入站分别建在意大利富奇诺(Fucino)和希腊奈迈阿(Nemea)，大西洋区域站分别建在美国利诺湖(Lino)和加拿大温尼伯(Winnipeg)，而太平洋区域站址选在新西兰。

当主站受到雨衰情况影响时，系统可以自动切换至备用站消除该影响。通过冗余和分集手段，Global Xpress 网络实现了高度的可用性。

图 5-4 给出了 Global Xpress 系统网络构架示意图，建成后的 Global Xpress 将是端对端基于 IP 的网络，保持与 BGAN L 频段网络之间的互操作性。

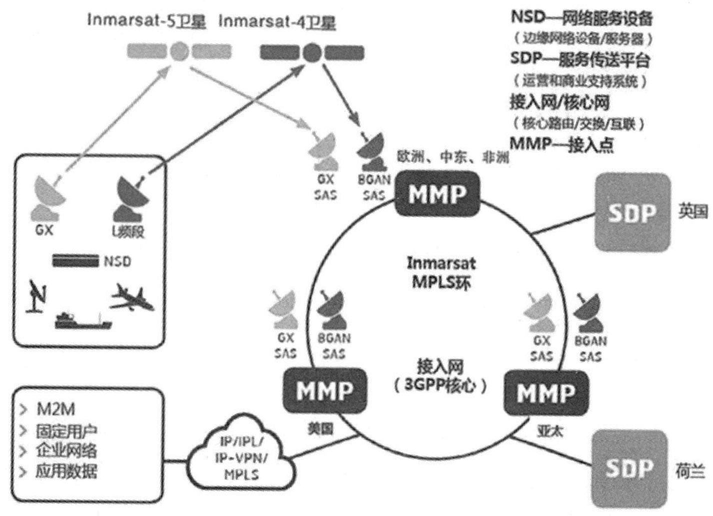

图 5-4 Global Xpress 系统网络构架

在用户下行段，终端网络服务设备(NSD)将兼容 Global Xpress 和 BGAN 模块，通过分置的天线接收两个系统的卫星信号，服务于局部网络用户。接入网部分，Global Xpress 和 BGAN 将使用不同的地面网关站通过统一的接入点(MMP，Meet Me Point，全球分设三个)接入其 IP 主干网。

此外，在 Global Xpress 系统出现故障无法工作时，可以实现自动切换，使用 BGAN 网络继续服务。同时，地面网络部分将保证在同一卫星的不同波束之间进行切换的过程中，不会出现 IP 丢失现象，实现无缝切换；而在两颗卫星间进行切换的过程中，服务中断时间将缩小至 30 s。

Global Xpress 系统具有机动性强、覆盖范围广、可靠性强等特点，非常适用于石油天然气勘探、地质、远程教育、新闻报道、林业等，适合边远地区陆地用户使用，其使用领域还在不断拓宽，推动着我国边远地区的经济增长。

3. 用户段

INMARSAT 从开始提供服务到现在，其设备终端也在不断发展和改进，已经涵盖了海事、航空和陆地通信的各个部分。为了保持兼容，Global Xpress 仍然支持 BGAN 先前已经存在的设备，而一些演进的设备通过双模的方式，既支持 Global Xpress 覆盖的增强服务，又支持以前的现有业务，因此实现了这些业务真正的全球覆盖。这些现有的和增强的业务由目前的地面网络提供，包括陆地地球站(LES)和业务提供商。

另外，由于 INMARSAT－5 卫星采用点波束，使用 Ka 波段，可使得用户终端设备更小、更方便使用。天线口径为 20 cm 的用户终端的大小小于苹果平板电脑 iPad(24.2 cm×19 cm×1 cm)，便于随身携带。

5.3 静止轨道区域移动卫星通信系统

区域性移动卫星通信业务主要由静止轨道(GEO)移动通信卫星来承担。未来 GEO 移动通信卫星将采用 12～16 m 口径天线，能生成 200～300 个点波束，使 EIRP 和 G/T 值大大提高，转发器采用矩阵功率放大器技术，广泛采用星上处理技术，从而实现手持式终端通信，话路达 1600 路左右。

GEO 区域移动卫星通信系统只需一颗卫星(最多再需一颗备份卫星)。因此，无论从建网周期、发射费用，还是从整个系统造价上都比中、低轨道全球移动卫星通信系统小得多。

目前已经提供商用或拟议中的 GEO 区域移动卫星通信系统有北美 MSAT、澳大利亚 Mobilesat、欧洲 PRODAT、亚洲蜂窝系统(ACeS)和 Thuraya 等。

5.3.1 北美移动卫星通信系统(MSAT)

1. 系统组成

北美移动卫星通信系统 MSAT 是世界上第一个区域性移动卫星通信系统。1983 年，加拿大通信部(TMI)和美国移动卫星公司(AMSC)达成协议，联合开发北美地区的卫星业务，TMI 和 AMSC 负责该系统的实施和运营分为两个卫星，TMI 公司的为 MSAT－1，AMSC 公司的为 MSAT－2。它们均采用美国休斯公司最先进的 HS－601 卫星平台和加拿大斯派尔公司的有效载荷，两星互为备份。

MSAT 系统由卫星、关口站、基站、中心控制站、网控中心以及移动站组成，如图 5－5 所示。

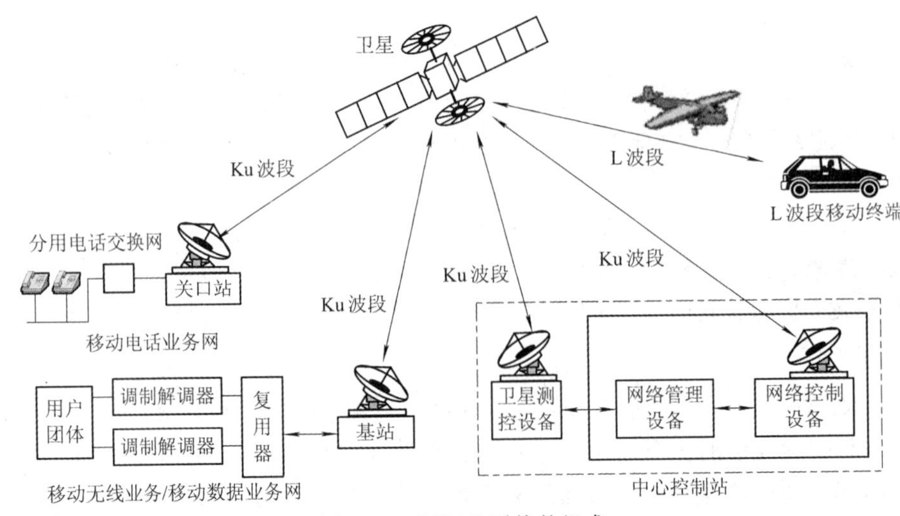

图 5－5　MSAT 系统的组成

1）MSAT 系统的空间段

MSAT 系统采用轨高 36 000 km 的同步卫星，两颗卫星均可覆盖加拿大和美国的几乎所有地区，并有覆盖墨西哥和加勒比群岛的能力。

1995 年 4 月 7 日，美国 MSAT－2 率先由“宇宙神”火箭发射入轨。它重 2910 kg，卫星发射功率高达 2880 W，卫星通信天线覆盖地区的直径为 5500 km，有 4000 个信道，工作寿命为 12 年。

1996 年 4 月 21 日，加拿大 MSAT－1 由欧空局阿里亚娜－42P 火箭发射成功。至此，经过美国和加拿大两国科学家十年的努力，终于大功告成，它是世界上第一代商业性陆地移动卫星通信系统。MSAT－1 与 MSAT－2 基本相同，只是重量为 2855 kg。美、加还将发射六颗卫星，以扩大通信范围和完善各项服务功能。

MSAT 卫星之所以采用强大的星载功率发射机和安装了两个 5 m×6 m 的可展开式椭圆形网状天线，是为了能向地面发射很强的信号，并能灵敏地接收来自地面移动终端的微弱信号，从而满足移动通信的要求。

MSAT－1、MSAT－2 分别定点在西经 101°和 106.5°的静止轨道上，可用来传送文件、电话、电报等。卫星和地面站之间采用 Ku 频段(14/12 GHz)，卫星与移动站之间采用 L 频段。

2011 年 7 月，MSAT 将其商业运营迁移到先进的 SkyTerra－1 卫星上。SkyTerra－1 采用 22 m 长的基于 L 波段反射器的天线，可实现与典型移动设备尺寸相似的产品的数据传输速度，为用户提供可靠的无所不在的覆盖。通过卫星服务合作伙伴网络提供卫星语音、一键通、数据和 GPS 跟踪服务，此外，还提供卫星容量租赁等。MSAT 为美国、加拿大和墨西哥提供卫星服务。

MSAT 系统的新一代 MSV(Mobile Satellite Ventures)卫星星上采用直径为 22.8 m 的 L 频段天线，可形成 500 个点波束，MSV 系统是一个天地一体的卫星蜂窝式移动通信网络，星上采用信道化技术为整个美洲地区(包括小型手持终端)提供先进而可靠的语音、数据业务；特别是 MSV 系统拥有 ATC(Ancillary Terrestrial Component，辅助地面组件)技术，使得卫星网络和地面网络共用同一频段，具有相同的空中接口，卫星用户终端可以通过地面 ATC 基站直接接入地面网络中。

2）MSAT 系统的地面段

中心控制站由两部分组成，即卫星控制部分和网络控制部分。卫星控制部分负责卫星的测控；网络控制部分则完成整个网络的运行和管理。关口站提供了与公众电话网的接口，使移动用户与固定用户之间可以相互通信。基站实际上是关口站的简化设备，是卫星通信与专用调度站(专用网)的接口，各调度中心通过基站进入卫星系统对车队等进行调度管理。

数据主站(可以是基站)相当于 VSAT 系统中的枢纽站(主站)，对移动数据终端起主控作用。

MSAT 卫星的有效载荷与众不同，它的转发器由独立的前向链路和回程反向链路转发器组成，即采用一个混合矩阵转发器组成。前向链路转发来自馈电链路地球站的 Ku 频段上行信号，然后以 L 频段频率转发给用户终端，回程链路转发器则接收地球移动终端的 L 频段上行信号，然后以 Ku 频段频率转发至馈电链路地球站。因此，它能灵活适应各种调制类型和载波形式。保证使用L频段的用户终端和采用Ku频段的馈电链路地球站之间的大量模拟量或低数据率数字话路的单路单载波(SCPC)传输。

移动站分为数据终端和电话终端，可分为如下几类：

(1) 固定位置可搬移终端，使用方向性天线，增益为15～22 dBi。

(2) 车辆移动终端，使用全向天线，仰角为20°～60°，增益为3～6 dBi。折中天线成本低、简单，但增益低，容易受到多径传播的影响。

(3) 车辆终端，使用中等增益天线，可用机械操纵的平面天线阵，这种天线带有能决定卫星位置的探测器，也可用电子操纵的相控阵天线。中等增益天线仰角为20°～60°，方位角为360°，增益为10～24 dBi。

(4) 机载移动终端。

(5) 船载移动终端。

2. MSAT系统的应用

MSAT系统主要提供两大类业务：一类是面向公众通信网的电话业务，另一类是面向专用通信的专用移动无线业务，具体可以分为以下几种：

(1) 移动电话业务(MTS)：把移动的车辆、船舶或飞机与公众电话交换网互连起来的语音通信。

(2) 移动无线电业务(MRS)：用户移动终端与基站之间的双向话音调度业务。

(3) 移动数据业务(MDS)：可与移动电话业务或移动无线电业务结合起来的双向数据通信。

(4) 航空及航海业务：为了安全或其他目的的话音和数据通信。

(5) 定位业务。

(6) 终端可搬移的业务：在人口稀少地区的固定位置上使用可搬移终端为用户提供电话和双向数据业务。

(7) 寻呼业务。

5.3.2 亚洲蜂窝系统(ACeS)

1. 系统概述

GEO卫星蜂窝系统的目标通常有两个：为有限的区域提供服务和支持手持机通信。建立区域性移动卫星通信对于发展中国家具有特殊意义，系统不仅可为该地区提供移动通信业务，而且可以用低成本的固定终端来满足广大稀业务地区的基本通信需求。如果要在这些地区建立地面通信网，这样的基础设施所需要的投资大、周期长，而且由于业务密度低，在经济上是不可取的。

利用LEO卫星不能设计出只覆盖特定区域的区域性星座，LEO星座是全球星座或者覆盖低于某一纬度地区的星座，如Globalstar系统的LEO星座覆盖南、北纬70°之间的地区。MEO星座虽然可以设计出区域星座，其卫星数目较全球星少。但MEO区域星座空间段资源(对地面的覆盖)仍有较大部分在服务区之外而无法利用。因此，作为区域系统空间段的投资来说，LEO最大，MEO次之，GEO最少。

全球已有的GEO区域性移动卫星通信系统，如北美的MSAT和澳大利亚的Mobilesat

都只能支持车载台(便携终端)或固定终端。目前，已推出若干个以支持手持机为目标的GEO区域性蜂窝系统，其中一些正在开发过程中，具有代表性的是东南亚的亚洲蜂窝卫星ACeS(Asian Cellular Satellite)、亚洲卫星通信ASC(Afro-Asian Satellite Communications)和美国的蜂窝卫星CELSAT(Cellular Satellite)。

2. ACeS系统的组成

ACeS系统是一个由印度尼西亚等国建立起来的覆盖东亚、东南亚和南亚的区域卫星移动通信系统。它的覆盖面积超过了1100万平方英里(1平方英里约为2.59平方千米)，覆盖区国家的总人口约为30亿，能够向亚洲地区的用户提供双模(卫星-GSM900)的话音、传真、低速数据、因特网服务以及全球漫游等业务。

ACeS系统包括静止轨道卫星、卫星控制设备(SCF)、1个网络控制中心(NCC)、3个信关站和用户终端等部分。采用了先进而成熟的关键技术，如提供高的卫星EIRP值，星上处理和交换功能，网络控制和管理等。

1）空间段

ACeS系统的空间段包括两颗GEO卫星Garuda-1和Garuda-2，Garuda卫星由美国的洛克马丁公司制造。Garuda-1卫星于2000年2月12日在哈萨克斯坦的拜克努尔由质子火箭发射升空定点在东经123°的GEO位置上，初期运行在倾角为3°的同步轨道上，3年多后重定位在赤道上空(倾角为0°)的GEO位置上。Garuda-1卫星采用A2100XX公用舱，发射时重量约为4500 kg，开始时功率为14 kW，设计寿命为12年。采用太阳能和电池两种供电方式。Garuda-2发射后作为Garuda-1的备份并扩大覆盖范围。空间段可以同时处理1.1万路电话呼叫并能够支持200万用户。Garuda卫星装有两副12 m口径的L频段天线，每副天线包括88个馈源的平面馈源阵，用2个复杂的波束形成网络控制各个馈源辐射信号的幅度和相位，从而形成140个通信点波束和8个可控点波束。另外，还有1副3 m口径的C频段天线用于信关站和NCC之间通信。

2）地面段

ACeS系统的地面段由卫星控制设备、网络控制中心和ACeS信关站三部分组成，图5-6为其工作示意图。

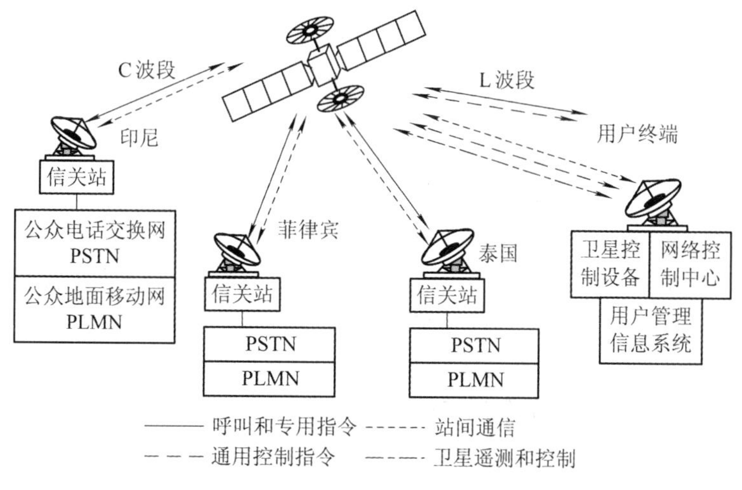

图5-6　ACeS系统地面段示意图

(1) 卫星控制设备(SCF)：位于印度尼西亚的Batam岛，包括用于管理、控制和监视Garuda卫星的各种硬件、软件和其他设施。

(2) 网络控制中心(NCC)：与卫星控制设备安置在一起，管理卫星有效载荷资源，管理和控制ACeS整个网络的运行。

(3) ACeS信关站(GW)：提供ACeS系统和PSTN(公众电话交换网)、PLMN(公众地面移动通信网)网络之间的接口，使得其用户能够呼叫世界上其他地方的其他网络的用户。每1个信关站都提供独立的基于卫星和GSM网络的服务区，用户在本地信关站注册，外地用户可以从其他ACeS信关站或GSM网络漫游到该信关站。目前ACeS系统在印度尼西亚、菲律宾和泰国三个国家建有信关站，每1个信关站通过1个21 m的天线与卫星建立链路。信关站实现的主要功能有：用户终端管理、编号管理、呼叫管理、客户服务咨询、流量监管、SIM卡的生产与发放、计费、收费、账务结算和防止诈骗。

3) 用户段

ACeS系统主要提供两类终端：手持用户终端和固定终端。典型的手持终端是ACeSR190，支持用户在运动中通信，可以在ACeS卫星模式和GSM900模式之间自由切换。固定终端有ACeS FR-190，由主处理单元和室外的天线组成，可以在偏远地区提供方便的连接。

5.3.3 瑟拉亚系统(Thuraya)

Thuraya系统是一个由总部设在阿联酋阿布扎比的Thuraya卫星通信公司建立的区域性静止卫星移动通信系统。Thuraya系统的卫星网络包括欧洲、北非、中非、南非大部、中东、中亚和南亚的110个国家和地区，约涵盖全球1/3的区域，可以为23亿人口提供卫星移动通信服务。Thuraya系统终端整合了卫星、GSM、GPS三种功能，向用户提供语音、短信、数据(上网)、传真、GPS定位等业务。

1. 系统组成

Thuraya系统由空间段、地面段和用户段三部分组成。

1) 空间段

Thuraya系统的空间段包括在太空的卫星和地面的卫星控制设备(SCF)两部分。

Thuraya系统分别于2000年和2003发射了由波音公司制造的两颗相同的GEO卫星(Thuraya-1、Thuraya-2)，定位于44°E和28.5°E(倾角6.3°)。而Thuraya-2经过在轨测试后又重新定位而靠近了Thuraya-1，从而代替了Thuraya-1的工作并扩大系统容量，而Thuraya-1用作备份。2007年又发射了由波音公司制造的Thuraya-3卫星，将取代Thuraya-1覆盖亚太地区，将覆盖中国全境或更多区域。

Thuraya卫星是非常先进的大型商用通信卫星，采用双体稳定技术，设计寿命为12年，在轨尺寸为34.5 m×17 m，在轨重量为3200 kg。

2008年Thuraya 3号卫星送入指定的轨道位置，Thuraya-3号卫星定点东经98.5°，主要为亚太地区的行业用户和个人用户提供手持通信和卫星IP业务。用户电路的工作频率为L频段，上行1626.5～1660.5 MHz，下行1525～1559 MHz，极化方式为左旋圆极化。该卫星在覆盖区内通过数字波束成形技术可产生300个点波束，其中覆盖我国国内和领海的波束大约为40个。

Thuraya 卫星包括卫星平台和有效载荷两部分。卫星平台分为指向控制、姿态维持、电源(太阳能：初期 13 kW，末期 11 kW；电池：250 A/h)和热控等部分。有效载荷子系统包括星上的通信设备，包括星载天线、数字信号处理和交换单元等，具体如下：

(1) 12.25 m 口径卫星天线：可以产生 250～300 个波束，提供与 GSM 兼容的移动电话业务。

(2) 星上数字信号处理：实现手持终端之间或终端和地面通信网之间呼叫的路由功能，便于公共馈电链路覆盖和点波束之间的互联，以高效利用馈电链路带宽和便于各个点波束之间的用户链路的互联。

(3) 数字波束成形功能：能够重新配置波束覆盖，能够扩大波束也可以形成新的波束，可以实现热点区域的最优化覆盖，可以灵活地将总功率的 20%分配给任何一个点波束。

(4) 高效利用频率：频率复用 30 次。

(5) 系统能够同时提供 13 750 条双工信道，包括信关站与用户、用户与用户之间的通信链路。

卫星的地面控制设备(SCF)包括命令和监视设备、通信设备，以及轨道分析和决策设备等三类。

(1) 命令和监视设备：负责监视卫星的工作状况，使卫星达到规定的姿态并完成姿态保持。它又包括卫星操作中心(SOC)和卫星有效载荷控制点(SPCP)，其中 SOC 负责控制和监视卫星的结构和健康情况，而 SPCP 负责控制和监视卫星的有效载荷。

(2) 通信设备：用于通过一条专用链路传输指令及接收空间状态和流量报告。

(3) 轨道分析和决策设备：主要功能是计算卫星在空间的位置，并指示星上驱动设备进行相应的操作，这主要是为了保持卫星与地球同步。

2) 地面段

Thuraya 系统通过一个同时融合了 GSM、GPS 和大覆盖范围的卫星网络向用户提供通信服务，在覆盖范围内的移动用户之间可以实现单跳通信。地面段的规模包括：200 万个预期用户、13 750 条卫星信道、一个主信关站和多个区域性信关站。主信关站建在阿联酋的阿布扎比，区域信关站基于主信关站设计，可以根据当地市场的具体需要建立和配置相应的功能，独立运作并且通过卫星和其他区域信关站连接，提供和 PSTN/PLMN 的多种接口。地面段按照实现功能的不同可以分为多个部分，表 5-5 列出了地面段的主要组成及其主要功能。

表 5-5 地面段组成部分及其主要功能

组 成	主 要 功 能
信关站子系统(GS)	通过卫星向地面通信网络和用户终端之间提供实时的连接和控制
先进的操作中心(AOC)	对网络资源进行集中控制并向各个信关站分配网络资源，提供网络的集中管理，对整个系统的功率进行控制
网络交换子系统/操作和维护系统(NSS/OMC-S)	提供与地面电话网的接口，呼叫处理功能和用户的移动性管理，记录呼叫过程并传输给计费子系统，OMS 负责电话网的集中操作和维护控制

续表

组　成	主要功能
软件中心(测试床)	在非真实环境下进行软件和功能的测试，未来软件的开发和跟踪
客户服务和计费系统	向服务提供商提供服务，记录和处理呼叫的数据用于账单、计费和漫游合作方的结算
智能网系统	提供定制增值服务和使系统方便地扩展增值服务
短信服务中心和语音邮件系统	提供标准的短信息业务和语音邮件业务，包括传真和因特网之间的业务

3) 用户段

Thuraya 系统的双模(GSM 和卫星)手持终端，融合了陆地和卫星移动通信两种服务，用户可以在两种网络之间漫游而不会使通信中断。Thuraya 系统的移动卫星终端包括手持、车载和固定终端等，提供商主要有休斯网络公司和 Ascom 公司。其中 SO－2510 和 SG－2520 是Thuraya 卫星通信公司的第二代手持终端，是目前最轻和最小的卫星手机，具有 GPS、高分辨率的彩色屏幕、大的存储空间、USB 接口和支持多国语言等功能。

2. 主要技术指标和主要业务

Thuraya 系统能够通过手持机提供 GSM 话质的移动话音通信以及低速数据通信，其主要技术指标如表 5－6 所示。

表 5－6　Thuraya 系统主要技术指标

静止卫星数	2 颗	信道数	13750
业务	话音、窄带数据、导航等	信道宽度	27.7 kHz
下行用户链路	1525～1559 MHz	调制方式	π/4－QPSK
上行用户链路	1626.5～1660.5 MHz	多址方式	FDMA/TDMA
下行馈电链路	3400～3625 MHz	信道比特速率	46.8 kb/s
上行馈电链路	6425～6725 MHz	天线点波束	250～300
星际链路	不支持		

Thuraya 系统所提供的主要业务如下：

(1) 语音：卫星语音通话功能(GSM 音质，MOS 分高于 3.4)；语音留言信箱服务；WAP 服务。

(2) 传真：ITU－T G3 标准传真。

(3) 数据：作为调制解调器，连接 PC 进行数据传送，速率为 2.4/4.8/9.6 kb/s。

(4) 短信：增值的 GSM 短信息服务。

(5) 定位：内置 GPS，提供卫星定位导航，提供距离和方向服务，定位精度为 100 m。

5.4 低轨道移动卫星通信系统

5.4.1 低轨道移动卫星通信系统概述

LEO移动卫星通信系统是20世纪80年代后期提出的一种新构思，其基本思路是利用多个低轨道卫星构成卫星星座，组成全球(或区域)移动通信系统。它不同于GEO卫星通信系统，其卫星距地面的高度一般为500～1500 km，绕地球一周的时间大约是100 min，重量一般不超过500 kg，其主要特点有：

(1) 低轨小型通信卫星体积小、重量轻、造价低、制造周期短、可批量生产、储用方便。

(2) 发射机动、迅速，卫星可用小型运载火箭通过铁路或公路机动发射或飞机由空中发射。由于星体小便于及时发射，因此可以采用一箭多星方式发射。

(3) 互为备份、损失较小。星群采用互为备份的工作方式，即使其中一颗或几颗因故障作废也无损星群，且可及时更换故障卫星，确保系统高质量和高可靠地工作。

(4) 地面终端设备简单、造价低廉、便于携带。这种系统的地球站采用先进的个人携带式终端(手持式终端)，也可采用现有的便携式及车载卫星通信终端。

(5) 高度低可消除用同步卫星工作时存在电话传输延迟问题。

多星(星座)系统，是构成全球覆盖移动卫星通信系统的基础。在多星系统中的一个星座，可以由少至十几、几十颗，多到几百颗卫星组成。卫星的数目依轨道高度以及应用目的而定。一般来说，轨道越高所需要的卫星数目越少。

LEO移动卫星通信系统由卫星星座、关口地球站、系统控制中心、网络控制中心和用户单元等组成。在若干个轨道平面上布置多颗卫星，由通信链路将多个轨道平面上的卫星联结起来。整个星座如同结构上连成一体的大型平台，在地球表面形成蜂窝状服务小区，服务区内用户至少被1颗卫星覆盖，用户可以随时接入系统。

利用LEO卫星实现手持机个人通信的优点在于：一方面，卫星的轨道高度低，使得传输延时短，路径损耗小，多个卫星组成的星座可以实现真正的全球覆盖，频率复用更有效；另一方面，蜂窝通信、多址、点波束、频率复用等技术也为LEO移动卫星通信提供了技术保障。因此，LEO系统被认为是最新最有前途的移动卫星通信系统。

目前提出的LEO卫星方案的大公司有8家。其中最有代表性的LEO系统主要有铱(Iridium)系统、全球星(Globalstar)系统、白羊(Arics)系统、低轨卫星(Leo-Set)系统、柯斯卡(Coscon)系统、卫星通信网络(Teledesic)系统等。下面主要描述铱(Iridium)系统和全球星(Globalstar)系统。

5.4.2 铱系统(Iridium)

1. 系统概述

铱系统(Iridium)是由美国摩托罗拉公司(Motorola)于1987年提出的一种LEO移动卫星通信系统，它与现有通信网结合，可实现全球数字化个人通信，其设计思想与静止轨道移动卫星通信不同。后者采用成本昂贵的大型同步卫星，而铱系统则使用小型的(2.3 m×

1.2 m)相对简单的智能化卫星，这种卫星可由多种商业化的运载装置进行发射。由于轨道很低(约为同步卫星高度的1/47)，必须用许多颗卫星来覆盖全球，因此铱系统的主体是由77颗小型卫星互联而成的网络。这些卫星组成星状星座在780 km的地球上空围绕7个极地轨道运行。所有卫星都向同一方向运转，正向运转超过北极再运行到南极。由于77颗卫星围绕地球飞行，其形状类似铱原子的77个电子绕原子核运动，故该系统取名为铱系统。

该系统后来进行了改进，将星座改为66颗卫星围绕6个极地圆轨道运行，但仍用原名称。每个轨道平面分布11颗在轨运行卫星及1颗备用卫星，轨道倾角为86.4°，轨道高度为780 km。另一个改进就是把原单颗卫星的37个点波束增加到了48个点波束，使系统能把通信容量集中在通信业务需求量大的地方，也可以根据用户对话音或寻呼业务的特殊需求重新分配信道。此外，新的波束图还能减少干扰。

铱系统卫星不仅采用了星上处理器和星上交换技术，还采用了星际链路(星际链路是铱系统有别于其他移动卫星通信系统的一大特点)技术，因而系统的性能极为先进，但同时也增加了系统的复杂性，提高了系统的投资费用。

铱系统市场主要定位于商务旅行者、海事用户、航空用户、紧急援助、边远地区。铱系统设计的漫游方案除为解决卫星网与地面蜂窝网的漫游外，还为解决地面蜂窝网间的跨协议漫游，这是铱系统有别于其他移动卫星通信系统的又一特点。铱系统除了提供话音业务外，还提供传真、数据、定位、寻呼等业务。目前，美国国防部是其最大的用户。

2007年2月启动了Iridium Next计划，其目标是：提高数据传输速率，改善话音质量，支持频带的灵活分配，采用端到端的IP技术，以及提供更强的业务和设备。

2015年铱星公司开发第二代铱星星座(Iridium-NEXT)，共计81颗。2015年1月，在俄罗斯首次将两颗铱卫星送入轨道，第二代铱星重量约800千克，设计寿命为10年，计划寿命为15年，运行在高度为780 km、倾角为86.4°的低轨道上，备份卫星运行在高度为667 km、倾角为86.4°的储备轨道上。按照计划，其余79颗铱星卫星于2017年由美国太空探索公司(Space X)全部送入太空，至此第二代铱星星座部署完毕。

第二代铱星提供L频段速度高达1.5 Mb/s和Ka频段8 Mb/s的高速服务。它采用48个L频段相控阵阵列天线，覆盖地球表面直径4700 km，进行蜂窝模式卫星通信。Ka频段链接也提供地面网关的通信和对相邻轨道卫星交联，可组成几乎覆盖地球上任何地方的全球网络。

2. 系统组成

铱系统主要由卫星星座、地面控制设施、关口站(提供与陆地公共电话网接口的地球站)、用户终端等部分组成，如图5-7(a)所示。下面主要以铱系统第一代为例进行描述。

(1) 铱系统的空间段。如上所述，铱系统第一代空间段是由包括66颗低轨道智能小型卫星组成的星座。这66颗卫星联网组成可交换的数字通信系统。每颗卫星重量为689 kg，可提供48个点波束，图5-7(b)所示为48个点波束覆盖的结构，图5-7(c)所示为铱星结构，其寿命为5年，采用三轴稳定。每颗卫星把星间交叉链路作为联网的手段，包括链接同一轨道平面内相邻两颗卫星的前视和后视链路，另外还有多达四条轨道平面之间的链路。星间链路使用Ka频段，频率为23.18～23.38 GHz。星间链路波束绝不会射向地面。卫星与地球站之间的链路也采用Ka频段，上行为29.1～29.3 GHz，下行为19.4～

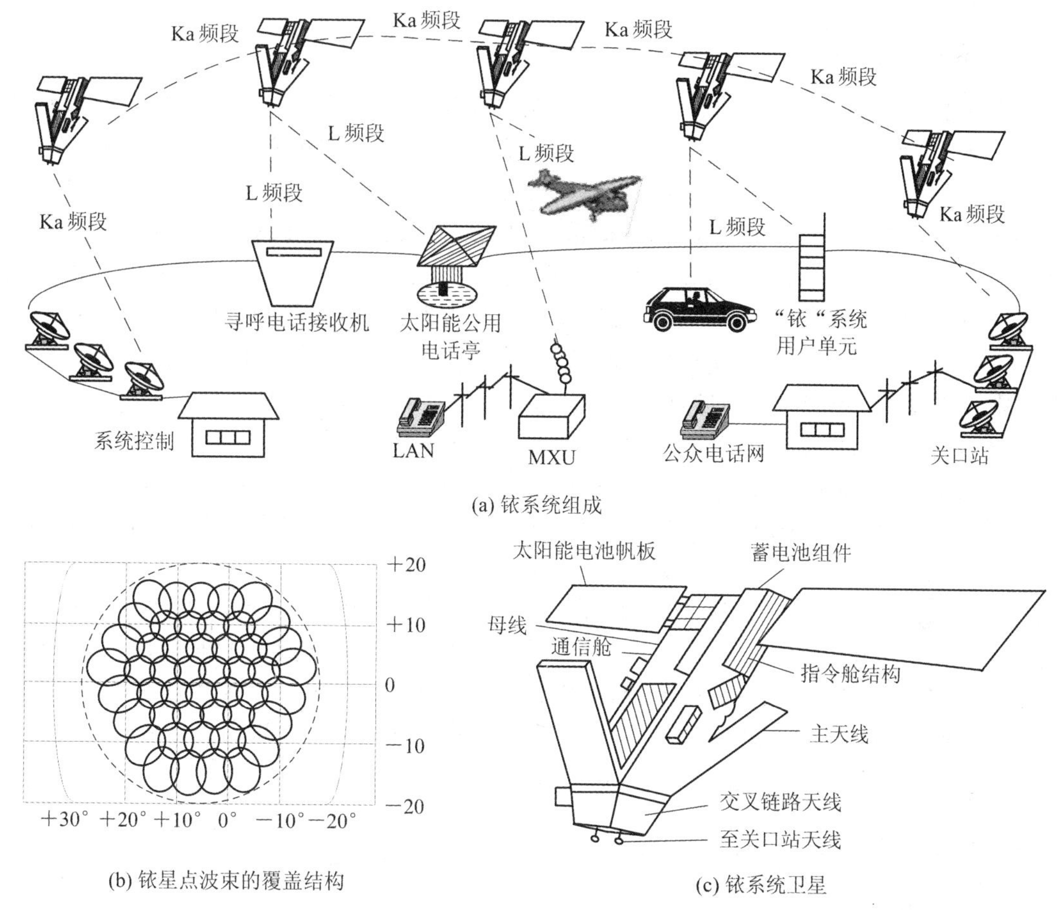

(a) 铱系统组成

(b) 铱星点波束的覆盖结构

(c) 铱系统卫星

图 5-7 铱系统组成示意图

19.6 GHz。Ka 频段关口站可支持每颗卫星与多个关口站同时通信。卫星与用户终端的链路采用 L 频段，频率为 1616～1626.5 MHz，发射和接收以 TDMA 方式分别在小区之间和发送端、接收端之间进行。

(2) 用户段。用户段包括地面用户终端，铱系统能提供话音、低速数据、全球寻呼等业务。可向用户提供话音、数据(2.4 kb/s)、传真(2.4 kb/s)。将来也可能包括航空终端、太阳能电话单元、边远地区电话接入单元等。

(3) 地面段。地面段包括地面关口站、地面控制中心、网络控制中心。关口站负责与地面公共网或专网的接口，网络控制中心负责整个卫星网的网络管理等，控制中心包括遥控、遥测站，负责卫星的姿态控制、轨道控制等。

(4) 公共网段。公共网段包括与各种地面网的关口站，完成铱系统用户与地面网用户的互联。

(5) 关口站段。关口站段是提供铱系统业务和支持铱系统网络的地面设施。它提供移动用户、漫游用户的支持和管理，通过 PSTN 提供铱系统网络到其他电信网的连接。

铱系统在中国只有一个关口站，设在北京。该关口站与 PSTN 的国际局(ISC)相连，通过 PSTN 与 PLMN 连接。铱系统关口站采用国际信令网的 14 位信令点编码，在信令网中采用 GT 寻址。关口站作为信令点 SP 与我国的国际局 SP/STP 相连。铱系统关口站应具有 STP 功能。

3. 基本工作原理

铱系统采用 FDMA/TDMA 混合多址结构，系统将 10.5 MHz 的 L 频段按照 FDMA 方式分为 12 个子频带，分成 240 条信道，每个信道再利用 TDMA 方式支持 4 个用户连接。

铱系统利用每颗卫星的多点波束将地球的覆盖区分为若干个蜂窝小区，每颗铱星利用相控阵天线，产生 48 个点波束，因此每颗卫星的覆盖区为 48 个蜂窝小区，蜂窝的频率分配采用 12 小区复用方式，因此每个小区的可用频率数为 20 个。铱系统具有星间路由寻址功能，相当于将地面蜂窝系统的基站搬到天上。如果是铱系统内用户之间的通信，可以完全通过铱系统而不与地面公共网有任何联系，如果是铱系统用户与地面网用户之间的通信，则要通过系统内的关口站进行通信。

铱系统允许用户在全球漫游，因此每个用户都有其归属的关口站(HLR)，该关口站处理呼叫建立、呼叫定位和计费，该关口站必须维护用户资料，如用户当前位置等。

当用户漫游时，用户开机后先发送“Ready to Receive”信号，如果用户与关口站不在同一个小区中，信号通过卫星发给最近的关口站；如果该关口站与用户的归属关口站不同，则该关口站通过卫星星间链路与用户的 HLR 联系要求用户信息，当证明用户是合法用户时，该关口站将用户的位置等信息写入其 VLR(访问位置寄存器)中，同时 HLR 更新该用户的位置信息，并且该关口站开始为用户建立呼叫。当非铱星用户呼叫铱星用户时，呼叫先被路由选择到铱星用户的归属关口站，归属关口站检查铱星用户资料，并通过星间链路呼叫铱星用户，当铱星用户摘机，完成呼叫建立。

5.4.3 全球星系统(Globalstar)

1. 系统概述

全球星(Globalstar)系统是由美国 Loral 宇航局和 Qualcomm 公司共同组建的 LQSS (Loral Qualcomm Satellite Service)股份公司于 1991 年 6 月 3 日向美国联邦通信委员会(FCC)提出的一种 LEO 移动卫星通信系统。全球星采用的结构和技术与铱系统不同，它不是一个自成体系的系统，而是作为地面蜂窝移动通信系统和其他移动通信系统的延伸和补充。其设计思想是将地面基站“搬移”到卫星上，与地面系统兼容，即与多个独立的公共网或专用网可以同时运行，允许网间互通，其成本比“铱”系统低。该系统采用具有双向功率控制的扩频码分多址技术，没有星间链路和星上处理，技术难度也小一些。

全球星系统于 1999 年 11 月 22 日完成了由 48 颗卫星组成的卫星星座，2000 年 1 月 6 日在美国正式开始提供卫星电话业务，2000 年 2 月 8 日又发射了 4 颗在轨备份卫星。

第二代全球星共计 48 颗，2010 年 10 月开始部署。全球星卫星通信公司选择俄罗斯作为商业发射伙伴，首批 6 颗和第二批 6 颗已分别于 2010 年 10 月和 2011 年 12 月成功发射，2013 年 2 月 6 日新一批 6 颗卫星飞上太空，然后 2 年内有 20 多颗卫星奔赴太空。目前，全球星卫星通信公司已经将庞大的卫星系统编号到“全球星-120”了，该系统增添了新的卫星通信力量。

2. 系统组成

全球星系统由空间段、地面段和用户段组成，如图 5-8 所示。

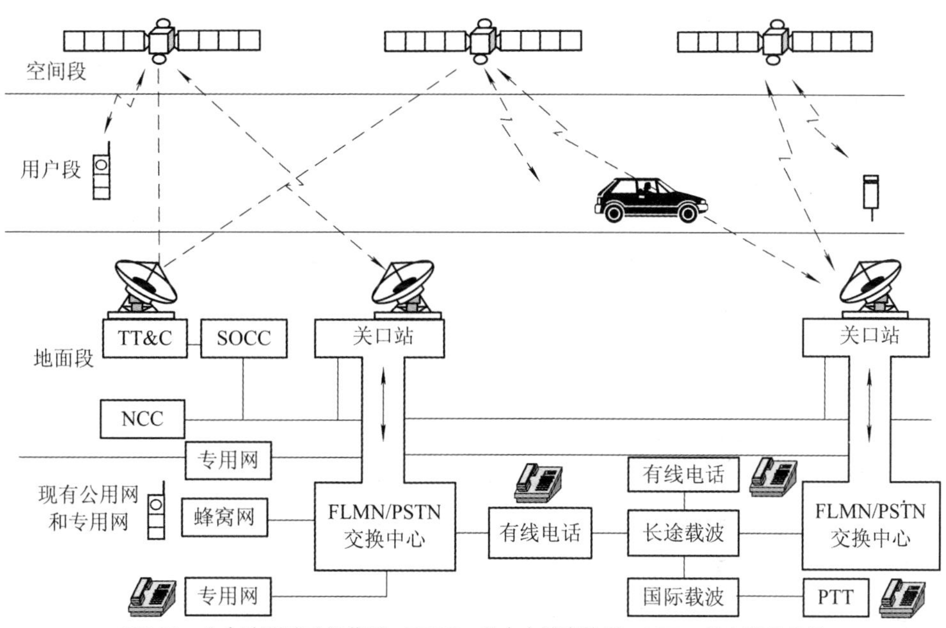

图 5-8 Globalstar 系统组成

1）空间段

全球星系统空间段由 48 颗卫星组成网状卫星星座，它们分布在 8 个轨道面上，每个轨道为 6 颗卫星和 1 颗备份卫星，卫星轨道高度为 1414 km，倾角为 52°，轨道周期为 113 min，每颗卫星与相邻轨道上最相近卫星有 7.5°的相移，调相轨道高度为 920 km，倾角为 52°。每颗卫星重约 426 kg，功率约 1000 W，有 16 个波束，可提供 2800 个信道，紧急情况下最大可有 2000 个信道集中在一个波束内。卫星的设计寿命为 7.5 年，采用三轴稳定，指向精度为±1°。该系统对北纬 70°至南纬 70°之间具有多重的覆盖，那里正是世界人口比较密集的区域，可提供更多的通信容量。全球星系统在每一地区至少有两星覆盖，在某些地区还可能达到 3～4 颗星覆盖。这种设计既防止了因卫星故障而出现的“空洞”现象，又增加了链路的冗余度。用户可随时接入系统。每颗卫星与用户能保持 10～12 min 通信，然后经软切换至另一颗星，使用户不感到有间隔，而前一颗星又转而为别的区域内的用户服务。

全球星系统中，卫星与关口之间的链路，上行为 C 频段 5091～5250 MHz，下行为 6875～7055 MHz。卫星与用户单位之间，上行采用 L 频段 1610～1626.5 MHz，下行采用 S 频段 2483.3～2500 MHz。

2）地面段

系统的地面段主要由关口站（GW），网络控制中心（NCC），跟踪、遥测和指令站（TT&C）和卫星运作控制中心（SOCC）组成。

（1）关口站（GW）。关口地球站设备包括两副以上的天线、射频设备、一个调制解调器架、接口设备、一台计算机、数据库（供本地用户登记和外来用户登记用）以及分组网接口设备。关口站分别与网控中心及地面的 PSTN（公众电话交换网）、PLMN（公众地面移动通信网）互连，负责与地面系统的接口，任一移动用户可通过卫星与最靠近的关口站互连，并接入地面系统。每个关口站可与 3 颗卫星同时通信。在用户至卫星的链路及卫星至关口站的链路上采用 CDMA 技术。

(2) 网络控制中心(NCC)。网络控制中心用以提供管理 Globalstar 的通信网络能力，其主要功能包括注册、验证、计费、网络数据库分布、网络资源分布(信道、带宽、卫星等)及其他网络管理功能。

(3) 跟踪、遥测和指令站(TT&C)及卫星运作控制中心(SOCC)。TT&C 和 SOCC 用于完成对星座的控制。TT&C 站负责监视每颗卫星的运行情况，同时还要完成卫星的跟踪。SOCC 负责处理卫星的信息，以实现多种网络功能。经过处理的信息和数据库，通过网络控制中心分发给 Globalstar 的关口站，以便于跟踪并实现其他目的。卫星运作控制中心也要保证卫星运行在正确的轨道上。

3) 用户段

用户段指的是使用全球星系统业务的用户终端设备，包括手持式、车载式和固定式三种类型。手持式终端有三种模式：全球星单模、全球星/GSM 双模、全球星/CDMA/AMPS 三模。手持式终端包括 SIM 卡/SM 卡和无线电话机两个主要部件。车载式终端包括 1 个手持机和 1 个卡式适配器；固定式终端包括射频单元(RFU)、连接设备和电话机，它有住宅电话、付费电话和模拟中继三种。用户终端可提供话音、数据(7.2 kb/s)、三类传真、定位、短信息等业务。用户终端生产商包括美国的高通、瑞典的爱立信(Ericsson)、意大利的 Telital。前者生产基于 CDMA 的产品，后两者生产基于 GSM 的产品。手机尺寸略大于现有地面蜂窝手机，通话时间和待机时间与现有地面蜂窝手机相当。

3. 系统基本工作原理

Globalstar 系统与各种各样的陆地蜂窝区系统兼容，可扩展蜂窝区电话的覆盖范围，使人口密度低的地区用上电话业务，该系统通过移动交换中心可与公用交换中心、公用电话网接口并与分组交换移动定位网或任何其他网络共同运行。

Globalstar 系统的基本通信过程是：移动用户发出通信申请编码信息，通过卫星转发器送到 Globalstar 系统的关口站，首先由网控中心和星座控制设备进行处理，在完成同步检测、位置数据访问后，NCC 向选择的关口站发送有关使用资源的信息(编码、信道数、同步信息等)，然后，NCC 通过信令信道将分配的信息发送给移动用户，移动用户在同步之后即可发送要传送的信息，此信息经过卫星转发器送到关口站，并通过现有的地面网络送到目标用户。若是移动用户对移动用户的通信，则要通过两个移动用户各自相近的关口站完成，信号由公共电话网送到目标关口站，通过关口站和 NCC 之间的分组数据网进行信令交换，在确定用户能接收呼叫之后，将分配的情况发送给关口站，然后 NCC 通过卫星转发器使目标用户终端振铃，传输同步信息，移动用户得到分配的系统资源后开始通信。在整个通信过程中，卫星只起转发器的作用。

4. 第 2 代全球星系统简述

美国第 2 代全球星系统由阿尔卡特·阿莱尼亚空间公司研发，为全球企业、政府和个人用户提供卫星语音、数据的移动服务。全球星卫星重 700 kg，有两片 3 联太阳能帆板，初始功率为 2.2 kW，末级功率为 1.7 kW，设计寿命为 15 年。全球星卫星采用简单、高效、可靠性强的“弯管”式转发器设计，装载 16 台 C 频段～S 频段转发器，16 台 L 频段～C 频段转发器。

全球星卫星系统分为空间段、地面段和用户段。全球星系统除南北极以外在全球范围内可实现无缝覆盖，提供低价有竞争力的卫星移动通信业务，包括话音、传真、数据、短消息、定位等；提供的服务包括广播、先进的短报文能力，移动视频，多频段与多模手机，GPS 集成的数据设备等。

5.4.4 星链系统(Starlink)

随着卫星通信技术的发展，卫星建造和发射成本的降低，规模化生产水平的提升，低轨道卫星互联网再次走入大众的视野。根据美国 SIA 的数据，现有商业卫星产业总值约2800 亿美元，预计到 2040 年，全球太空经济的价值将达到 1 万亿美元。其中，卫星互联网预计将占市场增长的 50%～70%。

目前，全球范围内已经提出多个卫星互联网建设计划，包括美国的 Starlink 星座、Kuiper 卫星通信星座，英国的 OneWeb 卫星通信星座和加拿大的 Lightspeed 卫星通信星座等。其中，发展最为迅速的是美国太空探索(SpaceX)公司的低轨卫星互联网项目 Starlink 星座。Starlink 采用了多种新型关键技术和商业模式，为全球任何地方的住宅用户、商业用户、社会公共机构、政府以及专业用户提供类似光缆的宽带低时延互联网接入及通信服务。

Starlink 星座计划在近地轨道 330 km、550 km、1100 km 三个不同高度的轨道共部署近 1.2 万颗通信卫星，星座总容量将达到约 200～276 Tb/s，单个用户链路的传输速率最高达 1 Gb/s，每颗卫星可提供 17～23 Gb/s 的下行容量，链路时延约为 15～20 ms。截至2021 年 5 月底，SpaceX 已累计发射 1737 颗 Starlink 卫星，能够对全球区域形成 96.61%～100%的连续覆盖，平均瞬时覆盖率高达 98%。

1. 空间段

Starlink 星座的空间段计划由 4409 颗分布在 550～1300 km 左右的低地球轨道(LEO)卫星和 7518 颗分布在 340 km 左右的极低地球轨道(VLEO)卫星构成，组网卫星总数达到11 927 颗，具体见表 5-7。

表 5-7 Starlink 星座空间段构成

轨道类型	阶段	数量/个	轨道高度/km	工作频段	备注
LEO	阶段一	1584	550	Ku/Ka 频段	分布于倾角 53°的 24 个轨道面上，每个轨道面部署 66 颗卫星，星座容量 30 Tb/s、延时 15 ms
	阶段二	2825	1110、1130、1275、1325		每个轨道高度分别部署 32、8、5、6 个轨道面，每个轨道面大约运行 50～75 颗卫星，预计 2024 年完成
VLEO	阶段三	7518	345.6、340.8、335.9	V 频段	分布在 3 个高度和倾角的轨道面，各轨道面内卫星的位置经过优化设计，以最大限度地扩大整个星座的卫星间的距离，从而排除碰撞风险

Starlink 卫星质量设计为 100～500 kg(目前发射的卫星质量为 227 kg)，采用模块化设计，可大规模批量制造，单星研制和部署成本约为数百万美元。卫星采用平板结构，大小类似办公桌，安装有单翼式太阳能电池板，电池板展开后约为 4 m×15 m，适合高容量集群发射；以氪离子霍尔推进器为动力源，替代普遍使用的氙元素推进器进行轨道保持、位置调整与离轨；具有自主规避防撞功能；卫星底部做涂黑处理，消减反光现象，避免数量庞大的卫星造成过“星空污染”，影响地基对天的观测。

Starlink 卫星载有 4 部高通量相控阵天线，可实现极高数据量的发送和转发。目前发射的 Starlink 卫星不设星间链路，只能利用地面站作为中继站，以在全球传输信号，后续卫星将采取加设星间激光链路等升级措施。卫星在轨工作 4～5 年，然后由更新、能力更强的后续型号来替代。

2. 地面段

Starlink 星座地面段包括卫星操作中心、地面测控站、关口站和用户终端。Starlink 卫星与用户终端之间的通信采用 Ku 频段，终端大约 19 英寸(约 50 cm)宽，形状像一根插在棍子上的飞碟，采用先进的相控阵波束形成技术和数字处理技术，可实现 Ku 频段资源的高效利用。2020 年 3 月 23 日，美国联邦通信委员会(FCC)批准了 SpaceX 公司部署 100 万套用户终端的申请，公司希望 FCC 授权其在美国阿拉斯加、夏威夷、波多黎各和美属维尔京群岛全境部署和运营这些终端。

3. 工作模式

Starlink 是天基网，要么通过透明转发信息，要么通过星间链路直接连接服务和用户。卫星用户有透明转发和星上路由交换两种工作模式，其用户工作流程如图 5－9 所示。

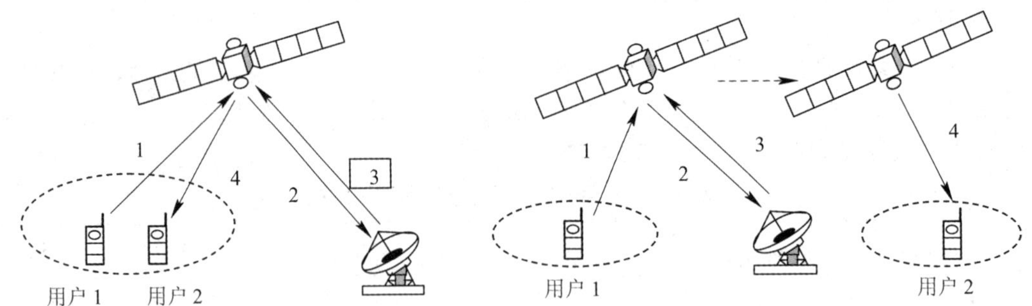

图 5－9　Starlink 卫星用户工作流程

(1) 透明转发模式，工作原理如下：

反向链路：用户终端→卫星→信关站(用户链路→馈电链路)；

前向链路：信关站→卫星→用户终端(馈电链路→用户链路)。

(2) 星上路由交换模式，工作原理如下：

用户 1→卫星 1→信关站→卫星 1→卫星 2→用户终端 2(用户链路→馈电链路→馈电链路→用户链路)。

采用透明转发模式时，用户从地面网络获取相应的数据或者通话服务只能通过一跳的关口站，无法通过一跳到达关口站的地方，则无法提供通信服务。而对于具备星上路由交换功能的卫星，则不需要关口站，“星链”系统可通过其星地和星间路由实现全球通信。

4. 应用前景与可能产生的影响

Starlink 星座建成后，将为全球提供全覆盖、高带宽、低延迟的互联网接入服务，不仅可以用于民生领域(偏远地区宽带接入、航空海事宽带服务等)，同时具有很强的军事应用潜力，美军已经在积极探索其应用方式。

Starlink 星座依托 SpaceX 公司航天产业生态迅速发展起来，凭借低成本规模化卫星制造、可重复使用运载火箭、先进相控阵卫星天线等技术突破和颠覆传统的航天产业模式，在全球众多低轨卫星互联网计划中脱颖而出。Starlink 星座目前所取得的成功既得益于美国创新生态体系的有利环境，也离不开美国政府和军方的大力支持。该星座将为美国带来无法预估的空间资源、航天产业和军事应用等方面优势。

但可能产生如下影响：

(1) 占据有限的空间频率轨位资源，影响其他低轨卫星星座发展；

(2) 推动美国航天全产业链跨越发展，取得航天领域领先地位；

(3) 具备明确的军事应用前景，对其他国家国防安全产生威胁。

因此，有必要深入研究以应对其带来的挑战。伴随高通量卫星带动宽带卫星通信业务蓬勃发展，我国低轨通信卫星行业有望进入快车道，我国计划建造两个类似的“国网”低地球轨道星座，共包括 12 992 颗卫星。“国网”的子星座海拔在 500～1145 km 之间，倾斜度在 30°～85°之间，卫星将在一定频带范围内运行。

5.5 中轨道移动卫星通信系统

LEO 移动卫星通信系统易于实现手机通信。但由于卫星数目多、寿命短、运行期间要及时补充发射替代或备用卫星，使得系统投资较高。因此，有些公司提出了中轨道(MEO)移动卫星通信系统。

有代表性的 MEO 移动卫星通信系统主要有 INMARSAT 提出的中等高度的圆轨道系统(ICO，Intermediate Circular Orbit)，美国 TRW 公司提出的 Odyssey 系统，美国移动通信股份有限公司(MCHI)提出的 Ellipso 系统，欧洲宇航局开发的 MAGSS - 14 和欧洲 O3b 公司运营的 O3b 系统等。其中 ICO 和 Odyssey 两个系统除 Odyssey 多一条轨道面之外，它们的星座和地面设施极为相似，采用了相同的轨道高度和几乎相同的倾角及多波束天线等，而且具有相同的业务特点。迄今为止，O3b 系统是全球第一个成功投入商业运营的 MEO 移动卫星通信系统，以及加州卫星运营商 Viasat 公司为美国提供宽带连接服务的中轨道星座系统。

下面以 ICO 系统和 O3b 系统为例，描述 MEO 移动卫星通信系统的基本技术。

5.5.1 ICO 系统

1. 系统概述

ICO 系统由总部设在英国伦敦的 ICO 全球通信有限公司管理，该公司成立于 1995 年 1 月，它是一个由来自全世界六大洲 44 个国家的 57 个投资者共同认股的全球性电信公司，注册在开曼岛。我国的投资者是北京海事通信和导航公司。由于铱系统的影响，ICO 全球通信公司在2000年2月18日申请破产保护，5月3日美国破产法庭批准ICO全球通信公司的重组计划，Craig McCaw同意向新ICO全球通信公司注资12亿美元，5月17日正式成立新ICO全球通信公司，继续ICO项目，并且把ICO全球通信公司和Teledesic合并成为一个ICO－Teledesic全球有限公司，将经营业务的重点放在无线Internet上。

2001年ICO成功发射了第一颗卫星，2002年公司等待FCC批准，2003年2月公司收到FCC批准在美国地区使用2 GHz的许可证。新ICO公司基本采用原ICO系统设计思想，系统结构没有重大改变，只是地面段部分由原来的12座地面站(SAN站)增加到13座，新增加的一座在俄罗斯。

新ICO计划提供的业务包括话音、数据、Internet连接、采用GSM标准的传真等。应用范围主要包括航海和运输业，政府和国际机构，边远地区的特殊通信和商业通信，石油和天然气钻探，大型施工现场，公共事业，采矿、建筑、农林等部门及其他一些组织和个人。

2. ICO系统的组成

ICO全球卫星通信系统以处在中轨道上的卫星星座为基础，通过手持终端向移动用户提供全球个人移动通信业务。ICO系统由空间段、地面段ICONET和用户段三大部分组成，如图5－10所示。

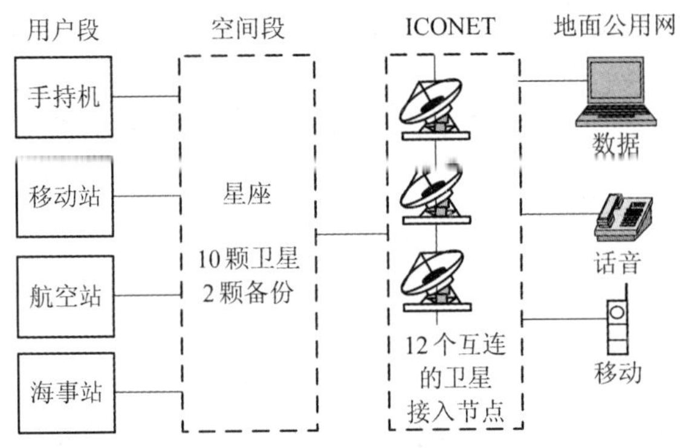

图5－10　ICO系统的组成

ICO系统的用户可以通过卫星接入节点(SAN，Satellite Access Node)的中继与地面公用网用户进行通信。

ICO系统不采用星上交换和星际链路，所有交换都由SAN负责，因此，它是一个星形通信网，每个SAN都是一个中央枢纽站。

ICO系统的多址方式为TDMA/FDMA/FDD。每颗ICO卫星上大约有700条TDMA载波，每条载波的速率为36 kb/s，每载波中包含6条信道，每条信道的信息速率为4.0 kb/s，编码后为6 kb/s。每颗ICO卫星总共可有4500条独立信道。

馈电链路上行频率为5 GHz，下行频率为7 GHz。用户链路上行频率为2170～2200 MHz，下行频率为1985～2015 MHz。用户链路采用圆极化，最小链路余量为8 dB，平均超过10 dB。

由于ICO的一个主要特征是作为地面公共移动网(PLMN)的补充，并与其综合在一起，因此对于需要在地面PLMN不能覆盖区域内提供通信业务的PLMN用户来说，ICO

系统提供了一种补充的全球漫游业务。ICO系统基于GSM标准，向移动用户提供全球漫游功能。HLR与VLR协调，验证有关的用户信息和状态，并确定用户的位置。任何终端只要一开机，就通过卫星和SAN向该用户的HLR发送一个信号，以验证用户的状态及是否允许他使用此系统，系统会将允许信号送给该用户漫游到的SAN，并登记在其VLR中。

1）空间段

ICO系统的空间段是指ICO卫星星座，它由分布在两个相互垂直的中轨道面上的12颗卫星(各轨道有5颗主用卫星和1颗备份卫星)组成。系统采用倾斜圆轨道，轨道高度为10 390 km，两轨道倾角分别为45°和135°，每颗ICO卫星可覆盖地球表面30%。如果允许通信的最低仰角为10°，则ICO卫星星座能连续覆盖全球。在通常条件下，移动用户能看到2颗ICO卫星，有时会是3颗甚至4颗，平均通信仰角为40°～50°。

ICO卫星由美国休斯公司制造，卫星平台使用休斯HS601平台的改造型，卫星的发射重量为2600 kg，设计寿命为12年。卫星使用了砷化镓太阳能电池，能在卫星寿命末期提供超过8700 W的功率。每颗卫星可提供4500条信道。ICO卫星采用独立的用户链路收发天线，两副天线安装在ICO卫星星体上，其口径超过2 m，并采用了数字波束形成技术。每副用户链路天线由127个辐射单元组成，用于产生163个收或发点波束，而每个ICO点波束将为用户链路提供最小8 dB、平均超过10 dB的链路余量。

每颗卫星将通过馈电链路同时与2～4个SAN进行通信。

ICO的卫星星座由卫星控制中心(SCC)管理，SCC通过跟踪卫星的运动来调整其轨道，达到维持星座结构的目的。它通过收集供电、温度、稳定性和其他有关卫星操作特性的数据来监视卫星的工作状态。当星座中的某颗卫星发生偏移时，由SCC来调度卫星以维持星座结构。SCC也参与卫星的发射和展开工作。

SCC还控制馈电天线和用户天线之间的转发器链接，即在馈电链路波束内进行频率重配置，并在高和低业务量的点波束之间进行信道的优化组合。

2）地面段

地面段主要由ICONET和其他地面网组成。

ICO全球通信公司在全球建立了12个卫星接入节点(SAN)和1个网络管理中心(NMC)，相互之间通过地面线路互联，组成一个地面通信网，称为ICONET。ICONET由NMC负责管理，网络管理中心设在英国。12个SAN既是ICO系统的通信枢纽站，也是ICO系统与地面通信网络中心的主接口，它们与地面电信网相连，能保证在ICO终端和地面(固定和移动)用户之间相互通信。一个SAN主要由三个部分组成：

(1) 5座天线及与多颗卫星进行通信所必需的相关设备。

(2) 实现ICO网络内部和ICO与地面网(尤其是PSTN)之间进行业务交换的交换机。

(3) 支持移动性管理的数据库(即访问位置寄存器VLR)，它保存有当前注册到该SAN的所有用户终端的详细资料。

每个SAN会跟踪其视野内的卫星，把通信业务直接传递给选择的卫星，以确保具有一条可靠的链路，并且在需要时能切换到新到达的卫星，以保证通信不至中断。

另外，在其中6个SAN站上还配备了跟踪、遥测和控制(TT&C)设备。

ICO地面段的SAN和NMC设备由爱立信公司、休斯网络系统(HNS)和NEC公司负责制造。

3) 用户段

用户段包括手持机、移动站、航空站、海事站、半固定站和固定站等各种用户终端设备。手持机的尺寸为180～225 cm^3，重为180～250 g，通话时间为4～6 h，待机时间为80 h。手持机使用的平均发射功率不超过0.25 W，这要小于地面蜂窝系统中平均发射功率为0.25～0.6 W的水平。手持机采用四芯螺旋天线(Quadrifilar Helix)，它具有半球形的方向图，即覆盖仰角大于10°的所有区域。

ICO系统中采用双模手持机，其语音编码选择完全的和压缩的DVSI，并以Wavecom公司的标准作为ICO系统中手持机用户终端的技术参考标准。用户终端测试设备由Rhode和Schwartz制造，手持机由爱立信、三菱、松下、NEC和三星公司与ICO全球通信公司一起联合研制和生产。手持机还具有外部数据口和内部缓冲存储器，以支持数据通信、发报文、传真和使用SIM卡等其他功能选择。

5.5.2 O3b系统

由欧洲O3b公司运营的O3b(Other 3 billion)星座系统是全球第一个成功运营的中轨道宽带星座卫星通信系统，主要面向地面网接入受限的各类运营商或集团客户，并为其提供宽带接入服务。成立于2007年的O3b公司融资超过10亿美元，该公司建设O3b系统的主要目标是让亚洲、非洲、大洋洲和美洲地区缺乏上网条件的“另外30亿人”能够通过卫星接入互联网。

1. 星座系统组成

O3b星座系统的初始星座有12颗卫星(9颗主用，3颗备用)，均由泰雷兹·阿莱尼亚空间公司(TAS)制造，这些卫星工作在8062 km高度的赤道轨道上，轨道周期为6 h，轨道倾角小于0.1°，每颗卫星质量为700 kg，设计寿命为10年。12颗卫星分别于2013年6月25日、2014年7月10日和12月18日分3批发射。2014年9月1日，O3b公司正式在太平洋、非洲、中东和亚洲地区提供商业服务，政府机构和美国军方是其重点用户。

2018年3月新发射的4颗第一代卫星，使O3b卫星编队总容量增加38%，主要覆盖南、北纬50°之间的区域，可为南、北纬50°～62°范围内的地区提供有限的服务。

O3b卫星工作在Ka频段，每颗卫星配置有12副指向可控的蝶形天线，各形成一个点波束，其中2个为馈电波束(用于与地面信关站通信)，10个为用户波束(用于与用户通信)；每个用户波束的覆盖区直径为700 km，每个波束配置2个转发器，每个转发器的带宽为216 MHz，这样，每个用户波束的总带宽为432 MHz(2×216 MHz)。每个转发器支持的最高信息速率为800 Mb/s，因此，每个波束支持的最高信息速率为1.6 Gb/s(2×800 Mb/s)。每8颗星构成的卫星星座的可用容量为84 Gb/s。O3b星座系统将地面分为7个区域，每个区域有10个用户波束，由12颗星构成的卫星星座的总用户波束数为70。

2017年11月O3b公司向FCC提出的申请中新增了30颗MEO卫星，并运行于两种轨道。30颗中的20颗卫星运行于赤道轨道，被称为O3bN，其中获批的8颗属于第一代O3b星座；另外的10颗卫星运行于倾斜轨道，被称为O3bI。

O3bN中剩余的12颗卫星和10颗O3bI卫星属于第二代O3b卫星星座，其采用更先进的卫星平台技术。卫星采用全电推进，每颗卫星的发射重量约1200 kg。卫星具有灵活的波束形成能力，可实时实现每颗卫星超过4000个波束的形成、调整、路由和切换，以适应任何地方的带宽需要。第二代卫星轨道高度不变，只是新引入了70°倾角的倾斜轨道，以实现近乎的全球覆盖。

2. 运行方式

O3b星座系统采用星形组网方式，网络中所有卫星都采用透明转发方式，卫星之间也没有星间链路，所有的路由交换都在地面信关站进行，再通过信关站连接到地面通信网，用户之间的通信需要经过信关站中继。因此，O3b星座系统的工作过程类似于传统的星形甚小口径终端(VSAT)卫星通信系统，所不同的是，其对地覆盖采用点波束方式，并且波束指向是可以调整的。图5-11所示为O3b星座系统的工作过程示意图。

O3b星座系统的前向链路(信关站经卫星到达用户终端的链路)和反向链路(用户终端经卫星到达信关站的链路)均采用Ka频段，每个转发器的带宽为216 MHz，卫星与用户终端、信关站之间分别通过用户波束、馈电波束进行通信。

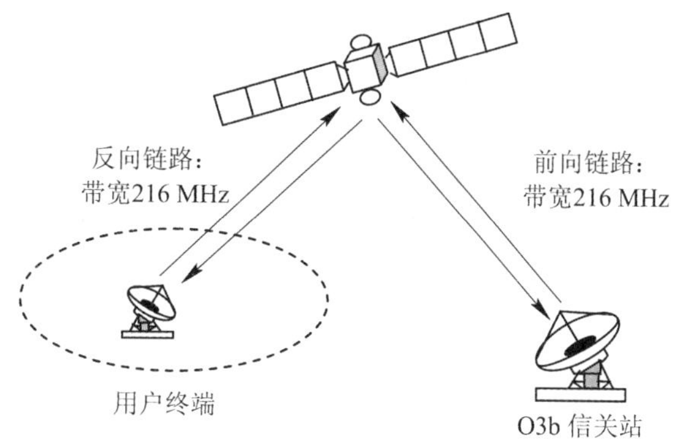

图5-11　O3b星座系统的工作过程示意图

3. 系统特点

O3b系统的特点如下：

(1) 通信卫星采用透明转发方式，可以适用于任何技术体制。该系统提供的服务其实是类似于传统的转发器出租业务，只不过用户使用的转发器不是固定的，需要随着卫星的轨道运动而在不同卫星之间切换，并且每个波束的指向也是可以调整的。

(2) 信号延迟低。由于O3b星座系统工作在中轨道上，端到端时延约为150 ms，因此，当在链路上采用TCP/IP协议传输信息时，单个TCP连接的速度可以达到2.1 Mb/s，而每个海事用户的信息速率可以高达500 Mb/s。

(3) 采用点波束天线，与静止轨道(GEO)卫星通信相比，其天线增益高、传播损耗小，便于支持高速率的通信，但波束覆盖范围小。因此，在设计时不是追求无缝覆盖，而是针对服务区域的特点采用热点覆盖的方式，即每颗卫星产生10个用户点波束，分别根据不同的服务区而指向各自的目标区域，如果用户是移动的，则点波束可以随用户的移动而移动。这样，可以解决互联网接入问题和避免卫星覆盖范围有限之不足。例如，太平洋地区散布着22个岛国和诸多独立岛屿，采用点波束覆盖技术可提高资源利用率和避免浪费。

4. 业务应用

目前，O3b 星座系统有近百家活跃客户，涉及 30 多个国家，覆盖世界大片区域，包括热带地区、太平洋许多岛链、海上钻井平台以及大型邮轮等。

O3b 公司下设五大业务品牌：

(1) O3bTrunck，为地面电信运营商提供干线传输服务；

(2) O3bCell，为地面无线网络运营商提供蜂窝网数据回程传输服务；

(3) O3bEnergy，面向石油和天然气企业，并提供离岸平台的通信服务；

(4) O3bMaritime，面向传统海事市场用户，并提供宽带连接；

(5) O3bGoverment，面向美国国防部、国防信息系统局，以及美国的盟国政府机构和非政府机构，并提供宽带服务。

5.6 全球定位系统(GPS)

GNSS(Global Navigation Satellite System)，即全球导航卫星系统，它是所有在轨工作的卫星导航定位系统的总称。目前，GNSS 主要包揽美国的 GPS 全球定位系统、俄罗斯的 GLONASS 全球导航卫星系统、中国的 BDS 北斗卫星导航系统、欧盟的 Galileo 卫星导航定位系统，以及 WASS 广域增强系统、EGNOS 欧洲静地卫星导航重叠系统、DORIS 星载多普勒无线电定轨定位系统、PRARE 精确距离及其变率测量系统、QZSS 准天顶卫星系统、GAGAN GPS 静地卫星增强系统、Compass 卫星导航定位系统和 IRNSS 印度区域导航卫星系统。本节专门介绍美国的 GPS 全球定位系统，5.7 节主要介绍中国的 BDS 北斗卫星导航系统。

5.6.1 全球定位系统概述

在卫星导航定位系统出现之前，远程导航与定位主要使用无线导航系统。最早人们采用的是长波信号，波长长达 26 km。因为长波信号可以轻易地被电离层反射，所以美国的 Omega(奥米伽)系统用了 8 个发射器就实现了全球信号覆盖。不过因为信号波长比较长，定位精度受到很大影响，其定位精度只有 6 km。为此，只有提高无线电信号频率，把波长减小到 2.6 km。Loran(罗兰)系统把定位精度提高到了 450 m，但全球只有 10%的面积被信号覆盖。

最早的卫星导航定位系统是美国的子午仪系统(Transit)，又称为多普勒卫星导航定位系统，于 1958 年研制成功，1964 年正式投入使用。它是美国科学家在对苏联 1957 年发射的第一颗人造地球卫星的跟踪研究中发现的多普勒频移现象，并利用这一原理而建成的，这在军事和民用方面取得了极大的成功，也是导航定位史上的一次飞跃。但由于卫星数目较少(5～6 颗)，运行高度较低(平均 1000 km)，从地面站观测到卫星的时间间隔较长(平均 1.5 h)，因而它无法提供连续的实时三维导航；而且由于信号载波频率低，轨道精度难以提高，使得定位精度较低。

为此，美国从 1973 年开始筹建全球定位系统(GPS，Global Positioning System)，在经过了方案论证、系统试验阶段后，于 1989 年开始发射正式工作卫星，历时 20 年，耗资

200 亿美元，1994 年全面建成 GPS，并投入使用。该系统主要由空间部分(21 颗卫星和 3 颗备份卫星，均匀分布在 6 轨道面，高度为 20 000 km，周期为 12 h)、控制部分(1 个主站、3 个注入站和 5 个监测站)和用户部分组成，它是具有在海、陆、空进行全方位实时三维导航与定位能力的新一代卫星导航定位系统。随着 GPS 的不断改进，硬、软件的不断完善，应用领域正在不断地开拓，目前已遍及国民经济各部门，并深入人们的日常生活中。

GPS 的实时导航定位精度很高。美国在 1991 年 7 月 1 日实行了 SA 政策，即降低广播星历中卫星位置的精度，降低星钟改正数的精度，对卫星基准频率加上高频的抖动(使伪距和相位的量测精度降低)，后又实行了 A－S 政策，将调制在两个载波上的伪随机噪声码 P 码(精码)改变为保密型的 Y 码，即对精密伪距测量进一步限制，而美国军方和特许用户不受这些政策的影响。但美国为了获得更大的商业利益，这些政策于 2000 年 5 月 2 日被取消。

GPS 具有以下主要特点：

(1) 全球、全天候工作。GPS 能为用户提供连续实时的三维位置、三维速度和精密时间，且不受天气的影响。

(2) 定位精度高。单机定位精度优于 10 m，采用差分定位，精度可达厘米级和毫米级。

(3) 功能多、应用广。GPS 不仅在测量、导航、测速、测时等方面得到了广泛应用，而且应用领域在不断扩大。

5.6.2 GPS 定位方法

GPS 定位的实质是根据 GPS 接收机与其所观测到的卫星之间的距离和观测卫星的空间位置来求取接收机的空间位置，而这些又是根据 GPS 卫星发出的导航电文计算出的包括位置、伪距、载波相位和星历等原始观测量，通过计算来完成的。其中，导航电文是由导航卫星播发给用户用于描述卫星运行状态的电文，是以二进制码表示的一组数据，主要包括系统时间、卫星星历和历书、卫星钟参数、C 码到 P 码的转换字、卫星工作状态和电离层时延模型参数等。一帧电文共计传播 30 s。而卫星星历是用于描述太空飞行体位置和速度的表达式，其结构为上下两行，又称为两行轨道数据(TLE，Two-Line Orbital Element)。星历每两小时更新一次。

GPS 定位方法大体可分为伪距测量定位和载波相位测量定位两种。

1. 伪距测量定位

若测量到 3 颗卫星的“距离”，联立 3 个距离方程，则可求得用户的三维位置。由于接收机的本机钟对星载原子钟存在偏差，因此所测“距离”不是卫星到接收机的真实距离，人们称之为伪距。为此，可以再测量一个到第 4 颗卫星的伪距，联立 4 个伪距离方程，就可消除这个固定偏差，求得用户的三维位置。

选取以地心为原点的直角坐标系，即 WGS－84 大地坐标系，将高速运动的卫星瞬间位置作为已知的起算数据，采用空间距离后方交会的方法，确定待测点的位置。

如图 5－12 所示，假设 t 时刻在地面待测点上安置 GPS 接收机，可以测定 GPS 信号到达接收机的时间 Δt，再加上接收机所接收到的卫星星历等其他数据可以确定以下 4 个方程：

$$[(x_1-x)^2+(y_1-y)^2+(z_1-z)^2]^{1/2}+c(V_{t1}-V_{t0})=d_1 \qquad (5-1(\mathrm{a}))$$

$$[(x_2-x)^2+(y_2-y)^2+(z_2-z)^2]^{1/2}+c(V_{t2}-V_{t0})=d_2 \qquad (5-1(b))$$

$$[(x_3-x)^2+(y_3-y)^2+(z_3-z)^2]^{1/2}+c(V_{t3}-V_{t0})=d_3 \qquad (5-1(c))$$

$$[(x_4-x)^2+(y_4-y)^2+(z_4-z)^2]^{1/2}+c(V_{t4}-V_{t0})=d_4 \qquad (5-1(d))$$

上述 4 个方程中待测点坐标 x、y、z 和 V_{t0} 为未知参数。

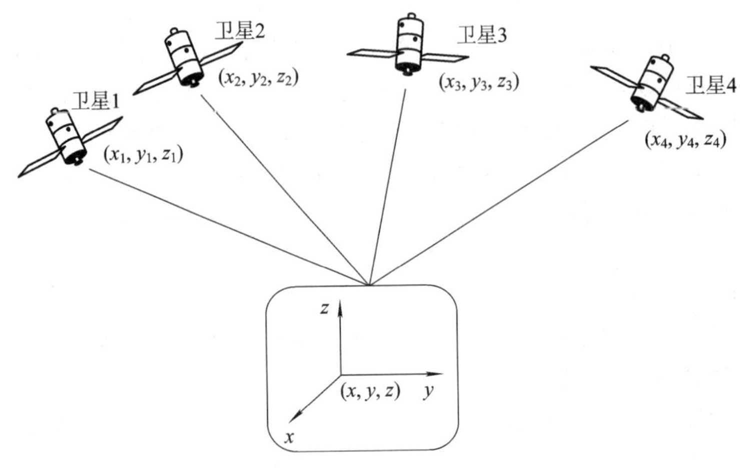

图 5-12　GPS 伪距测量定位示意图

上述 4 个方程中各参数的意义如下：

x、y、z——待测点的空间直角坐标；

x_i、y_i、z_i(i=1、2、3、4)——卫星 1、卫星 2、卫星 3、卫星 4 在 t 时刻的空间直角坐标，可由卫星导航电文求得；

V_{ti}(i=1、2、3、4)——卫星 1、卫星 2、卫星 3、卫星 4 的卫星钟的钟差，由卫星星历提供；

V_{t0}——接收机的钟差；

$d_i=c\Delta t_i$(i=1、2、3、4)。d_i(i=1、2、3、4) 分别为卫星 1、卫星 2、卫星 3、卫星 4 到接收机之间的距离，Δt_i(i=1、2、3、4) 分别为卫星 1、卫星 2、卫星 3、卫星 4 的信号到达接收机所经历的时间。c 为 GPS 信号的传播速度(即光速)。

由以上 4 个方程即可解算出待测点的坐标 x、y、z 和接收机的钟差 V_{t0}。事实上，接收机往往可以锁住 4 颗以上的卫星，这时，接收机可按卫星的星座分布分成若干组，每组 4 颗，然后通过算法挑选出误差最小的一组用作定位，从而提高精度。这是伪距测量定位原理。

2. 载波相位测量定位

载波相位测量定位是测定 GPS 载波信号在传播路程上的相位变化值，以确定信号传播的距离。

若卫星 S_j 发射一载波信号，在时刻 t 的相位为 $\varphi_j(t)$，该信号经下行传播到接收机 k 处，其相位为 φ_k，则可计算出卫星到接收机间的距离 d：

$$d=\lambda(\varphi_j-\varphi_k)=\lambda(N_0-\Delta\varphi) \qquad (5-2)$$

式中：N_0 为载波相位($\varphi_j-\varphi_k$)的(t 时刻)整周数部分；$\Delta\varphi$ 是不足一周的小数部分；λ 为载波波长。

式(5-2)在实际应用中是不能实现的，因为 φ_j 无法测定。为此采用比相的方法，即GPS接收机振荡器产生一个频率和初相均与卫星载波完全相同的基准信号，测定某一时刻的相位差，则接收机 k 于 T_i 时刻测得的相位差值为

$$\Phi_{jk}(T_i)=\delta_{jk}(T_i)-\delta_k(T_i) \tag{5-3}$$

式中：$\delta_{jk}(T_i)$ 为 T_i 时刻接收机处GPS载波相位值；$\delta_k(T_i)$ 为 T_i 时刻接收机本机参考信号相位值。

由于接收机只能测得 δ_{jk} 和 δ_k 一周之内的相位差，因此式(5-3)还要加入 T_i 时刻的相位差整周数。

设开始测量 $i=1$ 时刻相位差的整周数为 $N(k,j,1)$。根据卫星和测点位置的近似计算，可以用 $i=1$ 时相位差的整周数估值 $N'(k,j,1)$，若估值的修正量为 $n(k,j,1)$，则有下列关系式：

$$N(k,j,1)=N'(k,j,1)+n(k,j,1) \tag{5-4}$$

由于相位差是连续测量和计数的，因此 T_i 时刻的相位整周数 $N(k,j,i)$ 可表示为

$$\begin{aligned}N(k,j,i)&=[N'(k,j,1)+n(k,j,1)]+[N'(k,j,i)-N'(k,j,1)]\\&=N'(k,j,i)+n(k,j,1)\end{aligned} \tag{5-5}$$

式中：$[N'(k,j,1)+n(k,j,1)]$ 是 $i=1$ 时的相位整周数；$[N'(k,j,i)-N'(k,j,1)]$ 是从1到 i 时刻计数的增量。

由式(5-3)～式(5-5)，得到 T_i 时刻的载波相位观测量为

$$\Phi_{jk}(T_i)=\varphi_{jk}(T_i)-\varphi_k(T_i)+N'(k,j,i)+n(k,j,1) \tag{5-6}$$

由于载波相位差是卫星位置和观测点位置(未知)的函数，因此需要求它们之间的函数关系，才能根据载波相位测量值解出观测点的位置。经推导，得到如下关系式：

$$\begin{aligned}\Phi_{jk}(T_i)=&\varphi_j(T_i)+f_j\delta_{jk}-\left\{\frac{f_j}{c}\rho_{jk}(T_i)+\frac{f_j}{c}\rho_{jk}^*(T_i)\cdot\left[\delta_{jk}-\frac{1}{c}\rho_{jk}(T_i)\right]\right\}-\\&\varphi_k(T_i)+N'(k,j,i)+n(k,j,1)\end{aligned} \tag{5-7}$$

式中：$\rho_{jk}(T_i)$ 和 $\rho_{jk}^*(T_i)$ 分别为卫星与观测点在 T_i 时刻的距离和距离变化率；f_j 为 j 卫星发射信号载频频率；δ_{jk} 为用户钟与GPS的时钟差；$\varphi_j(T_i)$ 为 T_i 时刻卫星播发的信号相位；$f_j\delta_{jk}$ 为用户钟差形成的相位改变量；含 c(光速)各项是对应于传播时间的相位变化量。

式(5-7)就是相位测量的数学模型。式中的 $\rho_{jk}(T_i)$ 和 $\rho_{jk}^*(T_i)$ 是卫星和用户位置的函数。这就是用载波相位测量来测定用户位置的原理。

理论上载波相位测量的精度是很高的，实际上由卫星星历误差、修正后的电波传播剩余误差、卫星钟和用户钟的误差等产生的综合误差，远大于相位测量误差。因此，不能用伪距测量的方法来处理载波相位测量问题，否则精度不可能高。

载波相位的测量一般在两地同时进行，采用两地观测值定位。设两地的观测点分别为1和2，1为未知点，2为已知点，2点的观测站又称为中心站。在1、2两点的接收机同步测量GPS卫星 S_j 信号相位，由此解算出未知点用户坐标。这种测量方法称为单差测量，或称为基线测量。

设1、2两点在 T_i 时刻观测同一卫星 S_j 的相位测量值分别为 $\Phi_{j1}(T_i)$、$\Phi_{j2}(T_i)$，则由式(5-7)得到相位差观测量：

$$\Delta\Phi(j,i)=\Phi_{j1}(T_i)-\Phi_{j2}(T_i)$$
$$=f_j(\delta_{i2}-\delta_{i1})-\left\{\frac{f_j}{c}\rho_{j2}(T_i)+\frac{f_j}{c}\rho_{j2}(T_i)\left[\delta_{i2}-\frac{1}{c}\rho_{j2}(T_i)\right]+\frac{f_j}{c}\rho_{j1}(T_i)\left[\delta_{i1}-\frac{1}{c}\rho_{j1}(T_i)\right]\right\}+N_{j1,2} \tag{5-8}$$

式中：$N_{j1,2}=N_2'(k,j,i)+n_2(k,j,1)-N_1'(k,j,i)-n_1(k,j,1)$。

式(5-8)中，站间钟差($\delta_{i2}-\delta_{i1}$)、用户位置、模糊度参数 $N_{j1,2}$ 为未知数。只要不间断地在 $T_i(1,2,\cdots)$ 时测量若干个卫星 $S_j(j=1,2,\cdots)$ 的信号，就可用最小二乘法求用户位置 (x,y,z)。

由于卫星 S_j 到观测站的距离远大于两站间的基线长度，因此两站在同一时刻观测同一卫星时，星历、大气传播等引起的误差，绝大部分在相位测量中相互抵消，从而可获得高的观测精度。

在观测中，若把站间钟差($\delta_{i2}-\delta_{i1}$)看成是常值，则会引入计算的微量误差。若将同时观测的二卫星(S_1，S_2)的单差观测量相减，就可消除误差项($\delta_{i2}-\delta_{i1}$)，此种相位差测量方法称为双差测量法。若将相邻二时刻的双差观测量相减，就得到三差(二重相位差)观测量。三差观测量的数学模型中消去了模糊参数，仅用户位置为未知数，因此用最小二乘法即可解得用户位置。

3. GPS 定位方法分类

GPS 定位的方法是多种多样的，用户可以根据不同的用途采用不同的定位方法。GPS 定位方法可依据不同的分类标准，作如下划分。

1) 根据定位所采用的观测值

(1) 伪距定位。伪距定位中，所测距离总含有一个固定的用户钟偏差，即伪距。伪距定位所采用的观测值为 GPS 伪距观测值，它既可以是 C/A 码伪距，也可以是 P 码伪距。伪距定位的优点是数据处理简单，对定位条件的要求低，不存在整周模糊度的问题，可以非常容易地实现实时定位，一般用于车船等的概略导航定位；其缺点是观测值精度低，一般情况下 P 码伪距测量精度为±0.2 m，C/A 码伪距精度在±2 m 左右。

(2) 载波相位定位。载波相位定位所采用的观测值为 GPS 载波相位观测值，即载波 L1(1575.42 MHz)、载波 L2(1227.60 MHz)或它们的某种线性组合。载波相位定位的优点是观测值的精度高，一般情况下可达±1 mm 或±2 mm；其缺点是数据处理过程复杂，存在整周模糊度的问题。

2) 根据定位的模式

(1) 绝对定位。绝对定位又称为单点定位，这是一种采用一台接收机进行定位的模式，它所确定的是接收机天线的绝对坐标。这种定位模式的特点是作业方式简单，可以单机作业。绝对定位一般用于实时导航和精度要求不高的应用中。

(2) 相对定位。相对定位又称为差分定位，这种定位模式采用两台以上的接收机，同时对一组相同的卫星进行观测，以确定接收机天线间的相互位置关系。它既可采用伪距观测量也可采用相位观测量，相位观测量常用于大地测量或工程测量等领域。

3) 根据获取定位结果的时间

(1) 实时定位。实时定位即根据接收机观测到的数据，实时地解算出接收机天线所在的位置。

(2) 非实时定位。非实时定位又称后处理定位，它是通过对接收机接收到的数据进行后处理以进行定位的方法。

4) 根据定位时接收机的运动状态

(1) 动态定位。在进行 GPS 定位时，若接收机的天线在整个观测过程中的位置是变化的，则在数据处理时，将接收机天线的位置作为一个随时间变化的变量。动态定位又分为 Kinematic 和 Dynamic 两类。

(2) 静态定位。在进行 GPS 定位时，若接收机的天线在整个观测过程中的位置是保持不变的，则在数据处理时，将接收机天线的位置作为一个不随时间变化的量。在测量中，静态定位一般用于高精度的测量定位，其具体观测模式是多台接收机在不同的测站上进行静止同步观测，时间由几分钟、几小时到数十小时不等。

4. GPS 定位误差

在 GPS 定位过程中，主要存在着三部分误差：第一部分是对每一个用户接收机所公有的，例如，卫星钟误差、星历误差、电离层误差、对流层误差等；第二部分是不能由用户测量或由校正模型来计算的传播延迟误差；第三部分是各用户接收机所固有的误差，例如内部噪声、通道延迟、多径效应等。

使用民用 GPS 时，由于卫星运行轨道、卫星时钟存在误差，大气对流层、电离层对信号的影响，因此其定位精度不高。若采用差分 GPS(DGPS)技术，即将一台 GPS 接收机安置在基准站上进行观测，根据基准站已知精密坐标，计算出基准站到卫星的距离改正数，并由基准站实时将这一数据发送出去，则用户接收机在进行 GPS 观测的同时，也接收到基准站发出的改正数，并对其定位结果进行改正。这样，第一部分误差完全可以消除，第二部分误差大部分可以消除，其主要取决于基准接收机和用户接收机的距离，第三部分误差则无法消除。目前，伪距差分法应用最为广泛，如沿海广泛使用的“信标差分”。而实时动态(RTK，Real Time Kinematic)载波相位差分技术现在大量应用于动态需要高精度位置的领域。在精度要求高、接收机间距离较远时(大气有明显差别)，采用双频接收机，可以根据两个频率的观测量抵消大气中电离层误差的主要部分。

此外，提高精度的技术有联测定位技术、伪卫星技术、无码 GPS 技术、GPS 测角技术、精密星历使用技术、GPS/GLONASS 组合接收技术和 GPS 组合导航技术等。

5.6.3 GPS 的组成

GPS 包括三大部分：空间部分——GPS 卫星星座；地面控制部分——地面监控系统；用户设备部分——GPS 信号接收机。

1. 空间部分

1) GPS 卫星星座

GPS 卫星星座由 21 颗工作卫星和 3 颗在轨备用卫星组成，记作(21+3)GPS 星座，如图 5-13 所示。24 颗卫星均匀分布在 6 个轨道平面内，轨道倾角为 55°，各个轨道平面之间相距 60°，即轨道的升交点赤经各相差 60°。每个轨道平面内各颗卫星之间的升交角距相差 90°，一轨道平面上的卫星比西边相邻轨道平面上的相应卫星超前 30°。

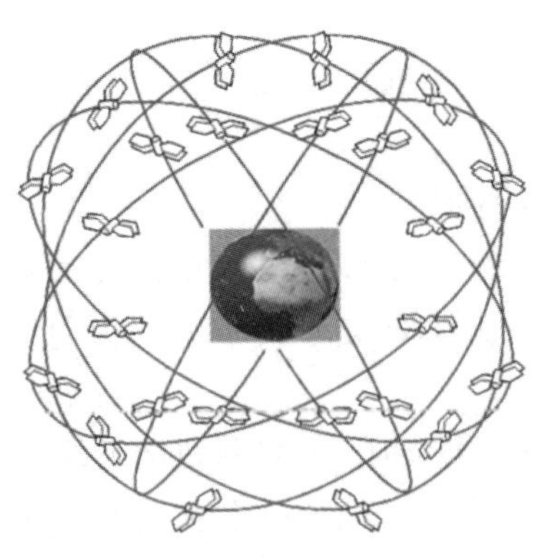

图 5-13　GPS 卫星星座

在约 20 200 km 高空的 GPS 卫星，当地球对恒星来说自转一周时，它们绕地球运行两周，即绕地球一周的时间为 12 恒星时。这样，对于地面观测者来说，每天将提前 4 分钟见到同一颗 GPS 卫星。位于地平线以上的卫星颗数随着时间和地点的不同而不同，最少可见到 4 颗，最多可见到 11 颗。在用 GPS 信号导航定位时，为了计算测站的三维坐标，必须观测 4 颗 GPS 卫星，此即定位星座。

2）GPS 卫星

GPS 卫星发送用于导航定位的信号，或用于其他特殊用途，如通信、监测核暴等。

GPS 卫星的主要设备为原子钟(两台铯钟、两台铷钟)、信号生成与发射装置。

GPS 卫星是由洛克韦尔国际公司空间部研制的，有试验卫星(Block Ⅰ)和工作卫星(Block Ⅱ)两种类型。第一代卫星现已停止工作，目前使用的是第二代工作卫星。卫星重 774 kg(包括 310 kg 燃料)，采用铝蜂巢结构，主体呈柱形，直径为 1.5 m。星体两侧装有两块双叶对日定向太阳能电池帆板，全长 5.33 m，接收日光面积为 7.2 m^2。对日定向系统控制两翼帆板旋转，使板面始终对准太阳，为卫星不断提供电力，并给三组 15 A·h 的镉镍蓄电池充电，以保证卫星在星蚀时能正常工作。星体底部装有多波束定向天线，这是一种由 12 个单元构成的成形波束螺旋天线阵，能发射 L1 和 L2 频段的信号，其波束方向图能覆盖约半个地球。在星体两端面上装有全向遥测遥控天线，用于与地面监控网通信。此外，卫星上还装有姿态控制系统和轨道控制系统。工作卫星的设计寿命为 7 年。从试验卫星的工作情况看，一般都能超过或远远超过设计寿命。

Block Ⅱ A 的功能比 Block Ⅱ 大大增强，表现在军事功能和数据存储容量。Block Ⅱ 只能存储供 45 天用的导航电文，而 Block Ⅱ A 则能够存储供 180 天用的导航电文，以确保在特殊情况下使用 GPS 卫星。

正在设计的第三代 GPS 卫星由 32 颗卫星组成。2018 年 12 月 23 日，美国 SpaceX 公司用“猎鹰 9”火箭将第三代 GPS 的首颗卫星送入太空，替换了 1997 年 7 月发射的一颗 GPS 卫星。美国计划在 20 年内共发射 32 颗卫星，2021 年 6 月 18 日第五颗卫星发射升空。

第三代 GPS 卫星的功能比以往的卫星要强大得多，抗干扰性和使用寿命也更强。严格来说，它的定位精度将从现在的 3 m 提升至 1 m；卫星在轨寿命也提高到 15 年；更重要的是其抗干扰能力更强大，信号强度将提高至原来的 8 倍，还可以兼容其他国家的导航卫星信号，如欧盟的“伽利略”系统。

3）GPS信号

用于导航定位的GPS信号由载波信号（L1和L2）、导航电文和测距码（C/A码、P(Y)码）三部分组成。

（1）载波信号。GPS卫星发射两种频率的载波信号，即频率为1575.42 MHz的L1载波和频率为1227.60 MHz的L2载波，它们的频率分别是基本频率10.23 MHz的154倍和120倍，它们的波长分别为19.03 cm和24.42 cm。在L1和L2上又分别调制着多种信号，这些信号主要有C/A码、P码、Y码和导航信息。

（2）C/A码。C/A码又称为粗捕获码，它被调制在L1载波上，是1.023 MHz的伪随机噪声码（PRN码），其码长为1023位，序列持续时间为1 ms，码间距为1 μs，相当于300 m。由于每颗卫星的C/A码都不一样，因此，经常用它们的PRN号来区分它们。C/A码是普通用户用以测定测站到卫星间距离的一种主要信号。

（3）P码。P码又称为精码，它被调制在L1和L2载波上，是10.23 MHz的伪随机噪声码，码间距为0.1 μs，相当于30 m。在实施AS时，P码与W码进行模二相加生成保密的Y码，此时，一般用户无法利用P码来进行导航定位。Y码是P码的加密型。

导航信息被调制在L1载波上，其信号频率为50 Hz，包含GPS卫星的轨道参数、卫星钟改正数和其他一些系统参数。用户一般需要利用此导航信息来计算某一时刻GPS卫星在地球轨道上的位置。导航信息也被称为广播星历（预报星历），它是一种卫星星历，另外还有一种精密星历（后处理星历）。

导航电文是用户用来定位和导航的数据基础，它包含卫星星历、工作状况、时钟改正、电离层时延改正、大气折射改正以及C/A码、P码等导航信息。其导航电文的格式是主帧、子帧、字码和页码，如图5-14所示。每主帧电文长度为1500 bit，播送速率为50 b/s，发播一帧电文需要30 s；每帧导航电文包括5个子帧（subframe），每子帧长6 s，共含300 bit；子帧1、2、3各有10个字码，每个字码为30 bit，这3个子帧的内容每30 s重复一次，每小时更新一次；子帧4、5各有25页，共有15 000 bit，其内容仅在卫星注入新的导航数据后才更新；每子帧开头是遥测字（TLM）和交接字（HOW），而每一子帧中的每一个字又均以6 bit奇偶校验码结束。子帧1、2、3与子帧4、5的每一页，均构成完整的一帧，即一帧完整的导航电文包括25帧，共有37 500 bit，要750 s才能传送完，用时长达12.5 min。

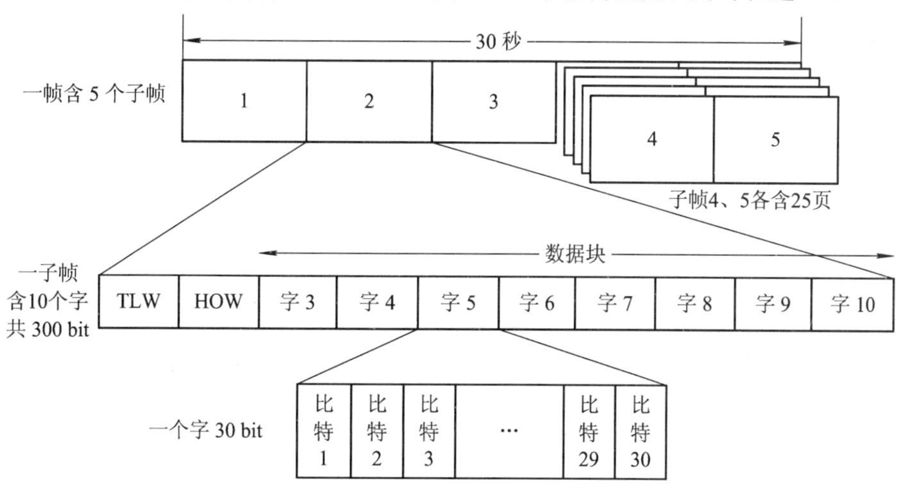

图5-14　导航电文格式

导航电文中的内容主要有：遥测字(TLW)，交接字(HOW)，第1、2、3数据块。其中最重要的则为第2数据块中的卫星星历数据。

遥测字(Telemetry Word，TLW)：遥测字位于各子帧的开头，它包含的同步信号，为各子帧提供一个同步的起点，以便解译导航电文的内容。

交接字(Hand over Word，HOW)：交接字在子帧中的位置紧接着TLW，主要是向用户提供用于捕获P码的Z计数(Z Counter)。通过HOW可以实时了解观测瞬间在P码周期中的位置，以便迅速捕获P码。

第1数据块：包含子帧1的内容，包括卫星钟改正参数、星期编号和卫星工作状态信息。

第2数据块：包含子帧2、3的内容，此数据块称为卫星星历，主要向用户提供有关计算卫星在轨位置的信息。它包括参考历元及其相应的摄动轨道参数和数据龄期。

第3数据块：包含子帧4、5的内容，包括卫星的导航信息、工作状态信息、星座历书(Almanac)以及电离层改正参数。

2. 地面控制部分

GPS的地面控制部分(地面监测系统)由1个主控站、3个注入站和5个跟踪站组成。其作用是监测和控制卫星运行，编算卫星星历，形成导航电文，保持系统时间。地面监测系统框图如图5-15所示。

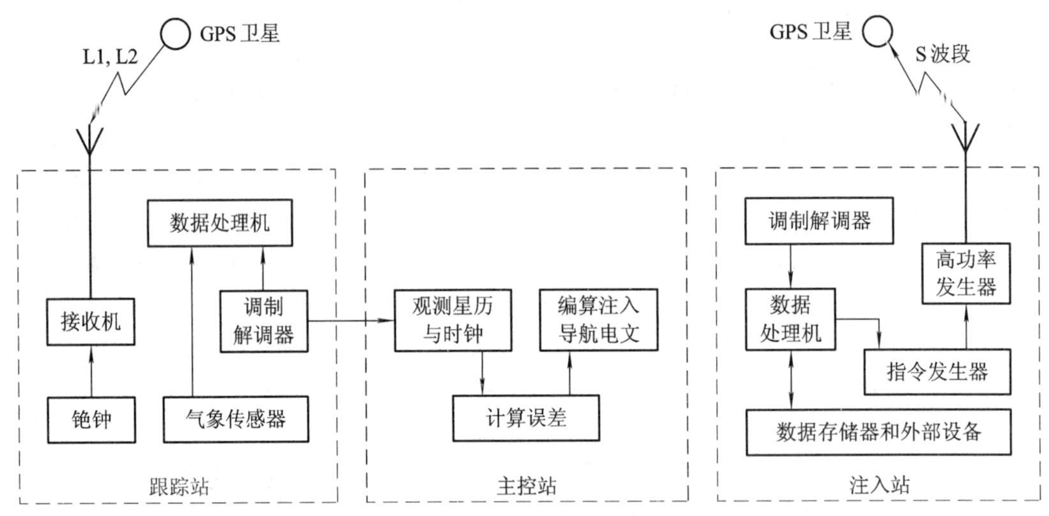

图5-15　地面监测系统框图

1) 主控站(1个)

主控站的作用是收集各检测站的数据，编制导航电文，监控卫星状态；通过注入站将卫星星历注入卫星，向卫星发送控制指令；卫星维护与异常情况处理。

主控站的地点位于美国科罗拉多州法尔孔空军基地。

主控站将编辑的卫星电文传送到位于三大洋的三个注入站，定时将这些信息注入各个卫星，然后由GPS卫星发送给广大用户，这就是所用的广播星历。另外，主控站也具有跟踪站的功能。

2）注入站（3 个）

注入站的作用是将导航电文注入 GPS 卫星。

注入站的地点位于阿松森群岛（大西洋）、迪戈加西亚（印度洋）和卡瓦加兰（太平洋）。

3）跟踪站（5 个）

跟踪站的作用是接收卫星数据，采集气象信息，并将所收集到的数据传送给主控站。

跟踪站的地点位于美国本土（科罗拉多州的主控站、夏威夷）和三大洋的美军基地上的三个注入站。

跟踪站又称监测站，每个监测站配有 GPS 接收机，对每颗卫星长年连续不断地进行观测，每 6 s 进行一次伪距测量和积分多普勒观测，采集气象要素等数据。监测站是一种无人值守的数据采集中心，受主控站的控制，定时将观测数据送往主控站，保证了全球 GPS 定轨的精度要求。由这五个监测站提供的观测数据形成了 GPS 卫星实时发布的广播星历。

3. 用户设备部分

GPS 的用户设备部分由 GPS 信号接收机（包括硬件和机内软件）、GPS 非实时数据后处理软件及相应的用户设备，如计算机气象仪器等所组成。其作用是接收 GPS 卫星所发出的信号，利用这些信号进行导航定位。

GPS 信号接收机的任务是：能够捕获到按一定卫星高度截止角所选择的待测卫星的信号，并跟踪这些卫星的运行，对所接收到的 GPS 信号进行变换、放大和处理，以便测量出 GPS 信号从卫星到接收机天线的传播时间，解译出 GPS 卫星所发送的导航电文，实时地计算出测站的三维位置，甚至三维速度和时间。

GPS 接收机的结构分为天线单元和接收单元两大部分。对于测地型接收机来说，两个单元一般分成两个独立的部件，观测时将天线单元安置在测站上，接收单元置于测站附近的适当地方，用电缆线将两者连接成一个整机。也有的将天线单元和接收单元制作成一个整体，观测时将其安置在测站点上。如图 5－16 所示。其中，GPS 接收机一般用蓄电池作为电源，同时采用机内和机外两种直流电源。设置机内电池的目的在于更换外电池时不中断连续观测。在用机外电池时机内电池自动充电。关机后机内电池为 RAM 存储器供电，以防丢失数据。

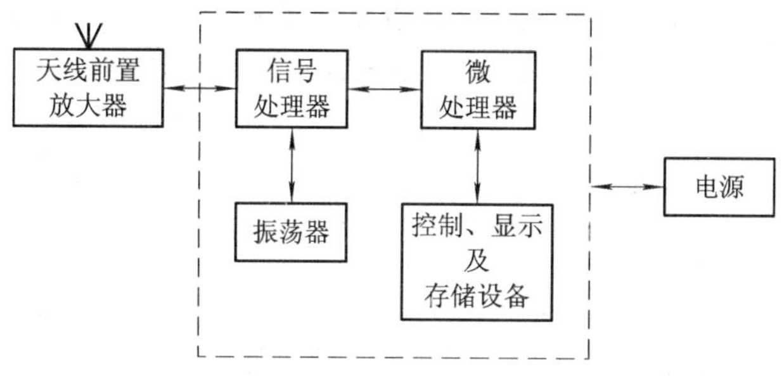

图 5－16　GPS 信号接收机框图

GPS 的用户是非常隐蔽的，由于 GPS 是一种单程系统，用户只接收而不必发射信号，因此用户的数量不受限制。虽然 GPS 一开始是为军事目的而建立的，但很快在民用方面得到了极大的发展，各类 GPS 接收机和处理软件纷纷涌现出来。目前，在中国市场上出现的接收机主要有 NovAtel、ASHTECH、TRIMBLE、GARMIN 和 CMC 等。能对两个频率进行观测的接收机称为双频接收机，只能对一个频率进行观测的接收机称为单频接收机，它们在精度和价格上均有较大区别。

综上所述，GPS 导航定位的基本工作过程是：当 GPS 卫星正常工作时，会不断地用 1 和 0 二进制码元组成的伪随机码，即民用的 C/A 码和军用的 P(Y)码发射导航电文。当用户接收到导航电文时，提取出卫星时间并将其与自己的时钟作对比，便可得知卫星与用户的距离，再利用导航电文中的卫星星历数据推算出卫星发射电文时所处的位置，用户便可得知在 GPS WGS-84 大地坐标系中所处的位置、速度等信息。对于运动载体来说，通过 GPS 卫星信号接收机不仅可以实现运动载体位置的高精度定位，还可以实现地图显示、漫游、地理位置查询、最佳行程路线选择、语音及图形方式导航。

目前用于 GPS 导航定位的常用观测值有 L1 载波相位观测值、L2 载波相位观测值(半波或全波)、调制在 L1 上的 C/A 码伪距和 P 码伪距、调制在 L2 上的 P 码伪距、L1 上的多普勒频移、L2 上的多普勒频移。

GPS 针对不同用户提供了两种类型的服务，一种是标准定位服务(SPS，Standard Positioning Service)，另一种是精密定位服务(PPS，Precision Positioning Service)。这两种不同类型的服务分别由两种不同的子系统提供，SPS 由标准定位子系统(SPS，Standard Positioning System)提供，PPS 则由精密定位子系统(PPS，Precision Positioning System)提供。SPS 主要面向全世界的民用用户。PPS 主要面向美国及其盟国的军事部门以及民用的特许用户。

5.6.4 GPS 现代化

1. GPS 应用领域

GPS 的应用非常广泛，几乎涉及国民经济和社会发展的各个领域。

GPS 的民用领域大体分为四类：高精度应用，航空和空间的专门应用，陆地运输和海洋应用，消费应用。其中陆地运输是当前 GPS 最大的应用领域，特别是在车辆导航和跟踪应用方面。除传统的导航定位等应用外，近几年 GPS 还应用在电离层监测、对流层监测以及卫星—卫星追踪技术等方面。

在军事方面，GPS 已成为高技术战争的重要支持系统。它极大地提高了军队的指挥控制、多军兵种协同作战和快速反应能力，大幅度地提高了武器装备的打击精度和效能。具体说来，GPS 在军事上的应用主要有以下五个方面：全时域的自主导航，各种作战平台的指挥监控，精确制导和打击效果评估，未来单兵作战系统保障，军用数字通信网络授时。

2. GPS 现代化的目标

现有的 GPS 是 30 年前设计的，其已不能适应技术发展以及军民各界用户的需要，为此，美国提出了 GPS 现代化计划，从卫星星座、信号体制、星上抗干扰、军民信号分离等角度，对现有的 GPS 进行改进。

GPS 现代化的目标有二：一是加强 GPS 对美军现代化战争的保障作用；二是保持 GPS 在全球民用导航领域中的主导地位。

GPS 现代化的任务有三：一是加强和保障，即加强军用导航信号的可靠性、安全性和抗干扰能力，更好地保证美军及其盟国军方可靠地使用 GPS 服务；二是拒绝和阻止，即阻止敌方使用 GPS 民用信号，干扰敌方使用其他卫星导航服务；三是保持作战区域外的民用用户能够正常使用 GPS 民用服务。

为实现 GPS 现代化的目标，美国空军采取了循序渐进的发展策略，两个相邻型号之间只增加少量的功能或能力，这样既保证了 GPS 的不断发展，实现了 GPS 现代化的目标，又降低了因功能或能力过快增加而带来的风险。

1）GPS 现代化的军用考虑

2003 年伊战以来，美国军方在认真研究了军事用户对 GPS 需求的基础上采取了以下四项技术措施：

(1) 增加 GPS 卫星发射的信号强度，以增强抗电子干扰能力。

(2) 在 GPS 信号频段上，增加新的军用码(M 码)，要与民用码分开。M 码要有更好的抗破译的保密和安全性能。

(3) 军事用户的接收设备要比民用的有更好的保护装置，特别是要具有抗干扰能力和快速初始化功能。

(4) 创造新技术，以阻止或阻扰敌方使用 GPS。

2）GPS 现代化的民用考虑

在欧洲伽利略计划启动后，美国已认识到 GPS 在民用领域存在着巨大挑战，因此，对民用 GPS 现代化采取了以下三项技术措施：

(1) 取消 SA 政策，使民用实时定位和导航的精度提高 3～5 倍。这已在 2000 年 5 月 1 日零点开始实行。这里要说明一点，美国军方已经掌握了 GPS 施加 SA 的技术，即 GPS 可以在局部区域内增加 SA 信号强度，使敌方利用 GPS 时严重降低定位精度，无法用于军事行动。

(2) 在 L2(1227.60 MHz)频段上增加第二民用码，即 C/A 码。以前民用 GPS 用户限于使用一个 GPS 信号，即在 L1 频段(1575.42 MHz)的 C/A 码(C/A 即粗略追踪，发射的是低功率信号，不能用于精确导航)。与之相比，L2 频段上的 C/A 码增加了精度，而接收机增加了编码的双频率电离层的校正，其信号结构更加完善，增加了为快速有效跟踪而设的数据自由元件。这样，用户就可以有更好的多余观测，以提高定位精度。

(3) 增加第三民用信号频段 L5(1176.45 MHz)。为增强性能，L5 上的信号结构进行了改进，其信号功率比 L1 频段高了 6 dB，用大于已完全注册过的 24 MHz 频段外的频率来发射信号，其中为航空无线电导航部门(ARNS)分配的幅度为 960～1215 MHz。这样，有利于提高民用实时定位的精度和导航的安全性。

3. GPS 现代化计划步骤与进展

1）GPS 现代化计划步骤

GPS 现代化计划的第一阶段：发射 12 颗改进型的 GPS BLOCK ⅡR 型卫星，它们具有一些新的功能——能发射第二民用码，即在 L2 上加载 C/A 码；在 L1 和 L2 上播发 P(Y) 码的同时，在这两个频率上还试验性地同时加载新的军码(M 码)；ⅡR 型的信号发射功率，不论在民用频段还是军用频段上都有很大提高。

GPS 现代化计划的第二阶段：发射 6 颗 GPS BLOCK ⅡF 型卫星。GPS BLOCK ⅡF 型卫星除有上面提到的 GPS BLOCK ⅡR 型卫星的功能外，还进一步强化发射 M 码的功率和增加发射第三民用频率，即 L5 频段。2006 年已开始 L5 频段的加载试验，2010 年 GPS

星座中已至少有18颗ⅡF型卫星，以保证M码的全球覆盖。到2016年，GPS系统已全部以ⅡF型卫星运行，达到24+3颗。

GPS现代化计划的第三阶段：发射GPS BLOCK Ⅲ型卫星。已经完成代号为GPS Ⅲ的设计工作，目前正在研究未来GPS卫星导航的需求，讨论制定GPS Ⅲ型卫星系统结构，系统安全性、可靠程度和各种可能的风险。2018年12月，GPS Ⅲ卫星已成功发射，原计划在2025年完成GPS Ⅲ完全取代目前的GPS Ⅱ，如今可能要推迟到2034年左右。

2) GPS现代化进展

2004年12月，美国总统批准了新的天基定位、导航与授时(PNT)系统政策，用于取代1996年3月发布的GPS政策。新政策用于确保美国的天基PNT服务、增强系统、后备支持及服务的拒绝与阻断等能力，从而实现以下目标：① 提供不间断的PNT服务的可用性；② 满足国家、国土和经济的安全要求及民用、科学与商业增长的需求；③ 保持卓越的军用天基PNT服务；④ 连续地提供优于国外民用天基PNT服务及其增强系统，或与其相比有竞争力的民用服务；⑤ 保持其国际公认的PNT服务的基础性地位；⑥ 提高美国在天基PNT服务应用领域的技术领先优势。

美国GPS现代化的计划正体现了上述目标，并由于其他因素的变化，GPS现代化计划随之做了相应的调整。比如美国空军已经调整了GPS卫星的采购计划，其中GPS BLOCK ⅡRM型卫星的采购数量为8颗，GPS BLOCK ⅡF型卫星的采购数量减少到16颗，新增加的L2C民用信号和M码军用信号投入使用。

有关GPS现代化的具体进展，主要表现如下：

(1) 已经发射3颗GPS ⅡRM型卫星。GPS ⅡRM型卫星是在GPS ⅡR型卫星的基础上进行了现代化的改进，第一颗卫星于2005年9月25日从佛罗里达卡纳维拉尔角空军基地发射升空，标志着GPS现代化的计划迈出了重要的一步，进入了新阶段。第二、三颗卫星分别于2006年9月25日和11月14日发射升空。与GPS ⅡR型卫星相比，GPS ⅡRM型卫星的主要改进包括：增加了三个导航信号和对有效载荷硬件进行了升级。GPS ⅡRM型卫星在L1和L2频段增加了两个新的军用M码信号，同时在L2频段增加了新的L2C民用信号，使GPS的导航信号增加至6个，并且提高了信号的发射功率，使其可在不同的信号间进行重新分配。

(2) 在GPS ⅡF型卫星的研制方面，与GPS ⅡRM型卫星相比，GPS ⅡF型卫星增加L5频段的L5C民用信号，采用更先进的星载原子钟。GPS ⅡF型卫星的星钟系统由4台铯钟和铷钟组成，并采用美国海军研究实验室开发的数字化星钟技术，使其系统误差达到8 ns。为满足增加信号及其功率的要求，GPS ⅡF型卫星采用ABLE公司开发的新型太阳电池阵。其质量为54.9 kg，在轨设计寿命为12年，并可在地面上储存8年。即使在寿命末期，该电池阵的功率仍超过2610 W。

(3) 在GPS Ⅲ型卫星的研究方面，2006年年底和2007年年初，洛马公司与波音公司分别完成了GPS Ⅲ型卫星的需求定义研究，并通过了美国空军的审查，使GPS Ⅲ型卫星的发展向前迈出了重要的一步；同时，美国空军分别与这两家公司签署了近5000万美元的合同，用于开展GPS Ⅲ型卫星的风险降低和卫星初样设计工作。如今GPS现代化计划已经进入最后阶段，首颗GPS Ⅲ型卫星已于2018年12月成功发射，并于2018年9月签署了GPS Ⅲ型卫星后继型号——GPS ⅢF型卫星的研发合同(2018年，美国空军将原GPS

Ⅲ系列卫星的3个型号调整为2个，即GPS Ⅲ和GPS ⅢF)，首颗GPS ⅢF型卫星计划于2026年交付，2027年首次发射，至2034年左右完成全部22颗GPS ⅢF型卫星的部署。

此外，从GPS Ⅲ型卫星装备的功能和能力来看，GPS现代化计划中尚未实现或尚未具备的主要能力包括：点波束功率增强、高速星间/星地链路。但从研发已经披露的信息来看，GPS ⅢF型卫星新增了在轨升级和信号重构能力。因此，随着GPS技术的现代化，GPS ⅢF型卫星还会不断完善，GPS应用必将进一步加强广度和深度发展。

5.7 北斗卫星导航系统(BDS)

北斗卫星导航系统(BDS)是中华人民共和国独立自主建设的一个卫星导航系统，它与美国全球定位系统(GPS)、俄罗斯全球导航卫星系统(GLONASS)和欧盟伽利略定位系统(GALILEO)并称为全球四大卫星导航系统。BDS的建设，促进了全球卫星导航领域的合作发展，推动了全球卫星导航系统的技术进步。该系统已成功应用于测绘、电信、水利、渔业、交通运输、森林防火、减灾救灾和公共安全等诸多领域，产生了显著的经济效益和社会效益，为此本节主要描述北斗卫星导航系统(BDS)。

5.7.1 北斗卫星导航系统概述

北斗卫星导航系统是中国着眼于国家安全和经济社会发展需要，自主建设、独立运行的卫星导航系统，是为全球用户提供全天候、全天时、高精度的定位、导航和授时服务的国家重要空间基础设施。

BDS的发展目标是建设世界一流的卫星导航系统，满足国家安全与经济社会发展需求，为全球用户提供连续、稳定、可靠的服务；发展BDS产业，服务经济社会发展和民生改善；深化国际合作，共享卫星导航发展成果，提高全球卫星导航系统的综合应用效益。

为此，中国为BDS制定了“三步走”发展规划，从1994年开始发展的试验系统(BDS－1)为第一步，2004年开始发展的正式系统(BDS－2)为第二步。至2012年完成对亚太大部分地区的覆盖并正式提供卫星导航服务，此战略的前两步已经完成。根据计划，BDS－3系统第三步为在2018年覆盖“一带一路”国家，2020年完成并实现全球的卫星导航功能。

我国卫星导航系统建设的“三步走”实际是从区域性有源服务能力到区域性无源服务能力，再到全球性无源服务能力，所以这是一个渐进的过程。

中国坚持和遵循“自主、开放、兼容、渐进”的建设原则发展BDS系统：

(1) 自主。坚持自主建设、发展和运行BDS系统，具备向全球用户独立提供卫星导航服务的能力。

(2) 开放。免费提供公开的卫星导航服务，鼓励开展全方位、多层次、高水平的国际合作与交流。

(3) 兼容。提倡与其他卫星导航系统开展兼容与互操作，鼓励国际合作与交流，致力于为用户提供更好的服务。

(4) 渐进。分步骤推进BDS建设发展，持续提升BDS系统服务性能，不断推动卫星导航产业全面、协调和可持续发展。

BDS是一个大型的航天系统，技术复杂，规模庞大，其建设应用也开启了我国航天事业的新征程，并对维护我国国家安全、推动经济社会科学文化全面发展提供重要保障。

5.7.2 BDS 定位方法

1. 空间定位原理

在空间中，若已经确定 A、B、C 三点的空间位置，且第四点 D 到上述三点的距离皆已知，即可以确定 D 的空间位置。

其定位原理是：因为 A 点位置和 AD 间距离已知，可以推算出 D 点一定位于以 A 为圆心、以 AD 为半径的圆球表面，按照此方法又可以得到以 B、C 为圆心的另两个圆球，即 D 点一定在这三个圆球的交会点上，即三球交会定位。

BDS 的试验系统和正式系统的定位都依靠此原理。实际上，GPS、GLONASS、Galileo 等定位系统均采用三球交会的几何原理来实现定位。

2. 双星定位原理

以两颗在轨卫星的已知坐标为圆心，各以测定的卫星至用户终端的距离为半径，形成两个球面，用户终端将位于这两个球面交线的圆弧上。地面中心站配有电子高程地图，提供一个以地心为球心、以球心至地球表面高度为半径的非均匀球面。该圆弧与地球表面形成两个交点，根据判断，其中一个交点即为用户的位置。例如两个交点一个在南半球服务区，一个在北半球服务区，对我国用户而言，后者即为用户的位置。显然，这是符合三球交会定位原理的。

我国在 2000 年建成的 BDS－1 系统最早只有两颗地球静止轨道卫星，为此我国原创性地提出了双星定位方法，打破了国外技术垄断，建立了世界上首个基于双星定位原理的区域有源卫星定位系统。

3. 有源定位

由于使用这种方法在定位时需要用户终端向定位卫星发送定位信号，由信号到达定位卫星时间的差值计算用户位置，所以被称为“有源定位”。

BDS－1 系统定位属于有源定位，其系统构成为：两颗地球静止轨道卫星、地面中心站、用户终端。

用户利用 BDS－1 系统定位的原理是这样的：首先是用户向地面中心站发出请求，地面中心站再发出信号，分别经两颗卫星反射传至用户，地面中心站通过计算两种途径所需时间即可完成定位。

与 GPS 系统不同，BDS－1 系统对所有用户位置的计算不是在卫星上进行的，而是在地面中心站完成的。因此，地面中心站可以保留全部 BDS 用户的位置及时间信息，并负责整个系统的监控管理。如今，BDS 除了使用新的技术外，也保留了这项技术。

4. 无源定位

当卫星导航系统使用无源时间测距来定位时，用户接收至少 4 颗导航卫星发出的信号，根据时间信息可获得距离信息，根据三球交会的原理，用户终端可以自行计算其空间位置。此即为 GPS 所使用的无源定位技术。我国 BDS 系统、俄罗斯 GLONASS 系统和欧盟 Galileo 系统也都使用了此技术来实现全球的卫星定位。

5. 定位精度

参照三球交会定位的原理，根据3颗卫星到用户终端的距离信息，通过三维的距离公式，就可依靠列出3个方程得到用户终端的位置信息，即理论上使用3颗卫星就可达成无源定位。但由于卫星时钟和用户终端使用的时钟间一般会有误差，而电磁波以光速传播，微小的时间误差将会使得距离信息出现巨大失真，实际上应当认为时钟差距不是0而是一个未知数 t，如此方程中就有4个未知数，即客户端的三维坐标(X，Y，Z)以及时钟差距 t，故需要根据4颗卫星来列出4个关于距离的方程式，最后才能求得答案，即用户端所在的三维位置，此三维位置可以进一步换算为经纬度和海拔高度。

当空中有足够的卫星，用户终端可以接收多于4颗卫星的信息时，可以将卫星每组4颗分为多个组，列出多组方程，后通过一定的算法挑选误差最小的那组结果，能够提高精度。

若卫星时钟有1 ns时间误差，则会产生30 cm的距离误差。尽管卫星采用的是非常精确的原子钟，但也会累积较大误差，因此地面工作站会监视卫星时钟，并将结果与地面上更大规模的更精确的原子钟比较，得到误差的修正信息，最终用户通过接收机可以得到经过修正后的更精确的信息。当前有代表性的卫星用原子钟大约有数纳秒的累积误差，产生大约1 m的距离误差。

总之，由于卫星运行轨道、卫星时钟存在误差，以及大气对流层、电离层对信号的影响，使得民用的定位精度只能达到数十米量级。为提高定位精度，普遍采用差分定位技术(如DGPS、DGNSS)，建立地面基准站（差分台)进行卫星观测，利用已知的基准站精确坐标，与观测值进行比较，从而得出一修正数，并对外发布。接收机收到该修正数后，与自身的观测值进行比较，消去大部分误差，得到一个比较准确的位置。实验表明，利用差分定位技术，定位精度可提高到米级。

BDS-3系统整体性能大幅提升，信号质量总体上与GPS相当。在面向全球范围提供定位导航授时(RNSS)方面，实现全球范围内定位精度优于10 m，测速精度优于0.2 m/s，授时精度优于20 ns；亚太地区定位精度优于5 m，测速精度优于0.1 m/s，授时精度优于10 ns。经过在兰州某地标准单点定位的对比分析，结果表明在N、E、U(北、东、天)方向上BDS-3系统的定位精度优于5 m，整体定位精度与GPS系统相当，在N、U方向略优于GPS系统，在E方向上低于GPS系统。

5.7.3 BDS的组成

BDS系统由空间段、地面段和用户段组成。

1. 空间段

(1) BDS-1系统。BDS-1系统于1994年启动建设，空间段包括4颗卫星，其中2颗工作卫星定位于东经80°和140°赤道上空，另有1颗位于东经110.5°的备份卫星，可在某工作卫星失效时予以接替；到2007年又补发射了1颗接续卫星。从2000年开始，该系统形成区域有源服务能力，服务范围为东经70°～140°、北纬5°～55°，基本上仅为中国用户提供服务。其定位精度为100 m，使用地面参照站校准后精度为20 m，授时精度为20 ns，定位响应时间为1 s。现卫星的寿命已到期，这一系统已停止工作。

(2) BDS－2 系统。BDS－2 系统于 2004 年启动建设，空间段包括 14 颗组网卫星和 6 颗备份卫星，其中 14 颗组网卫星包括了 5 颗静止轨道卫星、5 颗倾斜地球同步轨道卫星(均在倾角 55°的轨道面上)、4 颗中圆地球轨道卫星(均在倾角 55°的轨道面上)。该系统克服了 BDS－1 系统存在的不足，且兼容 BDS－1 系统的有源定位，增加了无源定位体制。从 2012 年 11 月开始，该系统能为中国及亚太大部分地区用户提供定位、测速、授时和短报文通信服务。其定位精度提升至 25 m，授时精度为 50 ns，测速精度为 0.2 m/s。

(3) BDS－3 系统。BDS－3 系统于 2009 年启动建设，2020 年 6 月 23 号最后一颗组网卫星发射成功，同年 7 月 31 日 BDS－3 系统正式开通，实现全球服务能力。空间段有 35 颗卫星，包含了 30 颗组网卫星和 5 颗试验卫星(含 2 颗 GEO 卫星和 3 颗 MEO 卫星)。其中 30 颗组网卫星包含了 3 颗地球静止轨道(GEO)卫星、3 颗倾斜地球同步轨道(IGSO)卫星和 24 颗中圆地球轨道(MEO)卫星。

BDS－3 系统 5 颗 GEO 卫星定点在东经 58.75°、80°、110.5°、140°、160°的位置；27 颗 MEO 卫星运行轨道高度为 21 500 km，轨道倾角为 55°，均匀分布在 3 个轨道面上，它们是卫星导航的主力；3 颗 IGSO 卫星运行轨道高度为 36 000 km，均匀分布在 3 个倾斜地球同步轨道面上，轨道倾角为 55°，3 颗卫星星下点轨迹重合，交叉点经度为东经 118°，相位差为 120°，主要用于增加覆盖面。

BDS－3 系统继承了 BDS 有源定位和无源定位两种技术体制，通过星间链路，解决了全球组网需要境外布置站点的问题。BDS－3 系统在 BDS－2 系统的基础上进一步提升了各项性能、扩展功能，可为全球用户提供基础导航(定位、测速、授时)、全球短报文通信以及国际搜救等服务。

特别是 BDS－3 系统的短报文通信作用巨大，在 GEO 卫星的助力下，其信息发送能力从一次 120 个汉字提升到一次 1200 个汉字，突发情况时足以将情节一次性说清楚，还可发送图片等信息，应用场景更为丰富。表 5－8 为 BDS－3 系统卫星功能特点。

表 5－8　BDS－3 系统卫星功能特点

卫星	MEO 卫星(24)	GEO 卫星(3)	IGSO 卫星(3)
名称	中圆地球轨道卫星	地球静止轨道卫星	倾斜地球同步轨道卫星
轨道高度	两万千米左右，三个轨道面，保持 55°的倾角	3.6 万千米左右	3.6 万千米左右
星下点估计	绕着地球画波浪	投影一个点	锁定区域画 8 字
功能特点	环绕地球运行，实现全球导航定位、短报文通信、国际搜救	承载区域短报文通信	与 GEO 互补，对亚太区域可重点服务

至此，BDS 提供无源导航信号的卫星一共有 55 颗，包括 BDS－2 系统的 20 颗卫星和 BDS－3 系统的 35 颗卫星。

2. 地面段

地面段由主控站、注入站和监测站组成，主控站用于系统运行管理与控制等。

主控站的主要任务是收集各个监测站的观测数据，进行数据处理，生成卫星导航电文、广域差分信息和完好性信息，完成任务规划与调度，实现系统运行控制与管理等。

注入站的主要任务是在主控站的统一调度下，完成卫星导航电文、广域差分信息和完好性信息注入，有效载荷的控制管理。

监测站的主要任务是对导航卫星进行连续跟踪、监测，接收导航信号，发送给主控站，为卫星轨道的确定和时间同步提供观测数据。

3. 用户段

用户段，即用户的终端，由各类 BDS 用户终端组成，亦即用于 BDS 的信号接收机。

接收机需要捕获并跟踪卫星的信号，根据数据按一定的方式进行定位计算，最终得到用户的经纬度、高度、速度和时间等信息。BDS 用户机具有兼容 GPS、GLONASS、GALILEO 的功能。

我国已研制了多种 BDS 终端，提供给不同用户机使用，如车载型用户机、舰载型用户机、定时型用户机、通信型用户机、便携式用户机和指挥型用户机等。

下面简述 BDS 的工作体制、服务类型、信号传输、时间系统与坐标系统，以及导航电文格式。

(1) BDS 工作体制。BDS 采用卫星无线电测定(RDSS)与卫星无线电导航(RNSS)集成体制，既能像 GPS、GLONASS、GALILEO 系统一样，为用户提供卫星无线电导航服务，又具有位置报告及短报文通信功能。

(2) BDS 服务类型。系统提供开放服务和授权服务。开放服务面向全球范围；授权服务包括全球范围更高性能的导航定位服务，以及亚太地区的广域差分服务(精度 1 m)和短报文通信服务(每次 120 个汉字)。BDS 系统的服务可用性优于 99%。

(3) BDS 信号传输。BDS 使用 CDMA 技术，与 GPS 和 GALILEO 两系统一致，而不同于 GLONASS 系统的 FDMA 技术。两者相比，码分多址有更高的频谱利用率，在 L 频段的频谱资源非常有限的情况下，选择 CDMA 是更妥当的方式。此外，CDMA 的抗干扰性能，以及与其他卫星导航系统的兼容性能更佳。

在 BDS 中，L 频段和 S 频段发送导航信号，在 L 频段的 B1、B2、B3 频点上发送服务信号，包括开放的信号和需要授权的信号。BDS-2 在 B1、B2 和 B3 三个频段提供 B1I、B2I 和 B3I 三个公开服务信号。其中，B1 频段的中心频率为 1561.098 MHz，B2 为 1207.14 MHz，B3 为 1268.52 MHz。BDS-3 在 B1、B2 和 B3 三个频段提供 B1I、B1C、B2a、B2b 和 B3I 五个公开服务信号。其中 B1 频段的中心频率为 1575.42 MHz，B2 为 1176.45 MHz，B3 为 1268.52 MHz。

BDS 系统是全球第一个提供三频信号服务的卫星导航系统，GPS 使用的是双频信号，这是 BDS 的后发优势。使用双频信号可以减弱电离层延迟的影响，而使用三频信号可以构建更复杂的模型来消除电离层延迟的高阶误差。同时，使用三频信号可提高载波相位模糊度的解算效率，理论上还可以提高载波收敛速度。正因如此，GPS 系统也在扩展成三频信号系统。

(4) 时间系统与坐标系统。BDS 的系统时间称北斗时(BDT)。北斗时属原子时，起算历元时间是 2006 年 1 月 1 日 0 时 0 分 0 秒(UTC，协调世界时)。BDT 溯源到我国协调世界时 UTC(NTSC，国家授时中心)，与 UTC 的时差控制准确度小于 100 ns。BDS－1 系统的卫星原子钟是由瑞士进口的，BDS－2 系统的星载原子钟逐渐开始使用中国航天科工二院 203 所提供的国产原子钟，从 2012 年起，BDS 已经开始全部使用国产原子钟，其性能与进口产品相当。BDS 采用中国 2000 大地测量坐标系统(CGS2000)。

(5) 导航电文格式。BDS－2、BDS－3 的空间段均是由 MEO/IGSO/GEO 三种卫星组成构成的混合星座，采用了多种信号调制方式，也相应地设计了多种类型的导航电文。

BDS－2 导航电文分为 D1 和 D2 两类导航电文，如图 5－17 和图 5－18 所示，MEO/IGSO 卫星的所有公开频点信号均播发 D1 导航电文，其信息速率为 50 b/s，并调制有速率为 1 kb/s 的二次编码，内容主要包含基本导航信息(本卫星基本导航信息、全部卫星历书信息、与其他系统时间同步信息)；GEO 卫星的所有公开频点信号均播发 D2 导航电文，其信息速率为 500 b/s，内容主要包含基本导航信息和增强服务信息(北斗系统的差分及完好性信息和格网点电离层信息)。

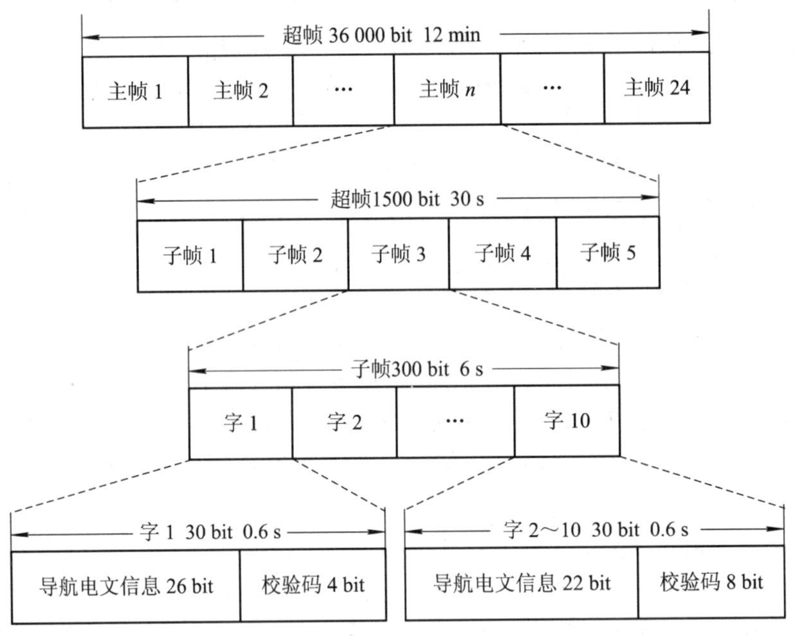

图 5－17 BDS－2 的 D1 导航电文格式

BDS－3 在全球新体制信号上播发的导航电文采用了固定帧和数据块结构相结合的模式，其导航电文以数据帧为基本结构，每个数据帧又由 3 个长度不同的子帧构成，兼具帧结构和数据块结构组合方式的优点，具有良好的系统扩展性、灵活性，但也存在额外增加辅助信息的缺点。根据速率和结构不同，B1C 频点、B2a 频点上分别播发 B－CNAV1 和 B－CNAV2 导航电文，如图 5－19 和图 5－20 所示，电文数据调制在 B1C、B2a 数据分量上。B－CNAV1 符号速率为 100 s/s，播发周期为 18 s，信息内容主要包括基本导航信息和基本完好性信息；B－CNAV2 符号速率为 200 s/s，播发周期为 3 s，播发的信息类型顺序可动态调整，但信息类型 10 和 11 需保持前后接续播发。

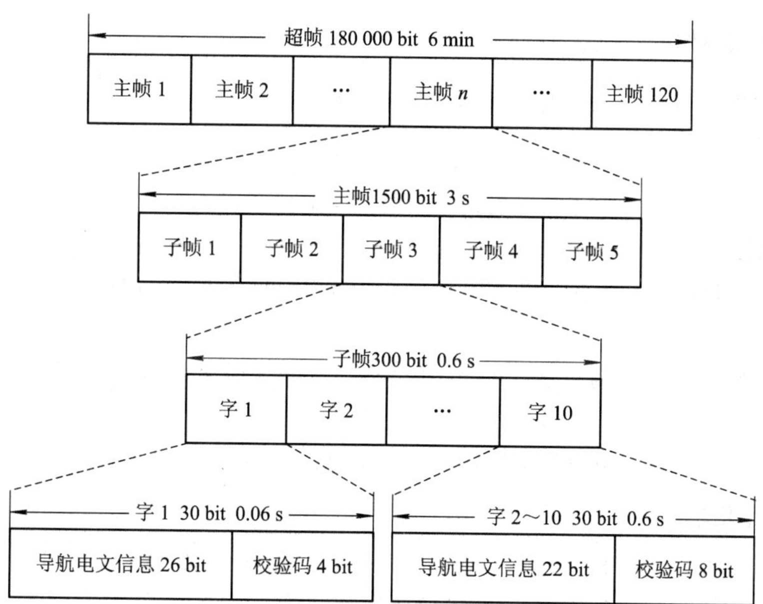

图 5-18 BDS-2 的 D2 导航电文格式

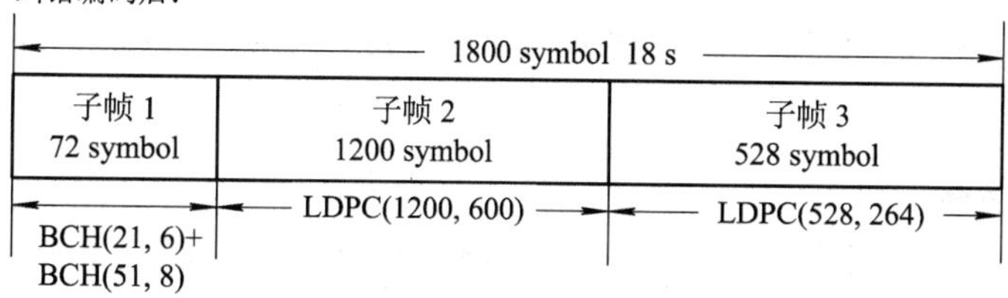

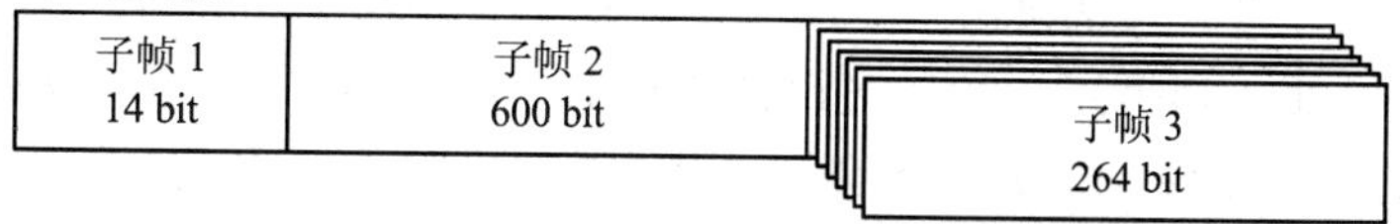

图 5-19 BDS-3 的 B-CNVA1 导航电文格式

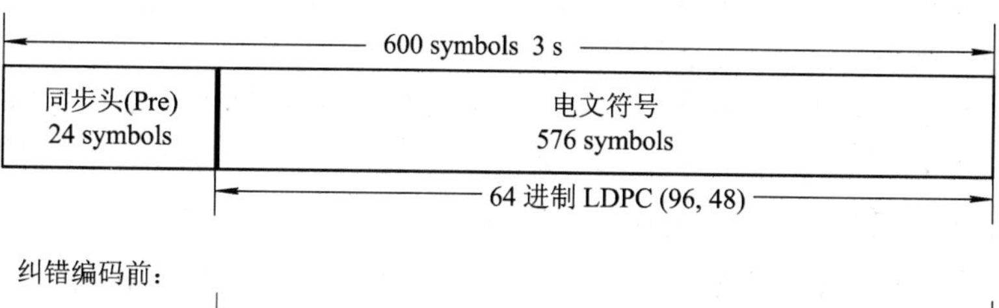

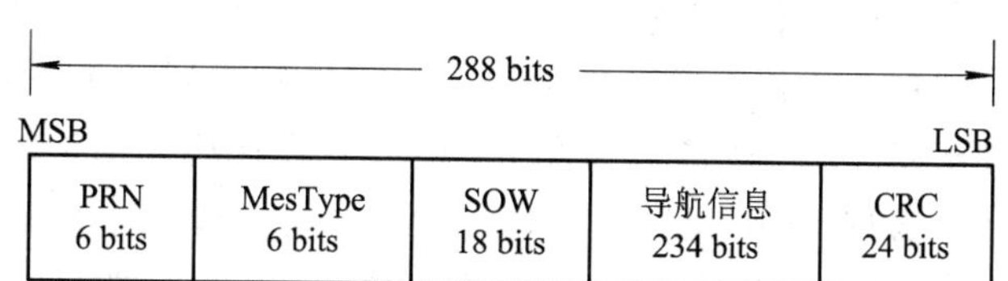

图 5-20 BDS-3 的 B-CNVA2 导航电文格式

5.7.4 BDS 的功能

BDS 具有四大系统功能，以及军用功能和民用功能。

1. 四大系统功能

(1) 短报文通信：BDS 用户终端具有双向报文通信功能，用户可以一次传送 1200 个汉字，还可发送图片等信息。

(2) 精密授时：BDS 具有精密授时功能，可向用户提供 20 ns 时间同步精度，在亚太地区为 10 ns。

(3) 定位精度：水平精度为 10 m、高程为 10 m。在亚太地区水平精度为 5 m、高程为 5 m。

(4) 系统容纳的最大用户数：540 000 户/小时。

2. BDS 军用功能

BDS 的军用功能与 GPS 类似，如运动目标的定位导航；为缩短反应时间的武器载具发射位置的快速定位；人员搜救、水上排雷的定位需求等。

这项功能用在军事上，意味着可主动进行各级部队的定位，也就是说大陆各级部队一旦配备 BDS，除了可供自身定位导航外，高层指挥部也可随时通过 BDS 掌握部队位置，并传递相关命令，对任务的执行有相当大的助益。换言之，大陆可利用 BDS 执行部队指挥与管制及战场管理。

3. BDS 民用功能

(1) 个人位置服务：当你进入不熟悉的地方时，你可以使用装有 BDS 接收芯片的手机或车载卫星导航装置找到你要走的路线。

(2) 气象应用：BDS 气象应用的开展，可以促进中国天气分析和数值天气预报、气候变化监测和预测，也可以提高空间天气预警业务水平，提升中国气象防灾减灾的能力。除此之外，BDS 的气象应用对推动 BDS 创新应用和产业拓展也具有重要的影响。

(3) 道路交通管理：卫星导航将有利于缓解交通阻塞，提升道路交通管理水平。通过在车辆上安装卫星导航接收机和数据发射机，车辆的位置信息就能在几秒钟内自动转发到中心站。这些位置信息可用于道路交通管理。

(4) 铁路智能交通：卫星导航将促进传统运输方式实现升级与转型。例如，在铁路运输领域，通过安装卫星导航终端设备，可极大缩短列车行驶间隔时间，降低运输成本，有效提高运输效率。未来，BDS 将提供高可靠、高精度的定位、测速、授时服务，促进铁路交通的现代化，实现传统调度向智能交通管理的转型。

(5) 海运和水运：海运和水运是全世界最广泛的运输方式之一，也是卫星导航最早应用的领域之一。在世界各大洋和江河湖泊行驶的各类船舶大多都安装了卫星导航终端设备，使海上和水路运输更为高效和安全。BDS 将在任何天气条件下，为水上航行船舶提供导航定位和安全保障。同时，BDS 特有的短报文通信功能将支持各种新型服务的开发。

(6) 航空运输：当飞机在机场跑道着陆时，最基本的要求是确保飞机相互间的安全距离。利用卫星导航精确定位与测速的优势，可实时确定飞机的瞬时位置，有效减小飞机之间的安全距离，甚至在大雾天气情况下，可以实现自动盲降，极大提高飞行安全和机场运营效率。通过BDS与其他系统的有效结合，将为航空运输提供更多的安全保障。

(7) 应急救援：卫星导航已广泛用于沙漠、山区、海洋等人烟稀少地区的搜索救援。在发生地震、洪灾等重大灾害时，救援成功的关键在于及时了解灾情并迅速到达救援地点。BDS除导航定位外，还具备短报文通信功能，通过卫星导航终端设备可及时报告所处位置和受灾情况，有效缩短救援搜寻时间，提高抢险救灾时效，大大减少人民生命财产损失。

(8) 指导放牧：2014年10月，BDS开始在青海省牧区试点建设BDS放牧信息化指导系统，主要依靠牧区放牧智能指导系统管理平台、牧民专用BDS智能终端和牧场数据采集自动站，实现数据信息传输，并通过BDS地面站及BDS星群中转、中继处理，实现草场牧草、牛羊的动态监控。2015年夏季，试点牧区的牧民就能使用专用BDS智能终端设备来指导放牧。

4. BDS发展特色

BDS的建设实践，实现了在区域快速形成服务能力、逐步扩展为全球服务的发展路径，丰富了世界卫星导航事业的发展模式。BDS具有以下特点：

(1) BDS空间段采用三种轨道卫星组成的混合星座，与其他卫星导航系统相比高轨卫星更多，抗遮挡能力强，低纬度地区性能特点更为明显。

(2) BDS提供多个频点的导航信号，能够通过多频信号组合使用等方式提高服务精度。

(3) BDS创新融合了导航与通信能力，具有实时导航、快速定位、精确授时、位置报告和短报文通信服务等诸多功能。

习　题

1. 简述移动卫星通信的概念，以及移动卫星通信系统的分类与特点。
2. 简述LEO、MEO、GEO卫星用于移动卫星通信的优缺点。
3. 简述提供海事移动卫星业务的INMARSAT系统的组成及工作方式。
4. 简述提供陆地移动卫星业务的INMARSAT标准M系统的网络组成。
5. 支持INMARSAT航空业务的系统有哪些？各有什么特点？
6. 简述INMARSAT Global Express系统的特点。
7. 简述北美移动卫星通信系统MSAT的组成与特点。
8. 简述亚洲蜂窝系统ACeS的组成与特点。
9. 简述瑟拉亚系统(THURAYA)的组成及主要技术指标。
10. 为什么说铱系统是真正的全球移动卫星通信系统？简述其基本工作原理。
11. 简述Globalstar移动卫星通信系统的基本工作原理。
12. 简述ICO系统的组成。
13. 简述伪距测量定位原理。
14. GPS信号包括哪些成分？GPS的导航电文中包括哪些内容？
15. GPS由哪几部分组成？各部分的功能是什么？

16. 简述 GPS 导航定位的基本工作过程，以及 GPS 现代化计划步骤。
17. 什么是有源定位和无源定位？如何进行有源定位？
18. 北斗系统的定位精度受哪些因素影响？与 GPS 相比精度如何？
19. 简述北斗 3 号空间段的组成和特点。
20. 简述北斗系统具有哪些功能和特点。

参 考 文 献

[1] 夏克文. 卫星通信[M]. 西安：西安电子科技大学出版社，2018.

[2] 刘国梁，荣昆壁. 卫星通信[M]. 西安：西安电子科技大学出版社，2004.

[3] 王秉钧，王少勇，田宝玉. 现代卫星通信系统[M]. 北京：电子工业出版社，2004.

[4] 王丽娜，王兵. 卫星通信系统[M]. 2 版. 北京：国防工业出版社，2015.

[5] 张更新，张杭. 通信卫星移动通信系统[M]. 北京：人民邮电出版社，2001.

[6] 甘良才，杨桂文，茹国宝. 卫星通信系统[M]. 武汉：武汉大学出版社，2002.

[7] 吴诗其，李兴. 卫星通信导论[M]. 北京：电子工业出版社，2006.

[8] 孙学康，张政. 微波与卫星通信[M]. 北京：人民邮电出版社，2006.

[9] TIMOTHY P, CHARLES B, JEREMY A. Satellite communications[M]. 2nd ed. New York: John Wiley and Sons Inc., 2003.

[10] 张乃通，张中兆，李英涛，等. 卫星移动通信系统[M]. 北京：电子工业出版社，2000.

[11] 陈振国，杨鸿文，郭文彬. 卫星通信系统与技术[M]. 北京：北京邮电大学出版社，2003.

[12] 吕海寰，蔡剑铭，甘仲民，等. 卫星通信系统(修订本)[M]. 北京：人民邮电出版社，1994.

[13] RODDY D. 卫星通信[M]. 张更新，刘爱军，张杭，等译. 3 版. 北京：人民邮电出版社，2002.

[14] 杨运年. VSAT 卫星通信网[M]. 北京：人民邮电出版社，1998.

[15] 陈功富，王永建. 卫星数字通信网络技术[M]. 哈尔滨：哈尔滨工业大学出版社，2001.

[16] 原萍. 卫星通信引论[M]. 沈阳：东北大学出版社，2007.

[17] 郇正义，范瑜，徐惠钢. 现代无线通信技术[M]. 北京：高等教育出版社，2006.

[18] 李仰志，刘波，程剑. Intelsat 卫星系列概况（上）[J]. 数字通信世界，2007，(7)：86-88.

[19] 李仰志，刘波，程剑. Intelsat 卫星系列概况（下）[J]. 数字通信世界，2007，(8)：86-87.

[20] 赛迪顾问股份有限公司. 全球卫星通信发展状况[J]. 国际视窗，2005，(8)：44-46.

[21] 闵士权. 国外卫星通信现状与发展趋势[J]. 航天器工程，2007，16(1)：58-62.

[22] 闵士权. 2004～2020 年我国卫星通信发展目标探讨(上)[J]. 电信快报，2004，(2)：3-6，15.

[23] 闵士权. 2004～2020年我国卫星通信发展目标探讨(下)[J]. 电信快报, 2004, (3): 3-5, 21.

[24] 张更新, 甘仲民. 卫星通信的发展现状和趋势(上)[J]. 数字通信世界, 2007, (1): 84-88.

[25] 张更新, 甘仲民. 卫星通信的发展现状和趋势(下)[J]. 数字通信世界, 2007, (2): 90-93.

[26] WITTING M. Satellite onboard processing for multimedia applications[J]. IEEE Communications Magazine, 2000, 38(6): 134-140.

[27] RICARDI L. Communication satellite antennas[J]. Proceedings of IEEE, 1997, 65(3): 356-369.

[28] DESMEDT Y, REI S N, WANG H X, et al. Broadcast anti-jamming system[J]. Computer Networks, 2001, 35 (2): 223-236.

[29] MITCHELL P D, TOZER T, DAVID G. Effective medium access control for satellite broadband data traffic[J]. IEE Seminar on Personal Satallite, 2002, (2): 1-7.

[30] Hu Y R, LI V O K. Satellite-based internet: a tutorial[J]. IEEE Communications Magazine, 2001, 39(3): 154-162.

[31] AKYILDIZ I F, MORABITO G, PALAZZO S. TCP - Peach: a new congestion control scheme for satellite IP networks [J]. IEEE/ACM Transactions on Networking, 2001, 9(3): 307-321.

[32] 冯军. VSAT卫星通信网系统设计[J]. 邮电设计技术, 1998, (10): 9-12.

[33] 谢智东, 常江, 周辉. Inmarsat BGAN系统(上)[J]. 数字通信世界, 2007, (2): 88-91.

[34] 谢智东, 常江, 周辉. Inmarsat BGAN系统(下)[J]. 数字通信世界, 2007, (4): 88-90.

[35] 李广侠, 何家富, 朱江. 中低轨道卫星移动通信系统的发展背景、组成及概况[J]. 数字通信世界, 2007, (10): 82-85.

[36] 谢智东, 边东明, 孙谦. Thuraya和ACeS系统_上[J]. 数字通信世界, 2007, (5): 86-88.

[37] 谢智东, 边东明, 孙谦. Thuraya和ACeS系统_下[J]. 数字通信世界, 2007, (6): 88-89.

[38] WILLY B I, CATHERINE T L. GPS-based system for satellite tracking and geodesy [J]. Navigation-Journal of the Institute of Navigation, 1989, 36 (1): 99-113.

[39] GREE G B, AXELRAD P. Space application of GPS[J]. Navigation-Journal of the Institute of Navigation, 1989, 36(3): 239-251.

[40] 刘基余. GPS卫星导航定位原理与方法[M]. 北京: 科学出版社, 2003.

[41] 洪大永编著. GPS全球定位系统技术及其应用[M]. 厦门: 厦门大学出版社, 1998.

[42] 刘春保. 美国GPS现代化的进展与未来发展[J]. 国际太空, 2007, (5): 13-16.

[43] 冯少栋，冯琦，沈俊. 美国 Spaceway3 系统概述[J]. 数字通信世界，2009，(12)：82－85.

[44] 杜青，夏克文，乔延华. 卫星通信发展动态[J]. 无线通信技术，2010，(3)：24－29.

[45] XIA K W，ZHENG F，CHI Y，et al. Study on satellite broadcasting scheduling based on particle swarm optimization algorithm[C]. Proceedings 2009 IEEE International Conference on Communication Technology and Applications，Beijing，Oct. 16－18，2009：962－966.

[46] XIA K W，ZHANG Z W，LIU J F，et al. On satellite communications course reform in universities of 211 project[J]. Open Journal of Applied Sciences，2012，(4)：87－90.

[47] 李晶晶. 第五代海事卫星业务(Global Xpress)的应用分析[J]. 中国海事，2015，(10)：58－59.

[48] MSAT Satellite Network[EB/OL]. http：//www. internationalsatelliteservices. com/satellite－constellations/lightsquared.

[49] 张有志，王震华，张更新. 欧洲 O3b 星座系统发展现状与分析[J]. 国际太空，2017，(3)：29－32.

[50] 王文跃，万屹，卢海萌，等. 卫星移动通信市场现状及我国市场发展空间研究[J]. 电信网技术，2017，(10)：34－37.

[51] 张婉. 丽卫星通信链路设计方法与实例研究[J]. 无线互联科技，2017，(3)：7－10.

[52] 马永春，杨德运，姜汉卿，等. 基于 VSAT 卫星通信的跨境数据传输系统设计[J]. 数字通信世界，2022，(3)：91－93.

[53] 高鑫，门吉卓，刘晓滨，等. 高通量卫星通信发展现状与应用探索[J]. 通信世界，2020，(8)：43－48.

[54] 张华冲，韩星，谢华军，等. 海事五代卫星通信系统关键技术分析[J]. 无线电工程，2019，49 (11)：1009－1013.

[55] 刘旭光，钱志升，周继航，等. “星链”卫星系统及国内卫星互联网星座发展思考[J]. 通信技术，2022，55(2)：197－204.

[56] 石小涛，龚真春，林成寿，等. BDS－3 卫星导航系统标准单点定位精度分析[J]. 甘肃科技，2021，37(18)：27－29.